职业教育"岗课赛证"融通系列教材

高等职业教育建筑消防技术系列教材

建筑工程
防烟排烟

黄朝广　黄日财　主　编

中国建筑工业出版社

图书在版编目（CIP）数据

建筑工程防烟排烟/黄朝广，黄日财主编. --北京：
中国建筑工业出版社，2025.1. --（职业教育"岗课赛
证"融通系列教材）（高等职业教育建筑消防技术系列教
材）. --ISBN 978-7-112-30917-7

Ⅰ. TU761.1

中国国家版本馆CIP数据核字第2025HW1656号

建筑工程防烟与排烟系统是建筑消防工程中的重要系统之一，主要解决当建筑发生火灾时，火灾烟气的控制与排放等问题。

本教材从建筑防烟排烟基本认知、防烟排烟系统图纸识读、防烟排烟系统安装施工、防烟排烟系统验收维护以及防烟排烟系统设计计算五个模块依次展开。前两个模块属于相关岗位通识性的知识与技能，后三个模块则依次对应于建筑防排烟工程施工员和监理员、建筑防排烟工程维护保养人员、暖通专业设计师工作岗位所要求的知识技能。在排序上，依据学生的认知规律，按照由简单到复杂、由直观到抽象的顺序排列。

本教材主要面向职业教育建筑消防技术、消防救援技术等专业的在校生。应用型本科院校的消防、应急类专业的在校生同样可以选用。同时，也适合消防工程施工安装、消防工程监理、消防设施检测、建筑防烟排烟系统设计等岗位的从业者选用阅读。

为方便教学，作者自制课件资源，索取方式为：1. 邮箱：jckj@cabp.com.cn；2. 电话：（010）58337285；3. QQ群：622178184。

责任编辑：王予芊　司　汉
版式设计：锋尚设计
责任校对：赵　力

职业教育"岗课赛证"融通系列教材
高等职业教育建筑消防技术系列教材
建筑工程防烟排烟
黄朝广　黄日财　主　编
*
中国建筑工业出版社出版、发行（北京海淀三里河路9号）
各地新华书店、建筑书店经销
北京锋尚制版有限公司制版
三河市富华印刷包装有限公司印刷
*
开本：787毫米×1092毫米　1/16　印张：21¼　字数：544千字
2025年7月第一版　2025年7月第一次印刷
定价：**56.00**元（赠教师课件、教案）
ISBN 978-7-112-30917-7
（43943）

本教材编审委员会

前　言

2018年，公安消防部队转隶到应急管理部，原由公安消防部队负责的消防工程设计审查、消防工程施工监管以及消防工程验收等技术管理职能划归住房和城乡建设部。因此，消防工程建设、消防应急救援等领域的人才需求被激活，消防安全管理、消防设施操作、消防工程施工、消防设施检测等方面的人才需求更加迫切。越来越多的高校看准了这一人才需求新变化，陆续开办建筑消防技术、应急救援技术等专业。职业院校主要面向消防安全管理、消防工程施工、消防设施维保、消防应急救援等岗位，培养懂原理、会识图、能施工、善维保的高素质技术技能人才。

然而，长期以来，消防人才培养缺乏活力，在校生规模有限，消防专业相关教材更新缓慢、内容不够系统、配套性不强、教材版本老旧，同时，多数为本科教材，不适应现代职业教育人才培养需求。为改变这一局面，中国建筑工业出版社联合全国几十所高职院校、十多家行业企业的上百名消防领域专家学者编写了建筑消防系列教材。

本教材紧紧依托一个真实的工程项目，从建筑防烟排烟系统施工员、防烟排烟系统维护管理人员以及暖通设计师的角度，对照工作岗位的能力需要展开编写，力求达到"弄通原理、模仿能做"的目标。

建筑防烟排烟基本认知主要学习烟气的产生、组成、特性和危害，烟流的控制原理与定向排出方法，防烟和排烟系统的组成等。建筑防烟排烟系统图纸识读则主要学习防烟系统识图、排烟系统识图和防烟排烟系统设计说明解读等内容。建筑防烟排烟系统安装施工主要学习风管的制作与连接、风管和附件的安装、供配电系统安装、联动控制系统安装等内容。建筑防烟排烟系统验收维护主要学习系统调试、验收、维护和管理等内容。考虑到职业本科、应用型本科专业的学习需要，教材专门增加了防烟排烟系统的设计计算模块，主要提升学生的防烟排烟设置场所的确定、防烟系统设计计算、排烟系统设计计算等能力。

本教材的编写力求做到岗课融通、课证融通、课赛融通，建设有相应的课程平台，配备丰富的课程资源。

1. 岗课融通。教材内容充分考虑消防工程施工、消防安全管理、消防设施维保和防烟排烟系统设计等工作岗位的职业要求，以一个真实工程项目为载体，训练建筑防烟排烟系统的识图、施工安装、调试维护和设计计算能力。

2.课证融通。教材内容的选择紧密结合消防设施操作员职业等级证书考试中关于防烟排烟系统的相关要求，结合了消防安全管理员、注册消防师证书考试的技能标准。

3.课赛融通。教材紧密结合全国职业院校技能大赛"消防灭火系统安装与调试"赛项竞赛规程，将大赛相关内容融入教材。

4.资源丰富。教材配套建设了三维可视化数字资源，开发了同步训练题库，建设了相应的线上课程平台，引用了最新的相关技术规范、标准、图集等。通过扫描本教材中的二维码，也可以获取相关学习资源。

全教材由黄朝广、黄日财主编，吕君、胡伟华主审。教材中的任务1.1～1.5由黄日财、苗增编写，任务2.1～2.3由阚正武编写，任务2.4由吴力编写，任务3.1～3.2由李卫华编写，任务3.3由黄日财编写，任务4.1和4.2由杨睿编写，任务5.1～5.3由张真真编写，张志刚参与了教材资料整理等工作。黄朝广负责统稿、内审和图纸资源整理。

教材中所使用的真实工程项目设计图纸由胡猛、张铁桥和朱政洁等工程专家提供。

本教材的课程思政设计

序号	任务编号	名称任务	思政主题	思政案例	寄于的知识与技能点	思政目标
1	任务1.1	燃烧烟气的特性认知	中国智慧	利用燃烧发烟的特性传递军事情报	烟气的遮光性与流动性	增强中华民族的文化自信
2	任务1.2	火灾烟气的危害性认知	中国智慧	消防蓄水与艺术观赏完美结合的太平缸	消防水灭火的基础知识	增强中华民族的文化自信
3	任务1.3	烟流的控制与定向排出	中国智慧	"封火墙"在中国古建筑中的应用	建筑防火与防烟分区的概念	增强中华民族的文化自信
4	任务1.4	机械防烟排烟系统配电	中国智慧	《中华人民共和国消防法》修订历程	消防法律法规知识	增强中华民族的制度自信
5	任务1.5	机械防烟排烟系统控制	中国智慧	疏散通道与防火隔离在古建筑中的应用	消防安全疏散和防火隔离基本知识	增强中华民族的认同感
6	任务2.1	防烟排烟系统识图准备	低碳发展	烟气余热回收再利用技术	烟气的高温特性	了解"双碳"知识，提高学生的环境保护意识
7	任务2.2	防烟系统施工图识读	中华经典	凡事预则立，不预则废	消防中的"防"，就是预防在先	增强学生对事前准备重要性的认知，养成计划在先、预防在先的习惯
8	任务2.3	排烟系统施工图识读	职业操守	逆火而行，人民安宁的守护神	消防救援人员的职业操守	培养学生的职业操守
9	任务2.4	防烟排烟设计说明解读	互联互通	消防联动铸牢消防安全第一道防线	防烟排烟的消防联动控制	提高学生对合作、协同重要性的认识
10	任务3.1	防烟排烟风管及配件制作	中华经典	勤俭节约	风管及配件的下料、制作应具备节约的意识	培养学生的工匠精神和节约意识
11	任务3.2	防烟排烟风管及附件安装	精神指引	"螺丝钉"精神	风管及附件安装中螺丝钉的体量小与作用大的反差	培养学生干一行爱一行的精神
12	任务3.3	防烟排烟系统的电气安装	中国智慧	建筑防烟排烟规范的历史沿革	建筑防烟排烟规范的变迁历程	培养学生的规范、标准意识
13	任务4.1	防烟排烟系统的调试和验收	核心价值	诚信守护安全	消防工程调试与验收资料的记载应实事求是，坚守诚信底线	培养学生诚实守信的道德情操

序号	任务编号	名称任务	思政主题	思政案例	寄于的知识与技能点	思政目标
14	任务4.2	防烟排烟系统的维护与管理	核心价值	敬业源自责任	消防工程维护管理要有责任心，不可敷衍	培养学生的敬业精神和责任意识
15	任务5.1	防烟排烟设置区域确定	职业操守	防烟排烟是守护生命的隐形盾牌	源自烟气的有毒、高温特性	提高学生的质量意识、安全意识和工程技术人员的责任意识
16	任务5.2	防烟系统的设计计算	哲学思考	加压送风折射出信念坚定的重要性	机械加压送风防烟系统形成的洁净正压区具有防烟功能	强调建立个人精神世界的"洁净正压区"的途径和重要意义
17	任务5.3	排烟系统的设计计算	低碳发展	一字型排烟天窗推动绿色低碳发展	建筑屋顶设置的新型一字排烟天窗	增强学生的低碳、绿色发展意识

目 录

模块一

建筑防烟排烟基本认知

任务 1.1
燃烧烟气的特性认知

【学习目标】

知识目标	能力目标	素质目标
1. 了解烟气的产生过程； 2. 了解烟气的基本构成； 3. 掌握烟气的基本特性； 4. 掌握烟气的流动特性	1. 能描述烟气的产生和发烟性能； 2. 能描述烟气的构成和主要化学成分； 3. 能讲述烟气的基本特性； 4. 能描述烟气的流动特性	1. 增强消防安全意识； 2. 提高环境保护意识； 3. 提高对事物动因的认识； 4. 增强文化自信

【思维导图】

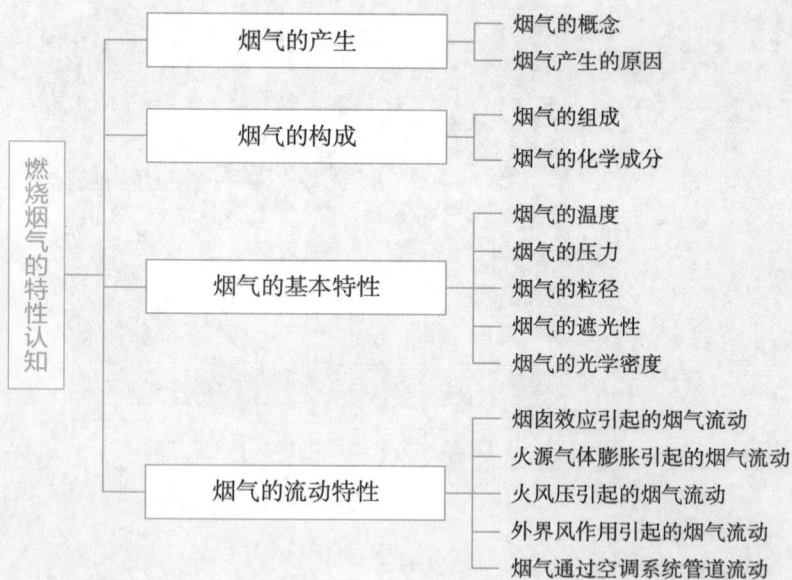

1.1.1 烟气的产生

1.烟气的概念

美国材料与试验协会（ASTM）对烟气的定义是：某种物质在燃烧或分解时散发出的固态或液态悬浮微粒和高温气体。

美国消防协会的《Standard for Smoke Management Systems in Malls，Atria，and Large Spaces》（NFPA 92B）对烟气的定义，则是在ASTM的基础上，增加"以及混合进去的任何空气"，即烟气是"某种物质在燃烧或分解时散发出的固态或液态悬浮微粒、高温气体以及混合进去的任何空气"。

木材燃烧状态如图1.1-1所示。

图1.1-1　木材燃烧状态

大多数物质的燃烧都会产生烟气。据不完全统计，火灾中80%以上的遇难者是因吸入大量烟尘及其中的有毒气体，导致昏迷而死亡的。

火灾烟气具有有毒、高温、遮光、主动蔓延等特性，给被困人员救助及火情控制带来极大的挑战。因此，深入研究火灾中烟气的产生、构成、基本特性、流动特性等，对于火场和救援人员选择适当的应对措施具有重要指导意义。

物质高温分解或燃烧产生的固体微粒、液体微珠以及复杂气体（如水蒸气、一氧化碳、二氧化碳及多种有毒或有腐蚀性的气体），连同夹带、混入的空气而形成的混合物，飘散在空气中形成的气团就是烟气。

2.烟气产生的原因

烟气的产生主要源于可燃物的燃烧过程，涉及物质的转化与传输、烟雾颗粒的形成和悬浮等多个方面。

（1）燃烧的过程

燃烧是一种氧化还原反应，即可燃物质与氧气在一定条件下发生的化学反应，产生火光、热能和烟气等。不论是固态、液态还是气态可燃物，燃烧过程中都会消耗空气中的氧，并产生一定量的炽热烟气。

（2）物质的转化与传输

在燃烧过程中，可燃物会发生各种化学反应，如氧化、还原、水解、分解等。这些反应产生的物质以气态或固态形式存在，并通过分子扩散或对流传输到空气中。液态物质在传输过程中，可能伴随凝结、冷却、溶解等过程，形成微小的气体颗粒（气溶胶）。固态物质则直接以微小固态颗粒的形式存在于烟气中。

（3）烟雾颗粒的形成

气溶胶和固态颗粒的生成是烟气微粒形成的关键。气态物质在高温高压环境下会发生冷凝和凝聚过程，形成微小的颗粒。固态颗粒的形成往往与不完全燃烧有关，如燃烧物质的破碎和质子传递等过程。

（4）烟雾颗粒的悬浮

燃烧物质释放的烟雾颗粒具有较小的尺度和一定的密度，它们受到空气运动的影响而悬浮在空气中。悬浮的机制主要包括沉降速度与上升速度的平衡问题以及颗粒与空气流的相互作用力问题等，如气体扩散、湍流运动等。

中国智慧——利用燃烧发烟的特性传递军事情报

连天烽火

在我国的北方，有一项伟大的建筑工程，那就是长城。长城西起甘肃省的嘉峪关，东至河北省的山海关，绵延上万公里。长城沿山脊而建，每隔一定距离的山巅之上，就建有一座烽火台。站在烽火台上，极目四望，可以观察到遥远的地方。烽火台上，常年有士兵把守。每当发现有敌军入侵时，士兵就在烽火台上烧起可燃物，生成烽火狼烟。当多座烽火台都升起狼烟，飘散并连成一片，就成了连天烽火，就说明长城以北有大批敌军入侵，提醒城中守军立即做好御敌准备。

自秦汉以来，华夏儿女就是利用在长城烽火台上燃烧可燃物发烟来传递军事情报，做到预警在先、充分备战、御敌于千里之外，守护华夏文明千年不绝。

到底是什么可燃材料，能生成如此大量的狼烟呢？据了解，在我国的北疆大漠，生长着大量的胡杨、红柳、罗布麻等多种可燃植物，如果在潮湿状态下燃烧这些植物，将会产生大量烟雾。同时，枯草容易点燃，燃烧速度快，而且会产生大量烟气。除此之外，牲畜粪便燃烧时，会产生刺鼻的气味，可以提醒附近的居民注意防范。在实战中，守城士兵会因地制宜、就地取材，选择合适的可燃材料。在多雨季节，可以使用湿柴来点燃狼烟；而在干燥季节，则可以使用枯草来点燃狼烟。在夜间，可以使用牲畜粪便点燃狼烟，利用特殊气味传递报警信息。

中国古人具有超凡的智慧，中国智慧也必将在新的时代绽放耀眼光芒，引领世界发展，助力中华民族的伟大复兴。

1.1.2　烟气的构成

烟气的构成

1．烟气的组成

烟气的组成因可燃物、燃烧条件以及燃烧过程的不同而不同。可燃物的化学成分影响着烟气的成分，燃烧条件的差异导致形成完全燃烧或不完全燃烧。在建筑物中，可燃物的类型多种多样，燃烧所面临的条件也千差万别，因此，建筑火灾烟气必然是一种复杂的混合物。建筑火灾烟气包括：

（1）可燃物燃烧或热解而产生的气相产物。

（2）因燃烧卷吸而混入的空气等高温气体。

（3）多种悬浮的固体微小颗粒和液体微珠等，如游离碳、焦油类粒子、高沸点物质的凝缩液滴等。

2．烟气的化学成分

火灾烟气的化学成分主要取决于发生热解或燃烧的可燃物本身的化学组成和燃烧条件。

（1）可燃物化学成分对烟气成分的影响

可燃物的化学成分是决定烟气成分、发烟量、发烟速率与烟气毒性的主要因素。

1）无机可燃物

无机可燃物一般为单质，在空气中燃烧时，其产物为该单质元素的氧化物。如碳、氢、磷、硫等燃烧时，可生成CO、CO_2、H_2O、P_2O_5、SO_2等；氮在一般条件下不参加燃烧反应，呈游离态N_2析出，但在特定条件下，氮也能被氧化生成NO或与一些中间产物结合生成NH_3、HCN等。

2）有机化合物

有机化合物的主要元素是碳和氢，还可能含有氧、硫、磷、氮等元素。在空气中燃烧，可以生成CO_2、H_2O、P_2O_5、SO_2等完全燃烧产物；在氧气不足或温度较低时燃烧，还会生成CO、醛、酮、醇、醚、羧酸等不完全燃烧产物，这些不完全燃烧产物还有继续燃烧或爆炸的危险。塑料、橡胶、纤维等各种高分子材料的燃烧，除生成CO_2外，还会生成HCl、NH、HCN、光气（$COCl$）以及氮氧化物（NO_x）等有毒或有刺激性的气体。

（2）燃烧条件对烟气成分的影响

燃烧条件是指燃烧的环境空间条件、供热条件和供氧条件。燃烧条件良好，燃烧一般会进行得比较充分，生成的产物不会再发生燃烧，这种燃烧称为完全燃烧，其燃烧产物称为完全燃烧产物；反之，燃烧条件不好，燃烧进行得不完全，生成的产物还可能再发生燃烧，这种燃烧称为不完全燃烧，其燃烧产物称为不完全燃烧产物。如碳素材料在燃烧条件良好时产生的烟气主要含CO_2和H_2O；在发生阴燃时生成的烟气主要含碳粒和高沸点的液体薄雾，可以再次发生燃烧或爆炸。

木材在空气供给充足的条件下燃烧，主要生成CO_2、水蒸气和灰尘；在空气供给不足的条件下燃烧，会产生CO、甲醇、丙酮、乙醛、乙酸以及其他干馏产物等。我们购买到的木炭就是将木材置于土坑中燃烧，待其燃烧到一定程度后，用松土覆盖，使坑内燃烧的木材接触不到充足的氧气，发生缺氧条件下的不完全燃烧而形成的干馏产物。

1.1.3 烟气的基本特性

烟气的基本特性

1．烟气的温度

火灾烟气温度在火灾的发生、发展、轰燃和熄灭等不同阶段也各不相同。以一个着火房间为例，在火灾发生初期，着火房间内的空气温度并不高，随着火灾的不断发展，室内空气温度逐渐升高。当火灾发生轰燃后，室内烟气温度将急剧上升并很快达到最高水平。火灾熄灭之后，室内空气温度将逐渐下降。

试验表明，由于建筑物内可燃材料的种类、门窗孔洞的大小、建筑结构形式等的差异，着火房间内烟气的最高温度也各不相同。小尺度着火房间内的烟气温度一般可达500～600℃，特殊情况下可达800～1000℃，而地下建筑火灾中的烟气温度最高将超过1000℃。

2．烟气的压力

在火灾的发生、发展和熄灭的不同阶段，建筑物内烟气的压力分布是各不相同的。以一个着火房间为例，在火灾发生初期，烟气的压力较低，随着房间内烟气量的不断增加，烟气温度整体上升，压力也加速升高。当发生轰燃时，烟气的压力在瞬间达到峰值，门窗玻璃都可能被压破或振碎。一旦门窗玻璃碎落，烟气和火焰将冲出门窗孔洞，室内烟气被排出，压力就很快下降并接近室外大气压力。

据试验测定，一般着火房间内烟气的平均相对压力为10～15Pa，在某一个短时间段可能达到35～40Pa的峰值。

3．烟气的粒径

建筑物内的可燃物多种多样。当建筑物内发生火灾时，燃烧产生烟气微粒、微珠尺度也是复杂多样。火灾产生的烟气微粒大小会受到多种因素的影响，如燃烧温度、燃烧时间、燃烧条件、材料成分等。同一火灾中烟气微粒的大小也会各不相同。为描述烟气微粒大小，我们一般用颗粒平均直径表示。

颗粒平均直径是一个统计量，用于表示烟气中颗粒大小的分布情况。它可以是算术平均直径、几何平均直径、中值直径（即50%的颗粒直径小于此值）等。不同的平均直径计算方法适用于不同的颗粒分布情况和研究目的。

火灾烟气中微粒大小，对于火灾的蔓延、烟气的传播以及火灾的可见性和探测性都有重要影响。在火灾科学研究中，颗粒平均直径是一个重要的参数，因为它与烟气的光学性质、热传导性质以及颗粒的沉积和扩散行为密切相关。一般情况下，较小的颗粒更容易被空气流带动，从而传播得更远；而较大的颗粒则更容易沉积在距离火场较近的物体表面或地面上。

例如，木材燃烧的固体颗粒直径一般为1～200μm。同时会产生硅酸盐颗粒，其直径范围较宽，包括从较小的飞尘到较大的微粒。再如，塑料燃烧产生的颗粒直径会根据燃烧条件和塑料类型的不同而有所变化。但一般来说，塑料燃烧产生的颗粒较细小，可能包括烟尘和烟雾等。

4．烟气的遮光性

建筑物内的火灾烟气中，携带有大量的固体微粒或液体微珠，这些微粒或微珠对光线具有散射和吸收的作用，正常照射来的光线只有一小部分可以透过烟气，造成室内照度降低，环境昏暗，这就是烟气的遮光性。同时，微粒或微珠对人的视线具有一定的阻挡作用，火场人员看不清烟气对面的物体。

烟气的遮光作用使人们辨认目标的能力大大降低，并使事故照明和疏散标志的作用减弱，同时也会给火灾现场的人员带来恐慌，造成混乱状态，严重妨碍火场人员的安全疏散和消防人员的扑救工作。

烟气的遮光性可通过测量光束穿过烟气层之后的强度衰减来确定，常见的测量仪器有烟气密度箱透光率仪。

5．烟气的光学密度

当光线穿过烟气时，烟气中的粒子会吸收和散射部分光线，导致光线的强度减弱。我们用光线强度减弱（降低）值与原始值之比来表述烟气的光学密度。烟气的光学密度是描述烟气对光线的吸收和散射能力，反映烟气的浓度和不透明度的参数。烟气的光学密度越大，说明烟气对光线的吸收和散射作用越强，烟气浓度越高，不透明度也越大。

烟气光学密度的测量是基于光线在烟气中的传播特性。我们可以通过测量入射光线的强度和透过烟气后的光线强度两个指标，计算出烟气的光学密度。

1.1.4 烟气的流动特性

一般高温空气比常温的密度要小，在可流动的空气中，密度小的空气就会上浮。由于火灾烟气具有高温特性，其密度自然会减小。因此，在空旷的环境

烟气的流动特性

中，烟气会自然垂直向上流动。如果受到自然风的吹拂，烟气还会向一个方向偏移，如我们在农舍上看到的袅袅炊烟。烟气在受限的环境中流动，驱动力的因素就比较多。一些是烟气本身的性质所导致的，而另一些则是受到环境和设备的影响所致。

在建筑物内，引起烟气流动蔓延的驱动力较复杂，如烟囱效应、火风压、电梯活塞效应、通风系统中风机造成的抽压作用以及外界风的影响等。

1．烟囱效应引起的烟气流动

在高层建筑中，往往存在许多竖井，如电梯井、楼梯井、各种管道、电缆井等，这些竖井具有足够的高度，在井道四周可能存在或大或小的缝隙。火灾发生时，室内着火点的空气温度将明显高于环境温度，存在着温度差。在温差作用下，烟气上升并可能通过门缝、走道、井道四周缝隙进入竖井，并在竖井内继续上升，最终到达竖井顶部，滞留或排出。在这些竖井内，

烟气的上升十分迅速，有的流速可达6～8m/s。

（1）正烟囱效应发生的原理

正烟囱效应通常发生在被加热的烟囱或一个建筑空间内。当建筑物空间或烟囱底部的空气被加热时，它变得较轻并上升。这种上升的热空气会在底部空间形成低压区，吸引更多的外部冷空气从底部进入。这种持续的热空气上升和冷空气进入的循环就是正烟囱效应。

正烟囱效应有助于加强自然通风。例如，在冬季，当暖空气通过建筑物的供暖系统加热并上升到顶部时，可以带动冷空气从较低的位置进入，从而维持室内温度的均匀分布。

（2）逆烟囱效应发生的原理

逆烟囱效应通常发生在被冷却的建筑房间或空间中。当建筑房间或空间内的某一部分空气被冷却时，它的密度将变大并下沉。下沉的冷空气在底部形成高压区，而密度较小的热空气会聚集在空间顶部难以排出。这可能导致建筑物内部空气流通受阻，甚至造成不良空气或烟雾积聚，形成逆烟囱效应。

在建筑消防中逆烟囱效应可能导致烟雾聚集。解决的办法就是采取有效的排烟措施，确保聚集的烟气及时排出。

正、逆烟囱效应气体流动示意如图1.1-2所示。

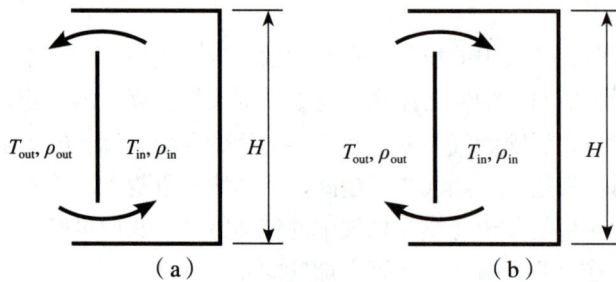

图1.1-2 正、逆烟囱效应气体流动示意
（a）正烟囱效应；（b）逆烟囱效应

（3）烟流压力中性面认知

烟气在空气中之所以流动，是因为热烟气造成空气中局部区域压力大，其他区域压力小，存在相对压力差，烟气就会从高压区流向低压区，形成烟流。

假定一个封闭空间，在其一侧的外壁存在一个竖向的缝隙。在这个空间内的底部中间发生燃烧，热烟气首先上升充满上部空间，从而导致上部空间空气压力加大，热烟气就会从顶部竖向缝隙流出到室外。而空间底部因局部空气加热上升，造成负压，室外空气将通过底部竖向缝隙流入空间内。当达到平衡时，必然存在一个近似水平的面，在这个面上，其上部向下的压力与下部向上的压力相等，在这个面上，室内外空气压力也相等，这个面就被称为烟流压力中性面。

烟流压力中性面（以下简称"中性面"）是一个在火灾中非常重要的概念，它是火灾烟气流动方向的临界转折面，其位置决定着火建筑内外的烟气流动方向。在防排烟工程中，确定了中性面的位置，即可确定其上下方烟气的不同流动状况，从而制定不同的烟气控制策略，实现烟气的有效控制。因此，中性面的位置对于预测和控制火灾的蔓延以及进行火灾救援和排烟设计等都有着重要的作用。

2．火源气体膨胀引起的烟气流动

发生火灾的房间或者空间内温度升高确实会引起气体膨胀，这是影响烟气流动的重要因素之一。在火灾中，随着火势的蔓延，着火房间的温度迅速升高，导致烟气体积膨胀，密度降低，从而产生浮力效应。这种浮力效应使得烟气倾向于向上升腾，并通过任何可用的开口或通道流出。

当着火房间只有一个小的墙壁开口与建筑物其他空间相连时，烟气的流动模式会呈现特定的规律。由于烟气的温度高于周围空气，它会产生浮力并上升。因此，烟气更倾向于从开口的上部流出，这是因为上部空间更接近烟气的上升路径。同时，开口的下部将成为外部冷空气流进着火房间的通道。这种流动模式形成了一个自然的对流循环，其中热烟气从上部流出，冷空气从下部流入，以补充烟气流失所带来的压力损失从而维持流动的动态平衡。

分析这种流动模式对于控制火灾的扩散和烟气的蔓延具有重要意义。例如，在疏散过程中，人们应尽量避免靠近开口的下部，以免吸入有毒的烟气。同时，灭火人员也可以利用这种流动模式，通过开口的下部向着火房间注入灭火剂，以控制火势的蔓延。烟气的流动模式还会受到多种因素的影响，包括开口的大小、形状、位置以及火势的强度和蔓延速度等。

3．火风压引起的烟气流动

火风压是指在一个相对封闭的空间内，燃烧加热空气，导致温度上升，空气体积膨胀，压力上升，给墙、地、顶表面造成的压力。对建筑房间来讲，火风压会给顶棚、楼地面和四壁表面带来较大压力，压力的大小取决于火势的强弱程度及房间的空间大小。显然，火势越强烈、房间空间越小，火风压越大。

火风压对火灾的发展和蔓延具有重要影响。如果火风压小于或等于房间进风口的压力，则烟火只会在房间内蔓延，室外新鲜空气会从进风口进入，造成火势加速。当火风压大于进风口的压力，则烟火将通过外墙门窗缝隙，附着在外墙向上层蔓延。如果烟火进入楼梯间、电梯井、管道井、电缆井等竖向孔道，则大大加强烟囱效应。

火风压在不同情况及条件下的一般规律如下：

（1）火灾初期与火势发展期

在火灾初期，由于火势较小，火风压值相对较低。但随着火势的迅速发展，火源周围温度急剧上升，气体膨胀加剧，火风压值也随之迅速增大。

火势发展越迅速，产生的火风压越大。这是因为火势强烈时，热量释放更快，气体膨胀更剧烈，导致火风压数值显著增大。

（2）火灾在巷道或遇到建筑结构

巷道或建筑物的长度、宽度、高度以及倾斜角度等结构特点会影响火风压的大小。一般来说，高温烟火流经的巷道两端高差越大，火风压值越大。

巷道的形状和表面粗糙度也可能影响火风压。例如，光滑的表面可能减少摩擦，使得气流更为顺畅，从而增强火风压。

（3）环境条件的影响

外部环境的温度、湿度和风速等条件也可能对火风压产生影响。例如，在干燥、高温的环境中，火势更容易蔓延，火风压也可能相应增大。

风速对火风压的影响尤为显著。强风可能加剧火势的蔓延，增加火风压；而微风或静风条件下，火势蔓延速度可能较慢，火风压值相对较低。

（4）火灾位置与蔓延方向的影响

当火灾发生在建筑物的较低层时，火风压对上层的影响可能更为显著。这是因为热量和烟气在上升过程中会加强火风压的作用，使得上层受到更大的压力。

火风压的方向通常向上，但具体蔓延方向还受到建筑物内部结构和通风条件的影响。在某些情况下，火风压可能导致风流逆转，使有毒有害气体在建筑物内部扩散。

4．外界风作用引起的烟气流动

建筑物矗立在空气中，其外部大气压力分布不一定是均匀的。受风速、风向、建筑高度和平面形状等多种因素的影响，外部大气压处于动态变化之中。风吹向建筑物，被风吹击的建筑外立面，称为迎风面。相对的建筑立面被称为背风面。建筑物的迎风面附近大气压一般会增大，成为正压区。建筑物的背风面附近大气压力会降低，成为负压区。建筑物一侧为正压区，另一侧为负压区，大气压力差通过建筑物外墙上的门窗缝隙迫使建筑物内的空气从高压一侧流向低压一侧，如果建筑物内有火灾烟气，也将按照这个方向顺势流动。

显然，建筑物两侧的大气压力差的大小直接影响烟气的流动速度。压差越大、烟气流速越快，压差越小、烟气流速越慢。研究表明，压力差的大小与烟气的流速的平方成正比。

建筑物外部风力作用影响建筑火灾烟气的流动，还会影响火灾蔓延的方向。正确理解建筑物外部风作用对火灾的影响，对于决定火灾救援方案等具有积极意义。

建筑物在风力作用下的压力分布如图1.1-3所示。

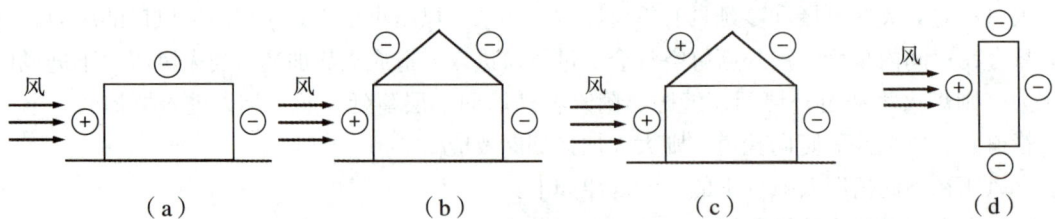

图1.1-3   建筑物在风力作用下的压力分布
（a）平屋顶建筑（立面图）；（b）倾角小于30°坡屋顶建筑（立面图）；
（c）倾角不小于30°坡屋顶建筑（立面图）；（d）建筑平面图

5．烟气通过空调系统管道流动

为了提高生活和工作环境品质，许多现代建筑中均设置有暖通空调系统。它能够调节室内空气温度，使其保持相对稳定。它能够向室内输送新风，并将室内污浊空气排出室外，保持室内空气清新。

高大建筑的暖通空调通常采用集中空调系统，集中空调系统通过相互连通的送、回风管将建筑中的多个空间联系在一起。只要有一个空间发生火灾，热烟气就有可能通过相互连通的送、出风管扩散到其他空间，导致火灾的蔓延。如果火灾发生时，空调系统还在运转，将加速热烟气流动速度，造成火灾的快速传播。

为防止火灾发生时，热烟气通过空调管道流动扩散，规范要求工程设计时，要采取以下技术措施：

1. 当确认火灾发生时，应能联动关闭空调系统。

2. 将通风口设计为防火防烟通风口。

3. 在通风管道的适当位置设置防火阀，当防火阀感知到其中通过的空气温度超过一定数值时，防火阀将自动关闭，以阻止高温烟气蔓延。

在暖通空调系统中，防火阀一般安装在空调、通风系统的送、回风管路上以及风管穿越防火墙和结构变形缝处，主要功能是在火灾时控制烟气的流动，阻止火势通过风管蔓延。防火阀如图1.1-4所示。

图1.1-4 防火阀

常见的防火阀为70℃防火阀，70℃防火阀通常被设计为常开阀门，即在正常情况下，阀门保持开启状态。当管道内的烟气温度达到70℃时，防火阀内部的易熔片会熔断，使得阀门在弹簧或重力作用下自动关闭。

70℃防火阀实物如图1.1-5所示。其在防排烟系统设计图纸管道中的标识如图1.1-6所示。

图1.1-5 70℃防火阀实物

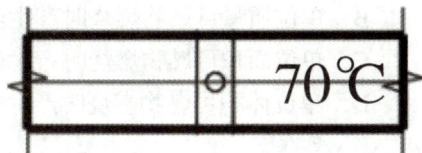

图1.1-6 70℃防火阀图示标识

在暖通空调系统中的70℃防火阀，一般可以分以下几种类别：

（1）70℃防火阀

该类防火阀一般为常开式，不可调节型，一般设置在水泵房、冷机房进排风、空调机房（非消防通风类的空调机房）；电气消防系统对其不进行监视及控制。其动作时的反馈信号一般作为关闭空调机组的控制信号。

（2）70℃防火调节阀

70℃防火调节阀的功能和作用与70℃防火阀相似，但70℃防火调节阀可以被手动调节。

（3）70℃防火阀（DC24V）常开类

此类防火阀在空气达到70℃熔断关闭，需手动复位，动作时输出电信号。一般安装在防排烟风机房内、风机与风井间、风机与风机房出口处、空调支管处；电气消防只监不控，机房主管处阀门连锁关闭风机（补风风机、加压风机）。

（4）70℃全自动防火阀（DC24V）

此类防火阀一般安装在消防转换补风兼平时送风的主管或支管处。多用于气体灭火系统，由气体灭火控制器控制，并通过消防电气监控，当其熔断时联动关闭补风机。

由暖通空调系统造成的烟气流动，也是建筑内部火灾烟气流动的重要影响要素。在考虑通风防火设计的同时，也需要定期对暖通空调系统进行维护和检查，确保其能正常运行和有效性。在火灾发生时，应及时关闭相关设备，切断烟气流动的路径。

1.1.5 同步训练

1. 单选题

（1）美国材料与试验协会（ASTM）给烟气的定义中不包括以下哪一项？（   ）

A. 固态悬浮微粒　　　　　　　　　　　B. 液态悬浮微粒

C. 高温气体　　　　　　　　　　　　　D. 氧气

（2）火灾中遇难者主要是什么原因导致死亡？（   ）

A. 直接被火烧伤　　　　　　　　　　　B. 吸入大量烟尘及有毒气体

C. 被倒塌的建筑物砸伤　　　　　　　　D. 过度恐慌导致的心脏病发作

（3）烟气流动的逆烟囱效应通常发生在什么情况下？（   ）

A. 建筑物内部温度高于外部环境温度　　B. 建筑物内部温度低于外部环境温度

C. 建筑物处于封闭状态　　　　　　　　D. 建筑物内部发生火灾

（4）在火灾中，燃烧发烟量是指什么？（   ）

A. 单位质量可燃物燃烧时产生的有毒气体量

B. 单位质量可燃物燃烧时产生的烟气总量

C. 单位面积可燃物燃烧时产生的烟气量

D. 单位体积可燃物燃烧时产生的烟气量

2. 多选题

（1）烟气具有哪些特性？（   ）

A. 毒性　　　　　　　　　　B. 高温性　　　　　　　　　　C. 遮光性

D. 蔓延性   E. 清洁性

（2）燃烧过程中，物质可能发生哪些化学反应？（　　　）

A. 氧化   B. 还原   C. 水解

D. 分解   E. 聚合

（3）发烟性能包括哪些方面？（　　　）

A. 发烟量   B. 发烟速度   C. 烟的密度

D. 材料的燃烧温度   E. 烟的颜色

（4）影响烟气流动的因素包括哪些？（　　　）

A. 烟囱效应   B. 火风压   C. 外界风

D. 空调系统   E. 室内湿度

（5）烟气流动压力中性面的位置会受到哪些因素的影响？（　　　）

A. 层流和湍流   B. 密度和温度   C. 烟气的速度分布

D. 烟气的流动方向   E. 建筑物高度

3. 判断题

（1）烟气只包含固态和液态悬浮微粒，不包含高温气体。   （　　　）

（2）火灾烟气中的微粒大小对火灾的可见性和探测性没有影响。   （　　　）

（3）逆烟囱效应通常发生在建筑物内部温度高于外部环境温度时。   （　　　）

（4）燃烧发烟量是指单位质量可燃物在一定燃烧温度下，燃烧时所产生的烟气总量。

        （　　　）

（5）烟气的光学密度越大，说明烟气对光线的吸收和散射作用越强。   （　　　）

任务 1.2
火灾烟气的危害性认知

火灾烟气的
危害性认知

【学习目标】

知识目标	能力目标	素质目标
了解烟气的主要危害	能描述烟气的主要危害性	1. 提高安全防范意识； 2. 热爱生活，珍惜生命

【思维导图】

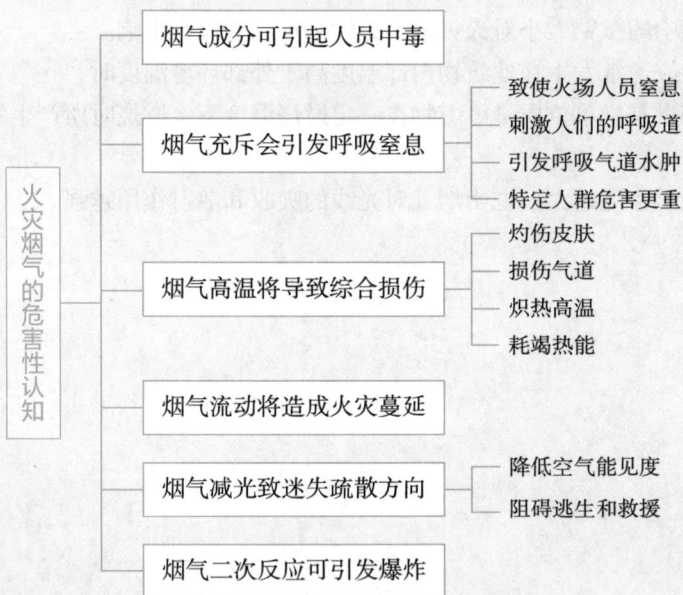

我们在任务1.1中了解到燃烧烟气的产生、构成和特性，它是燃烧烟气的普遍特性。

在建筑工程使用过程中，在建筑内某处发生了燃烧，当燃烧失去了控制，就演变成建筑火灾。建筑火灾的燃烧，除了具有任务1.1所描述的特性外，还有以下特点：

1. 建筑物内火灾是在有限的空间内发生的燃烧

由于建筑物内火灾是发生在有限空间内的燃烧，因此，所产生烟气的流动方向就不会自由，而会受到建筑楼板、墙体以及门窗的限制。建筑空间内的热烟气首先是聚集，充斥在火场空间内，再逐步向相邻空间扩散、蔓延。这就形成了烟气的充斥、遮光和受限流动。

2. 时间和空间上失去控制的燃烧

建筑火灾发生在意想不到的时间内，燃烧规模也会超过预期，难以控制。等到发现的时候，火势可能发展到难以扑灭的程度。室内温度迅速增高，超过人员能够承受的程度，灼伤火场人员。

3. 可燃物多种多样且不确定的燃烧

建筑室内功能不同，装饰装修用材也千差万别，复杂多样，存储的物品也不一样。由此得到的燃烧产物也难以预料。有的会产生有毒气体，有的可能相互发生二次反应。

1.2.1　烟气成分可引起人员中毒

火灾烟气中常常含有CO、CO_2、氰化氢、卤化氢、氮的氧化物、光气及其醛、醚等多种有毒有害气体。常见高分子材料燃烧所产生的有毒有害气体见表1.2-1。

常见高分子材料燃烧所产生的有毒有害气体　　　　　　　　表1.2-1

燃烧材料来源	气体产生种类
有机高分子	一氧化碳、二氧化碳
羊毛、皮革、聚氨酯、尼龙、氨基树脂等含氮高分子材料	氰化氢、一氧化氮、二氧化氮、氨
羊毛、硫化橡胶、含硫高分子材料等	二氧化硫、二硫化碳、硫化氢
聚氯乙烯、含卤素阻燃剂的高分子材料、聚四氟乙烯	硫化氢、氟化氢、溴化氢
聚烯类及许多其他高分子材料	烷、烯
聚氯乙烯、聚苯乙烯、聚酯等	苯
酚醛树脂	酚、醛
木材、纸张、天然原木纤维	丙烯醛
聚缩醛	甲醛
纤维素及纤维产品	甲酸、乙酸

一般有机高分子材料燃烧及热解生成物成分种类繁杂，有时多达上百种，然而对人有毒害效应的气体生成物只是其中一部分，这些气体的毒害性成分基本上可分为三类：导致窒息性或昏迷性成分、对感官或呼吸器官有刺激性的成分、其他异常毒害性成分。

在着火房间等场所，这些气体的含量极易超过人们生理正常所能承受的浓度，造成中毒或刺激性伤害。有的产物或水溶液具有较强的腐蚀性，造成人体组织坏死或化学灼伤等。对火灾死亡人员的生理解剖分析表明，CO和HCN是主要致死毒气。火灾烟气的毒性不仅来自气体，还可能来自悬浮固体颗粒或吸附于烟尘颗粒上的物质。大多数死者的气管和支气管中含有大量烟灰沉积物、高浓度的无机金属等。研究表明，火灾中的死亡人员中，约有一半是由CO中毒引起的，另外一半则由直接烧伤、爆炸以及其他有毒气体伤害致死的。

火灾烟气中的一氧化碳是一种无色、无味、无臭的有毒气体。人类吸入一定量的一氧化碳会导致血液中氧含量下降，造成一氧化碳中毒，引起头晕、恶心、呕吐、意识丧失甚至死亡。

1.2.2 烟气充斥会引发呼吸窒息

建筑物发生火灾时，火源所在空间很快就会充斥着各种气体混合而成的烟气，同时，燃烧还在不断消耗着氧气，造成空气中氧气稀薄。一定时间后，空气中的氧含量低于人们生理所需正常数值，火场人员就会感到呼吸困难，并最终导致窒息。

人类习惯于在氧气含量为21%（体积分数，下同）的大气下自在活动。

由于火灾引发的亢奋及活动量的增加，往往增加人体对氧气的需求，因此在氧气含量尚高时，实际上人可能已出现缺氧症状。研究显示，当环境氧气含量低于9.6%时，人们无法继续进行避难逃生，而此值常作为人员需氧的临界值。同时，燃烧产物CO_2含量过高会刺激呼吸系统，引起呼吸加速从而产生窒息作用。

现代建筑中，房间的气密性大多较好，故有时少量可燃物的燃烧就会造成氧含量的大大降低。大量的火灾案例表明，呼吸方面的危害是最重要火灾危害。

1．致使火场人员窒息

火灾烟气中含有大量有毒微粒和气体，如一氧化碳、二氧化碳、氢氰酸气体及其他有害微粒，使得空气中的氧稀薄，导致火场人员呼吸困难、窒息，严重的将威胁生命安全。

2．刺激人们的呼吸道

火灾烟气中的颗粒物和化学物质可能会刺激呼吸道黏膜，引起呼吸道炎症、喉咙痛、咳嗽和哮喘等症状。长时间暴露在火灾烟气中，还可能导致气道和肺部损伤，加重呼吸道疾病的发展。

3．引发呼吸气道水肿

长时间吸入火灾烟气中的微粒和有害气体可能导致气道水肿和肺部感染，造成呼吸困难和呼吸衰竭，严重影响呼吸功能，威胁生命安全。

4．特定人群危害更重

儿童、老年人、孕妇和患有呼吸系统疾病的人群对火灾烟气的耐受力较低，更容易受到影响，可能导致更严重的健康问题甚至死亡。

1.2.3 烟气高温将导致综合损伤

火灾是在时间和空间上失去控制的燃烧，能产生大量的热量。热量以热传导、热辐射、热对流的形式向外传递。火灾烟气是燃烧或热解的产物，在物质的传递过程中，其携带大量热量离开燃烧区，其温度非常高，火场上火灾烟气温度往往能达到300～800℃，甚至超过可燃物质的热分解温度。

火灾烟气高温将导致以下危害：

1．灼伤皮肤

火灾烟气温度通常非常高，特别是在火焰熊熊燃烧的现场，烟气中含有炽热的火焰和高温的气体。接触到高温烟气会导致皮肤灼伤甚至灼伤性休克，严重时可能造成组织坏死和烧伤。

2．损伤气道

吸入高温烟气会对呼吸道黏膜造成损伤，特别是热气体、蒸气和烟雾中含有的有害化学物质会对气道黏膜产生直接损伤，引起喉咙痛、咳嗽和气道水肿，严重时可能导致气道烧伤和呼吸困难。

3．炽热高温

火灾烟气会导致火灾现场周围环境温度急剧上升，加剧火灾的扩散和破坏程度，可能造成更广泛的损失和危害。

4．耗竭热能

长时间暴露在高温烟气中会导致人体大量散失热能，引起体温升高和脱水，严重时可能导致中暑和热衰竭，危及生命安全。

1.2.4　烟气流动将造成火灾蔓延

建筑物的走道、楼电梯前室、楼电梯等公共区内一般不允许放置物品，可燃物更不允许存放，因此，火灾发生在上述公共区域的可能性极小。建筑火灾一般都是首先发生在功能房间内，因为功能房间里物品、家具较多，人员活动频繁，火灾风险相对较大。

由于烟气具有流动性，火灾烟气会在发生地向上流动，遇到顶棚等遮挡物后，将向四周流动，当烟层厚度增大，烟层底面低于门窗洞口顶端时，烟气将从着火房间的门窗洞向外溢流。它可能直接溢流到室外，也可能溢流到走道或相邻空间。

溢流出房间的烟气可能沿着三种路线流动：

第一条线路：从着火房间→经外门窗→到室外。

第二条线路：从着火房间→经相邻上层房间→经外门窗→到室外。

第三条线路：从着火房间→经走廊→经楼梯间→到上部楼层→经外门窗→到室外。

疏散通路的安全分区示意图如图1.2-1所示。

在建筑火灾中，门、窗、走廊、楼梯、管道、孔洞等是烟气流动的主要途径。由于火灾烟气温度高，流动快，且沿着空间的顶部蔓延，极易导致所经过空间的吊顶、窗帘等可燃物着火，造成火灾迅速蔓延。

同时，高温烟气密度比冷空气小，浮力作用下向上升腾，遇到水平楼板或顶棚时，改为水平方向流动，这就形成了烟气的水平扩散。这时，如果高温烟气的温度降低不明显，那么上层将是高温烟气，而下层是常温空气，形成两个明显分离的层流流动层。实际上，烟气在流动扩散过程中，一方面总有冷空气掺混，另一方面受到楼板、顶棚等建筑围护结构的冷却，温度会逐渐下降。

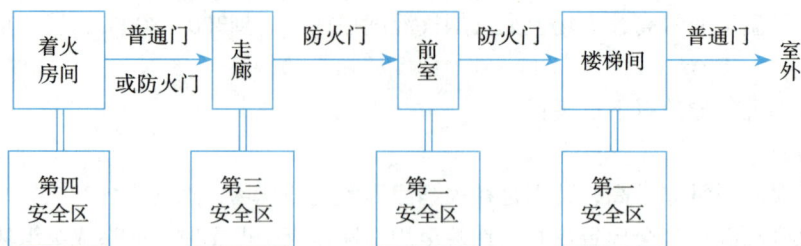

图1.2-1　疏散通路的安全分区示意图

对主体为耐火结构的建筑来说，烟气蔓延的主要原因有：

1. 未设置有效的防火分区，火灾在未受限制的条件下蔓延。
2. 洞口处的分隔处理不完善，火焰穿越防火分隔设施而蔓延。`
3. 防火隔墙和房间隔墙未砌筑至顶板，火焰在吊顶内部空间蔓延。
4. 采用了可燃构件与装饰物，火焰通过可燃的隔墙、吊顶、地毯等蔓延。

火灾烟气的蔓延速率与烟气温度和蔓延方向有关。火灾烟气在水平方向的扩散流动速率较小，在火灾初期为0.1~0.3m/s，火灾中期为0.5~0.8m/s；火灾烟气在垂直方向的扩散速度较快，流动速率为1~5m/s，在烟囱效应作用下可达6~8m/s。

1.2.5　烟气减光致迷失疏散方向

由于火灾烟气中存在着大量的悬浮颗粒和液体微粒，具有较强的减光作用，使火场中的能见距离明显降低，从而影响火场人员的安全疏散，迷失疏散方向，严重阻碍救援人员及时救援。

火灾烟气的减光作用可以用减光系数K来表示。当可见光通过烟气层时，烟粒使光线的强度减弱，光线减弱的程度与烟粒的浓度有密切关系。此外，人的能见距离还与火灾烟气的刺激性有关。在浓度大且刺激性强的烟气中，眼不能长时间睁开，不能较好地辨别方向，这会影响行走速率。试验表明，当减光系数为0.4m^{-1}时，通过刺激性烟气的速率仅是通过非刺激性烟气时的70%；当减光系数大于0.5m^{-1}时，速度降至约0.3m/s，相当于蒙上眼睛时的行走速度。

在建筑设计时，通常会在疏散出口和疏散通道的一定位置设置有应急照明和疏散指示标志，其主要目的是解决火灾情况下，烟气减光导致火场人员看不清疏散方向的问题。

火灾烟气对能见度的影响是极其严重的，其主要危害包括：

1. 降低空气能见度

火灾烟气释放出大量的烟雾和有害气体，会导致空气中的颗粒物增加，使空气变得浑浊，能见度急剧下降。这对人们的视觉感知造成严重影响，甚至可能导致零能见度的情况出现，人们无法看清周围的环境，增加逃生和救援的难度。

2. 阻碍逃生和救援

当火灾发生时，烟气不仅影响了火场内的能见度，还会蔓延到周围区域，阻碍逃生者和救援人员的视线。在极端情况下，烟雾可能会完全遮蔽周围环境，使得逃生和救援变得极其困难。

烟气对能见度的影响主要有两方面：一是烟气的减光性使能见度降低，疏散速度下降；二是烟气有视线遮蔽及刺激效应，会助长惊慌情绪，扰乱疏散秩序。

在许多情况下，逃生途径中烟气能见度低往往比高温更令人难以忍受。能见度指的是人们在一定环境下刚好能看到某个物体的最远距离。火灾烟气中往往含有大量的固体颗粒，从而使烟气具有一定的遮光性，这将大大降低建筑物中的能见度，影响疏散人员寻找出口和做出正确判断。

能见度主要是由烟气的浓度决定的，同时还受到烟气的颜色、物体的亮度、背景的亮度以及观察者对光线的敏感程度等因素的影响。

一些试验数据和大量火灾案例表明，建筑内即使设置了应急照明和疏散指示标识系统，烟气仍可影响人们辨识目标和降低疏散能力。在一些国外的研究试验中，烟气对眼睛的刺激作用（包括烟气的作用时间、刺激程度等）都会影响人的移动速度。

在不同的烟气浓度或者能见度下，不同的心理承受能力的人会表现出不同的应对行为。当能见度较低时，有些人会无法给出决策，甚至会出现胡乱逃生的异常行为；与此同时，人们对建筑物内部空间熟悉程度也会影响个人对发生火灾时，对寻找安全路径的判断能力。

较小的建筑空间，到达安全出口的距离短，人员对建筑物比较熟悉，要求就相对松一些。相反，建筑空间较大，疏散出口较远，人员对空间环境较陌生时，则要求能见度要更高。

人员可以耐受的能见度极限值见表1.2-2。

人员可以耐受的能见度极限值　　　　　　　　　　　表1.2-2

参数	小空间	大空间
光学密度（m^{-1}）	0.2	0.08
能见度（m）	5	10

1.2.6 烟气二次反应可引发爆炸

可燃物在封闭空间燃烧时，有时可能会发生不完全燃烧。不完全燃烧得到的不完全燃烧产物，通常有易燃或易爆物质，而且这些物质的爆炸下限都不太高，极易与空气混合形成爆炸性的混合气体，使火场发生爆炸。

在建筑发生火灾时，建筑物内的可燃物种类多、数量大、燃烧条件复杂，极易发生不完全燃烧。多种可燃物发生不完全燃烧生成的产物之间可能发生化学反应。如果这些可燃物质在一定条件下与新鲜空气混合并达到适当的浓度和温度，就可能发生二次燃烧。

为了防止烟气二次反应发生爆炸，需要采取适当措施。

首先，确保火场排烟行动的有效进行，避免烟气在封闭空间内积聚。其次，控制火场内的温度和火势，防止可燃物质过度积聚。此外，对于可能积聚可燃物质的空间或设备，应采取必要的防火和防爆措施，如设置自动灭火系统、安装防爆门等。

中国智慧——消防蓄水与艺术观赏完美结合的太平缸

太平缸

在故宫参观，我们不时会发现一些大缸，标识标注为"太平缸"。太平缸也叫消防缸或吉祥缸，顾名思义，有保护太平，保障吉祥的意思。

太平缸灌满水，放置在建筑物旁，平时可以养鱼观赏，还有保湿和调节空气的作用。一旦建筑发生火灾，人们就可以取水灭火，做到随用随有，确保太平安康。

太平缸可以用青铜铸造，也可以陶制或石材凿制而成。其表面可以镌诗刻词，雕龙画凤，将博大精深的中华文化元素尽附其表，成为一件件精美的艺术作品。

这种集养鱼、观赏、消防储水等多功能于一身的太平缸，体现了中华民族过人的智慧。新的征程，我们要将自己的聪明才智用于中国式现代化建设之中，在自己的从业领域里，为不断提高人民的生活品质，保障人民的生命财产安全而尽心竭力。

1.2.7 同步训练

1. 单选题

（1）火灾中导致死亡的主要原因是什么？（　　　）

A. 直接烧伤　　　　　　　　　　　B. 一氧化碳中毒

C. 爆炸　　　　　　　　　　　　　D. 窒息

（2）火灾烟气中，哪种气体是无色、无味、无臭的有毒气体，并且可能导致一氧化碳中毒？（　　　）

A. 氰化氢　　　　B. 一氧化碳　　　　C. 二氧化硫　　　　D. 氟化氢

（3）当氧气浓度低于多少时，人类无法继续进行避难逃生？（　　　）

A. 9%　　　　　　B. 9.6%　　　　　　C. 10%　　　　　　D. 12%

（4）火灾烟气在垂直方向的扩散流动速率是多少？（   ）

A．0.1～0.3m/s   B．0.5～0.8m/s   C．1～5m/s   D．6～8m/s

（5）火灾烟气中，哪种气体含量过高会刺激呼吸系统，引起呼吸加速从而导致窒息？

（   ）

A．一氧化碳   B．二氧化碳   C．氢氰酸   D．硫化氢

2．多选题

（1）火灾烟气可能包含哪些有毒和刺激性气体？（   ）

A．CO   B．CO_2 C．氰化氢

D．氟化氢   E．氧气

（2）火灾烟气对人体呼吸系统的危害可能包括哪些？（   ）

A．窒息

B．刺激和损伤呼吸道

C．呼吸困难和气道水肿

D．一氧化碳中毒

E．增强呼吸系统的抵抗力

（3）火灾烟气流动可能导致的火灾蔓延途径包括哪些？（   ）

A．从着火房间到室外

B．从着火房间到相邻上层房间再到室外

C．从着火房间到走廊再到上部楼层再到室外

D．从着火房间到楼梯间再到室外

E．从着火房间直接穿越到另一个相邻的楼层

（4）火灾烟气流动对耐火结构的主体建筑可能造成哪些影响？（   ）

A．未设有效的防火分区导致火灾蔓延

B．洞口处分隔处理不完善使火灾穿越防火分隔区域

C．防火隔墙和房间隔离墙未砌筑至顶板，火灾在吊顶内部空间蔓延

D．采用可燃构件与装饰物，火灾通过可燃的隔墙、吊顶、地毯等蔓延

E．耐火结构的建筑完全不受火灾烟气流动的影响

（5）火灾烟气降低能见度，带来的影响主要表现在哪些方面？（   ）

A．降低空气能见度

B．阻碍逃生和救援

C．影响人们的视觉感知

D．增加逃生和救援的困难

E．提升室内湿度

3．判断题

（1）火灾烟气中的一氧化碳是导致死亡的主要原因之一。   （   ）

（2）火灾烟气中的二氧化碳含量过高不会对人体造成危害。   （   ）

（3）火灾烟气中的烟粒对光线没有减弱作用。   （   ）

（4）火灾烟气中的不完全燃烧产物不会引发爆炸。   （   ）

任务 1.3
烟流的控制与定向排出

【学习目标】

知识目标	能力目标	素质目标
1. 了解烟气的主要控制措施； 2. 掌握烟气的控制原理及系统构成	1. 能分析采用防烟分区、自然通风防烟和机械加压送风防烟的烟流控制原理； 2. 能分析建筑中烟气的定向排出的方法及其应用	1. 培养终身学习的习惯； 2. 增强对事物管理和控制的理解； 3. 增强对事物疏导理念的领会

【思维导图】

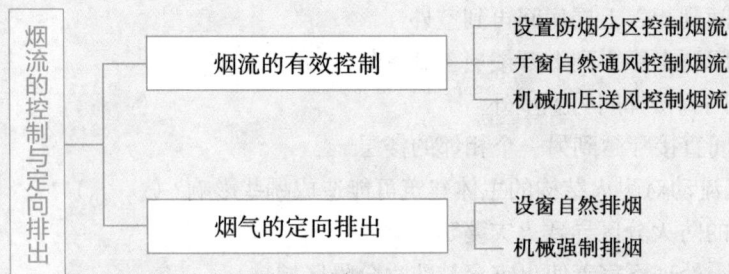

1.3.1 烟流的有效控制

在建筑设计中，应提前设置一些工程措施，当建筑发生火灾时，能立即采取有效控制手段，防止烟流进入指定空间，为人员疏散争取时间。

控制建筑火灾烟气流动的工程措施主要有以下三种：一是在较大建筑空间的顶部设置挡烟梁或挡烟垂壁，将较大的顶棚划分成若干小区域，也就是设置防烟分区。这样，可以将烟气控制一个较小的区域内，降低火灾损失。二是在可以开设外窗的空间外墙上开设足够大的外窗，可以通过外窗通风让火灾烟气流出，使得室内空间烟量降低。三是针对封闭逃生空间，使用送风机和管道系统将室外新风加压送到其中，使封闭逃生空间内的空气压力大于其他空间，避免其他空间烟气流入逃生空间，保证逃生空间内的空气质量。

1. 设置防烟分区控制烟流

根据《建筑设计防火规范（2018年版）》GB 50016—2014的解释，防烟分区是指在建筑空间顶面采用挡烟设施分隔而成，能在一定时间内防止火灾烟气向同一建筑内的其余部分蔓延的局部空间。挡烟设施是指具有一定耐火性能的不燃烧体所制作的挡烟垂壁、挡烟隔墙或从顶板下突出不小于500mm的挡烟梁等。

设置防烟分区有利于延长火灾烟气蔓延时间，限制火灾烟气污染范围，提高有组织排烟的效率等。大量火灾事故表明，建筑物内发生火灾时，烟气是阻碍火场人员逃生和消防救援人员灭火救援的最主要因素，是造成人员伤亡的最主要原因。因此，将高温烟气控制在设定的小区域，并通过排烟设施迅速将其排出室外，可以真正减少人员伤亡和财产损失，才能降低火灾的蔓延和发展速度。

2. 开窗自然通风控制烟流

控制烟气的另外一种措施就是开窗自然通风。就是在特定的建筑空间的外墙或顶棚上设置通风窗或通风口，当室内有烟气时，由于室内热烟气与室外自然空气之间存在压力差，烟气就会通过流动自然释放到室外，以避免火灾烟气在楼梯间、前室、避难层（间）等空间内积聚。

自然通风是经济有效的一种控制烟气的方式，它不需要另外消耗动力能源，而是合理利用室内外空气的温差、压力差的作用实现自然通风。在设计和施工时，一般只需要考虑开窗（口）位置、开窗（口）面积和开启装置等问题，能确保系统的长期有效性和可靠性。

（1）自然通风控烟的原理

自然界中，流体的流动方向通常是从高压区域流向低压区域，力求最终达到压力平衡。自然通风防烟正是利用了流体的这一特性。

具体做法是在建筑空间的外墙或顶棚上，设置一定面积的外窗（洞口）。平时，室内外相互连通、空气压力接近，自然平衡。当室内空间串入了热烟气，热烟气就会加热周围空气，使室内空气体积膨胀，室内空气压力增大并高于室外空气压力，室内外空气之间形成压力差。于是，室内热空气（包括烟气）就会自然地流向室外，实现通风效果。只要室内一增加热烟气，它就会自然地向室外流出。

自然通风防烟来源于热压作用和风压作用两个方面。

热压作用：当室内外存在温度差时，高温空气密度小，会自然上升，低温空气密度大，会自然下沉。这种部分空气上升、部分空气下沉的动态过程，就是热压作用引起的。

风压作用：当室外气流遇到建筑物时，会产生绕流流动。在建筑物迎风面外一定区域形成正压区，在建筑物的顶部和背风面形成负压区。如此一来，就在同一建筑物的两个侧面出现了压力差，这种压力差会促进室内空气穿过门窗缝隙进行流通。

（2）自然通风控烟的设置

除了在建筑空间的外墙上开设窗或洞口外，在防烟楼梯间的前室或合用前室外墙上设置全敞开的阳台和凹廊，利用室外自然风进行通风也是控烟的方式之一。在楼梯间的前室或合用前室设置两个及以上不同朝向的可开启外窗，同样可以实现自然通风。自然通风防烟的设置方式如图1.3-1所示。

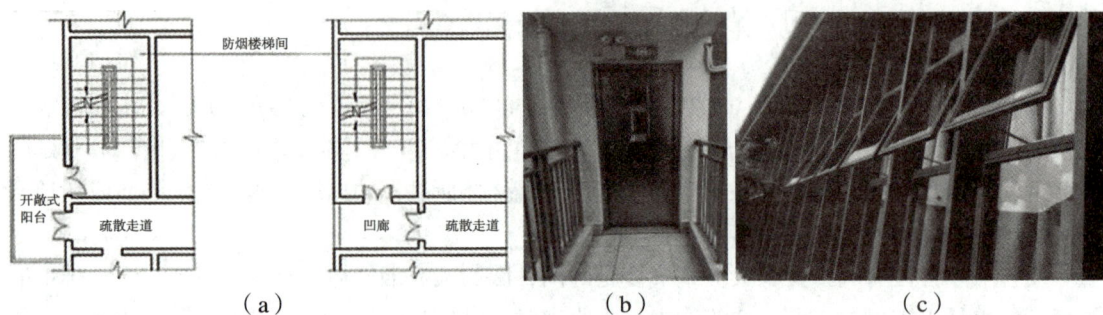

图1.3-1　自然通风防烟的设置方式
（a）开敞式阳台凹廊；（b）全敞开式阳台；（c）可开启外窗

3．机械加压送风控制烟流

建筑物发生火灾时，除了需要尽快扑灭初起火灾，更重要的是引导火场人员疏散。建筑内的人员疏散通常是先疏散到走道，再通过楼梯间前室，经由楼梯到达首层大厅，最后疏散到室外。

工地现场
（屋面加压送风机）

工地现场
（加压送风口）

工地现场
（楼层加压送风设备）

在这一过程中，人员在楼梯间中的疏散需要较长时间。必须确保在任何情况下，疏散楼梯间内不能流入烟气，以免干扰疏散。因此，我们通常把层数较多的建筑疏散楼梯设计成防烟楼梯间，并在其与走道之间设置防烟楼梯间前室。为保障疏散安全，防烟楼梯间及其前室必须采取防止烟气流入的技术措施。

我们通常采用机械加压送风防烟系统来对防烟楼梯间及其前室进行送风加压，以阻止其他区域的烟气串入其中。机械加压送风防烟系统的原理是利用加压送风风机，将室外新鲜空气通过一套管道系统输送到防烟楼梯间及前室内，使得其中的空气压力高于其周边区域一定值，从而防止热烟气流入。

通常情况下，防烟楼梯间及其前室属于加压区域，压力较大，而走道、功能房间内属于非加压区域。两者之间一般是通过墙壁、楼板及门窗等挡烟构件进行分隔。挡烟构件两侧的压力差可以有效阻止烟气通过门窗缝隙流入加压区。即使在火灾发生时，人员向楼梯间疏散需要开启门窗，由于压差导致空气流动，且空气流向与烟气流向相反，依然能阻止烟气流入加压区域。

通常，机械加压送风系统主要包括以下设备：

1）加压送风风机：作为加压送风系统的核心设备，通常由三相异步电动机供给加压动力，一般情况下被安装在专用送风机房内。

2）送风管道：用于将风机吸入的室外新鲜空气输送到室内预定空间。

3）防火阀门：控制空气的流量和速度，根据需要开启或关闭。

4）进风口：设置在建筑物防烟楼梯间或前室侧墙上，用于将室外新鲜空气送到室内。

5）控制系统：负责接收火灾信号，控制风机的启动和停止以及与其他消防设备的联动。

机械加压送风防烟系统示意如图1.3-2所示。

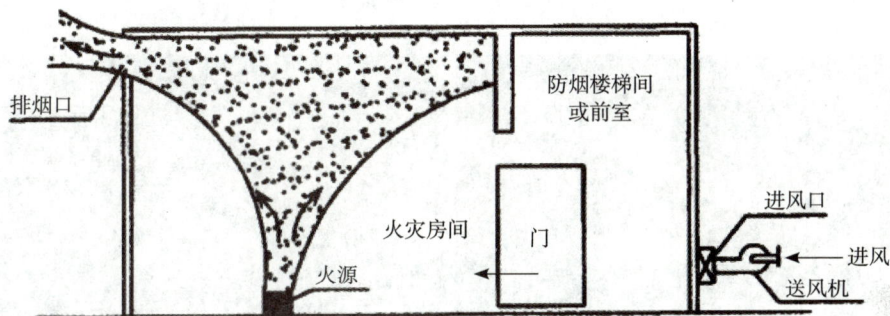

图1.3-2　机械加压送风防烟系统示意

机械加压送风系统的优点是能有效地防止烟气侵入所控制的区域，而且由于持续送入大量的新鲜空气，不会导致缺氧等不利情况发生，机械加压送风系统特别适合于作为疏散通道的楼梯间及前室的防烟措施。

1.3.2　烟气的定向排出

烟气定向排出的措施主要有两种。一是通过设置排烟窗（洞口），实现自然排烟；二是设置机械排烟系统，当火灾发生时，该系统可联动开启，将烟气排放至室外。

1．设窗自然排烟

（1）窗洞自然排烟的工作原理

依据物理学基本原理，通常情况下，烟气、液体等流体会从高压区域流向低压区域，设置窗洞自然排烟正是利用了这一原理。

设计时，在建筑房间的外墙上开设洞口或设置可开启外窗。当建筑发生火灾时，建筑室内可能产生较多热烟气。热烟气上升到室内顶部空间，致使顶部空气压力增大，一旦超过相邻室外空气压力，烟气便会自动通过外墙上的洞口或窗的开启扇向外溢流。

窗洞自然排烟方式不需要额外设置动力设备及管道系统，一次性投入成本较低，是工程设计中优先采用的一种排烟方式。

（2）窗洞自然排烟的设置方式

1）利用外窗（排烟口）排烟

外窗（排烟口）的作用是为室外新鲜空气的进入和室内热烟气的排出提供口部和通道。排烟口可以是建筑物的外窗，也可以是专门设置在侧墙上部的排烟洞口。

当建筑物设有可开启的外窗时，可以直接利用这些外窗进行排烟，如图1.3-3所示。在外窗实在无法开设或不能设置外窗的情况下，可以设置专用排烟洞口进行自然排烟，如图1.3-4所示。

自然排烟窗（口）的启闭有手动、温控释放等方式，还可以电动开启，如图1.3-5所示。

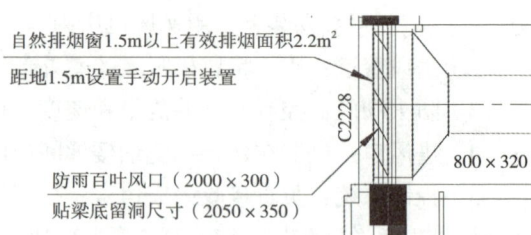

自然排烟窗1.5m以上有效排烟面积2.2m²
距地1.5m设置手动开启装置
C2228
800×320
防雨百叶风口（2000×300）
贴梁底留洞尺寸（2050×350）

图1.3-3 自然排烟窗示意

图1.3-4 专用排烟口

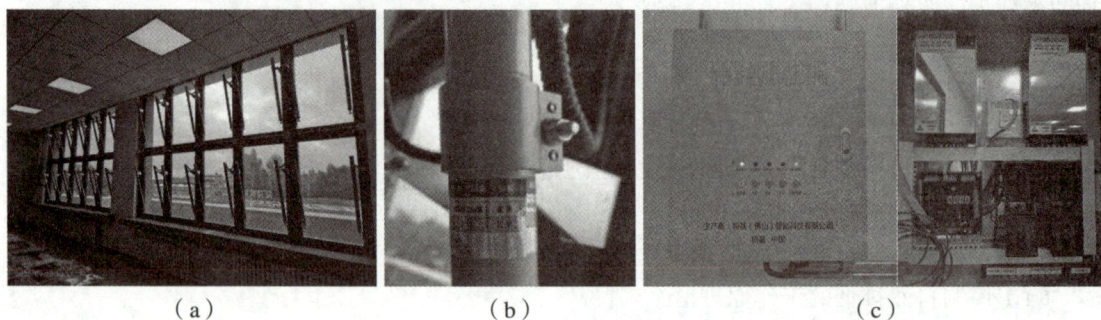

（a） （b） （c）

图1.3-5 电动自然排烟窗
（a）电动自然排烟窗；（b）电动螺杆式开窗器；（c）开窗器控制箱

2）利用建筑竖井排烟

利用专设的竖井（类似于烟囱），各层房间设排烟口与之相连接，当某层起火有烟时，排烟风口自动或人工开启，热烟气即可通过竖井排到室外。这种排烟方式实质上是利用了烟囱效应，由于烟囱效应产生的热压很小，而排烟量很大，因此要求竖井的截面面积和排烟风口的面积也要大，因而，这种排烟方式未得到广泛应用。

自然排烟设置方式示意如图1.3-6所示。

3）利用热熔天窗排烟

在存储发烟量大且储量也大的工业建筑，或是民用建筑的建筑中庭顶棚上，设计有时采用

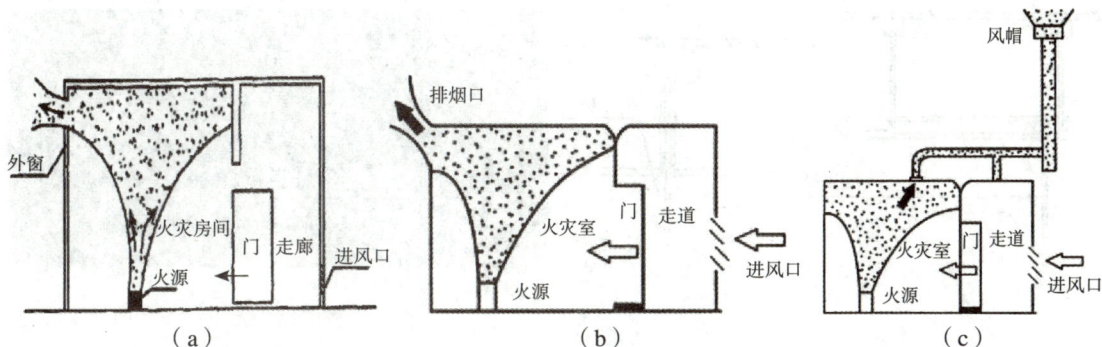

图1.3-6　自然排烟设置方式示意
（a）利用外窗排烟；（b）利用排烟口进行排烟；（c）利用专设的竖井排烟

热熔采光顶。当室内热烟气大量聚集，致使温度超过规定值时，顶棚上的热熔材料会发生熔化，从而使洞口敞开并自然排烟。

2．机械强制排烟

机械排烟是利用排烟风机和相应的管道系统把着火区域产生的高温烟气通过排烟口强制排至室外的排烟方式。机械排烟可有效地将烟气定向排出，以保障建筑内着火区域内的烟气得到有效控制，为火场人员的疏散和物资转移争取时间和空间条件。

机械排烟不受外界条件（如室内外温差、风力、风向、建筑特点、着火区位置等）的影响，能保持排烟效果。但机械排烟系统建设费用高，需要经常性的维修保养。若长期不维护保养，有可能在需要使用时无法启动。

机械排烟系统由隔烟设施、排烟口、排烟防火阀、排烟风机、排烟管道等组成。

（1）隔烟设施

隔烟设施是防烟分区边界上设置的墙体、挡烟梁或挡烟垂壁等阻碍烟气蔓延的设施。这里所说的墙体，是指因建筑功能需要而设置的防火墙、防火隔墙或其他分隔墙体，并非专门为隔烟而设置。挡烟梁通常是利用已有的结构梁，兼做挡烟梁。

1）挡烟梁

在做排烟设计时，如果划定的防烟分区边界上，结构设计师所设计的结构梁的截面高度较大，其在板底以下的截面高度不小于500mm，排烟设计师往往不再设置挡烟垂壁，而是直接将该结构梁作为防烟分区边界的隔烟设施，称作挡烟梁。也可能因隔烟需要，暖通工程师要求结构设计师适当加大梁的截面高度，以满足最低高度要求。一般不会因为隔烟需要而专门在防烟分区边界独立设置挡烟梁。

2）挡烟垂壁

当防烟分区边界既没有挡烟墙体，也没有符合要求的挡烟梁时，防排烟设计就不得不设置挡烟垂壁。挡烟垂壁如图1.3-7所示。

根据《挡烟垂壁》XF 533—2012的划分，按照安装方式来看，挡烟垂壁分为固定式挡烟垂壁和活动式挡烟垂壁；按照材料刚度性能区分，挡烟垂壁又可分为刚性挡烟垂壁和柔性挡烟垂壁。活动式挡烟垂壁如图1.3-8所示。

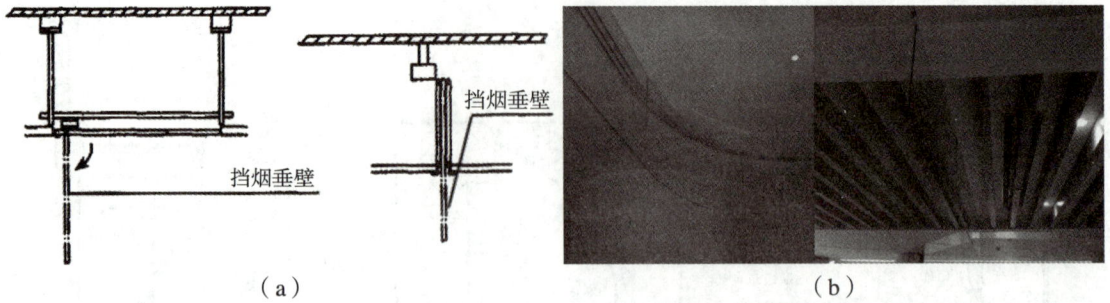

（a）　　　　　　　　　　　　　（b）

图1.3-7　挡烟垂壁

（a）挡烟垂壁示意；（b）挡烟垂壁安装实物

（a）　　　　　　　　　　　　　（b）

图1.3-8　活动式挡烟垂壁

（a）活动式挡烟垂壁示意；（b）活动式挡烟垂壁安装实物

（2）排烟口

火灾发生时，将建筑物内所产生的烟气排向室外或烟道的烟气入口称为排烟口。排烟口设置于烟气吸入口处，平时处于关闭状态，只有在发生火灾时才根据火灾烟气扩散蔓延情况予以开启。其开启方式有手动或自动两种方式，手动开启方式又分为就地操作和远距离操作两种。排烟口动作后，可通过手动复位装置或更换温度熔断器予以复位，以便重复使用。温度熔断器动作温度通常为280℃。

房间、走道排烟口至防烟分区最远水平距离示意如图1.3-9所示。

排烟口一般可分为板式和多叶式两种。

1）板式排烟口如图1.3-10所示，板式排烟口的开关形式为单横轴旋转式，其手动方式为远距离操作装置。

2）多叶式排烟口如图1.3-11所示，多叶式排烟口的开关形式为多横轴旋转式，其手动方式为就地操作和远距离操作两种。

（3）排烟防火阀

排烟防火阀是安装在排烟管道上的一种阀门，平时处于关闭状态。该类阀门由电动

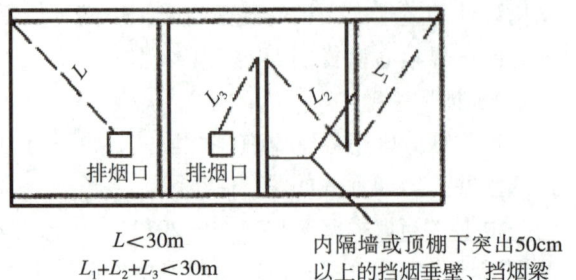

$L<30m$

$L_1+L_2+L_3<30m$

内隔墙或顶棚下突出50cm以上的挡烟垂壁、挡烟梁

图1.3-9　房间、走道排烟口至防烟分区最远水平距离示意

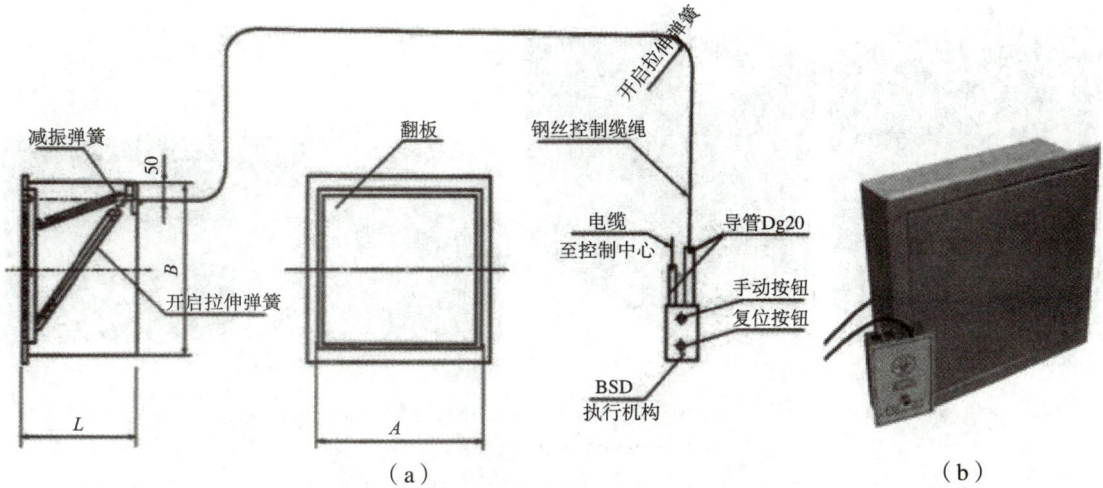

图1.3-10 板式排烟口
（a）板式排烟口结构示意；（b）板式排烟口实物

防火阀远程执行器的
结构认知

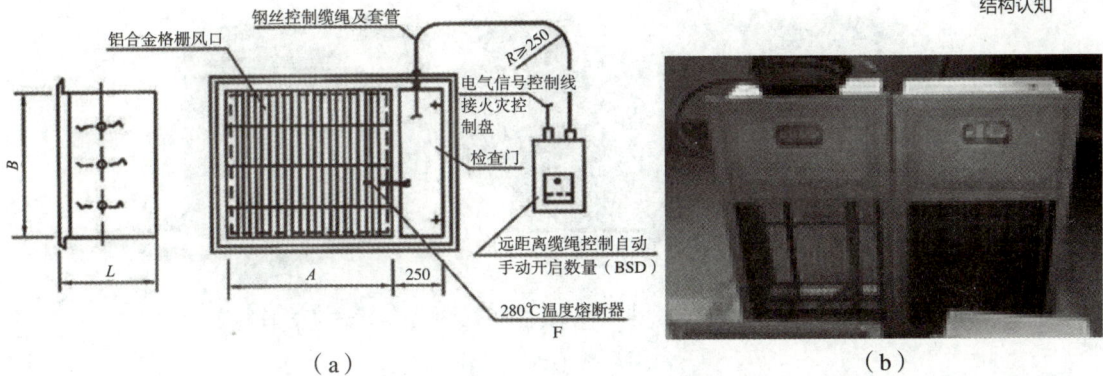

图1.3-11 多叶式排烟口
（a）多叶式排烟口结构示意；（b）多叶式排烟口实物

机或电磁机构驱动开启，与建筑中的感烟火灾探测器联锁。在阀门上装有易熔合金制作的温度熔断器，可利用重力和弹簧机构的作用关闭。

防火阀动作的
三种方式

280℃防火阀的
结构认知

当建筑物发生火灾时，感烟火灾探测器感知到火灾烟气后，向控制中心发出火警信号，控制中心通过DC24V电压将阀门迅速打开，保障排烟管道通畅。阀门开启后，即刻发出电信号至消防控制中心。阀门也可以手动打开，手动复位。

当火灾发展到一定程度，排烟道中的烟气温度高于280℃时，阀门上的熔断器发生熔断动作，排烟防火阀利用重力作用和弹簧机构的作用自动关闭，停止排烟。这表明建筑室内火场温度太高，此时排烟已经失去意义。排烟防火阀实物及铭牌如图1.3-12所示。

（a）   （b）

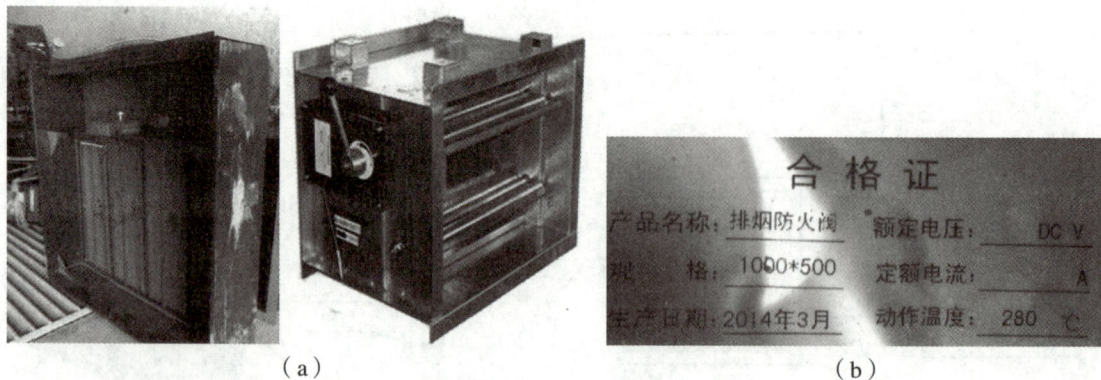

图1.3-12   排烟防火阀实物及铭牌
（a）排烟防火阀实物；（b）铭牌

（4）排烟风机

用于排烟的风机主要有离心式风机和轴流式风机两种，部分排烟风机需要配备排烟风机箱，如图1.3-13所示。

工地现场
（屋面防烟排烟风机）

（a）   （b）   （c）

图1.3-13   排烟风机
（a）离心式风机；（b）轴流式风机；（c）排烟风机箱

排烟风机应有备用电源，并设置自动切换装置。排烟风机应耐热、变形小，能够在排出280℃烟气时连续工作30min以上，仍能达到设计要求，烟气温度≤150℃时可长时间连续运行。排烟风机应在其机房入口处安装当烟气温度超过280℃时能自动关闭的排烟防火阀。另外，还有自带电源的专用排烟风机。

排烟风机常采用普通钢制离心式风机，可配备单速或双速电机，以满足平时排风换气和火灾时高温排烟的需求。平时风机以低速运行，火灾时风机切换为高速运行。高速运行超负荷时，只报警不动作。

中国智慧——"封火墙"在中国古建筑中的应用

马头墙

马头墙也称"封火墙",是我国古代徽派建筑中常用的一种构造元素。它一般设置在相邻建筑的分界墙上,也有只为提高建筑的美学效果,而设置在建筑内横墙上的。它既可作为徽派建筑标志性建筑符号,也具有阻止火灾火焰、烟气向相邻建筑蔓延的作用。

这种集美学造型与防火技术于一身的马头墙,之所以能广泛应用于民居建筑,必须得感谢徽州知府何歆。

明朝弘治年间,何歆就任徽州知府。当时,房屋建筑多为木质结构,一旦着火燃烧,就会失去稳定而坍塌。在何歆就任不久,徽州城内火患频发,多处房屋连片烧毁,损失十分严重。何歆看在眼里,急在心头。经过认真研究,他提出一种优化的建设方案。要求每五户人家为一伍,共同出资,在户与户之间用砖砌成"封火墙",阻止火灾时的火势蔓延,并以政令的形式在全徽州强制推行。一月之内,就建造了"封火墙"数千道,有效遏制了火烧连片的问题。

数百年来,全国各地纷纷效仿这一做法,并不断丰富"封火墙"形态,将其发扬光大。后人将具有这一独特风貌的建筑归为"徽派建筑"。

1.3.3 同步训练

1. 单选题

(1) 控制建筑火灾烟气流动的三种主要工程措施中,不包括以下哪项?(　　　)

A. 设置挡烟梁或挡烟垂壁　　　　　　B. 开设足够大的外窗

C. 使用灭火器灭火　　　　　　　　　D. 使用送风机和管道系统

(2) 根据《建筑设计防火规范(2018年版)》GB 50016—2014,防烟分区的作用是什么?(　　　)

A．提供额外的存储空间

B．防止火灾烟气向同一建筑内的其余部分蔓延

C．增加建筑的美观性

D．提高建筑的隔声效果

（3）防烟分区设置原则中，以下哪项是错误的？（   ）

A．防烟分区不应跨越楼层   B．防烟分区可以跨越防火分区

C．防烟分区应在一个防火分区内   D．对特殊用途的场所应单独划分防烟分区

（4）自然通风控烟的原理中，不包括以下哪项？（   ）

A．热压作用   B．风压作用

C．使用空调系统   D．室内外空气压力差

（5）机械加压送风控制烟流的主要优点是什么？（   ）

A．成本低廉   B．能有效防止烟气侵入控制区域

C．设备简单易维护   D．不受外界条件影响

2．多选题

（1）设置防烟分区的目的包括哪些？（   ）

A．控制烟气扩散范围   B．增加建筑的使用面积

C．减少火灾时的人员伤亡   D．提高建筑物的美观度

E．提升建筑功能分区

（2）自然通风控烟设置方式包括哪些？（   ）

A．在外墙上开设窗或洞口   B．在防烟楼梯间的前室设置全敞开的阳台

C．使用空调系统   D．设置两个及以上不同朝向的可开启外窗

E．设置280℃防火阀

（3）机械加压送风系统通常包括哪些设备？（   ）

A．加压送风风机   B．管道   C．防火阀门

D．空调系统   E．280℃防火阀

（4）机械排烟系统不受哪些外界条件影响？（   ）

A．内外温差   B．风力、风向   C．建筑特点

D．着火区位置   E．室内外温差

（5）窗洞自然排烟的主要方式包括哪些？（   ）

A．利用外窗或专设的排烟口排烟   B．利用竖井排烟

C．利用热熔天窗排烟   D．利用空调系统排烟

E．利用室内排气管道排烟

3．判断题

（1）防烟分区一般可以跨越楼层设置。   （   ）

（2）机械加压送风系统需要经常保养维修以保证其正常工作。   （   ）

（3）自然通风控烟不需要额外设置动力设备及管道系统。   （   ）

（4）机械排烟系统的设计计算相对简单，不需要专业知识。   （   ）

（5）窗洞自然排烟方式一次性投入高，维护成本也高。   （   ）

任务 1.4
机械防烟排烟系统配电

【学习目标】

知识目标	能力目标	素质目标
1. 熟悉负荷分级的基本概念； 2. 掌握风机控制箱的配电； 3. 掌握常见线管、线槽和常用线缆的相关知识	1. 具有负荷分级的能力； 2. 具有开关及线缆选型能力	1. 培养学生工匠精神、质量意识； 2. 培养学生安全意识及团队协作精神

【思维导图】

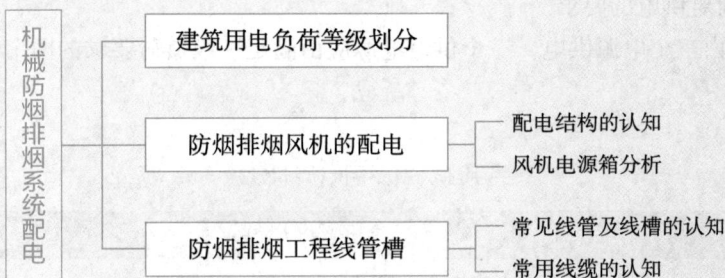

机械防烟排烟必然会用到机械装置，机械装置只有运转才能驱动烟气或空气流动，从而实现防烟排烟功能。而机械运转就必然需要驱动力，需要消耗能量。通常，机械防烟排烟系统的主要机械装置是防烟排烟风机，驱动风机运转的通常是电动机。因此，我们需要学习如何给风机电动机配电。应了解用电负荷分级方法，并熟悉风机的配电方式、消防线缆及其用途等。

1.4.1 建筑用电负荷等级划分

（1）负荷等级（用电负荷分级）

根据建筑物特点、供电可靠性及中断供电所造成的损失或影响程度，对建筑物的用电负荷进行分级，以便根据负荷等级采取相应的供电方式，提高投资的经济和社会效益。

用电负荷分级,风机配电

用电负荷分级主要从人身安全和经济损失两个方面来确定。通常，电力负荷可以分为四个等级：特级、一级、二级和三级。

根据《建筑电气与智能化通用规范》GB 55024—2022的规定，民用建筑主要用电负荷的分级应符合表1.4-1。带有多种应急电源的主接线示例如图1.4-1所示。

（2）不同电力负荷对供电的要求

1）特级负荷对供电的要求

特级负荷应由三个电源供电，三个供电电源应由满足一级负荷要求的两个电源和一个应急电源组成。

民用建筑主要用电负荷分级   表1.4-1

用电负荷级别	用电负荷分级依据	适用建筑物示例	用电负荷名称
特级	1）中断供电将危害人身安全、造成人身重大伤亡； 2）中断供电将在经济上造成特别重大损失； 3）在建筑中具有特别重要作用及重要场所中不允许中断供电的负荷	高度150m及以上的一类高层公共建筑	安全防范系统、航空障碍照明等
一级	1）中断供电将造成人身伤害； 2）中断供电将在经济上造成重大损失； 3）中断供电将影响重要用电单位的正常工作，或造成人员密集的公共场所秩序严重混乱	一类高层建筑	安全防范系统、航空障碍照明、值班照明、警卫照明、客梯、排水泵、生活给水泵等
二级	1）中断供电将在经济上造成较大损失； 2）中断供电将影响较重要用电单位的正常工作或造成公共场所秩序混乱	二类高层建筑	安全防范系统、客梯、排水泵、生活给水泵等
		一类和二类高层建筑	主要通道、走道及楼梯间照明等
三级	不属于特级、一级和二级的用电负荷	—	—

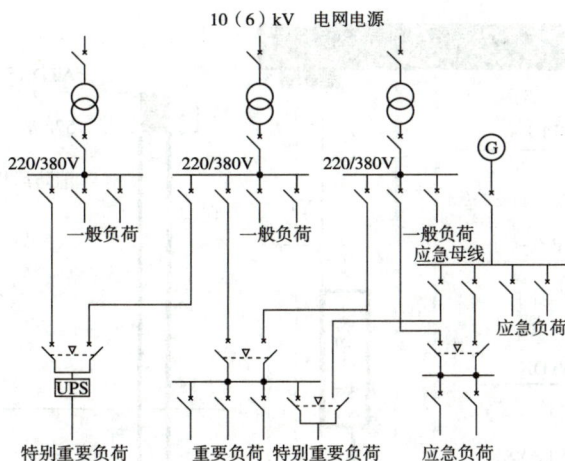

图1.4-1　带有多种应急电源的主接线示例

2）一级负荷对供电的要求

一级负荷应由双电源供电（即由两个相互独立的电源回路以安全供电条件向负荷供电），当一个电源发生故障时，另一个电源不应同时受到损坏。对于一级负荷中特别重要负荷，除上述两个电源外，还必须增设应急电源，并严禁将其他负荷接入应急供电系统中。

3）二级负荷对供电的要求

二级负荷宜由两回路供电，当发生电力线路常见故障或电力变压器故障时，应不至于中断供电或中断供电后能迅速恢复。常见的消防相关设施均采用二级负荷实现不间断供电。

4）三级负荷对供电的要求

三级负荷对供电无特殊要求。

1.4.2　防烟排烟风机的配电

建筑内的消防风机一般包括加压送风风机及机械排烟风机两类，其用电一般采用二级负荷，以实现不间断供电。以本教材所使用的工程项目（后续称案例项目）地下室消防风机电源箱ATDXSX为例，来分析其配电及控制情况。

1．配电结构的认知

案例项目的地下室消防风机电源箱ATDXSX，位于地下室负一层配电间内，采用双电源供电（本项目中的"常用母线"和"备用母线"），达到二级负荷要求。电源箱标识ATDXSX中的"AT"代表动力箱，"DXSX"是"地下室消"中文拼音首字母。地下室消防风机电源箱ATDXSX位置及其双电源配电如图1.4-2所示。

2．风机电源箱分析

以地下室消防风机电源箱ATDXSX为例，分析消防风机电源箱的设计文件中重要标识，具体说明如下：

（1）案例项目电线电缆选型

总电源线YJY-0.6/1.0，4×50+25，结合YJV、YJLV三芯电力电缆的持续载流量（A）。例

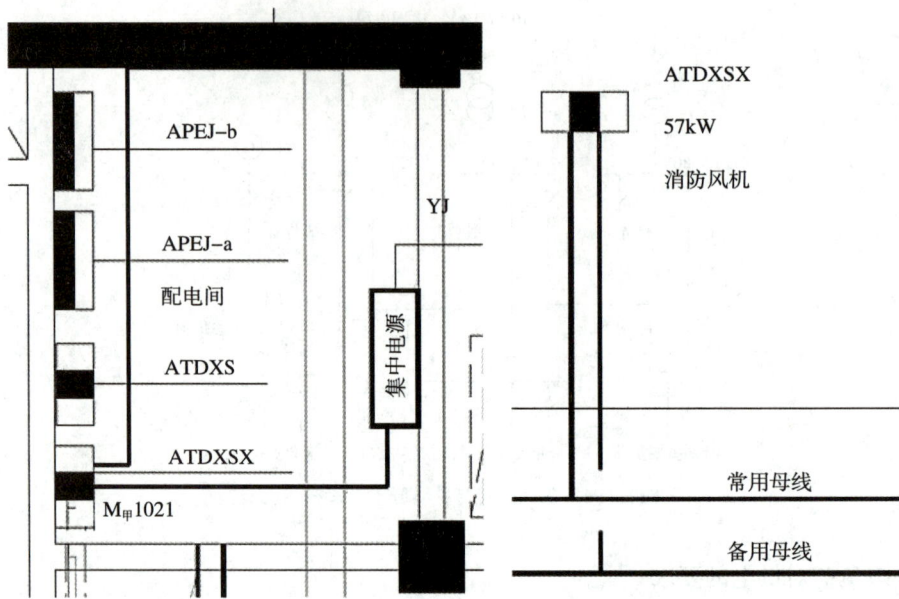

图1.4-2　地下室消防风机电源箱ATDXSX位置及其双电源配电

如：在ATDXSX配电箱中，根据计算负荷所计算出的计算电流为I_{js}=101.9A。

PY-D1-1风机控制箱的配线选用YJY-5×10线缆，其中"5×10"代表5根10mm²的铜芯导线，分别为3根相线ABC、1根中性线N及1根地线PE，它们的截面积均为10mm²。

（2）案例项目的开关配置

该电源箱通过ATSE双电源切换器，实现双电源供电。见表1.4-2。

开关箱系统图参数解读　　　　表1.4-2

图纸	标识	含义	设备参考图片
	ATSE/PC-D125A/4P	"ATSE"是指"Automatic Transfer Switching Equipment"，即自动转换开关。其他具体含义参考后文对双电源切换器的标识含义	
ATSE/PC-D125A/4P MCCB-160M125A/3208 MCCB-160M125A/3208 引至消防设备电源状态监控器 TP1200 总线：NH-RVS2×1.5mm 电源线：NH-BV2×2.5mm SC20同管敷设	MCCB-160M125A/3208	"MCCB（Molded Case Circuit Breaker）"指塑壳断路器，其规格为"125A"塑壳断路器，160A塑壳架电流（即断路器能承受的最大电流是160A），"3208"其中"3"代表3级3P开关，"2"表示断路器的脱扣方式是仅电磁（瞬时脱扣器），只有短路保护功能，如果该位数字是"3"，则表示具有热磁脱扣、过载和短路保护功能；"08"表示内部附件为报警触头	

续表

图纸	标识	含义	设备参考图片
	TP1200	TP1200是一种消防电源监视模块，用于消防电源主机监视该电源箱运行状态。它能够判断被监控电源的电压和电流状态，如过压、欠压、过流、缺相、断相等状态，数据经监控主机分析处理后可以指示相应电源故障类型，并发出声光报警信号	
ATSE/PC–D125A/4P MCCB–160M125A/3208 MCCB–160M125A/3208 引至消防设备电源状态监控器 总线：NH–RVS2×1.5mm 电源线：NH–BV2×2.5mm SC20同管敷设	NH–RVS 2×1.5mm	"NH"代表耐火（NaiHuo）的意思，表示这种电线具有在火灾情况下仍能保持一定时间运行的特性，不会立即失效，为救援和疏散提供了宝贵的时间；"RVS"代表软电缆中的聚氯乙烯绝缘双绞线，也被称为双绞线或麻花线，"2×"指的是电线由两芯组成，"1.5mm"指的是每芯的截面积是1.5mm^2	
	NH–BV 2×2.5mm	"NH"代表耐火，"BV"则代表铜芯聚氯乙烯绝缘电线，即电线内部为铜材质，外部覆盖有聚氯乙烯绝缘层。"2×2.5mm"表示电线的结构，其中"2×"表示电线由两芯组成，"2.5mm"则是指每芯的截面积是2.5mm^2	

1.4.3　防烟排烟工程线管槽

1．常见线管及线槽的认知

（1）管材

根据《建筑电气工程施工质量验收规范》GB 50303—2015等规范的规定，与消防相关的线路在暗敷时，应采用金属线管、可弯曲金属电气导管或B1级及以上的刚性塑料管进行保护；线路在明敷时，应采用金属管、可弯曲金属电气导管或槽盒保护；矿物绝缘类不燃性电缆可不加设套管直接明敷。

常见的金属线管有JDG金属管与KBG金属管。两者材质基本相同，都有银白色或黄色的外观；但壁厚不同，连接配件与连接方式也不一样。

JDG金属管与KBG金属管及其连接配件如图1.4–3所示。

其中，JDG金属管（套接紧定式镀锌管道，电气安装用刚性金属平导管）是一种电气线路的最新型保护装置使用管道；连接套筒及其金属附件由线缆紧固连接技术组成，无需做接地跨接线、焊接以及套丝，其外观呈银白色或黄色。KBG金属管也叫国标扣压管，KBG金属管是用优质薄壁板加工而成，管的内外两面进行冷镀锌处理，全方位保护；管道与管件的连接不需

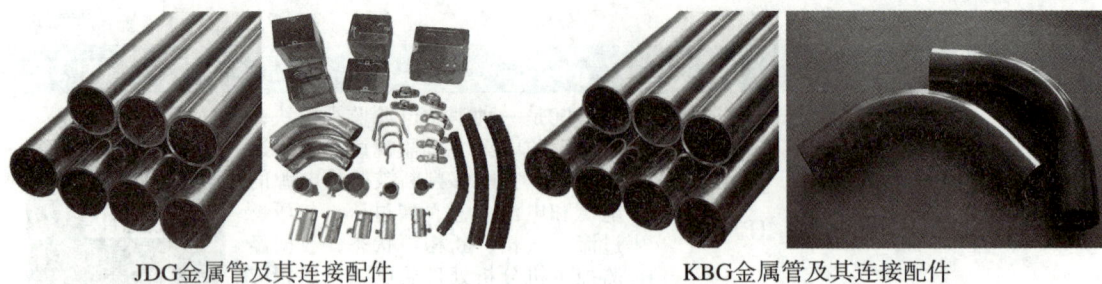

JDG金属管及其连接配件　　　　　　　　KBG金属管及其连接配件

图1.4-3　常见金属线管

要再跨接地线，一般可用于吊顶、明装等电气线路的工程安装。

（2）线槽

线槽相比线管具备穿线容量大的特点。常见的线槽包括塑料线槽与金属线槽。

在消防工程中，须用具有一定防火性能的防火线槽。该类线槽是一种封闭式的线槽系统，通常由阻燃材料制成，其外部表面可以封闭，能够有效地防止火焰和烟气的传播，提供较高的防火性能。

防火线槽通常安装在悬挂的顶板下，通过固定式的安装支架或者抗震支架进行固定，线槽的施工需要进行切割、连接、接地等相关工序。防火线槽及其安装方式如图1.4-4所示。

图1.4-4　防火线槽及其安装方式

消防相关的各类电气线缆的管路暗敷时，应敷设在不燃性结构内，且保护层厚度不应小于30mm。管路经过建筑物、构筑物的沉降缝、伸缩缝、抗震缝等变形缝处，应采取补偿措施（伸缩节），如图1.4-5所示。

常见的线管槽的敷设方式标识，见表1.4-3。

2．常用线缆的认知

（1）信号总线（消防总线）

连接消防模块的信号总线的线缆常用NH-RVS线缆，其代表铜芯聚氯乙烯绝缘绞型连接用软电线、对绞多股软线，简称双绞线，俗称"花线"。"NH"代表耐火材质，"R"代表软线，"V"代表聚氯乙烯（绝缘体），"S"代表双绞线。

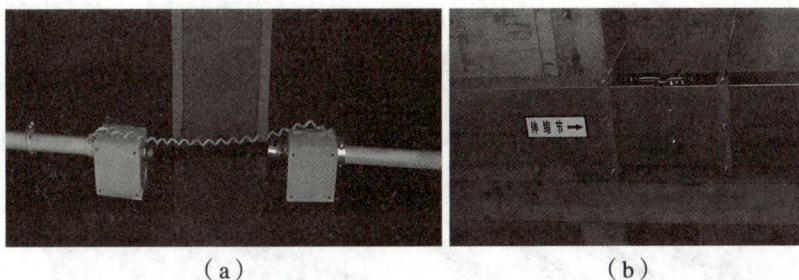

（a）　　　　　　　　　　　（b）

图1.4-5　管路过变形缝处

（a）金属管过变形缝处；（b）线槽过变形缝处

常见的线管槽的敷设方式标识　　　　　　　　　　　　表1.4-3

序号	标识	符合	说明
1	梁	B	首位字母
2	顶板	C	首位字母
3	地板（地面）	F	首位字母
4	墙	W	首位字母
5	暗敷	C	第二位字母
6	明敷	E	第二位字母
7	顶板下明敷设	CE	—
8	顶板内暗敷设	CC	—
9	地板下暗敷设	FC	—
10	地板上明敷设	FE	—
11	墙内暗敷设	WC	—

（2）联动启动线（直接启动控制线）

消防中风机的直接启动，采用专用回路进行控制，一般采用KVV型线缆实现直接手动控制，如案例项目图纸中"WDZN-KVV-6×1.5"，其中"KVV"是聚氯乙烯绝缘聚氯乙烯护套控制线缆，"ZN"为阻燃材质，ZN类线缆一般在聚氯乙烯绝缘层与铜芯之间有云母防火层。WDZN-KVV线缆外观如图1.4-6所示。

WDZN-KVV线缆适用于额定电压450/750V及以下或0.6/1kV及以下控制、信号、保护及测量系统接线。

（3）消防风机电源线

常见的0.4kV的低压电缆有YJY、BV、BVR电线等。

BV电线全称铜芯聚氯乙烯绝缘电线，是最常用的电线类型。BVR电线全称铜芯聚氯乙烯绝缘软护套电线。常用的聚氯乙烯绝缘导线还有BLV、BVR。其中"B"代表布

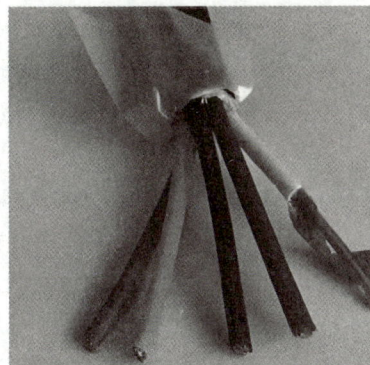

图1.4-6　WDZN-KVV线缆外观

线（如作室内电力线），电压一般为300/500V，"V"表示聚氯乙烯塑料护套（一个V代表一层绝缘，两个V代表双层绝缘）。"L"代表铝线，无"L"表示的是铜线，"R"代表软线的意思。常见BV、BVR电线如图1.4-7所示。

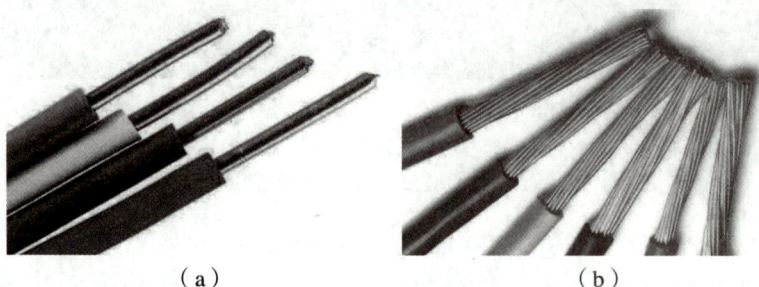

（a）　　　　　　　　　　　　（b）

图1.4-7　常见BV、BVR电线
（a）BV电线；（b）BVR电线

（4）通信总线

消防工程中用于通信信号传输的线缆常采用RVSP型线缆。RVSP是代表普通屏蔽铜芯聚氯乙烯绝缘绞型连接软电线，常用于消防工程中的通信线缆。

如RVSP 22-0.5-2×1.0："RVSP 22"表示绝缘聚氯乙烯双绞编织屏蔽2号铠装软线电缆；"0.5"表示耐压等级0.5kV；"2×1.0"表示2芯绞合然后对绞，"1.0"表示电缆芯的横截面积为1.0mm²。RVSP线缆如图1.4-8所示。

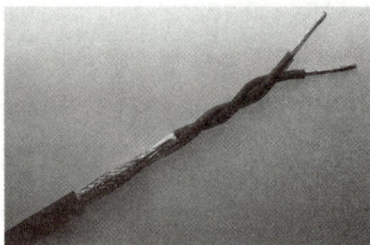

图1.4-8　RVSP线缆

中国智慧——《中华人民共和国消防法》修订历程

　　《中华人民共和国消防法》（以下简称《消防法》）于1998年4月29日第九届全国人民代表大会常务委员会第二次会议通过，历经2008年的修订和2019年、2021年两次修正。最新版的《消防法》共七章七十四条，七章分别是总则、火灾预防、消防组织、灭火救援、监督检查、法律责任及附则等。

　　相比以往的版本，本次修正发生了七大变化：

　　1. 新的称谓变化。消防救援机构取代了公安机关消防机构，国家综合性消防救援队取代了公安消防队。

　　2. 应急管理部门被赋予新的职能。如对辖区的消防工作进行监督管理；应当加强消防法律、法规的宣传，并督促、指导、协助有关单位做好消防宣传教育工作；对消防安全重点单位报本级人民政府备案；制订和公布消防产品相关政策；向本级人民政府书面报告重大火灾隐患等。

3．住房和城乡建设主管部门承担建设工程审验相关工作。审验哪些工程，具体的审验和备案等行政审批，备案抽查、监督管理等，均由住房和城乡建设主管部门负责。

4．住房和城乡建设主管部门承担建设工程相关行政处罚工作。对在建筑工程审验、检查等过程中发现的违法行为，住房和城乡建设主管部门依照《消防法》进行罚款、三停、强制执行等行政处罚。

5．住房和城乡建设主管部门承担部分信息报送工作。责令停产停业，对经济和社会生活影响较大的，由住房和城乡建设主管部门或者应急管理部门报请本级人民政府依法决定。

6．新法即日起执行。修订后实施日期仍为"2009年5月1日"，意味着新版《消防法》施行无缓冲时间。

7．本次修改内容并没有涉及旧版第三十四条。消防产品质量认证、消防设施检测、消防安全监测等消防技术服务机构和执业人员，应当依法获得相应的资质、资格；依照法律、行政法规、国家标准、行业标准和执业准则，接受委托提供消防技术服务，并对服务质量负责。

不断修法，明晰权责，重视民生，保障安全是我国"以人为本"执政理念的生动体现。

1.4.4 同步训练

1．单选题

（1）防烟排烟系统中，消防水泵通常属于哪个负荷等级？（　　）
A．一级负荷　　　　B．二级负荷　　　　C．三级负荷　　　　D．特级负荷
（2）在电气设计中，负荷计算的主要目的是什么？（　　）
A．确定建筑物的总电能消耗　　　　B．选择电力系统中各部分的电力需求
C．计算电费　　　　D．设计电力线路的电压等级
（3）以下哪个不是电气负荷计算的常用方法？（　　）
A．需要系数法　　　　B．功率因数法
C．二项式法　　　　D．单位指标法
（4）特级负荷对供电的要求通常包括哪些？（　　）
A．单电源供电　　　　B．双电源供电
C．三个电源供电　　　　D．无特殊要求
（5）在防烟排烟系统中，排烟风机的控制通常需要哪种类型的电源？（　　）
A．单相电源　　　　B．三相电源　　　　C．直流电源　　　　D．应急电源

2．多选题

（1）防烟排烟系统中，以下哪些属于二级负荷？（　　）
A．消防水泵　　　　B．应急照明　　　　C．走道照明

D．排烟风机　　　　　　E．非疏散通道插座

（2）电气负荷计算需要考虑哪些因素？（　　　）

A．设备功率　　　　　　B．用电时间　　　　　　C．功率因数

D．线路损耗　　　　　　E．灯具显色性

（3）以下哪些是电气设计中常用的保护设备？（　　　）

A．断路器　　　　　　　B．熔断器　　　　　　　C．热继电器

D．接触器　　　　　　　E．PLC

（4）以下哪些措施可以提高电气系统的供电可靠性？（　　　）

A．双电源供电　　　　　　　　　　B．使用不间断电源（UPS）

C．合理布局配电网络　　　　　　　D．定期维护电气设备

E．更换能耗高的灯具

（5）防烟排烟系统中，以下哪些设备需要实现联动控制？（　　　）

A．排烟风机　　　　　　B．排烟防火阀　　　　　C．加压送风机

D．照明系统　　　　　　E．门禁系统

3．判断题

（1）所有建筑的消防水泵都应被视为一级负荷。　　　　　　　　　　　　（　　　）

（2）负荷计算仅在设计新建筑的电气系统时才需要进行。　　　　　　　（　　　）

（3）计算电流I_{js}是选择电缆、导线和其他导体截面的关键参数。　　　（　　　）

（4）特级负荷可以由单电源供电。　　　　　　　　　　　　　　　　　（　　　）

（5）排烟防火阀在火灾时应该打开以助于烟雾排出。　　　　　　　　　（　　　）

任务 1.5
机械防烟排烟系统控制

【学习目标】

知识目标	能力目标	素质目标
1. 掌握三相异步电动机的基本原理及控制方法； 2. 掌握风机的控制原理及消防模块联动； 3. 掌握常见风阀的监视与控制原理	1. 具有常见风机控制图的识图能力； 2. 具有消防联动控制分析能力	1. 培养学生工匠精神、质量意识； 2. 培养学生安全意识及团队协作精神

【思维导图】

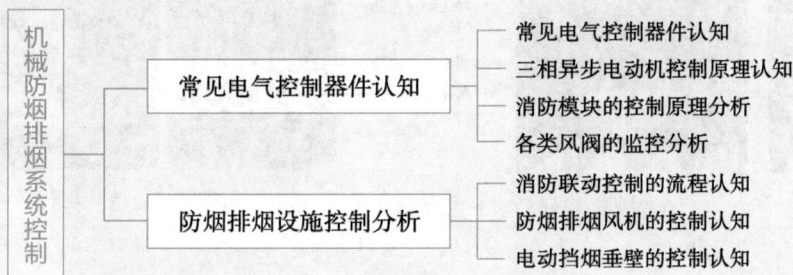

1.5.1 常见电气控制器件认知

1．常见电气控制器件

（1）断路器（Circuit Breaker）

断路器是指能够关合、承载和开断正常回路条件下的电流，并能在规定的时间内关合、承载和开断异常回路条件下电流的开关装置。断路器的功能相当于闸刀开关、过电流继电器、失压继电器、热继电器及漏电保护器等电器的部分或全部功能之"总和"。在0.4kV低压系统中，低压断路器也称为自动空气开关，可用来接通和分断负载电路，也可用来控制不需要频繁起动的电动机。在建筑防烟排烟系统中，常见的低压断路器有塑壳断路器与微型断路器。

1）塑壳断路器（MCCB）

塑壳断路器MCCB（Molded Case Circuit Breaker），主要是为低压配电系统和电动机保护回路中的过载、短路提供保护。以德力西CDM3系列塑壳断路器为例，CDM3-100S型塑壳断路器及其铭牌标识如图1.5-1所示。

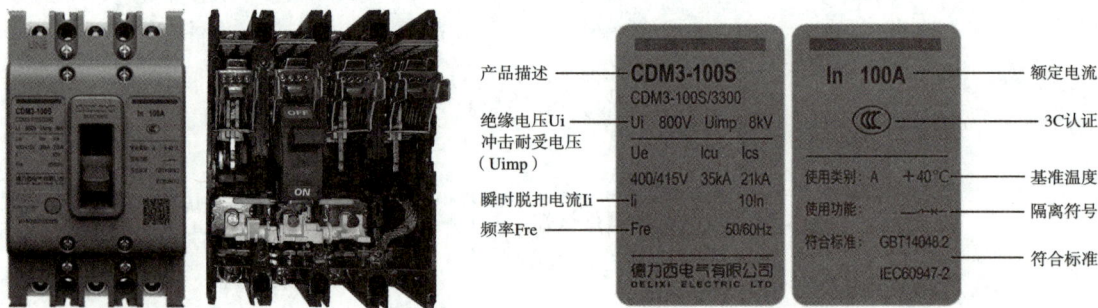

图1.5-1　CDM3-100S型塑壳断路器及其铭牌标识

2）微型断路器（MCB）

微型断路器，简称MCB（Micro Circuit Breaker/ Miniature Circuit Breaker），是建筑电气配电终端装置中使用最广泛的一种终端保护电器。常用于125A以下的单相、三相的短路、过载、过压等保护，包括单极1P，二极2P、三极3P、四极4P等类型。微型断路器根据其脱扣特性和应用场景，分为A型、B型、C型和D型。其中，C型断路器是最为常用的一种，适用于保护配电线路以及具有较高接通电流的照明线路；D型断路器的脱扣特性是额定电流的10～20倍，主要用于瞬时电流较大的环境，如电动机起动时产生的高起动电流。常用于保护具有很高冲击电流的设备，如排烟风机/加压送风机。微型断路器（D型）及其图形符号如图1.5-2所示。

（2）双电源末端切换装置（ATSE）

1）作用

双电源末端切换装置是一种在距离负载（排烟风机、消防水泵等）最近一级的开关处设置的双电源转换开关，以确保负载的持续供电。双电源末端切换装置实物图及其电气图如图1.5-3所示。

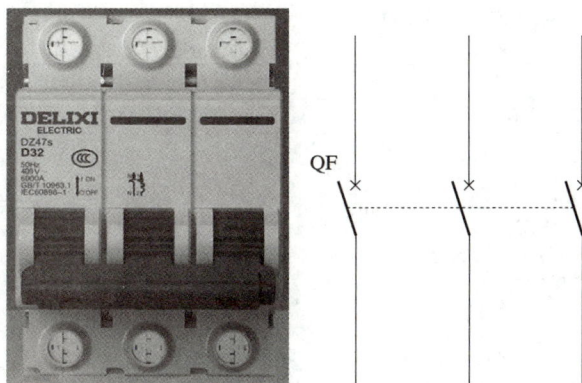

图1.5-2 微型断路器（D型）及其图形符号

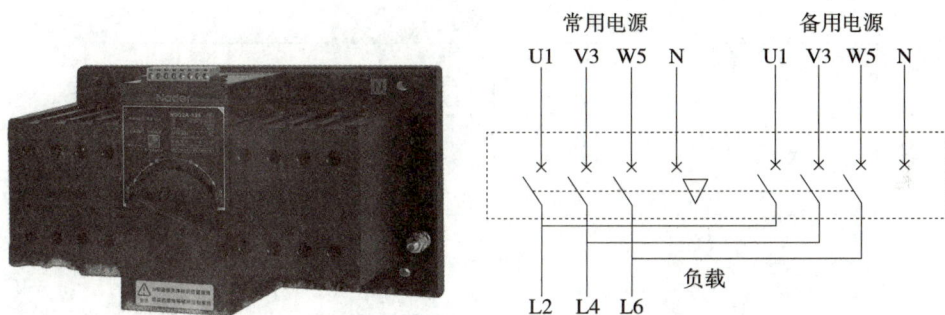

图1.5-3 双电源末端切换装置实物图及其电气图

2）组成

双电源末端切换装置是由常用电源、备用电源和自动切换开关等组成。当任一常用电源出现故障或断电时，备用与常用电源会通过双电源切换开关自动切换，保证正常供电。

3）示例及标识含义

在案例项目中，消防设施的配电箱使用双电源供电，配备双电源末端切换装置以实现自动切换（图1.5-4）。如设计图纸中，地下室风机的配电箱ATDXSX的双电源末端切换装置：ATSE/PC-D 125A/4P，如图1.5-4（a）所示。

如图1.5-4（a）中双电源末端切换装置ATSE/PC-D125A/4P的含义：

①"ATSE"：Automatic Transfer Switching Equipment，代表双电源末端切换装置。根据功能不同，ATSE分为PC级和CB级。PC级ATSE：只具备双电源自动转换的功能。CB级ATSE：既能完成双电源自动转换，又具有短路电流保护功能（能接通并分断），如图1.5-5所示。

《低压配电设计规范》GB 50054—2011规定，过负荷断电将引起严重后果的线路，其过负荷保护不应切断线路。过负荷断电将导致消防设备在紧急情况下无法运转，因此，消防负荷通常都是采用PC级ATSE。

②其他标识含义："D"代表智能型、"A"代表末端型、"B"代表基本型，具体功能需要参照生产厂家的技术文件。"125A"指的是该开关的额定电流为125安培。"4P"则表示该开关具有四个极（相），即A、B、C三相加上N极，还有2P、3P分类。

ATSE/PC–D125A/4P
MCCB–160M125A/3208
MCCB–160M125A/3208

ATSE/PC–D32A/4P
MCB–D32A/3P
MCB–D32A/3P

引至消防设备电源状态监控器
总线：NH–RVS2 × 1.5mm
电源线：NH–BV2 × 2.5mm
SC20同管敷设
TP1200
（a）

引至消防设备电源状态监控器
总线：NH–RVS2 × 1.5mm
电源线：NH–BV2 × 2.5mm
SC20同管敷设
TP1200
（b）

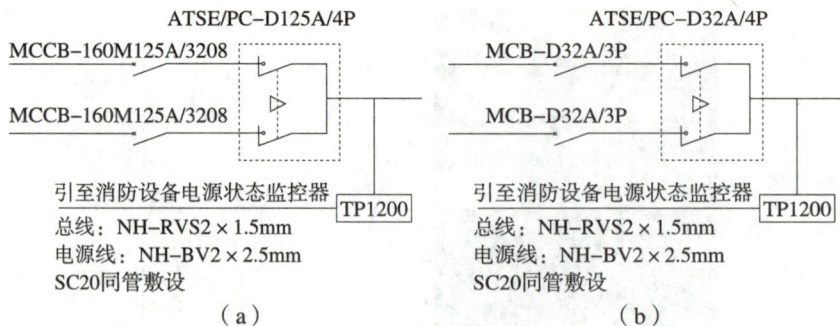

图1.5-4 双电源末端切换装置
（a）地下室消防风机配电箱ATDXSX；（b）发电机房配电箱ATDCF

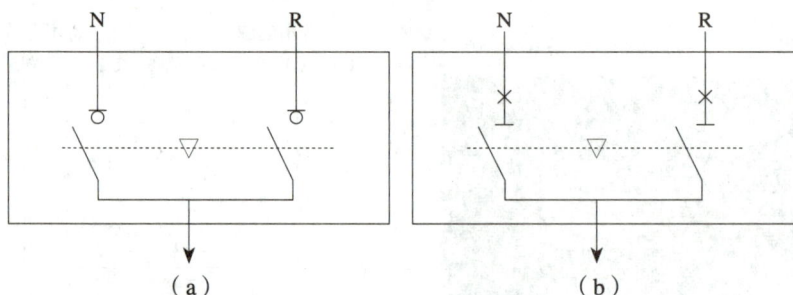

N   R

N   R

（a）

（b）

图1.5-5 ATSE标图符号
（a）PC级ATSE标图符号；（b）CB级ATSE标图符号

（3）接触器（KM）

接触器是利用电磁原理，通过控制电路实现主回路的通断。接触器具有断电流能力强、动作迅速、操作安全、能频繁操作和远距离控制等优点，但不能切断短路电流。因此，接触器通常须与熔断器配合使用。风机控制中常用交流接触器作为其主回路的通断控制。交流接触器结构图、图形符号及文字符号如图1.5-6所示。

接触器与继电器的
工作原理

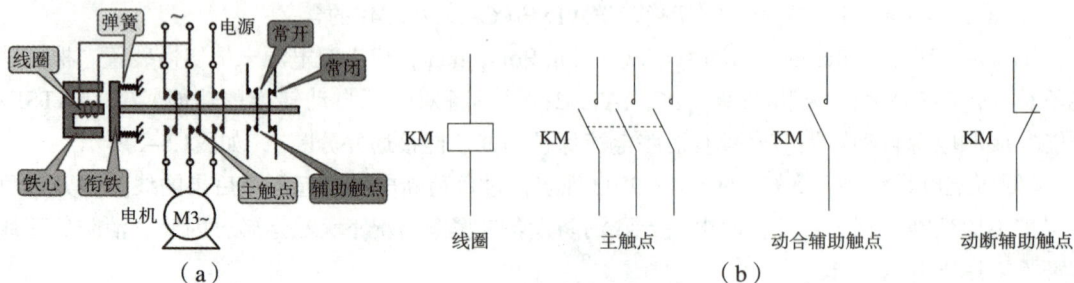

弹簧   ~   电源   常开
线圈   常闭
铁心   衔铁   主触点   辅助触点
电机 M3~
（a）

KM   KM   KM   KM
线圈   主触点   动合辅助触点   动断辅助触点
（b）

图1.5-6 交流接触器结构图、图形符号及文字符号
（a）交流接触器结构图；（b）交流接触器图形符号及文字符号

（4）熔断器（FU）

熔断器是一种被接在电气线路中，当线路电流超过规定值时，器件熔件就会过热熔断，断开线路并保护末端电器的电气器件。熔断器常应用于高低压配电系统、控制系统以及用电设备中，作为短路和过电流的保护器。熔断器及其电路符号如图1.5-7所示。

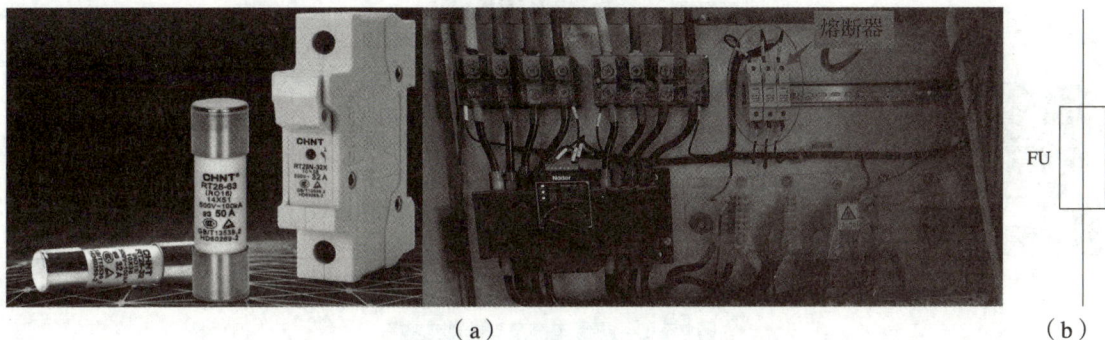

（a）

（b）

图1.5-7 熔断器及其电路符号
（a）熔断器；（b）熔断器电路符号

（5）热继电器（FR）

在热继电器内部设置有由不同膨胀系数的两种金属片叠合而成的热敏元件，当过载发热时，热敏元件因两种金属变形不一致而弯曲，推动连杆动作，使控制电路断开主电路，实现电动机的过载保护。热继电器具有体积小、结构简单、成本低等优点，在生产中得到了广泛应用。热继电器及其电路符号如图1.5-8所示。

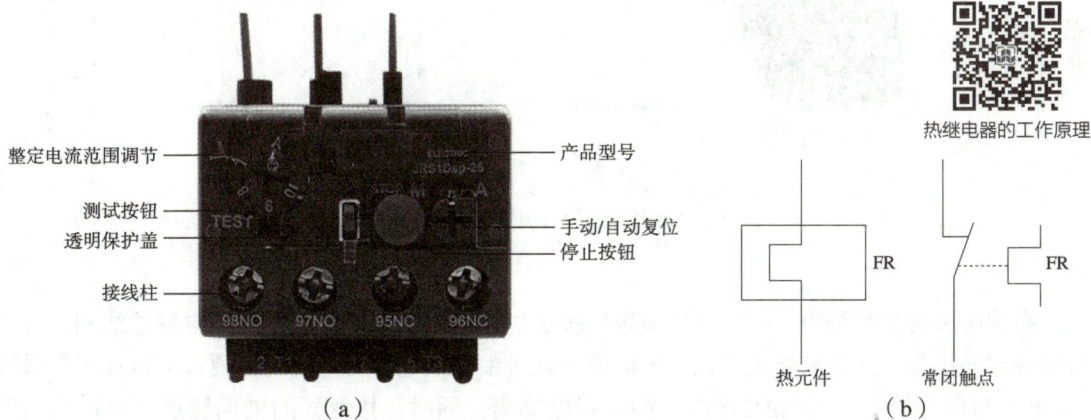

整定电流范围调节 —— 产品型号
测试按钮
透明保护盖 —— 手动/自动复位
—— 停止按钮
接线柱
98NO 97NO 95NC 96NC

热元件 常闭触点

热继电器的工作原理

（a）

（b）

图1.5-8 热继电器及其电路符号
（a）热继电器；（b）热继电器电路符号

热继电器及其内部结构如图1.5-9所示。

（6）中间继电器（KA）

中间继电器通常用来传递信号和同时控制多个电路。中间继电器的结构和工作原理与交流接触器基本相同，与交流接触器的主要区别在于触点数目多，且触点容量小。同时，中间继电器触点没有灭弧装置，而接触器有触点通断时的灭弧装置。中间继电器及其电路符号如图1.5-10所示。

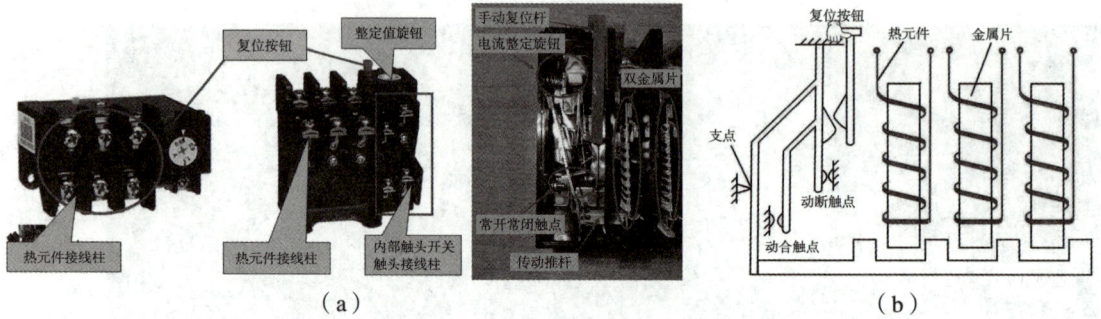

图1.5-9　热继电器及其内部结构
（a）热继电器；（b）热继电器内部结构

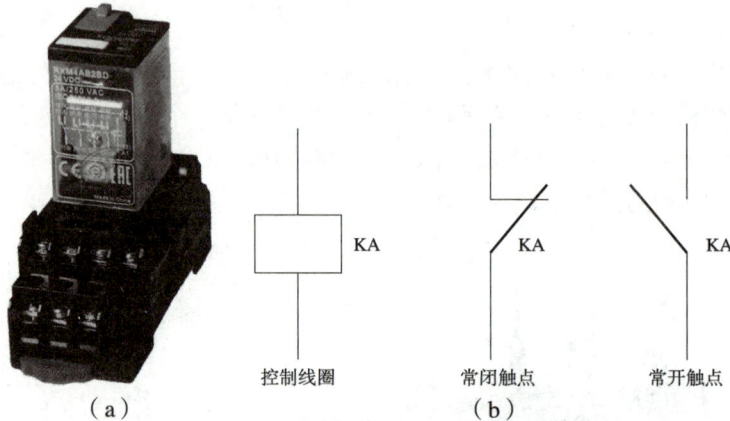

图1.5-10　中间继电器及其电路符号
（a）中间继电器；（b）中间继电器电路符号

在消防风机控制箱内，火灾自动报警系统通过输入输出模块控制中间继电器的线圈，实现对接触器的控制，从而控制相关风机的启停。通过中间继电器，不仅能实现火灾自动报警系统（弱电）与风机控制（强电AC380V）的强弱电隔离，同时，接触器的辅助触点也可以作为风机的运行状态反馈。

（7）切换开关（SA）

切换开关是一种用于切换多回路的低压开关设备，它是通过在轴上叠焊的多个动触头依次与静触头接通或分断实现电路切换的。在防烟排烟系统中，风机的控制须具备本地手动控制、远程自动控制、停止功能场景切换，因此常采用切换开关实现控制回路的切换。切换开关及其电路符号如图1.5-11所示。

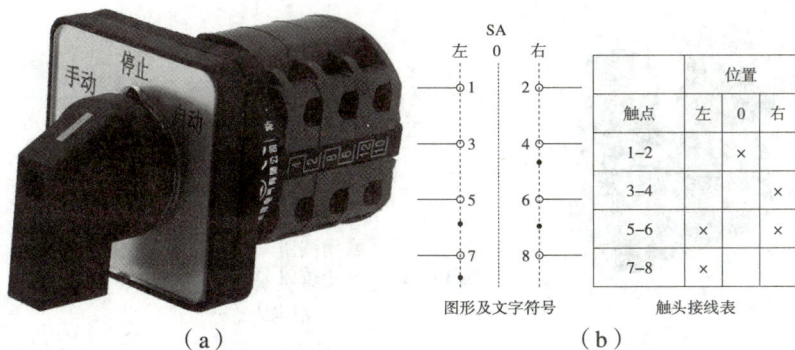

（a）

图形及文字符号　　　　触头接线表

（b）

图1.5-11　切换开关及其电路符号

（a）切换开关；（b）切换开关电路符号

（8）指示灯（PG）

指示灯是用于反映电源通断，电机运行状态的指示标示。三相电源的指示灯常用红、黄、绿三种颜色。红色灯电气标识为PGR，黄色灯为PGY，绿色灯为PGG，其最后一个字母R、Y、G分别是红、黄、绿色的英文首字母。风机控制箱指示灯如图1.5-12所示。

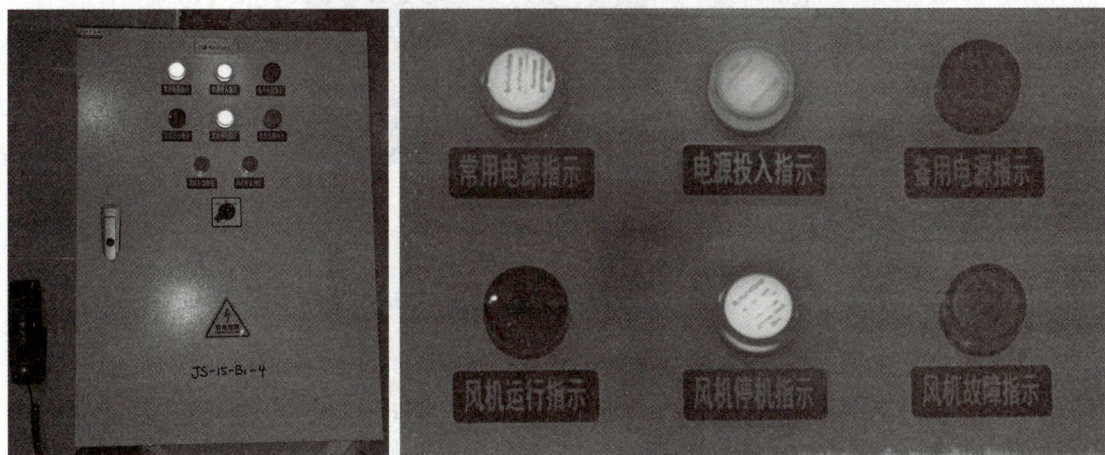

图1.5-12　风机控制箱指示灯

（9）按钮开关（SB、SF）

按钮开关是一种短时接通或断开小电流电路的电器，它不直接控制主电路的通断，而在控制电路中发出手动"指令"去控制接触器、继电器等电器，再由它们去控制主电路，因此常被称为主令电器。按钮开关及其电路符号如图1.5-13所示。

2.三相异步电动机控制原理认知

三相异步电动机是消防风机的重要动力供给设备，只有正常控制其三相异步电动机，才能顺利控制消防风机工作。在相关规范要求中，防烟风机和排烟风机的控制不得采用变频调速器。三相异步电动机如图1.5-14所示。

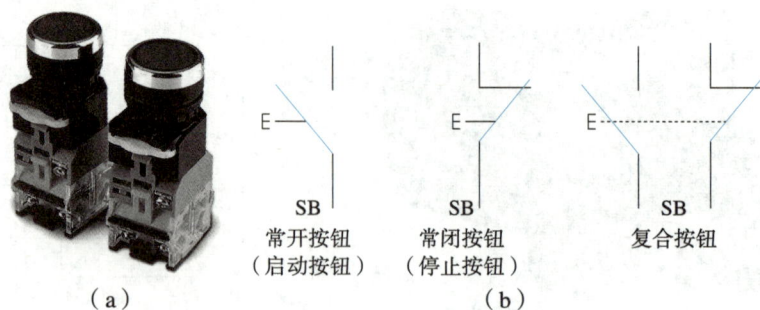

图1.5-13　按钮开关及其电路符号
（a）按钮开关；（b）按钮开关电路符号

图1.5-14　三相异步电动机

3. 消防模块的控制原理分析

（1）火灾自动报警系统

火灾自动报警系统是消防防烟排烟系统的重要控制中心，火灾自动报警系统可以通过消防模块，如输入模块、输入输出模块、总线控制盘、多线控制盘（或称直启盘），实现火灾探测与各联动系统的协同工作，从而快速有效地实现火灾探测与灭火、防烟、排烟、疏散等功能。

火灾自动报警主机通过输入输出模块与送风风机、排烟风机等消防设备连接，以实现整体联动功能。

（2）常见图例及实物

案例项目中消防模块图例及实物见表1.5-1。

案例项目中消防模块图例及实物　　　　　　表1.5-1

图例	设备名称	类似实物
I	输入模块或者称为监视模块	

图例	设备名称	类似实物
I/O	输入输出模块或者称为控制模块	
SF	送风风机控制箱（SF，为"送风"两个中文字首个字母拼音）	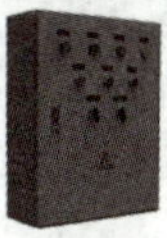
JY	加压风机控制箱（JY，为"加压"两个中文字首个字母拼音）	
PY	排烟风机控制箱（PY，为"排烟"两个中文字的首个字母拼音）	
⌀ 70℃	常开70℃防火阀	
⊖ 280℃	常闭280℃防火阀	
⊖	常闭防火阀	

（3）输入模块（监视模块）

输入模块用于接收消防联动设备输入的常开或常闭开关量信号，并将开关量信号转换成消防总线信号传回火灾报警控制器。

例如：GST-LD-8300型输入模块，该模块可用于配接现场各种主动型设备，如水流指示器、压力开关、位置开关、信号阀及能够送回开关信号的外部联动设备等。GST-LD-8300输入模块接线示意如图1.5-15所示。

如70℃防火阀采用常闭信号作为防火阀动作信号时，输入模块在常闭信号源接线方式下，须串联接入终端电阻，以作为平时状态的回路检测，若未接终端电阻，火灾自动报警系统会提示报警故障。在实际工程中，一些技术工程师常常在消防主机端串联/并联终端电阻，而不在现场设备端串联/并联电阻，这种接线方式是无法实现终端电阻对线缆回路的平时检测功能。

（4）输入输出模块（控制模块）

消防系统中，控制与状态反馈是火灾报警联动系统中重要的组成部分及核心所在。火灾自动报警系统发出控制命令至控制对象（如加压送风机），需能接收到控制的结果反馈，形成闭环控制的逻辑思想。同时，在无故障的前提下，火灾报警主机一般会"无声运行"，即不报故

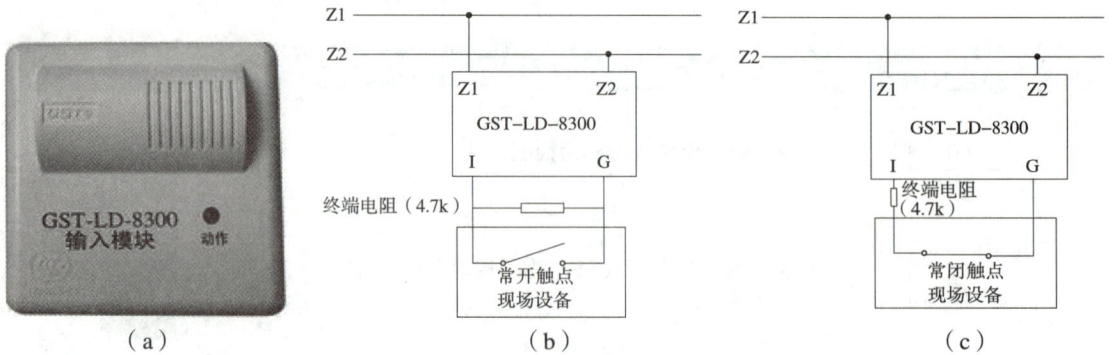

图1.5-15　GST-LD-8300输入模块接线示意
（a）输入模块示意图；（b）与具有常开无源触点的设备连接图；
（c）与具有常闭无源触点的设备连接图

障运行。

输入输出模块在一些书籍中也称为控制模块或监控模块（注意：不是监视模块），在有控制要求时，可以输出有源DC24V或者开关量触点信号，用于直接驱动中间继电器，从而控制接触器。以GST-LD-8301A输入输出模块为例，其模块接线示意如图1.5-16所示。

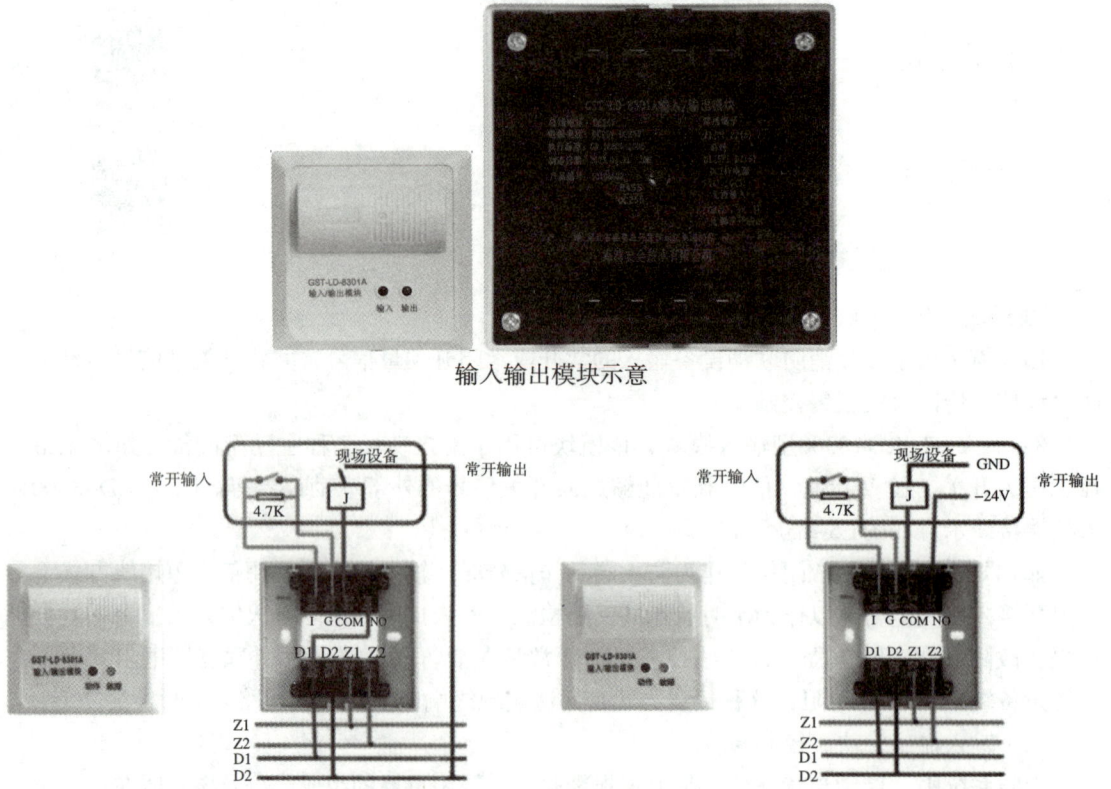

输入输出模块示意

应用1：输入端为无源常开触点的接线方法；常用于输出检线电压由模块提供的排烟阀、送风阀、防火阀等。

应用2：输入端为无源常开触点的接线方法；用于输出检线电压由被控设备提供的卷帘门、水泵、风机等。

图1.5-16　GST-LD-8301A输入输出模块接线示意

4．各类风阀的监控分析

防烟排烟工程中，涉及的风阀特别多。现结合相关规范，梳理与消防模块的对应关系，风阀功能及图例见表1.5-2。

风阀功能及图例　　　　　　　　　　　表1.5-2

类别	设备名称	功能	图例	消防模块及图示
通风类防火阀	70℃防火阀	常开，空气温度70℃或150℃（厨房用）时阀门熔断关闭，输出开闭状态无源电信号。可手动关闭，手动复位	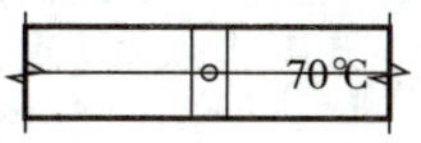	输入模块 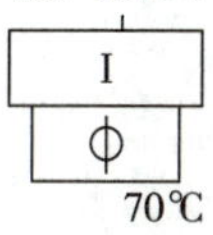 I Φ 70℃
	电动防火阀	常闭，火灾时电动打开（DC24V）并连锁开启风机（一般用于消防补风机），输出关闭无源电信号。可手动开启，手动复位	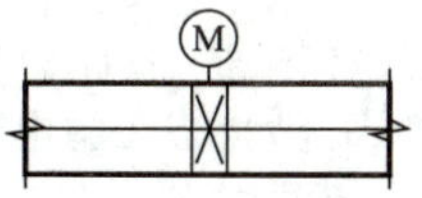 M	输入输出模块 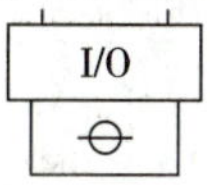 I/O
	70℃电动防火阀	常开，火灾时电动（DC24V）和70℃熔断关闭，输出开闭状态无源电信号。可手动关闭，手动复位	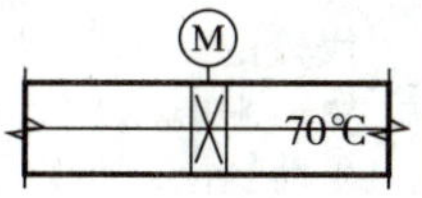 M 70℃	输入输出模块 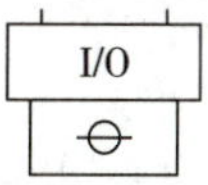 I/O
	电动开关风阀（连锁正压送风机）	常闭，火灾时与正压送风机连锁启闭（DC24V），输出开闭状态无源电信号。可手动开启，手动复位	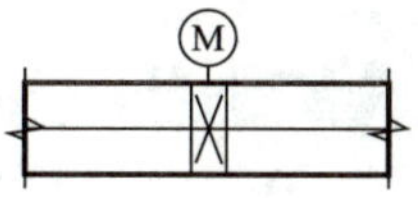 M	输入输出模块 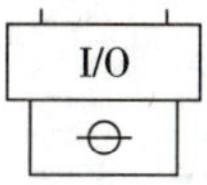 I/O
	70℃电动开关风阀（气灭灾后排风用）	常开，火灾时电动（DC24V）及70℃熔断关闭，火灾后电动打开（DC24V），输出开闭状态无源电信号。可手动关闭，手动复位	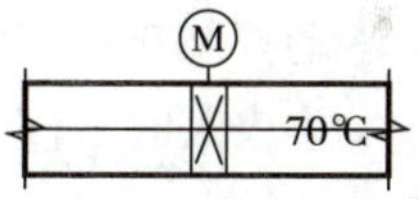 M 70℃	双输入输出模块（图略）
防烟类防火阀	加压送风口	常闭，火灾时手动或电动打开（DC24V）输出开闭状态无源电信号，联动加压风机开启。注：此处的"联动"含义为当加压送风口动作时，通过其输入输出模块反馈状态至消防主机，消防主机输出控制指令至加压送风机所对应的输入输出模块，实现联动加压风机开启		输入输出模块 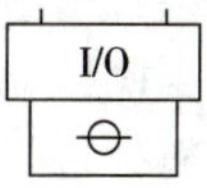 I/O
	280℃排烟防火阀（连锁风机）	常开，烟气温度280℃时阀门熔断关闭，输出开闭状态无源电信号，并连锁关闭相应的排烟风机。可手动关闭，手动复位。注：此处的"连锁"不同于"联锁"，含义：当280℃排烟防火阀动作时，一般是通过点对点的线路直接控制关闭排烟风机，不依赖中间设备（如消防主机）	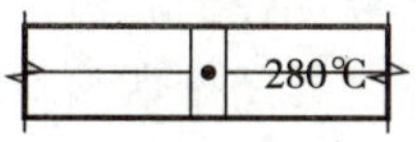 280℃	输入输出模块 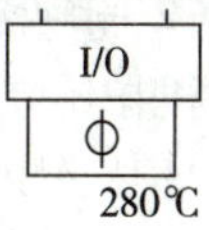 I/O 280℃

续表

类别	设备名称	功能	图例	消防模块及图示
防烟类防火阀	280℃电动排烟防火阀	常开，火灾时阀门电动（DC24V）和280℃熔断关闭，并输出开闭状态无源电信号，可连锁关闭风机。可手动关闭，手动复位	280℃	输入输出模块 I/O 280℃
	排烟阀	常闭，火灾时阀门电动（DC24V）或手动（远距离缆绳）开启，输出开闭状态无源电信号，并联动排烟风机开启，可设280℃重新关闭装置。可手动开启，手动复位		输入输出模块 I/O
	排烟口	常闭，火灾时阀门电动（DC24V）或手动（远距离缆绳）开启，输出开闭状态无源电信号，并联动排烟风机开启，可设280℃重新关闭装置。可手动开启，手动复位。SE代表的是消防排烟口。接输入输出块，平时常闭，联动打开并反馈，手动复位，280℃熔断关闭		输入输出模块 I/O SE

1.5.2 防烟排烟设施控制分析

1．消防联动控制的流程认知

（1）防烟系统的联动控制流程

当某一防火分区发生火灾时，该防火分区内的感烟、感温探测器探测到火灾信号，并将其发送至火灾报警控制器，控制器发出开启与探测器对应的该防火分区内着火层及其相邻上下层前室及合用前室的常闭送风口的信号，传至相应送风口的火警联动模块，由它开启送风口，消防控制中心收到送风口动作信号后，就发出指令给装在加压送风机附近的火警联动模块，启动前室及合用前室的加压送风防烟排烟风机，同时启动该防火分区内所有楼梯间的加压送风机。

当确认火灾后，火灾自动报警系统应能在15s内联动开启常闭加压送风口和加压送风机。除火警信号联动外，还可通过联动模块在消防控制室直接点动控制，或通过多线控制盘直接手动启动加压送风机，也可手动开启常闭型加压送风口，由送风口开启信号联动加压送风机。另外，可在现场通过就地启停按钮控制风机的启停。

当系统中任一常闭加压送风口开启时，相应加压送风机应能联动启动。消防联动控制器应显示防烟系统的送风机和阀门等设施的启闭状态。机械加压送风系统控制程序如图1.5-17所示。

（2）排烟系统的联动控制流程

机械排烟系统中的常闭排烟阀（口）应设置火灾自动报警系统联动开启功能和就地开启的手动装置，并与排烟风机联动。发生火警时，与排烟阀（口）相对应的火灾探测器探测到火灾信号并发送至火灾报警控制器（联动型），控制器发出开启排烟阀（口）信号至相应排烟阀（口）的火警联动模块，由该模块开启排烟阀（口），排烟阀（口）的电源是直流24V。

防烟排烟设施控制分析

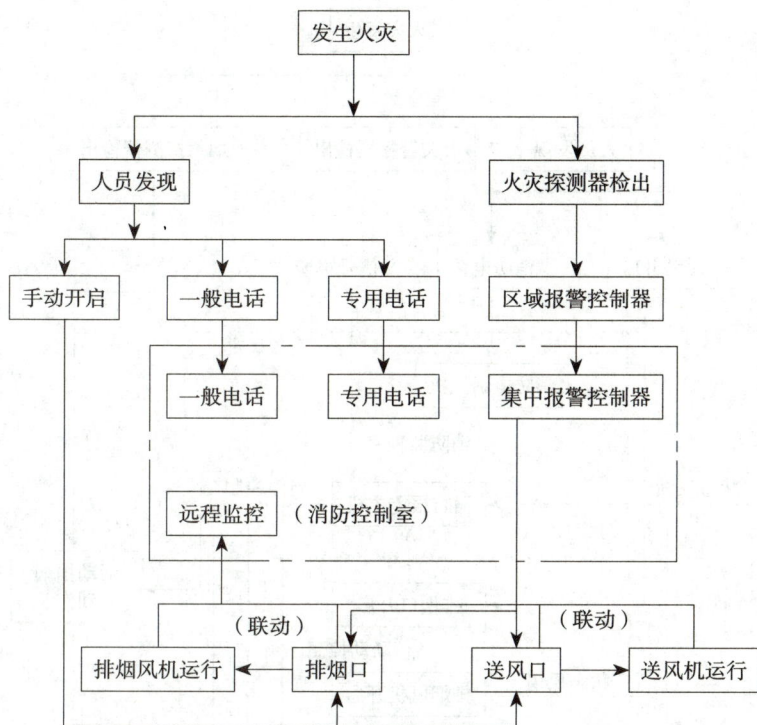

图1.5-17　机械加压送风系统控制程序

　　消防联动控制器收到排烟阀（口）动作信号后，发出指令给装在排烟风机、补风机附近的火警联动模块，启动排烟风机和补风机。除火警信号联动外，还可通过联动模块在消防控制室直接点动控制，或在消防控制室通过多线控制盘直接手动启动，也可现场手动启动排烟风机和补风机。当确认火灾后，火灾自动报警系统应在15s内联动开启同一排烟区域的全部排烟阀（口）、排烟风机和补风设施，并应在30s内自动关闭与排烟无关的通风、空调系统。负担两个及以上防烟分区的排烟系统，应仅打开着火防烟分区的排烟阀（口），其他防烟分区的排烟阀（口）应呈关闭状态。当系统中任一排烟阀（口）开启时，相应的排烟风机和补风机应能联动启动。消防联动控制器应显示排烟系统的排烟风机、补风机、阀门等设施的启闭状态。

　　机械排烟系统联动控制程序如图1.5-18所示。

2．防烟排烟风机的控制认知

（1）加压送风机的控制方式

加压送风机的控制，一般有以下四种控制方式：

1）第1种方式：现场手动启动

通过控制箱的启动按钮，现场手动进行启动加压送风机。

2）第2种方式：预设程序联动启动

当火灾自动报警系统启动自动控制模式时，通过预设的消防联动程序，火灾自动报警系统通过消防总线控制输入输出模块，实现联动程序的自动控制。

3）第3种方式：消防控制室手动启动

消防控制室的值班人员有两个方法可以手动启动风机。

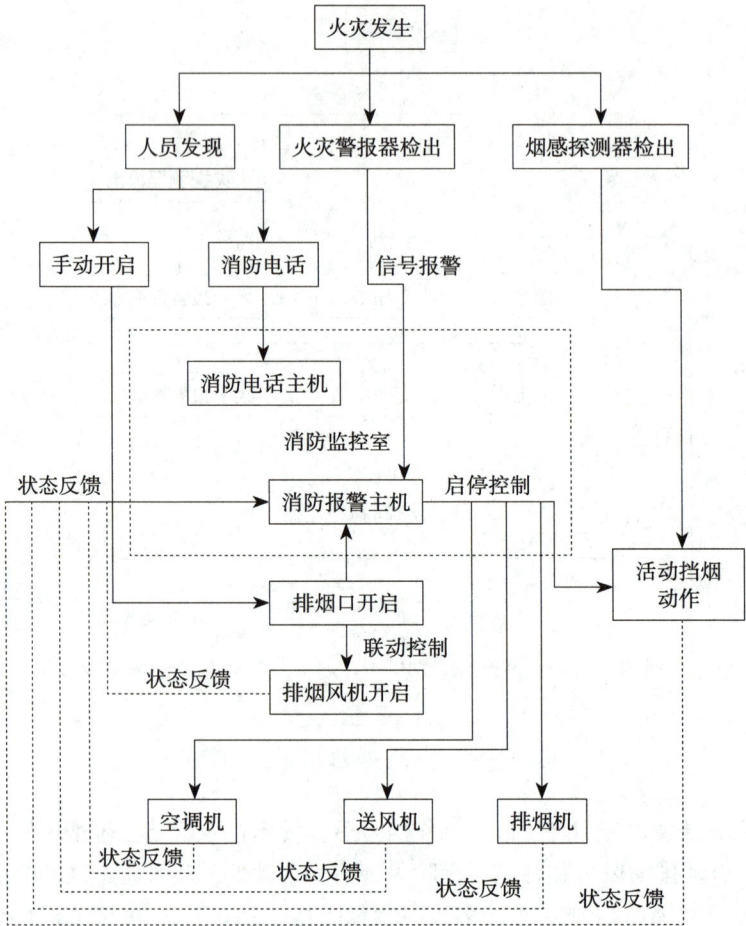

图1.5-18　机械排烟系统联动控制程序

第1种方法：通过总线控制盘控制加压送风机。

手动按下总线控制盘对应的消防风机按键，可通过总线控制输入输出模块控制加压风机的控制箱，实现总线链路的控制与反馈。

总线控制盘如图1.5-19所示。总线控制盘控制示意如图1.5-20所示。

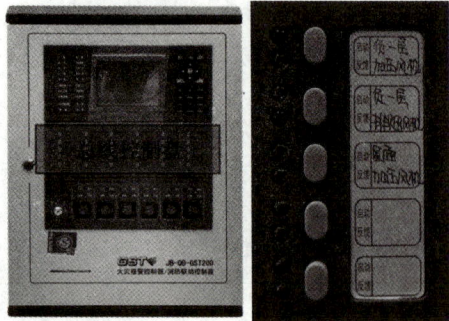

图1.5-19　总线控制盘

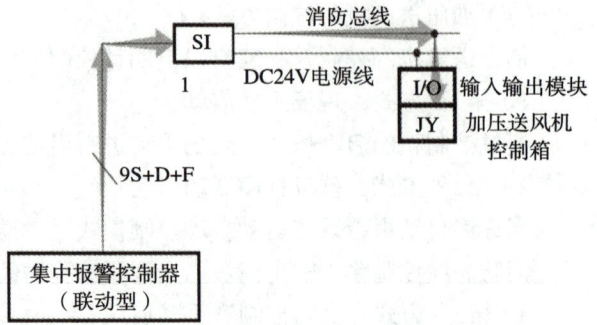

图1.5-20　总线控制盘控制示意

第2种方法：通过多线控制盘按键控制加压送风机。

消防控制室多线控制是指通过消控室多线控制盘（或叫直启盘），经由多线回路专线，实现直接手动控制风机启停，同时可独立于火灾自动报警主机的联动程序。多线控制盘是单独采用线缆回路实现重要消防设备的控制与反馈，如图1.5-21所示。

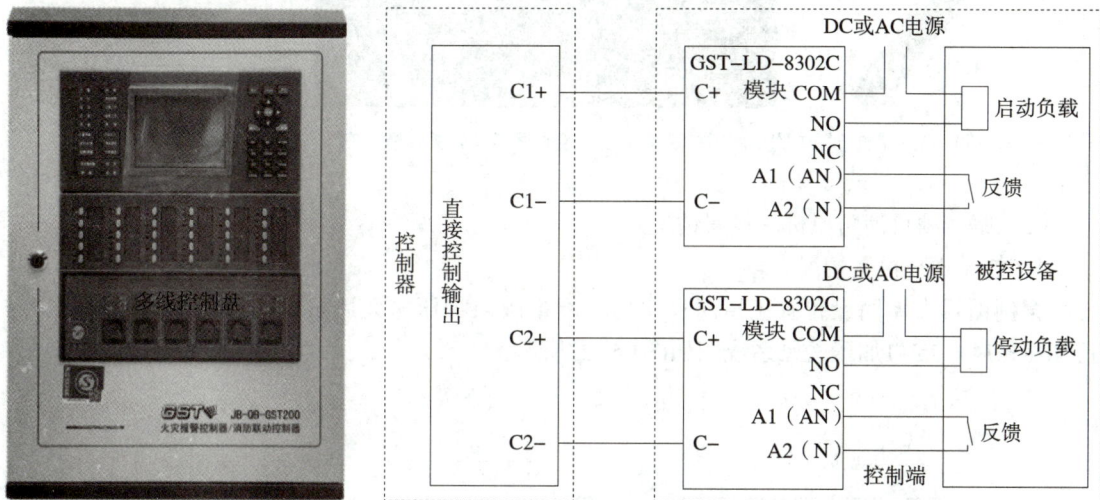

图1.5-21 多线控制盘控制风机启停示意

4）第4种方式：加压送风口联动启动

系统中任一常闭加压送风口开启时，加压风机应能自动启动。该方式需要火灾自动报警主机编制联动程序实现，如监视常闭加压送风口的输入模块联动控制输出模块，以实现风机自动启动。

（2）排烟送风机的控制方式

排烟风机的电气控制原理与加压送风机的相似，排烟风机的控制方式一般包括以下四种：

1）第1种方式：现场手动启动

即现场通过控制箱实现启停强制切换控制模式，实现启停控制。

2）第2种方式：火灾自动报警系统自动启动

即通过火灾自动报警主机程序联动控制启动。

3）第3种方式：消防控制室手动启动

即通过消防控制室的专线实现控制。

4）第4种方式：排烟阀或排烟口联动启停

排烟系统中任一排烟阀或排烟口开启时，排烟风机、补风机自动启动。在烟气达到280℃时，排烟防火阀应能自行关闭，并应连锁关闭排烟风机和补风机。

当烟气达到280℃时，如果排烟系统继续排烟，有可能烧坏排烟管道或风机，加剧火灾蔓延等危险性。因此，要连锁停止排烟机及补风机。排烟防火阀中的280℃温度脱扣装置动作后，风阀执行器的微动开关会输出触点信号至风机控制箱实现停机，如图1.5-22所示。

280℃

无源微动开关

防火阀感温元器件的
结构及工作原理

图1.5-22   排烟防火阀执行器中的温度脱扣装置（左）及无源微动开关示意（右）

（3）案例项目消防风机的设置情况

1）加压送风设置情况

案例项目在屋面设置有正压送风机房，配备JY-1加压送风风机，向各楼层的消防前室进行加压送风。JY-1加压送风系统图如图1.5-23所示。

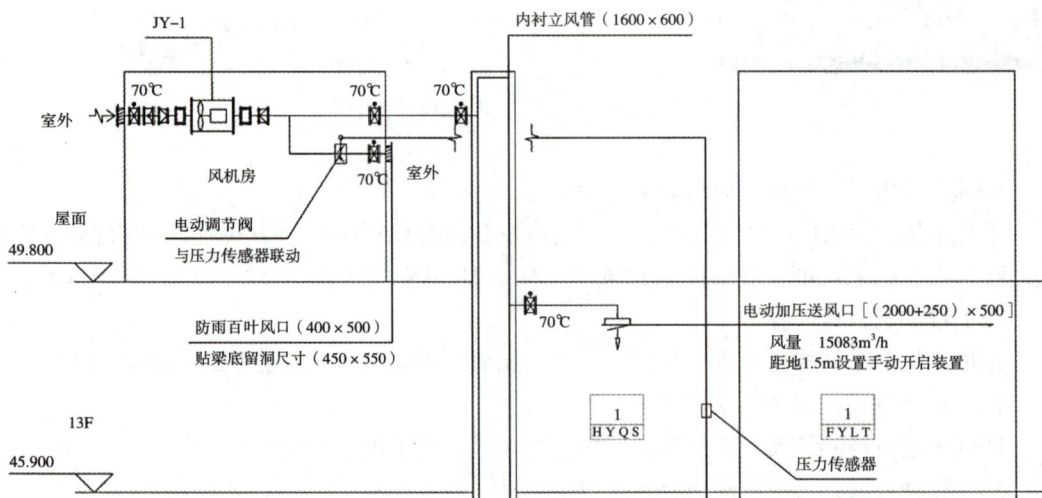

JY-1

内衬立风管（1600×600）

70℃   70℃   70℃

室外

风机房

电动调节阀
与压力传感器联动

屋面
49.800

防雨百叶风口（400×500）
贴梁底留洞尺寸（450×550）

70℃
室外

70℃

电动加压送风口［（2000+250）×500］
风量   15083m³/h
距地1.5m设置手动开启装置

1
HYQS

1
FYLT

压力传感器

13F
45.900

图1.5-23   JY-1加压送风系统图

同时，在负一层设计SB-D1-1轴流风机和JY-D1-1轴流风机实现地下室区域的正压送风。负一层西侧设置送风机房（13.44m²），并通过送风井连通至一楼室外，送风口设置防雨百叶口。两个风机示意如图1.5-24所示。

该送风机房两套加压送风风机的图例编号及参数见表1.5-3。

2）排烟风机设置情况

本项目图纸中，该排风机房位于负一层，机房内配套有2套高温排烟混流式排烟风机，分别是P（Y）-D1-1高温排烟混流风机与P（Y）-D1-2高温排烟混流风机。排烟机房示意如图1.5-25所示。

在防烟排烟系统及暖通空调制图中，常用表1.5-4中的设备编号规律及图形标识。

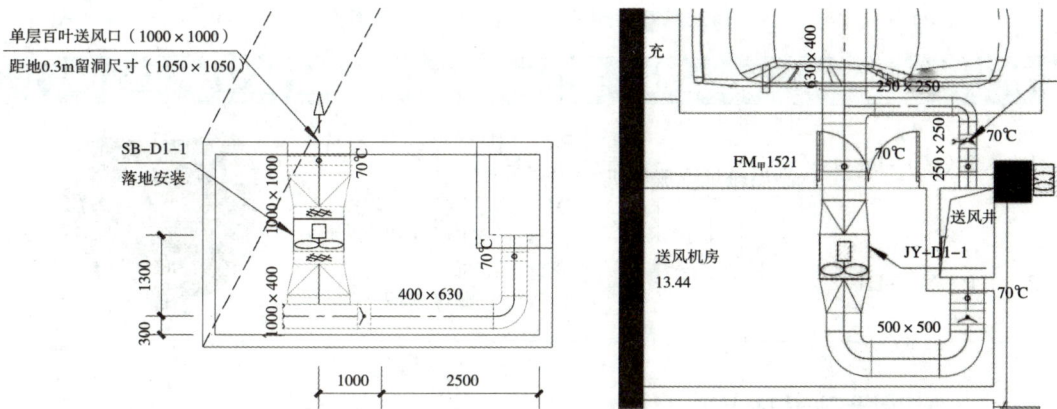

图1.5-24　SB-D1-1轴流风机（左）、JY-D1-1轴流风机（右）示意

送风机房两套加压送风风机的图例编号及参数　表1.5-3

序号	控制箱	控制对象及图例	标号一般规律	同类设备图片
1	SB-D1-1编号风机控制箱	4kW轴流风机 Ⓜ~	无	
2	JY-D1-1编号风机控制箱	5.5kW轴流风机 Ⓜ~	"JY"常代表加压，是中文"加压"两个字的首个字母拼音	

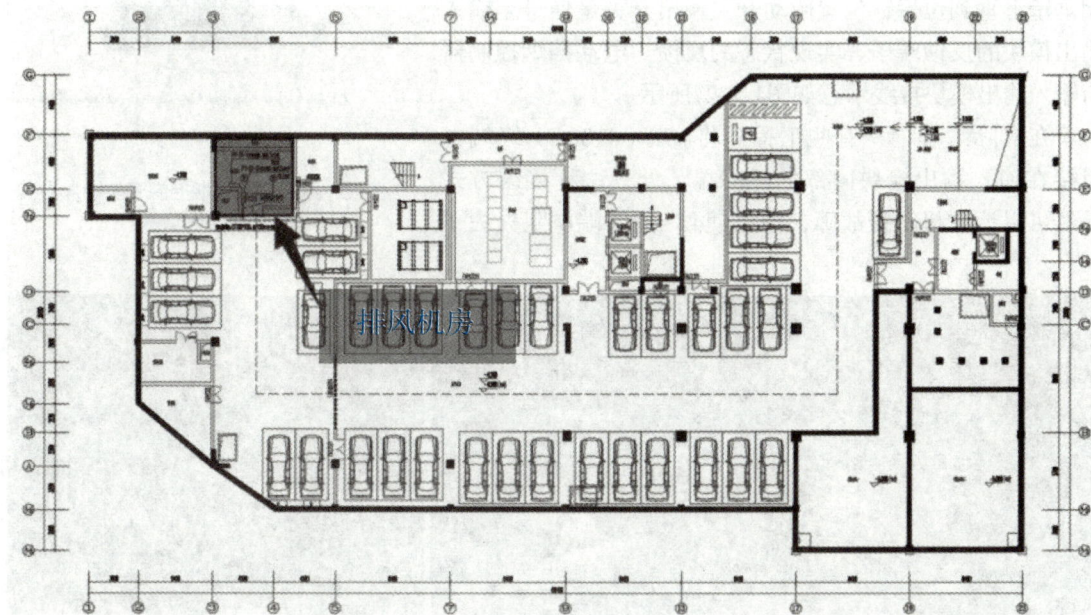

图1.5-25　排烟机房示意

两套高温排烟混流风机设备编号及图例　　　表1.5-4

序号	风机设备编号	控制对象及图例	标号一般规律	同类设备图片
1	P（Y）-D1-1	高温排烟混流风机	PY："排烟"的拼音首个字母； D1：地下室1层，"D"为地下室中"地"的拼音首个字母； 1或者2：顺序编号	
2	P（Y）-D1-2			

3．电动挡烟垂壁的控制认知

（1）电动挡烟垂壁的控制方式

平时，电动挡烟垂壁收纳于隐蔽空间内，不影响美观。只有在火灾发生需要时，才会启动释放，其启动控制方式一般有以下四种：

1）第1种：现场手动控制

通过现场手动操作按钮进行本地手动控制，手动操作按钮如图1.5-26所示。

2）第2种：消防联动控制

当火灾发生时，消防控制中心联动程序或总线控制盘发送总线控制信号至电动挡烟垂壁对应的输入输出模块，输入输出模块动作输出有源DC24V信号至其电控箱，挡烟垂壁将依次（或同时）展开，形成一道挡烟区域。电动挡烟垂壁下垂到位后，位置微动开关输出开关量信号至输入输出模块的反馈端子，实现状态的反馈。电动挡烟控制器与输入输出模块接线示意如图1.5-27所示。

在实际工程中，有些工程师将4.7k（4700Ω）终端电阻接在输入输出模块内部的I和G端子处，这种接线方式虽然可以让主机不报故障，但已使4.7k的终端电阻失去了

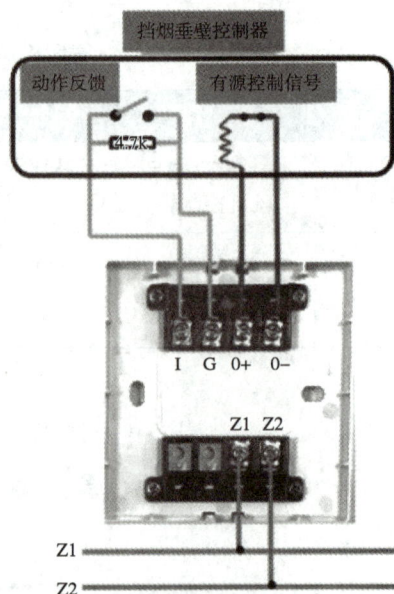

图1.5-27　电动挡烟控制器与输入输出模块接线示意

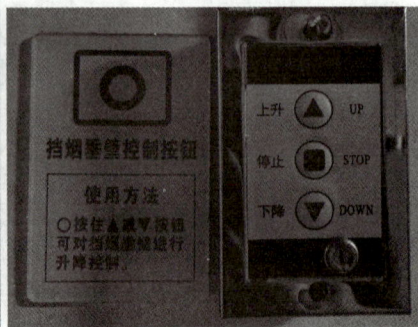

图1.5-26　电动挡烟垂壁（左）及其手动操作按钮（右）

原有的设计初衷，无法检测出断线的故障。

3）第3种：烟感探测器控制

在一些无消控中心的应用场景，挡烟垂壁的控制可通过独立式烟感探测器控制，烟感探测器提供的开关信号，联动启动挡烟垂壁的下降。

4）第4种：断电自动控制

在一些场合，独立使用的挡烟垂壁可在断电时自动下降。

（2）案例项目电动挡烟垂壁控制情况

本工程项目在二层及三层设置有电动挡烟垂壁，图例中"DYCB"为"挡烟垂壁"中文拼音首字母的缩写（图1.5-28）。

二层电动挡烟垂壁现场配备了手动控制盒，同时，每套电动挡烟垂壁配有1个输入输出模块，用于消防主机对其的监视与控制。电动挡烟垂壁的工作电源为DC24V。其控制方式为电动（DC24V电信号）和手动控制下滑，并且可以手动收卷复位。

电动挡烟垂壁与消防模块示意如图1.5-29所示。电动挡烟垂壁实物如图1.5-30所示。

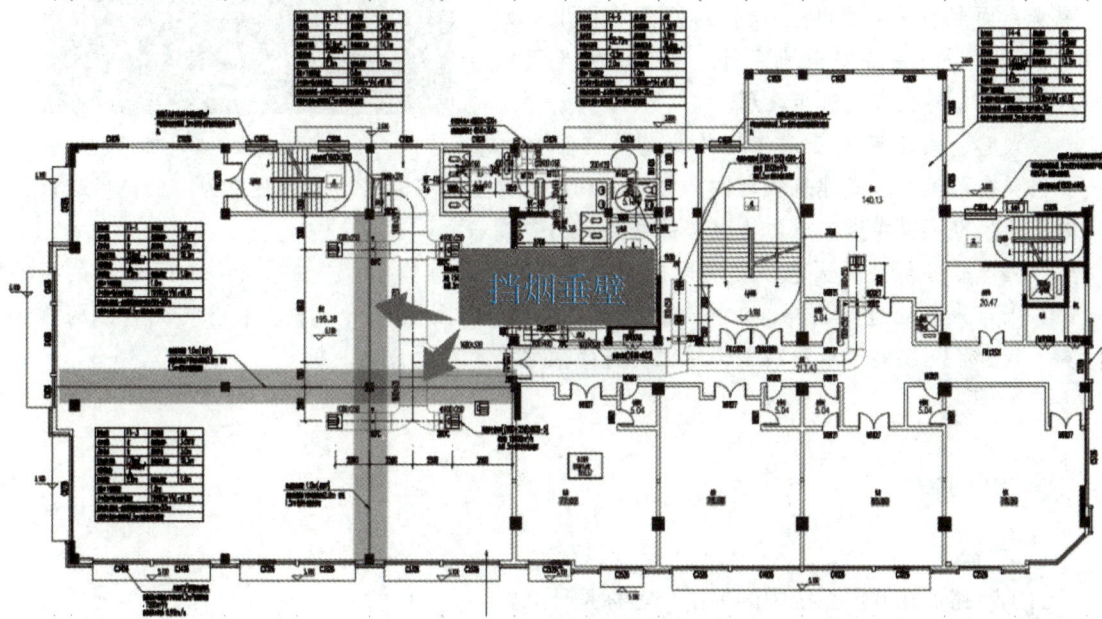

图1.5-28　二层电动挡烟垂壁平面图示意

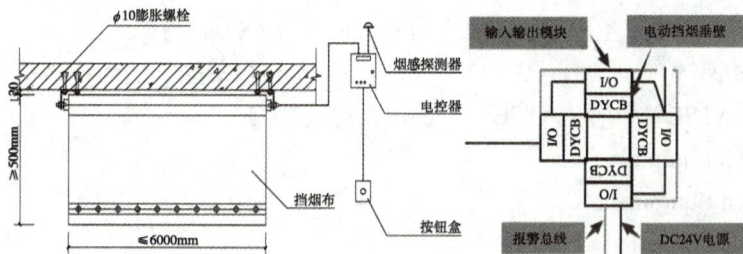

图1.5-29　电动挡烟垂壁（左）与消防模块（右）示意

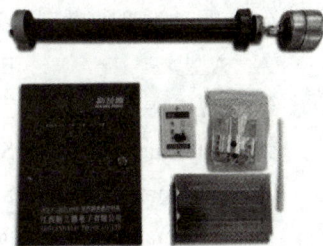

图1.5-30　电动挡烟垂壁实物

中国智慧——疏散通道与防火隔离在古建筑中的应用

　　备弄或火巷都是中国古代建筑中的特色元素，二者在功能和形态上有所不同。备弄和火巷，即在多个建筑群之间设置一些又深又窄的小巷。当发生火灾的时候，它的功能类似于现代建筑中的消防安全通道，既可以疏散人员，又可以避免火势蔓延。

　　备弄，主要出现在江南地区的建筑中。它是住宅或府邸内的私人通道，通常位于房屋的后面或侧面。备弄的屋顶可以遮蔽天空，使通道光线幽暗，它主要依靠旁边的"蟹眼天井"进行采光。这种设计不仅体现了古代建筑中的私密性和等级观念，而且在一定程度上也起到安全的作用，如人们可以通过备弄安全地穿行，同时在发生天灾人祸时，备弄也可作逃生之用。

　　火巷，则是南方普遍使用的街巷通名。它主要出现在两排房屋或建筑物之间。火巷没有屋顶覆盖，空间宽阔，既可以为人们提供疏散的空间，也可以在火灾时防止火势的蔓延。

　　无论是备弄还是火巷，之所以能起到隔离、保护等作用，关键在于保持了适度的距离。人与人相处也是这样，保持适度距离，保持基本的礼貌和尊重，就会得到对方的欣赏，减少不必要的矛盾和纠葛，建立良好的同学或同事关系。

1.5.3　同步训练

1.　单选题

（1）断路器在低压系统中的另一个名称是什么？（　　　）

A．过电流继电器　　　　　　　　　　　B．自动空气开关

C．漏电保护器　　　　　　　　　　　　D．热继电器

（2）哪种类型的微型断路器（MCB）主要用于瞬时电流较大的环境？（　　　）

A．A型　　　　　　　B．B型　　　　　　　C．C型　　　　　　　D．D型

（3）双电源末端切换装置（ATSE）中的"ATSE"代表什么？（　　　）

A．Automatic Transfer Switch Equipment

B．Automatic Thermal Switch Equipment

C．Automatic Time Switch Equipment

D．Automatic Temperature Sensor Equipment

（4）防火卷帘门的控制可以通过哪种类型的模块实现监视与控制？（　　）

A．输出模块 　　　　　　　　　　　　B．输入模块

C．输入输出模块 　　　　　　　　　　D．总线控制模块

（5）电动挡烟垂壁的控制方式中不包括以下哪项？（　　）

A．手动控制 　　　　　　　　　　　　B．消防联动控制

C．通过空调系统控制 　　　　　　　　D．独立使用断电控制方式

2．多选题

（1）塑壳断路器（MCCB）可以提供哪些保护功能？（　　）

A．过载保护 　　　　　　B．短路保护 　　　　　　C．漏电保护

D．过压保护 　　　　　　E．熔断保护

（2）微型断路器根据脱扣特性可以分为哪些类型？（　　）

A．A型 　　　　　　　　B．B型 　　　　　　　　C．C型

D．D型 　　　　　　　　E．E型

（3）双电源末端切换装置（ATSE）的智能型包括哪些？（　　）

A．A型 　　　　　　　　B．B型 　　　　　　　　C．C型

D．D型 　　　　　　　　E．E型

（4）电动挡烟垂壁的控制信号可以由哪些系统或设备提供？（　　）

A．消防控制中心 　　　　B．总线控制盘 　　　　　C．独立式烟感探测器

D．空调系统 　　　　　　E．视频监控主机

（5）防火卷帘门的控制可以通过哪些方式实现？（　　）

A．现场手动控制 　　　　B．消防联动控制 　　　　C．多线控制盘控制

D．总线控制盘控制 　　　E．压力开关控制

3．判断题

（1）断路器可以替代过电流继电器和热继电器，提供更全面的保护功能。（　　）

（2）D型微型断路器适用于瞬时电流较小的环境。（　　）

（3）ATSE/PC-D 125A/4P中的"D"代表智能型，具有更高的可靠性。（　　）

（4）防火卷帘门的控制只能通过火灾自动报警系统实现。（　　）

（5）电动挡烟垂壁不能通过手动方式进行控制。（　　）

模块二
防烟排烟系统图纸识读

任务 2.1
防烟排烟系统识图准备

【学习目标】

知识目标	能力目标	素质目标
1. 了解案例项目的基本情况； 2. 熟悉案例项目的各层平面布置情况； 3. 熟悉建筑防烟排烟制图标准中的图纸比例、图例、绘图要求等内容； 4. 了解防烟排烟系统识图的基本流程； 5. 熟悉防烟排烟工程的主要名词含义	1. 能口头概述案例项目的基本情况； 2. 能口头描述案例项目各层的尺度、空间功能、疏散设施位置等； 3. 能对照防烟排烟制图标准，描述比例、图例和绘图基本要求； 4. 能概述防烟排烟系统识图流程； 5. 能说出常见防烟排烟名词的含义	1. 培养把握事物宏观情况的能力； 2. 提高遵守规范、标准的意识； 3. 强化工作流程观念； 4. 强化专业品质意识

【思维导图】

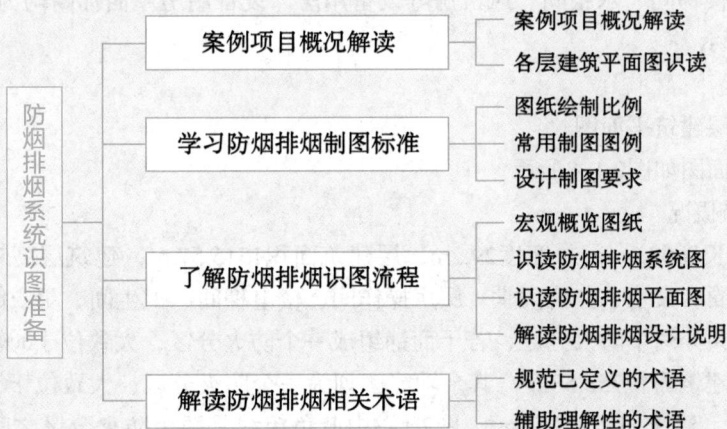

通过模块一中几个任务的训练，我们对建筑防烟排烟工程有了基本认知。在工程实践中，我们可能从事建筑防烟排烟工程的预决算工作，也可能负责编制建筑防烟排烟工程的施工资料，甚至承担建筑防烟排烟工程的施工组织、材料安排、监理等工作，这都需要我们能够读懂建筑防烟排烟工程施工图。

从现在开始，连续四个任务，我们来学习识读建筑防烟排烟工程施工图。本教材将结合一个真实的案例项目施工图，从案例项目基本情况解读，到防烟系统施工图识读、排烟系统施工图识读，最后还要能够解读防烟排烟系统设计说明。

案例项目基本情况

2.1.1　案例项目概况解读

1．案例项目概况解读

某工程地上13层，地下1层，首层总长度60.4m，总宽度29.2m。裙楼3层，主楼13层，建筑总高度49.95m。朝向为东西稍偏南，属于公共建筑，项目总平面图如图2.1-1所示。

该项目总建筑面积为12926.02m²，其中，地下建筑面积1971.50m²，地上建筑面积为10954.52m²。按照相关规范，高度在50m以下的公共建筑，属于二类高层公共建筑。

地下有一层，地上一～三层为裙房，四～十三层为塔楼。在建筑功能上，地下层为车库和设备用房，一～三层主要功能为商铺、餐饮等商业用房，四～八层为宾馆客房，九～十三层为企业办公用房。

首层地面标高，工程上通常被定义为±0.000m（相对标高）。地下层层高4.2m，首层层高为5.1m，二、三层层高为4.2m，四～十二层层高为3.6m，十三层层高为3.6m。屋面层局部布置有电梯机房、楼梯间、水箱间、风机房等设备用房，设备用房屋面标高均为53.6m。建筑剖面图如图2.1-2所示。

2．各层建筑平面图识读

（1）识读一层建筑平面图

一层建筑平面图如图2.1-3所示。

1）一层建筑概况

一层建筑总长度68.1m，总宽度29.2m，层建筑面积1515.57m²，建筑层高5.1m。一层的主要功能为商铺、酒店大堂、办公大堂、厨房操作间、楼电梯间、卫生间、更衣间以及戊类物品储藏间等。本层共分两个防火分区，若干商铺组成一个防火分区，大致位于⑩轴左侧，命名为第二防火分区，建筑面积753.58m²。其余功能区划为一个防火分区，大致位于⑩轴右侧，命名为第三防火分区，建筑面积761.99m²。图2.1-3中蓝色粗线是两个防火分区之间的分界线，由防火墙和甲级防火门组成。

本层设置了四部电梯，分别为餐梯一部、无障碍电梯一部（兼消防电梯）和客梯两部。餐梯位于⑲轴交Ⓓ轴附近，主要用于将一楼厨房操作间的饭菜运送到二、三楼，供包间使用。无障碍电梯兼消防电梯位于⑫轴1#楼梯附近。无障碍设计是保障老、弱、病、残人群使用方便，兼顾轮椅和担架的进入需要。消防电梯则是考虑火灾发生时，迫降到一楼，供消防救援人员到达火灾楼层使用的，消防电梯必须设置消防电梯前室或合用前室。2#和3#电梯为普通客梯，用于乘客日常上下楼时乘坐。

大道

用地范围线

消防车道

建筑控制线

消防车道

商业入口

消防登高场地

地下室轮廓线

建筑控制线

酒店入口

办公入口

后勤出入口

地库出入口(双向)

消防回车场

国税局

$H=13.95m$
3F
商业
±0.000(433.35)

$H=49.95m$
13F
酒店/办公
±0.000(433.35)

北

23.03m

21.56m

29.20m

4.00m

40.00m

12.29m

30.00m

16.44m

4.00m

6.50m

60.40m

34.20m

4.00m

4.00m

10.00m

5.20m

29.20m

15.00m

15.00m

60.40m

15.00m

432.00

432.01

432.01

432.35

432.58

混5

混5

混

混

幼儿园

局

水泥

税

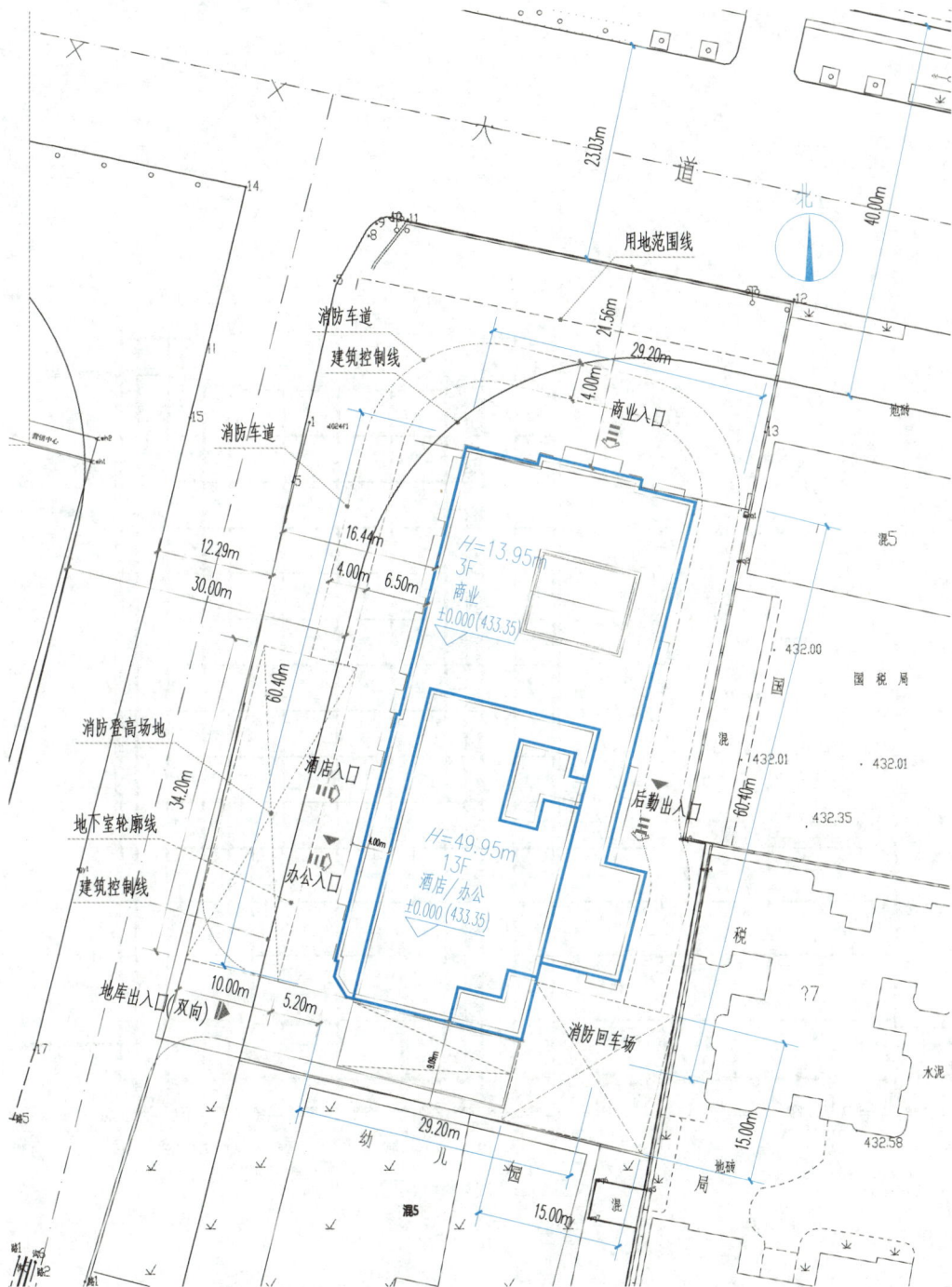

图2.1-1 项目总平面图

建筑整体效果图1　建筑整体效果图2

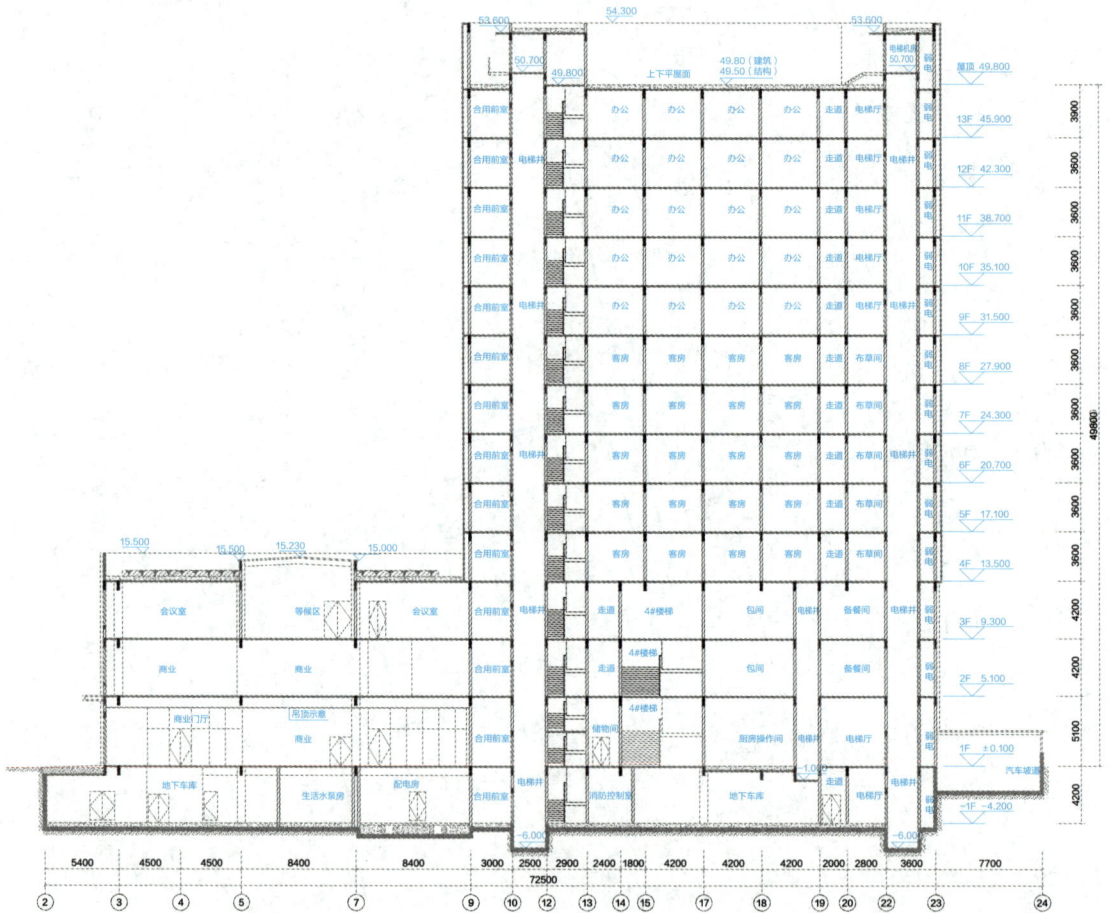

图2.1-2　建筑剖面图

建筑整体效果 1-2

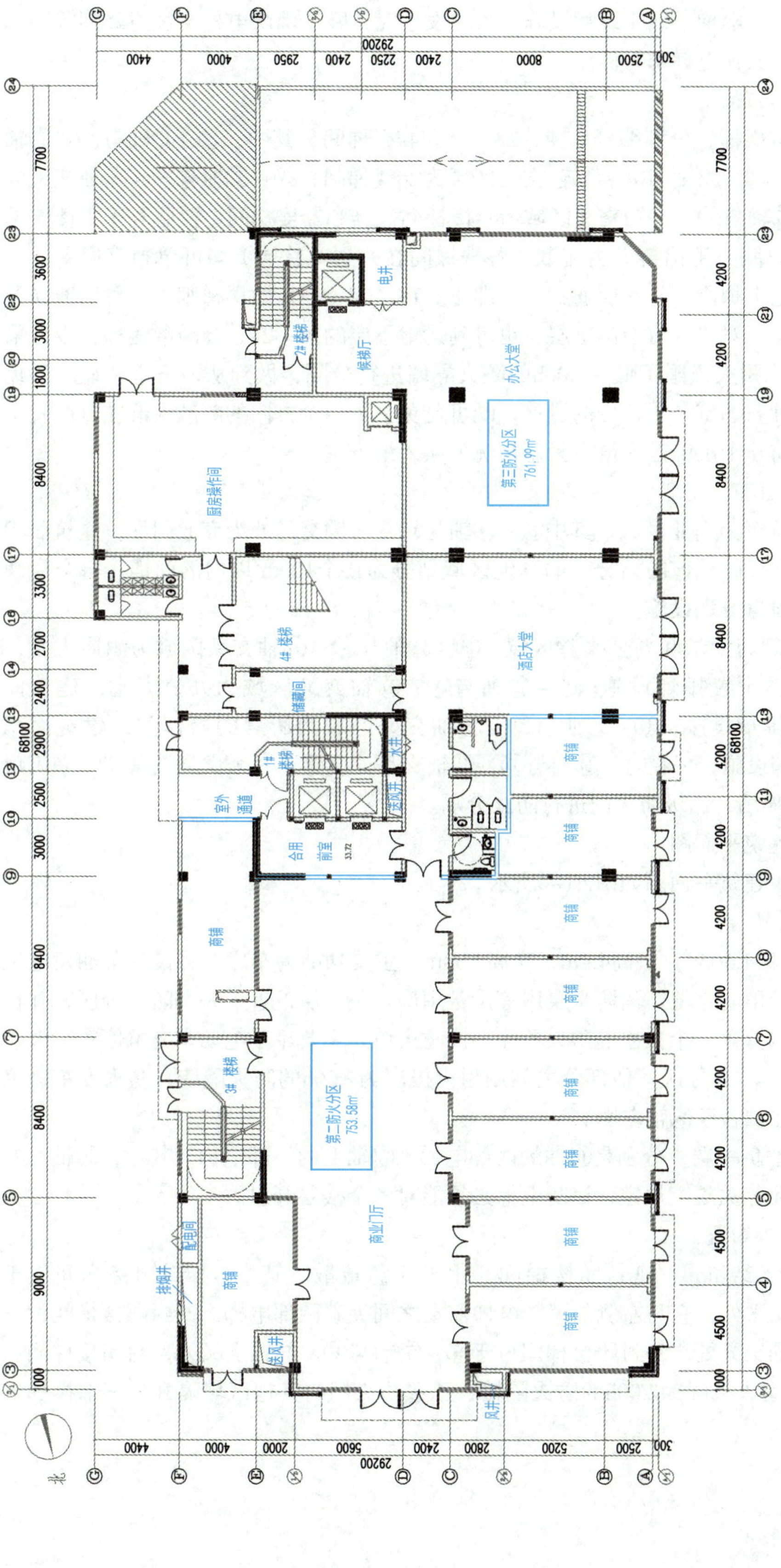

图2.1-3　一层建筑平面图

建筑空间二三维对照——一层

需要特别说明的是，电梯不属于疏散设施，火灾发生时，除了消防电梯会被迫降到首层，等待救援人员使用外，其他电梯都将停用。

2）一层疏散设施布置

一层共设四部疏散楼梯，分别编号为1#、2#、3#和4#楼梯间。其中，⑫～⑬轴与Ⓓ～Ⓕ轴交叉区域为1#楼梯间，⑳～㉓轴与Ⓓ～Ⓔ轴交叉区域为2#楼梯间，⑤～⑦轴与Ⓔ～Ⓕ轴交叉区域为3#楼梯间，⑭～⑰轴与Ⓓ～Ⓕ轴交叉区域为4#楼梯间。1#和2#楼梯间主要服务于主楼人员疏散，3#和4#楼梯则只服务于裙楼人员疏散，各楼梯间在一层（首层）均可单独直通室外。4#疏散楼梯仅设置了地上梯段，从一层通到三楼即止。1#、2#、3#疏散楼梯则不仅可以通向上层，还可以到达地下层。对于既可通向上层，也可到达地下层的1#、2#、3#疏散楼梯，设计采取了隔离措施，设置了耐火极限不低于2.00h的防火隔墙进行分隔，做到从地下室和地上层疏散出来的人群均可单独直达室外。这样的设计，既可避免上下两个方向的疏散人群在首层发生对撞而拥堵，也可以防止上层疏散人群在紧急情况下误入地下室。

3）一层房间功能分布

一层的第二防火分区为商业区域，其中③～⑨轴与Ⓒ～Ⓔ轴交叉处为商业门厅，建筑面积242.54m²，需设置排烟设施；该防火分区的其他区域划分为10个100m²以内的商铺，每个商铺均设置有外窗，无需设置排烟设施。

第三防火分区为酒店大堂和办公大堂区域，⑬～⑰轴与Ⓐ～Ⓓ轴交叉区域为酒店大堂，建筑面积125.08m²，需设置排烟设施；⑰～㉓轴与Ⓐ～Ⓓ轴交叉区域为办公大堂，建筑面积244.72m²，需设置排烟设施；⑰～⑲轴与Ⓓ～Ⓖ轴交叉区域为厨房的操作间，建筑面积127.01m²，需设置排烟设施；另在⑬～⑭轴与Ⓓ～Ⓔ轴交叉处设置了一个戊类储藏间，采用耐火极限为2.00h的防火隔墙、乙级防火门进行防火分隔。

（2）识读负一层建筑平面图

负一层（地下层）建筑平面图如图2.1-4所示。

1）地下层建筑概况

负一层建筑面积1971.50m²，层高4.2m，净高4.08m，主要功能为车库，另设有柴油发电机房、配电间、风机房、消防水池、消防水泵房等设备用房。负一层设置了一个防火分区，并在该防火分区内的左侧划分出一个独立的防火单元，该防火单元主要用于电动车充电停车。电动车充电防火单元与第一防火分区其他部分之间用耐火极限为2.00h的防火隔墙、防火卷帘、甲级防火门进行分隔，主要位于⑤轴左侧。

有三部电梯可到达负一层，分别是⑩轴的两部电梯和㉓轴上的一部电梯，其中，⑩轴上有一部是消防电梯。按照相关规范规定，消防电梯必须能对各个楼层开启。

2）地下层疏散设施布置

负一层设置有1#、2#和3#三座封闭楼梯间，用于应急疏散。其中，1#封闭楼梯间位于⑫～⑬轴与Ⓓ～Ⓔ轴交叉处，它与左侧的消防电梯前室之间夹着两部电梯。2#封闭楼梯间设置于⑲～㉓轴与Ⓓ～Ⓔ轴交叉处。3#封闭楼梯间位于⑤～⑦轴与Ⓔ～Ⓕ轴交叉处，封闭楼梯间、消防电梯前室均采用耐火极限为2.00h的防火隔墙、乙级防火门与其他区域隔开。三部楼梯上到一楼均可直通室外。

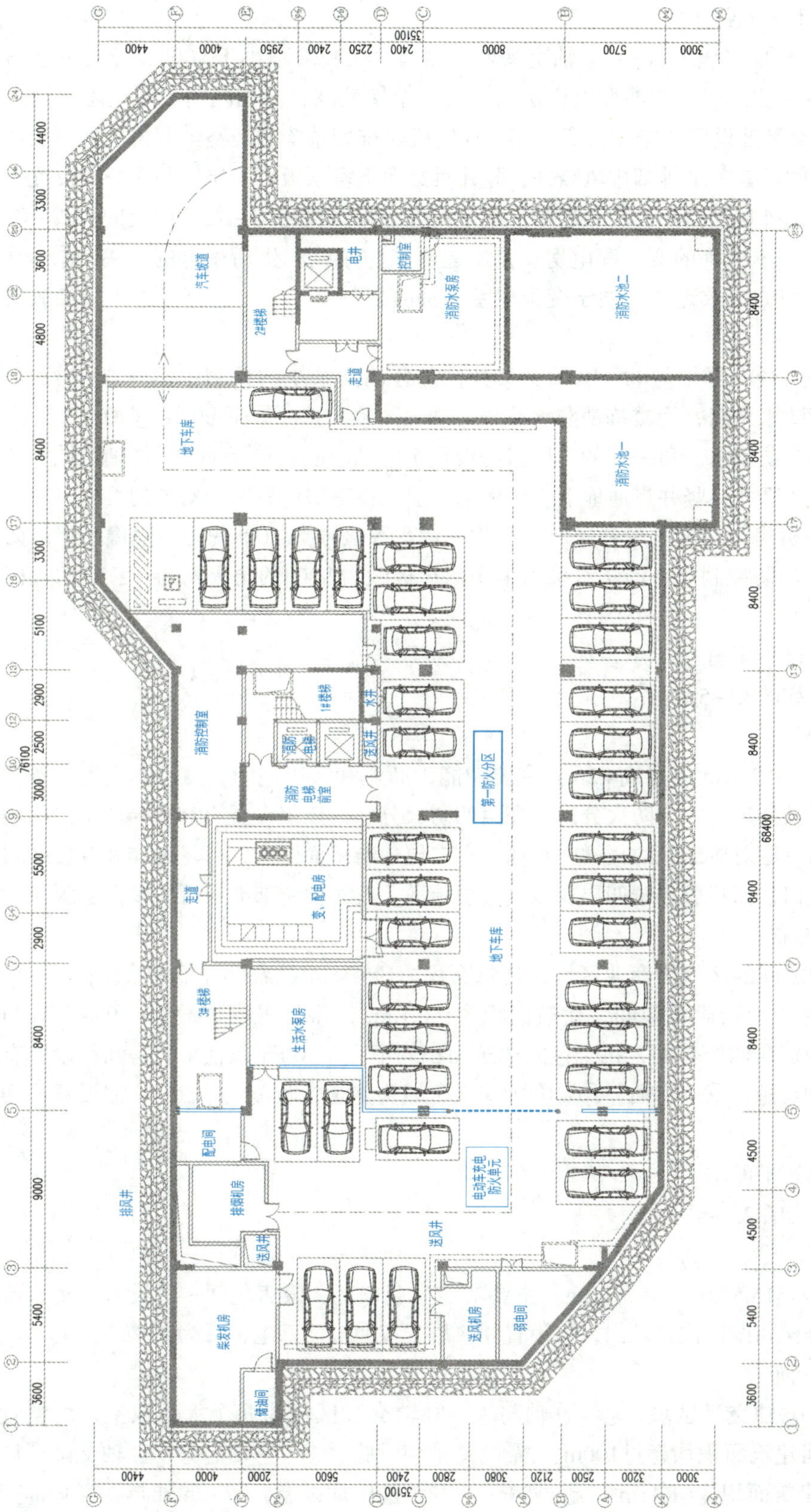

图2.1-4 负一层（地下层）建筑平面图

建筑空间三维对照—负一层

3）地下层设备用房布置

柴油发电机房位于①~③轴与Ⓓ~Ⓕ轴交叉处，侧墙耐火极限不小于2.00h，开向电动车充电区的疏散门为甲级防火门，柴油发电机房内设置一个储油间，储油间门为甲级防火门。③~⑤轴与Ⓓ~Ⓕ轴交叉处设置了排烟机房，用于放置机械排烟系统的两座排烟风机。柴油发电机房与排烟机房之间设置一个排烟排风竖井，竖井贯穿地下室顶板至一层，并在一层设置一个对外的百叶风口向室外排烟排风，负一层楼层配电间位于排烟机房与3#楼梯间之间；⑦~⑨轴与Ⓓ~Ⓔ轴交叉处为本楼栋的变、配电房，是本建筑消防用电和生活用电的源头；⑦~⑨轴与Ⓔ~Ⓕ轴交叉区域为疏散走道，便于变配电室、消防控制室的人员能直接进入3#疏散楼梯间。

消防控制室设置于⑨~⑯轴与Ⓔ~Ⓕ轴交叉处，是各消防系统的控制中枢。⑲~㉓轴与Ⓑ~Ⓓ轴交叉处为消防水泵房，为楼栋消防水系统的动力区域，⑰~㉓轴与Ⓑ~Ⓐ轴交叉处区域为消防水池，储存消防用水。负一层的送风机房设置于电动车防火单元的②~③轴区域，送风机房右上角设有送风竖井，竖井贯通地下室顶板至一层，在一层设置一个对外的百叶风口。柴油发电机房、排烟机房、变配电房和送风机房均采用耐火极限为2.00h的防火隔墙、甲级防火门进行防火分隔，消防控制室、消防水泵房采用耐火极限为2.00h的防火隔墙、乙级防火门进行防火分隔。

（3）识读二层建筑平面图

二层建筑平面图如图2.1-5所示。

1）二层建筑概况

二层建筑总面积1515.57m²，层高4.2m。主要功能为商业和饭店包间，另设有走道、备餐间、楼梯间等。二层被划定为一个防火分区，即第四防火分区，该层设置有3#和4#两个封闭楼梯间，其平面位置与一层对应编号的楼梯间相同。在二层建筑平面图中，可见的1#和2#楼梯间并未在本层开设出入口，而只服务于四层及以上楼层疏散。仅⑩轴两部电梯可为该楼层服务。

2）二层房间功能布置

二层的③~⑨轴之间的区域为商业区域，建筑面积为195.38m²，需设置排烟系统；⑰~⑲轴与Ⓓ~Ⓖ轴交叉区域为饭店大包间，建筑面积为140.13m²，需设置排烟设施；⑨~㉓轴与Ⓐ~Ⓒ轴交叉区域为饭店四个包间，每个包间建筑面积均不大于100m²，且每个房间都设置有外窗，不需设置排烟设施；⑨~㉓轴与Ⓒ~Ⓓ轴交叉区域为走道，长度大于20m，需设置排烟设施。

（4）识读三层建筑平面图

三层建筑平面图如图2.1-6所示。

1）三层建筑概况

三层总建筑面积1515.57m²，层高4.2m。主要功能为会议室、饭店包间，另设有走道、备餐间、楼梯间等，楼梯间设置位置及出入口设置同二层。仅⑩轴两部电梯可为该楼层服务。

2）三层房间功能布置

③~⑤轴与Ⓒ~Ⓕ轴交叉区域、③~⑨轴与Ⓐ~Ⓒ轴交叉区域为两个大会议室，均设置有可开启外窗，房间建筑面积均超过100m²，需设置排烟设施；⑦~⑨轴与Ⓓ~Ⓔ轴交叉区域为无窗小会议室，建筑面积为61.41m²，超过50m²，需设置排烟设施；⑯~⑲轴与Ⓓ~Ⓖ轴交

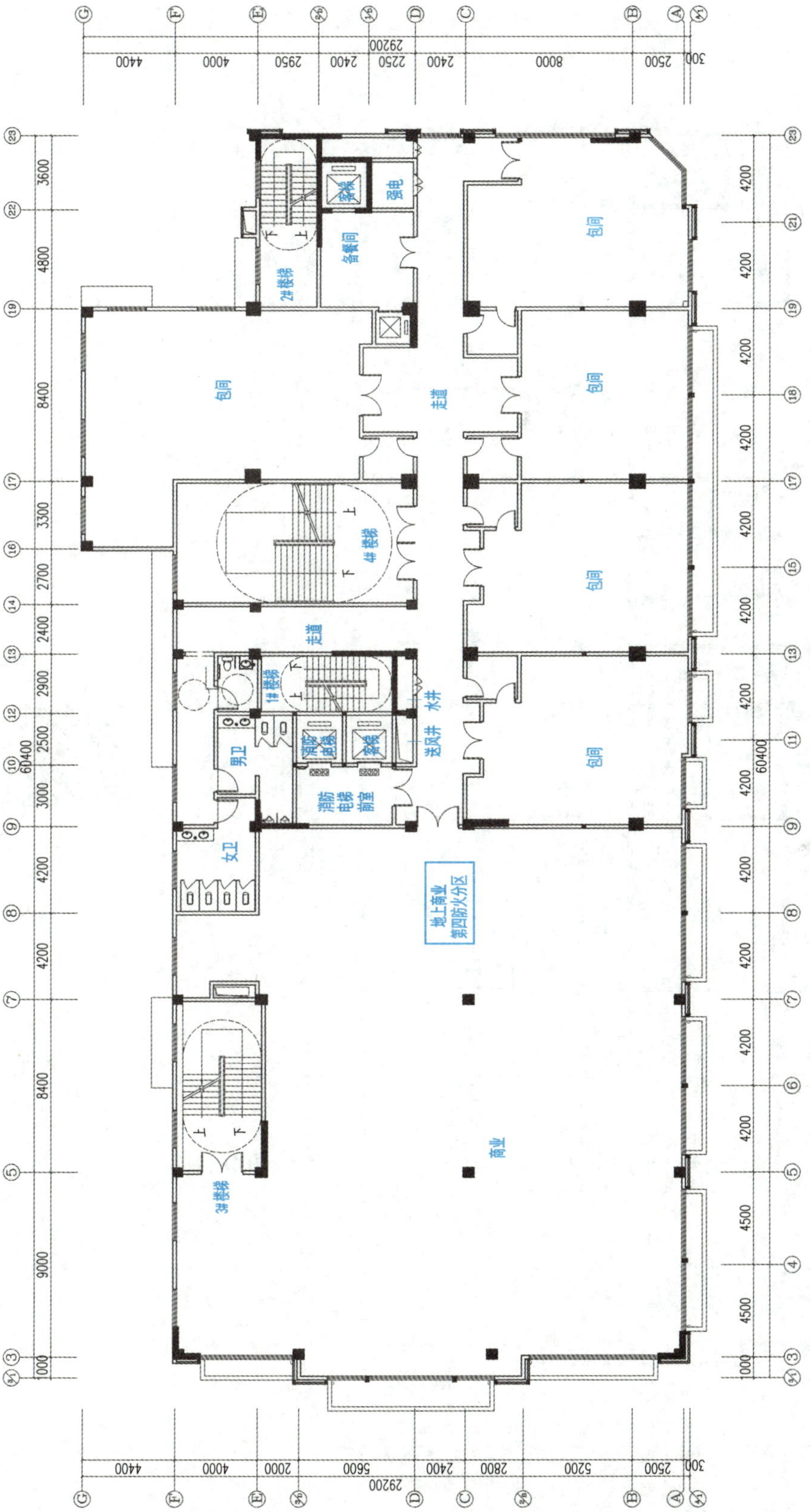

图2.1-5 一层建筑平面图

建筑空间二三维对照一二层

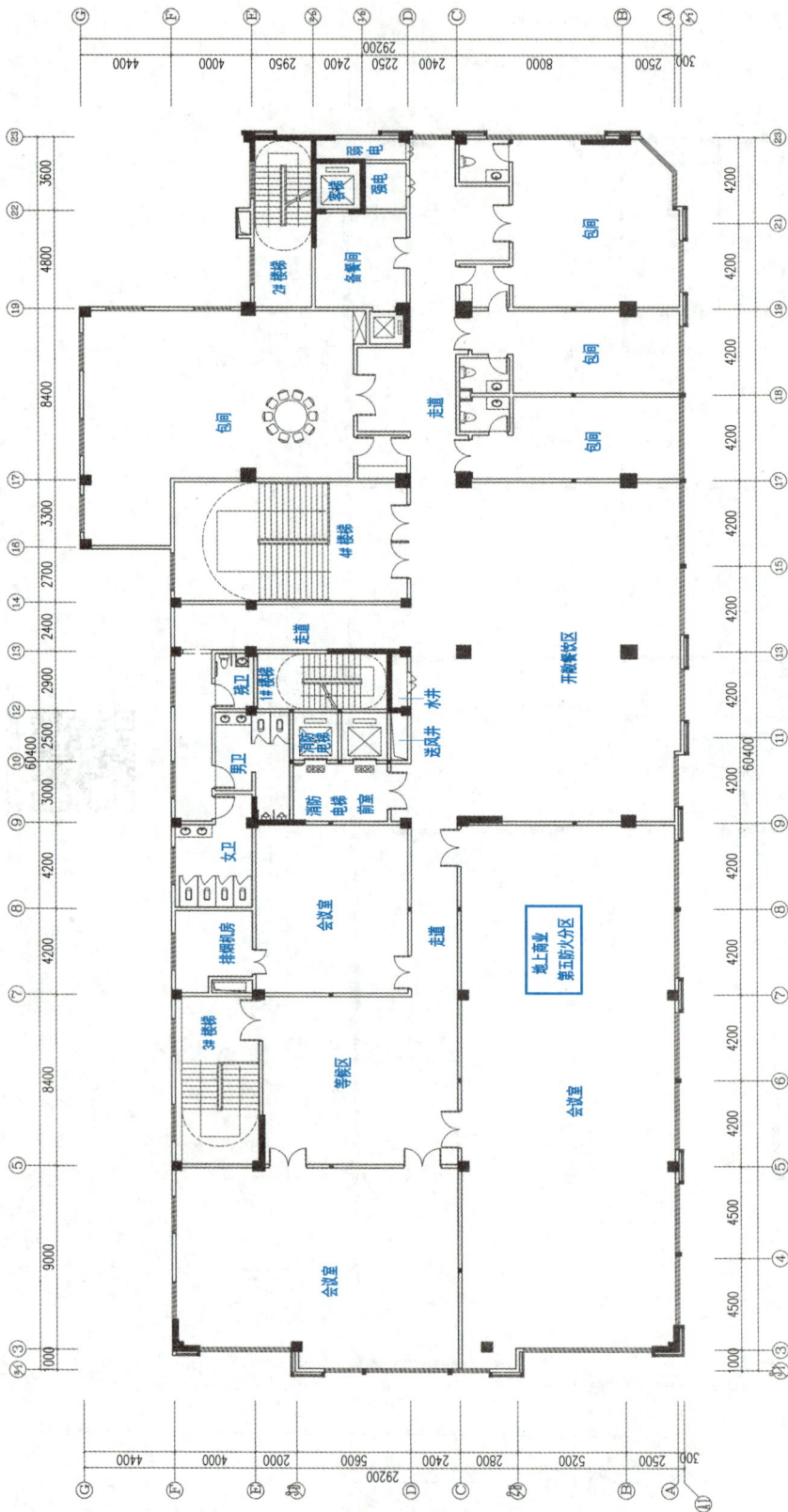

图2.1-6　三层建筑平面图

建筑空间二三维对照—三层

叉区域为饭店包间，建筑面积为121.54m²，需设置排烟设施；其他各房间建筑面积均不大于100m²，且每个房间均设置有外窗，不需设置排烟设施；⑤~㉓轴与Ⓒ~Ⓓ轴交叉区域为走道，长度超过20m，需设置排烟设施。

（5）识读四~八层建筑平面图

四~八层建筑平面图如图2.1-7所示。

1）四~八层建筑概况

四层以上为塔楼（主楼）部分。其中，四~八层为酒店客房，平面总长度33.6m，总宽度18m，采用内廊式布置，中间为走道，双侧布置客房，每层12间客房，层高3.6m，每层总建筑面积619.33m²。设置有1#和2#两个防烟楼梯间。1#防烟楼梯间与消防电梯设有合用前室，2#防烟楼梯间单独设置了前室。防烟楼梯间及其前室、合用前室均需要设置防烟设施。

2）四~八层房间功能布置

四~八层内廊两侧是酒店客房，除此之外，还有布草间、强电间、弱电间、各种设备井道等。每一层为一个防火分区。⑨~㉓轴与Ⓒ~Ⓓ轴交叉区域为走道，长度大于20m，需设置排烟设施。走道两侧每层共计设置12个客房，各客房建筑面积均不大于100m²，且每个房间均设置有可开启外窗，不需设置排烟设施。

（6）识读九~十三层建筑平面图

九~十三层建筑平面图如图2.1-8所示。

1）九~十三层建筑概况

九~十三层塔楼平面总长度和总宽度同四~八层，同样采用内廊式布置，层高3.6m，每层建筑面积619.33m²。设置有1#和2#两个防烟楼梯间。1#防烟楼梯间与消防电梯设置有合用前室，2#防烟楼梯间单独设置了前室。防烟楼梯间及其前室、合用前室需要设置防烟设施。

2）九~十三层房间功能布置

九~十三层内廊两侧布置的主要是办公室，此外还有强电间、弱电间、各种设备井道等。每一层为一个防火分区。⑨~㉓轴与Ⓒ~Ⓓ轴交叉区域为走道，长度大于20m，需设置排烟设施。走道两侧设置了12个办公室，各办公室建筑面积均不大于100m²，且每个办公室设置有可开启外窗，不需设置排烟设施。

（7）识读屋顶层建筑平面图

屋顶层建筑平面图如图2.1-9所示。

1）屋顶层建筑概况

屋顶层建筑面积114.5m²，主要由消防电梯机房、送风机房、消防水箱间、楼梯间、上人平屋面等组成，屋面建筑标高为49.8m。1#楼梯间和2#楼梯间在屋顶层通向上人平屋面，防烟楼梯间需要设置防烟设施。

2）屋顶房间功能布置

⑩~⑫轴与Ⓓ~Ⓔ轴交叉区域为消防电梯机房和普通电梯机房，⑬~⑮轴与Ⓓ~Ⓔ轴交叉区域为地上消防电梯前室的机械加压送风机房，⑳~㉓轴与Ⓒ~Ⓓ轴交叉区域为生活水箱间，㉑~㉓轴与Ⓑ~Ⓒ轴交叉区域为消防水箱间，屋顶层各房间均为设备用房，平时无人员停留，不需设置排烟设施。

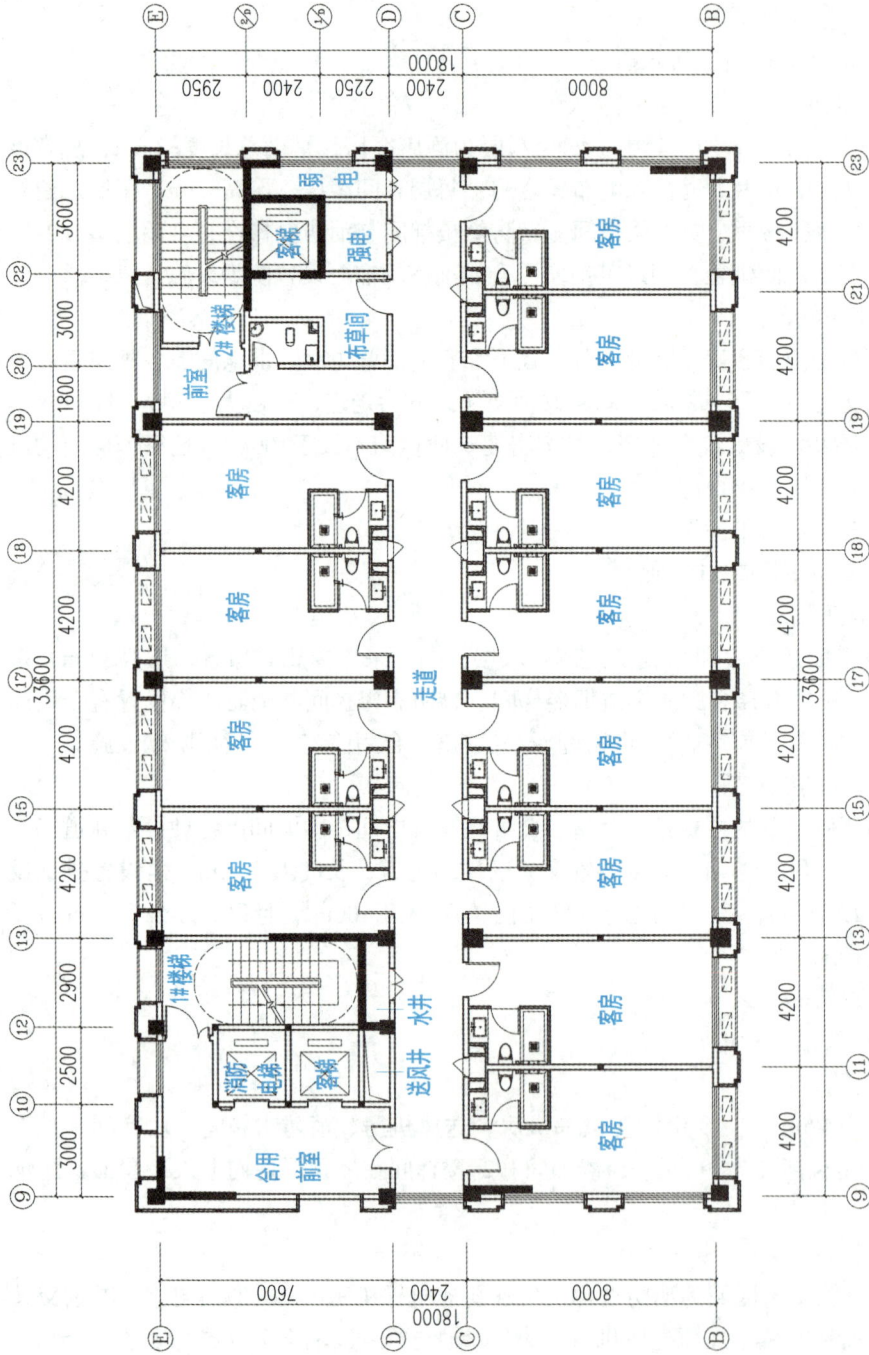

图2.1-7 四～八层建筑平面图

建筑空间二三维对照—五～八层

建筑空间二三维对照—一～四层

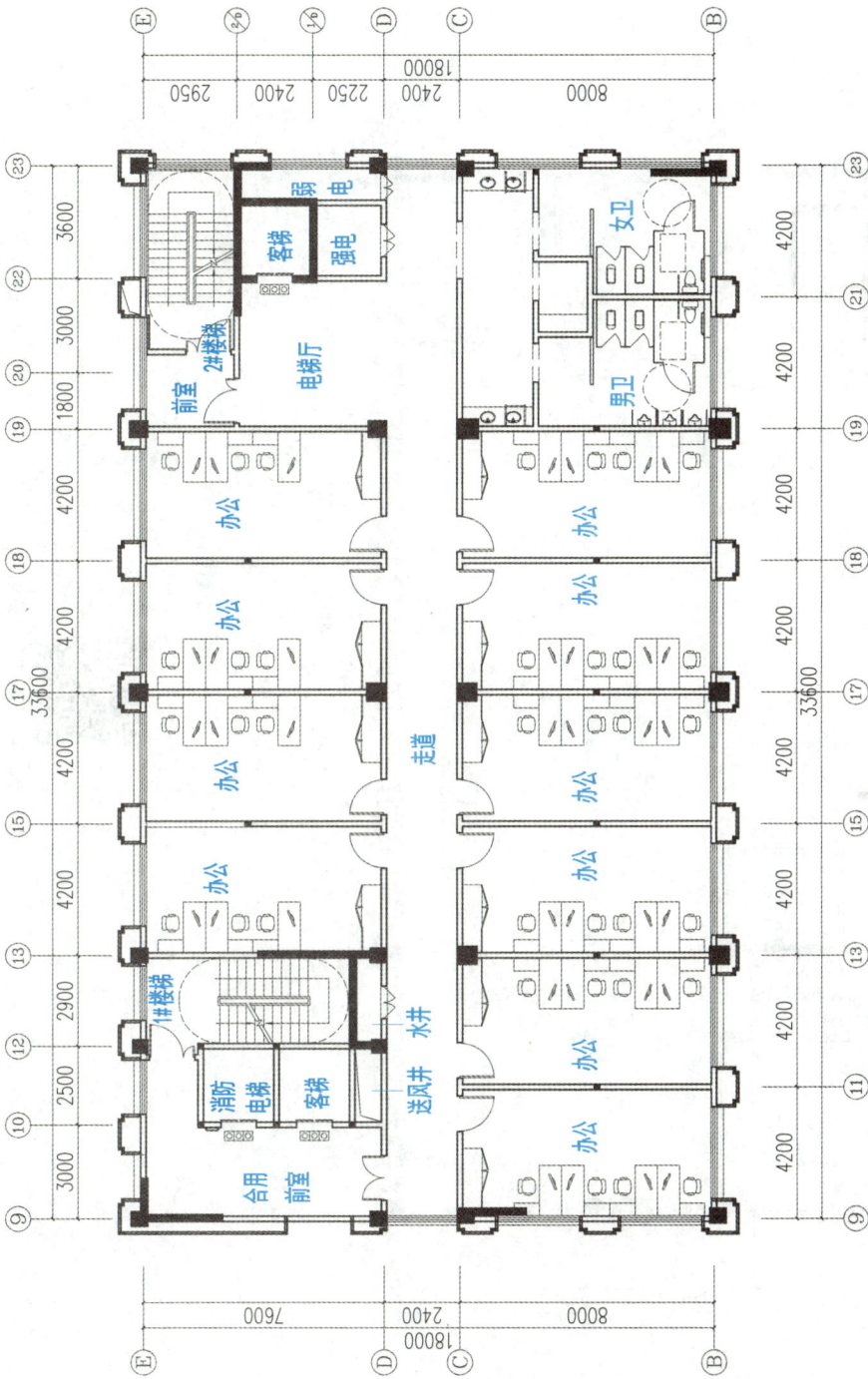

图2.1-8 九~十三层建筑平面图

建筑空间三维对照—九~十三层

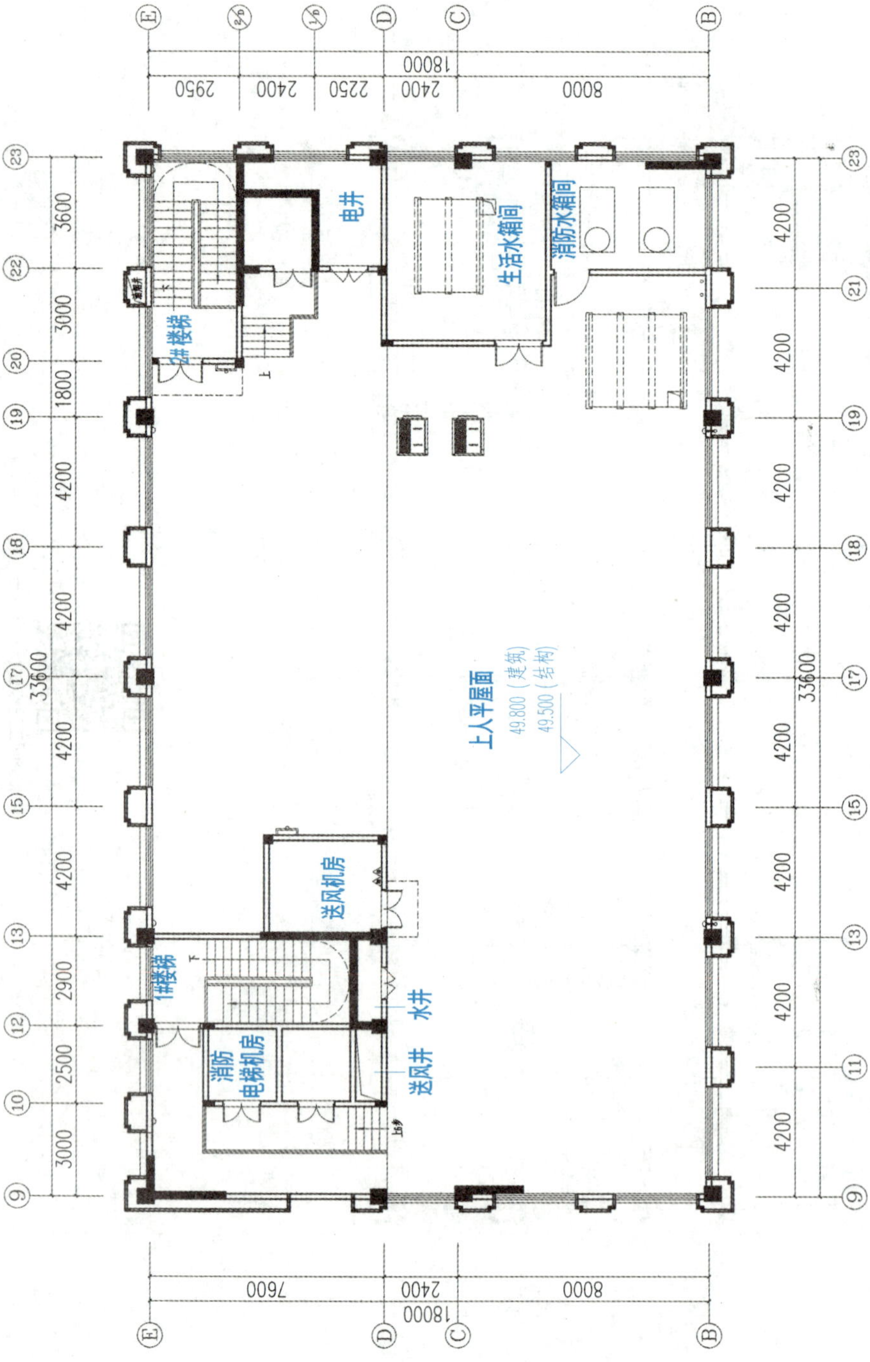

图2.1-9 屋顶层建筑平面图

建筑空间三维对照—屋面层

2.1.2 学习防烟排烟制图标准

要能熟练识读建筑防烟排烟工程施工图，我们必须了解图纸比例，熟悉常用图例，掌握防烟排烟相关名词。根据《暖通空调制图标准》GB/T 50114—2010的规定，我们需要对图纸比例、常用防烟排烟设计图例、设计绘图要求等进行学习。

制图标准、识图流程

1. 图纸绘制比例

暖通空调制图比例通常与本项目建筑专业的制图比例保持一致。也可以根据图样的具体情况，采用表2.1-1中的比例。

图纸比例选取   表2.1-1

图名	常用比例	可用比例
剖面图	1：50、1：100	1：150、1：200
局部放大图、管沟断面图	1：20、1：50、1：100	1：25、1：30、1：150、1：200
索引图、详图	1：1、1：2、1：5、1：10、1：20	1：3、1：4、1：15

2. 常用制图图例

（1）系统的代号

一套供暖通风图纸可能包含多个类型的系统，同一类型中还可能出现多个分支系统。为了区分，设计通常会将系统进行编号。编号时，一般是用"系统代号+顺序号"来编号。

系统代号用大写英文字母表示，见表2.1-2。

系统代号   表2.1-2

序号	字母代号	系统名称	序号	字母代号	系统名称
1	N	（室内）供暖系统	9	H	回风系统
2	L	制冷系统	10	P	排风系统
3	R	热力系统	11	XP	新风换气系统
4	K	空调系统	12	JY	加压送风系统
5	J	净化系统	13	PY	排烟系统
6	C	除尘系统	14	P（PY）	排风兼排烟系统
7	S	送风系统	15	RS	人防送风系统
8	X	新风系统	16	RP	人防排风系统

从上表可以看出，不同类型的系统，设计采用不同的首字母进行区分，读图人员看到相应首字母，就知道该系统属于哪种类型。比如："XP"代表新风换气系统，"RS"代表人防送风系统等。

除了系统类型代号外，还会在其后面增加一个阿拉伯数字，表示该系统的顺序号。比如，在一个项目的防烟排烟施工图中发现一个系统编号为"PY-3"，说明该系统是排烟系统，且顺序号为3。

（2）风管的代号

防烟排烟系统常用的风管有消防排烟风管、加压送风管、消防补风风管等，编号分别为PY、ZY、XB等，见表2.1-3。

风管代号　表2.1-3

序号	代号	管道名称	备注
1	SF	送风管	—
2	HF	回风管	一、二次回风可附加1、2区别
3	PF	排风管	—
4	XF	新风管	—
5	PY	消防排烟风管	—
6	ZY	加压送风管	—
7	P（Y）	排风排烟兼用风管	—
8	XB	消防补风风管	—
9	S（B）	送风兼消防补风风管	—

（3）风道、风阀及附件的图例

1）风管图例

防烟排烟系统常用的风管是矩形风管和圆形风管，风管标注方法见表2.1-4。矩形风管用"$A \times B$"表示"宽度×高度"，单位为"mm"，圆形风管用"ϕ直径"表示，单位为"mm"。风管图例见表2.1-4。

风管图例　表2.1-4

序号	名称	图例	备注
1	矩形风管	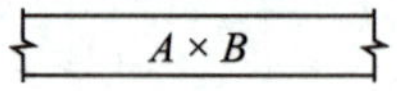 $A \times B$	宽×高（mm）
2	圆形风管	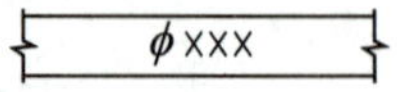 $\phi \times\times\times$	ϕ直径（mm）

2）风阀及附件图例

防烟排烟系统常用的阀门、风管附件有风管弯头、消声静压箱、风管软接头、对开多叶调节风阀等，图例见表2.1-5。

3）风口图例

防烟排烟系统常用的风口有防火阀风口、条缝形风口、矩形风口等，图例见表2.1-6。

风阀及附件图例

表2.1-5

序号	名称	图例	备注
1	圆弧形弯头		—
2	带导流片的矩形弯头		—
3	消声器	 	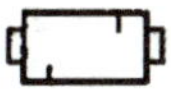
4	消声弯头	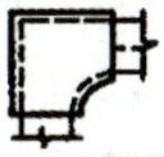 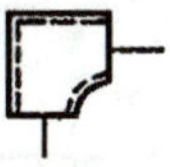	—
5	消声静压箱	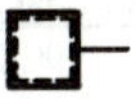	—
6	风管软接头	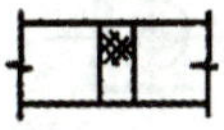 	—
7	对开多叶调节风阀	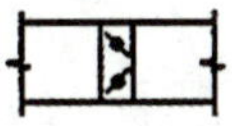 	—

风口图例

表2.1-6

序号	名称	图例	备注
1	三通调节阀	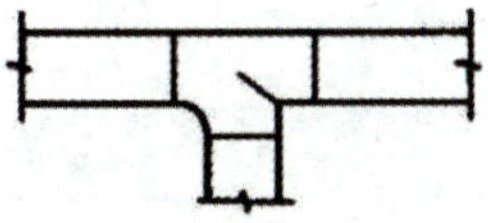	—
2	防烟、防火阀	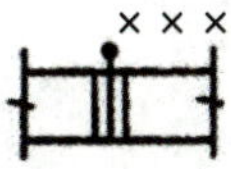 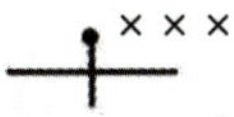	×××表示防烟、防火阀名称代号
3	方形风口	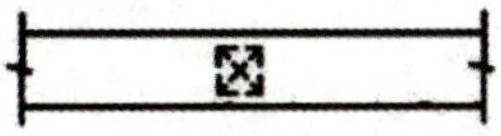	—
4	条缝形风口		—
5	矩形风口		—

（4）风机图例

防烟排烟系统中常用的风机为轴流风机、轴（混）流式管道风机等，图例见表2.1-7。

风机图例　　　　　表2.1-7

序号	名称	图例	备注
1	散热器及手动放气阀	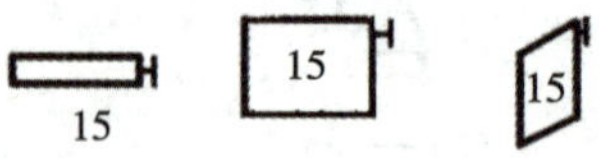 15　15　15	左为平面图画法，中为剖面图画法，右为系统图（Y轴测）画法
2	散热器及温控阀	 15　15	—
3	轴流风机	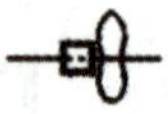	—
4	轴（混）流式管道风机	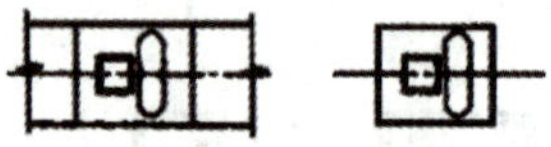	—
5	离心式管道风机	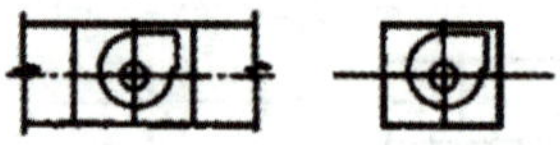	—

（5）调控装置图例

防烟系统通过控制楼梯间、前室、走道的空气压力达到防烟目的，使楼梯间的气压＞前室气压＞走道气压，防止烟气从房间蔓延至走道、楼梯间，需要在设置机械加压送风系统的场所增设压差传感器，控制机械加压送风系统的启停或调节送风量，调控装置图例见表2.1-8。

调控装置图例　　　　　表2.1-8

序号	名称	图例
1	温度传感器	T
2	湿度传感器	H
3	压力传感器	P
4	压差传感器	ΔP

3．设计制图要求

（1）在同一套工程设计图纸中，图样中设备的线宽、图例、符号等应一致，宜采用标准的图例。

（2）一套完整的设计图纸应依次包括图纸目录、选用图集（纸）目录、设计施工说明、图例、设备及主要材料表、总图、工艺图、系统图、平面图、剖面图、详图等，其图纸编号应按上述顺序排列。

（3）图纸中需要辅以文字说明的，以"注："""附注："或"说明："的形式在图纸右下方、标题栏的上方书写，并应逐条进行编号。

（4）一张图幅内绘制平、剖面等多种图样时，宜按平面图、剖面图、安装详图，从上至下、从左至右的顺序排列；当一张图幅绘有多层平面图时，宜按建筑层数由低至高、由下而上顺序排列。

（5）初步设计和施工图设计的设备表应至少包括序号（或编号）、设备名称、技术要求、数量、备注栏；材料表应至少包括序号（或编号）、材料名称、规格或物理性能、数量、单位、备注栏。明细栏示例如图2.1-10所示。

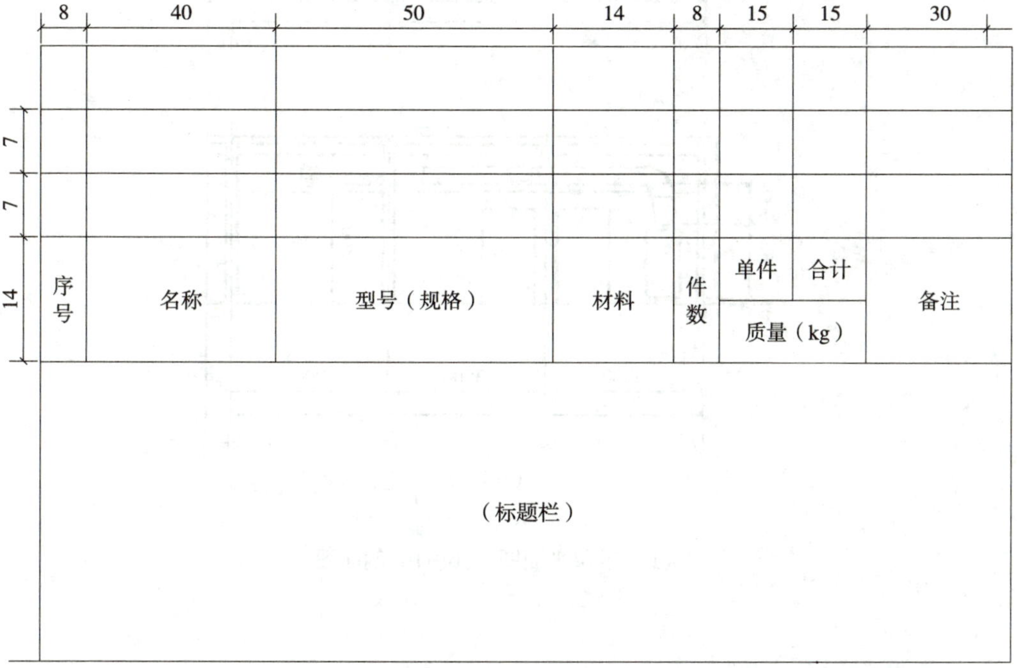

8	40	50	14	8	15	15	30
序号	名称	型号（规格）	材料	件数	单件	合计	备注
					质量（kg）		
（标题栏）							

图2.1-10 明细栏示例

（6）平面图上应标注设备、管道定位（中心、外轮廓）线与建筑定位（轴线、墙边、柱边、柱中）线间的关系；剖面图上应标注出设备、管道（中、底或顶）标高。必要时，还应标注出距该层楼（地）板面的距离。

（7）断面的剖切符号应用剖切位置线和编号表示。剖切位置线宜为长度6~10mm的粗实线；编号可用阿拉伯数字、罗马数字或小写拉丁字母，标在剖切位置线的一侧，并应表示投射方向，平、剖面图示例如图2.1-11所示。

为了表达通风系统中静压箱与主风管之间、风管支管与散流器之间的竖向连接关系，图2.1-11中①~③轴沿主风管方向进行剖切，能表达出静压箱与主风管的竖向连接方向、尺寸等信息，③~④轴垂直于风管支管方向剖切，标注出散流器与风管支管的连接关系。

（8）管道系统图应能确认管径、标高及末端设备，可按系统编号分别绘制。管道系统图采用轴测投影法绘制时，宜采用与相应的平面图一致的比例。管道系统图的基本要素应与平、剖面图相对应。

（a）

（b）

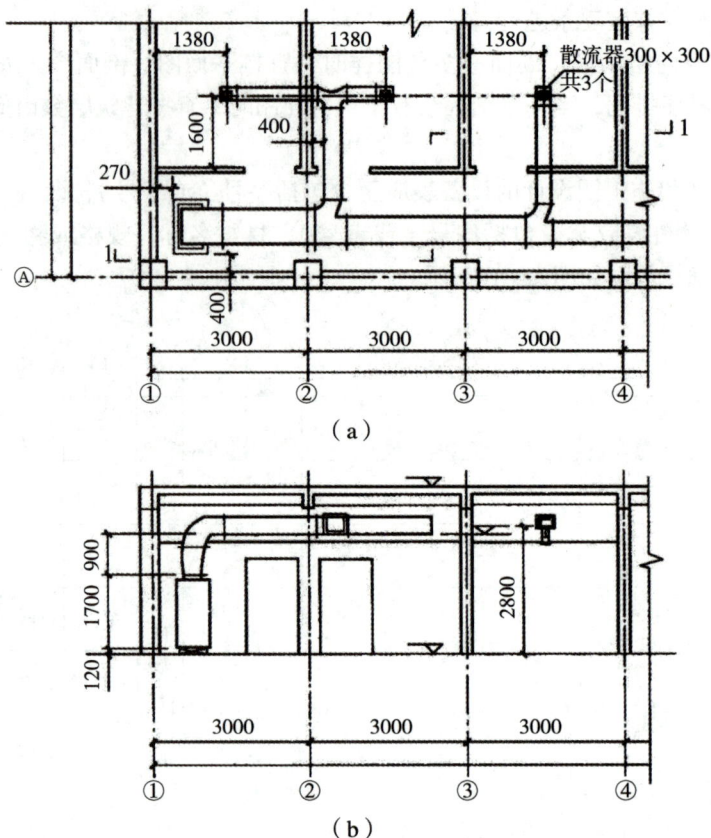

图2.1-11　平、剖面图示例
（a）标准层平面图；（b）1–1剖面图

2.1.3　了解防烟排烟识图流程

了解防烟排烟识图流程有助于快速准确获取相关信息，掌握识图方法，提高识图效率。对于初学者来说，图纸识读应遵循一定的流程。通常是先宏观概览图纸，然后识读防烟排烟系统图，平面图，最后，细致研读设计说明。

1．宏观概览图纸

（1）获取建筑的层数、高度、主要功能等基本信息；

（2）了解建筑需要设置防烟系统、排烟系统的设置部位；

（3）浏览整套图纸，包括目录、图纸清单、总说明等，以获得图纸的基本信息和整体框架；

（4）了解图纸的比例尺、图例、符号含义等基础信息。

2．识读防烟排烟系统图

详细查看机械加压送风系统图、机械排烟系统图，获取以下信息：

（1）查看防烟系统图中机械加压送风系统的数量、风机编号以及服务范围等信息。

（2）在平面图中找到对应机械加压送风系统服务范围以及风机位置等内容。

（3）查看排烟系统图中机械排烟风机系统数量、风机编号、服务范围等信息。

（4）在平面图中找到对应机械排烟系统服务范围和风机位置等内容。

3．识读防烟排烟平面图

（1）详细查看平面布置图，识别排烟区域、防烟区域。

（2）确定各楼层防火分区、防烟分区划分情况。

（3）在排烟区域中区分采用机械排烟的防烟分区和自然排烟的防烟分区。

（4）按系统识别各防烟分区的排烟口位置、尺寸、储烟仓厚度以及防火阀设置情况等。

（5）明确补风系统的相关参数，如机械补风风机参数、自然补风风速控制、风口面积等。

（6）确定机械排烟系统的控制逻辑。

（7）针对自然排烟系统，查找各防烟分区的最小清晰高度、储烟仓厚度等参数。

（8）计算自然排烟的防烟分区内的有效排烟面积。

（9）在防烟区域，区分采用机械加压送风系统的部位和采用自然通风的部位。

（10）按系统识别各防烟部位的机械送风口位置、尺寸以及防火阀设置情况等。

（11）确定机械加压送风系统的控制逻辑。

（12）针对自然通风系统，查找各防烟部位的可开启外窗面积。

（13）查找防烟排烟风管的制作材料及防火措施。

4．解读防烟排烟设计说明

（1）工程概况：建筑分类、建筑面积、主要功能等。

（2）需要设置防烟系统、排烟系统的部位及所采用的防烟、排烟方式。

（3）机械加压送风量、排烟量的计算过程。

（4）其他参数的选取：防烟分区划分、补风量、最小清晰高度等。

（5）机械加压送风系统、机械排烟系统的控制逻辑。

（6）自然排烟口、自然通风口有效面积的计算。

（7）防火阀的设置情况。

相关术语

2.1.4 解读防烟排烟相关术语

要准确理解建筑防烟排烟设计图纸中的相关概念，首先应对图纸中出现的相关术语、参数的意义进行解释。我们将规范和标准中明确定义的相关术语归为一类。对于规范和标准中未见定义，但在设计图纸中会出现的名词也做了辅助性解释，以帮助读者理解。

1．规范已定义的术语

（1）防火分区：在建筑内部采用防火墙、楼板及其他防火分隔设施分隔而成，能在一定时间内防止火灾向同一建筑的其余部分蔓延的局部空间。

（2）防火墙：防止火灾蔓延至相邻建筑或相邻水平防火分区且耐火极限不低于3.00h的不燃性墙体。

（3）防火隔墙：建筑内防止火灾蔓延至相邻区域且耐火极限不低于规定要求的不燃性墙体。

（4）地下室：房间地面低于室外设计地面的平均高度大于该房间平均净高1/2者。

（5）耐火极限：在标准耐火试验条件下，建筑构件、配件或结构从受到火的作用时起，至失去承载能力、完整性或隔热性时止所用时间，用小时表示。

（6）安全出口：供人员安全疏散用的楼梯间和室外楼梯的出入口或直通室内外安全区域的出口。

（7）封闭楼梯间：在楼梯间入口处设置门，以防止火灾的烟和热气进入的楼梯间。

（8）防烟楼梯间：在楼梯间入口处设置防烟的前室、开敞式阳台或凹廊（统称前室）等设施，且通向前室和楼梯间的门均为防火门，以防止火灾的烟和热气进入楼梯间。

（9）防烟系统：通过采用自然通风方式，防止火灾烟气在楼梯间、前室、避难层（间）等空间内积聚；或通过采用机械加压送风方式阻止火灾烟气侵入楼梯间、前室、避难层（间）等空间的系统。防烟系统分为自然通风系统和机械加压送风防烟系统两类。

（10）排烟系统：采用自然排烟或机械排烟的方式，将房间、走道等空间的火灾烟气排至建筑物外的系统，分为自然排烟系统和机械排烟系统。

（11）自然排烟：利用火灾热烟气流的浮力和外部风压作用，通过建筑开口将建筑内的烟气直接排至室外的排烟方式。

（12）自然排烟窗（口）：具有排烟作用的可开启外窗或开口，可通过自动、手动、温控释放等方式开启。

（13）挡烟垂壁：用不燃材料制成，垂直安装在建筑顶棚、梁或吊顶下，能在火灾时形成一定的蓄烟空间的挡烟分隔设施。

（14）储烟仓：位于建筑空间顶部，由挡烟垂壁、梁或隔墙等形成的用于储存火灾烟气的空间。

（15）设计烟层厚度：一般与储烟仓高度相同。

（16）清晰高度：烟层下缘至室内楼（地）面的高度。

（17）排烟阀：安装在机械排烟系统各支管端部（烟气吸入口）处，平时呈关闭状态并满足漏风量要求，火灾时可手动和电动启闭，起排烟作用的阀门。一般由阀体、叶片、执行机构等部件组成。

（18）排烟防火阀：安装在机械排烟系统的管道上，平时呈开启状态，火灾时当排烟管道内烟气温度达到 280℃时关闭，并在一定时间内能满足漏烟量和耐火完整性要求，起隔烟阻火作用的阀门，一般由阀体、叶片、执行机构和温感器等部件组成。

（19）排烟口：机械排烟系统中烟气的入口。

（20）固定窗：设置在设有机械防烟排烟系统的场所中，窗扇固定、平时不可开启，仅在火灾时便于人工破拆以排出火场中的烟和热的外窗。

（21）独立前室：只与一部疏散楼梯相连的前室。

（22）共用前室：剪刀楼梯间（常用于高层居住建筑）的两个楼梯间共用同一前室时的前室。

（23）合用前室：防烟楼梯间前室与消防电梯前室合用时的前室。

（24）可熔性采光带（窗）：采用在120～150℃能自行熔化且不产生熔滴的材料制作，设置在建筑空间上部，用于排出火场中的烟和热的设施。

以上术语摘自《建筑设计防火规范（2018年版）》GB 50016—2014和《建筑防烟排烟系统

技术标准》GB 51251—2017中的术语部分。

2．辅助理解性的术语

（1）防烟分区：在一个防火分区内，由挡烟垂壁、挡烟结构梁、隔墙等围合而成，能独立储存火灾烟气的房间或空间的顶部区域。

（2）房间净高：房间楼（地）面至顶板（或板式吊顶）底面的高度，在计算最小清晰高度时会使用到。

（3）排烟口下烟层厚度：排烟系统中排烟口最低点之下烟气层厚度，即排烟口下沿至储烟仓下沿之间的高差，用于计算单个排烟口的最大允许排烟量。

（4）热释放速率：火灾中可能达到最大火势时，单位时间内释放出的热量，单位为"MW"。

备注：确定热释放速率首先应明确设计的火灾规模，设计的火灾规模取决于燃烧材料性质、时间等因素和自动喷水灭火设施的设置情况，热释放速率应根据《建筑防烟排烟系统技术标准》GB 51251—2017第4.6.10条计算。

（5）排烟口最大允许排烟量：设计计算时，单个排烟口单位时间内最大允许排烟量，单位为"m^3/s"。

备注：如果一个排烟口排出过多的烟气，则会在烟层底部撕开一个"洞口"，使新鲜的冷空气卷吸进去，随烟气被排出，从而降低了实际排烟量。因此限制了每个排烟口的最高临界排烟量，单个排烟口最大允许排烟量应根据《建筑防烟排烟系统技术标准》GB 51251—2017第4.6.14条计算。

（6）常闭式应急排烟窗：平时常闭，当加压送风风机故障时，具有手动和火灾自动报警系统联动开启功能的排烟窗。

（7）防火阀：安装在通风、加压送风系统中，平时呈开启状态。火灾时，当管道内空气温度达到70℃时关闭，并在一定时间内能满足漏烟量和耐火完整性要求，起阻隔烟火作用的阀门。防火阀一般由阀体、叶片、执行机构和温感器等部件组成。

低碳发展——烟气余热回收再利用技术

　　"双碳"是碳达峰与碳中和的简称。碳达峰是指在某一个时间点，二氧化碳的排放不再增长，达到峰值，之后进入平台期并在一定范围内波动，然后进入平稳下降阶段。碳中和则是指某个地区在一定时间内直接或间接产生的二氧化碳排放总量，通过植树造林、节能减排等形式，最终被吸收和抵消掉，实现社会活动中二氧化碳相对"零排放"。中国明确提出了2030年"碳达峰"与2060年"碳中和"的目标。在这一目标的指引下，降低消耗、节约能源是我们的首要任务。

　　烟气余热回收再利用就是一种高效、环保的节约能源方式，它通过某种换热方式将烟气携带的热量转换成可以利用的热量，从而减少能源的浪费并提高能源利用效率。

　　通过回收烟气中的余热，可以降低能源消耗，减少燃料成本，提高生产效益和经济效益。烟气余热回收再利用技术减少了烟气排放中的热能损失，降低了对环境的热污染。同时，由于减少了燃料的消耗，也间接减少了燃烧过程中产生的污染物排放，有助于改善空气质量。

　　烟气余热回收再利用技术在多个领域具有广泛的应用前景，包括钢铁、化工、电力、陶瓷等高能耗行业。此外，该技术还可用于冶金炉、印染行业的定型机、烘干机以及窑炉等设备的烟气余热回收。

　　随着能源紧缺和环保意识的日益增强，烟气余热回收再利用技术将越来越受到重视。未来，该技术将在技术创新、系统集成和智能化控制等方面得到进一步完善和发展。

　　年轻一代有责任为保护蓝天碧水、保护我们赖以生存的地球而潜心研究新的技术。

2.1.5　同步训练

1．单选题

（1）建筑平面图的比例一般选用（　　　）。

A．1∶25　　　　　　　　　　　　　　B．1∶100

C．1∶50　　　　　　　　　　　　　　D．1∶500

（2）防烟排烟系统中，矩形风管的标注表示方法正确的是（　　　）。

A．"长度×宽度"　　　　　　　　　　B．"高度×直径"

C．"A×B"表示"宽度×高度"　　　　　D．"ϕ"表示"直径"

（3）防烟系统中，要求以下（　　　）的气压最大。

A．前室　　　　　　　　　　　　　　B．走道

C．房间　　　　　　　　　　　　　　D．地下室

（4）设计图纸中的文字说明书写要求是（　　　）。

A．在图纸的任何位置

B．在图纸右下方或标题栏的上方，并逐条编号

C．仅在标题栏内

D．仅在图纸的左上方

2. 多选题

（1）以下表示防烟排烟系统中风管代号的有（   ）。

A. PY   B. ZY   C. P（Y）

D. XB   E. S（B）

（2）供暖通风设计图纸应包含有（   ）。

A. 图纸目录   B. 设计施工说明   C. 设备及主要材料表

D. 系统图   E. 总图

（3）设备表包括的信息有（   ）。

A. 设备名称   B. 技术要求   C. 数量

D. 品牌   E. 设备价格

（4）材料表包括的信息有（   ）。

A. 材料名称   B. 规格或物理性能   C. 数量

D. 单位   E. 材料产地

3. 判断题

（1）一套防烟排烟图纸中，所有系统都必须使用相同的系统代号进行编号。　（   ）

（2）风管弯头、消声静压箱等不是防烟排烟系统中常用的阀件。　（   ）

任务 2.2 防烟系统施工图识读

【学习目标】

知识目标	能力目标	素质目标
1. 掌握自然防烟的设置要求； 2. 掌握机械防烟的设置要求； 3. 掌握机械防烟系统的供电和控制的基本知识	1. 能描述案例项目自然防烟的设置情况； 2. 能解读案例项目自然防烟的设计细部； 3. 能描述案例项目机械防烟的设置部位； 4. 能解读机械防烟系统的设计细部； 5. 能介绍案例项目机械防烟系统的供电和控制设计	1. 提升对事物发展动因的领会能力； 2. 培养学生的系统思维习惯； 3. 提升学生的节电意识； 4. 培养学生严谨细致的工作态度

【思维导图】

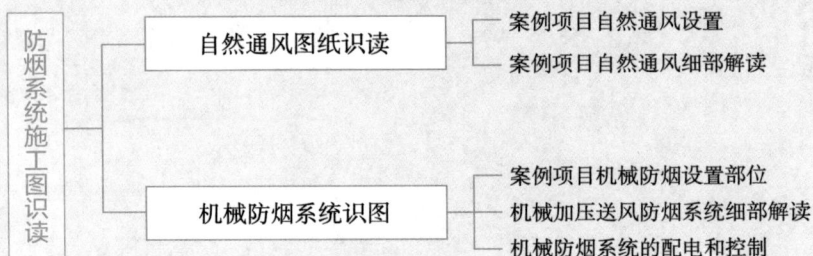

防烟系统是为了阻止火灾烟气侵入人员疏散所必经的空间（如封闭楼梯间、防烟楼梯间、防烟楼梯间前室等）而采取的工程技术措施。具体措施包括自然通风防烟和机械加压送风防烟两种。

2.2.1　自然通风图纸识读

自然通风图纸识读

依据《建筑防烟排烟系统技术标准》GB 51251—2017中第3.1.3条规定，建筑高度小于或等于50m的公共建筑、工业建筑和建筑高度小于或等于100m的住宅建筑，其防烟楼梯间、独立前室、共用前室、合用前室（除共用前室与消防电梯前室合用外）及消防电梯前室应采用自然通风系统。

案例项目建筑高度49.95m，属于建筑高度小于50m的公共建筑，符合相关规定要求，可以采用自然通风系统。

1．案例项目自然通风设置

本项目地下层设置了1#、2#和3#三部封闭楼梯间；一～三层裙房设置了3#和4#两部封闭楼梯间；四～十三层塔楼设置了1#和2#两部防烟楼梯间。

以上所列楼梯间均紧邻建筑外墙布置，具备设置自然通风的条件。因此，地下三部封闭楼梯间、一～三层两部封闭楼梯间和四～十三层两部防烟楼梯间均采用了自然通风的防烟方式。

2．案例项目自然通风细部解读

（1）地下层楼梯间自然通风

负一层（地下层）楼梯间自然通风布置图如图2.2-1所示。

1#、2#和3#三部封闭楼梯间地下梯段在一楼直通室外，不与地上同编号的楼梯间共用，且地下仅为一层，利用楼梯间在首层直通室外的疏散门进行自然通风，即可实现自然通风防烟功能，满足《建筑防烟排烟系统技术标准》GB 51251—2017第3.1.6条要求。

（2）裙房楼梯间自然通风

裙房一～三层设置的两部封闭楼梯间（3#、4#楼梯间），均采用自然通风防烟方式，如图2.2-2所示。

4#楼梯间每层设置一樘外窗C1826，从外窗详图中可以算出，每层可开启面积为1.98+0.675=2.655m²，该面积不小于1m²；3#楼梯间每层设置两樘外窗C1826，每层可开启面积为5.31m²，同样不小于1m²，均满足规范要求。

一～三层自然通风外窗C1826详图如图2.2-3所示。

（3）四层及以上自然通风

塔楼四～八层自然通风平面布置图如图2.2-4所示。九～十三层自然通风平面布置图如图2.2-5所示。四～十三层均设置1#、2#两部防烟楼梯间，1#楼梯间采用自然通风方式防烟，2#楼梯间及其前室也都采用自然通风方式防烟。四～十三层自然通风防烟窗立面布置图如图2.2-6所示。

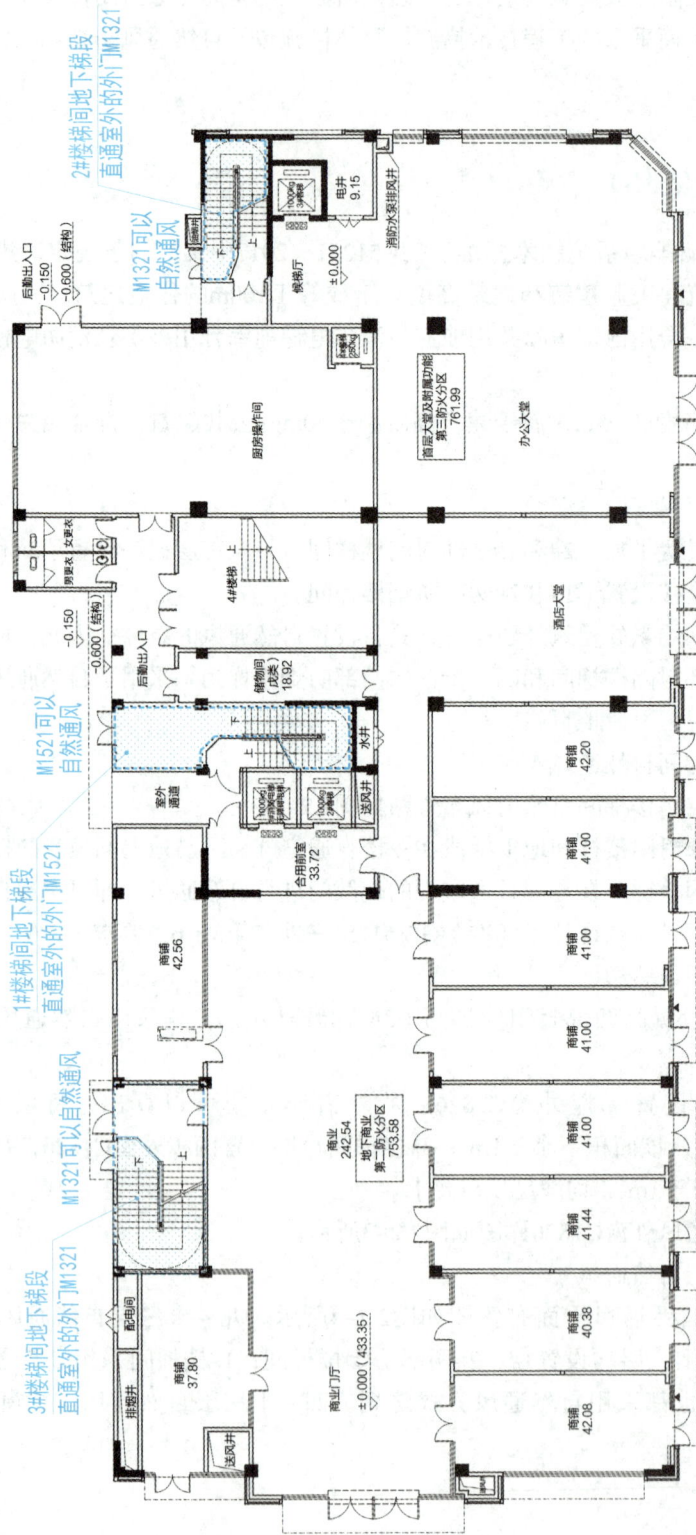

图2.2-1　负一层（地下层）楼梯间自然通风布置图

注：负一层楼梯间是用处于一层的外门通风防烟，故使用一层平面图。

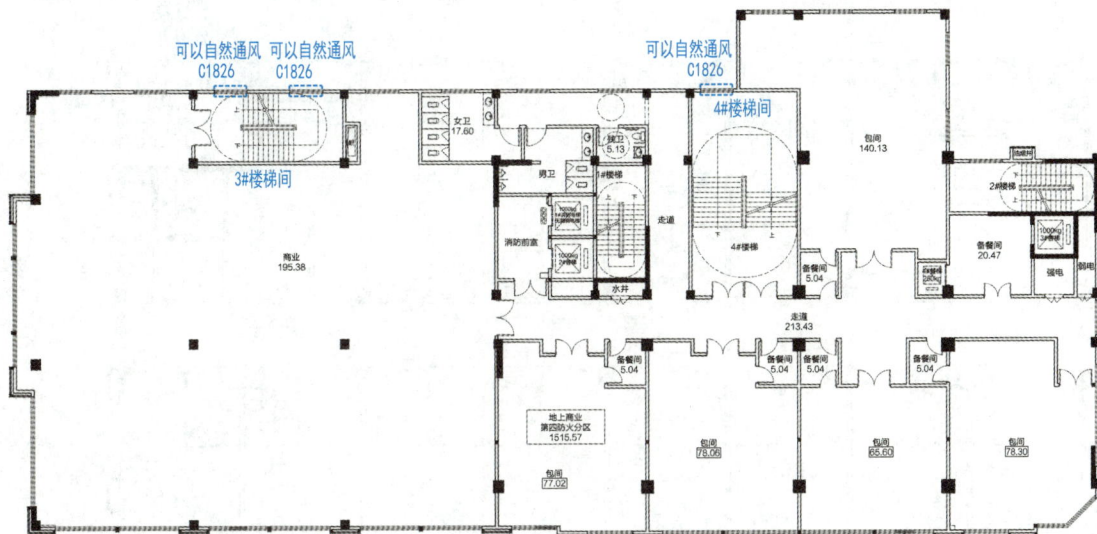

图2.2-2 一～三层楼梯间自然通风布置图

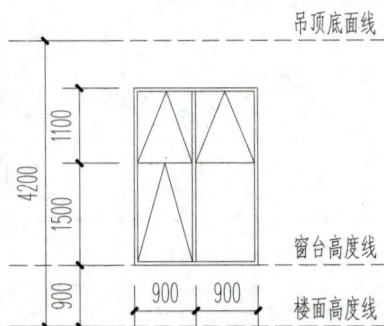

门窗编号	C1826(楼梯间自然通风窗)
窗洞尺寸	1800X2600(窗台高900mm)
上部窗户开启角度71°, 距地1.5m设置手动开启装置	
下部窗户开启角度30°	
上部窗有效面积1.98m², 下部窗有效面积0.675m²	

图2.2-3 一～三层自然通风外窗C1826详图

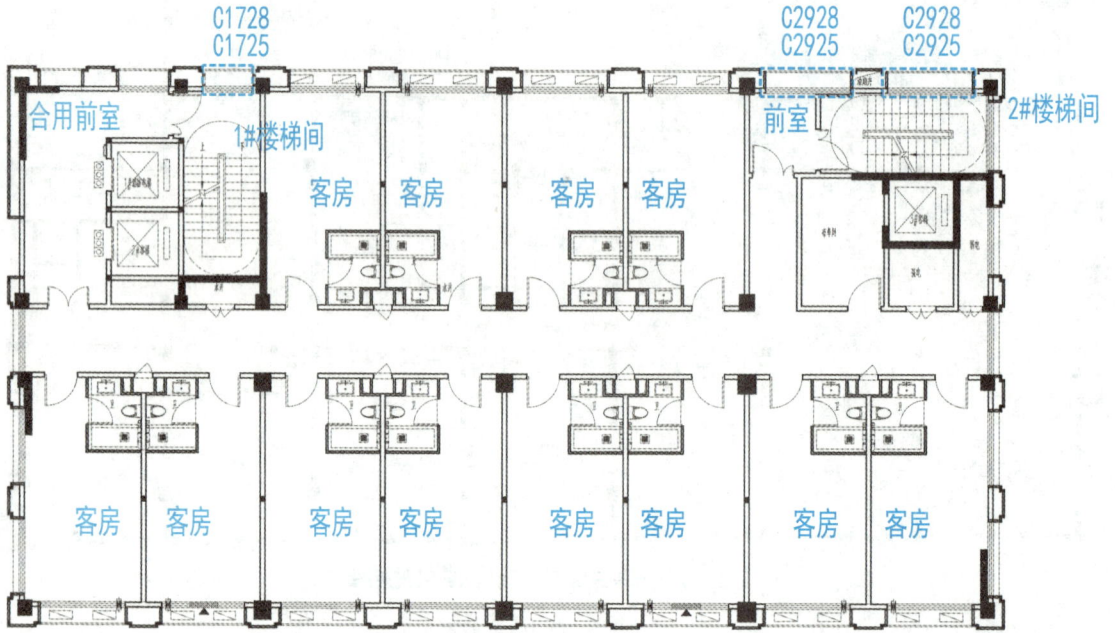

图2.2-4 四~八层自然通风平面布置图

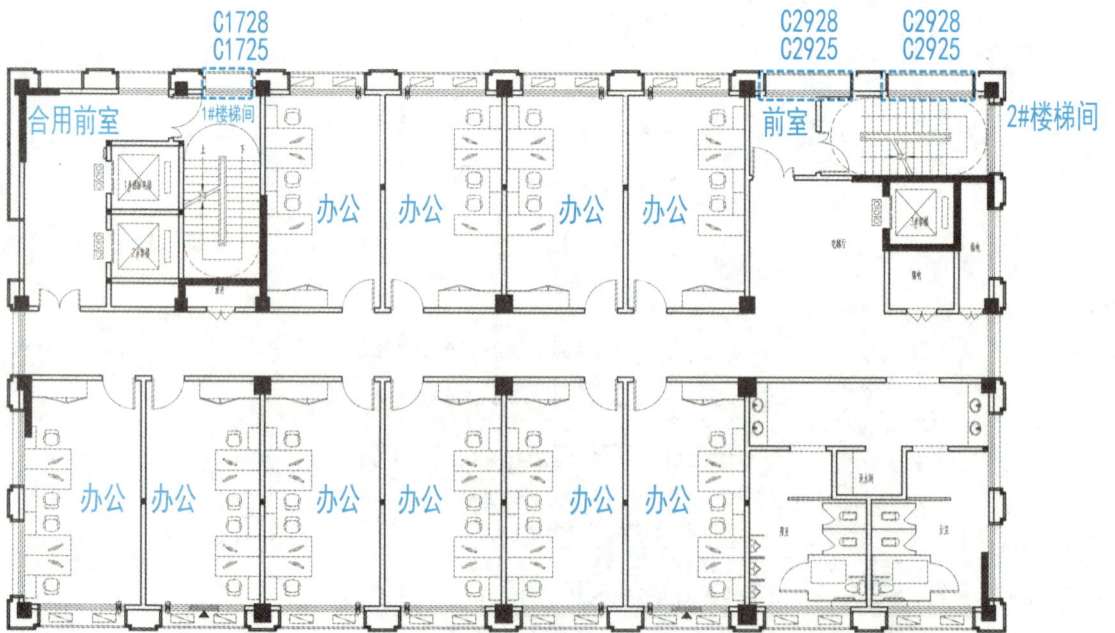

图2.2-5 九~十三层自然通风平面布置图

图2.2-6 四～十三层自然通风防烟窗立面布置图

1#防烟楼梯间每层设置一樘C1725（C1728偶数层用）外窗，如图2.2-7（a）所示。依据外窗详图可以算出，每层可开启面积为2.475m²（偶数层为2.89m²），均不小于2m²。2#防烟楼梯间每层设置一樘C2925（C2928偶数层用）外窗，如图2.2-7（b）所示。2#防烟楼梯间以及其前室每层各设置一樘C2925（C2928偶数层用）外窗，依据外窗详图可以算出，每层可开启面积为3.07m²（偶数层为2.89m²），均不小于2m²，均满足《消防设施通用规范》GB 55036—2022第11.2.3条要求。

2.2.2 机械防烟系统识图

机械防烟是通过向楼梯间、前室、避难层（间）等人员疏散的重要部位机械加压送风，确保其内部处于正压状态而防止烟气侵入的防烟方式。

1．案例项目机械防烟设置部位

案例项目建筑高度49.95m，属于建筑高度小于50m的公共建筑。但该项目负一层消防电梯

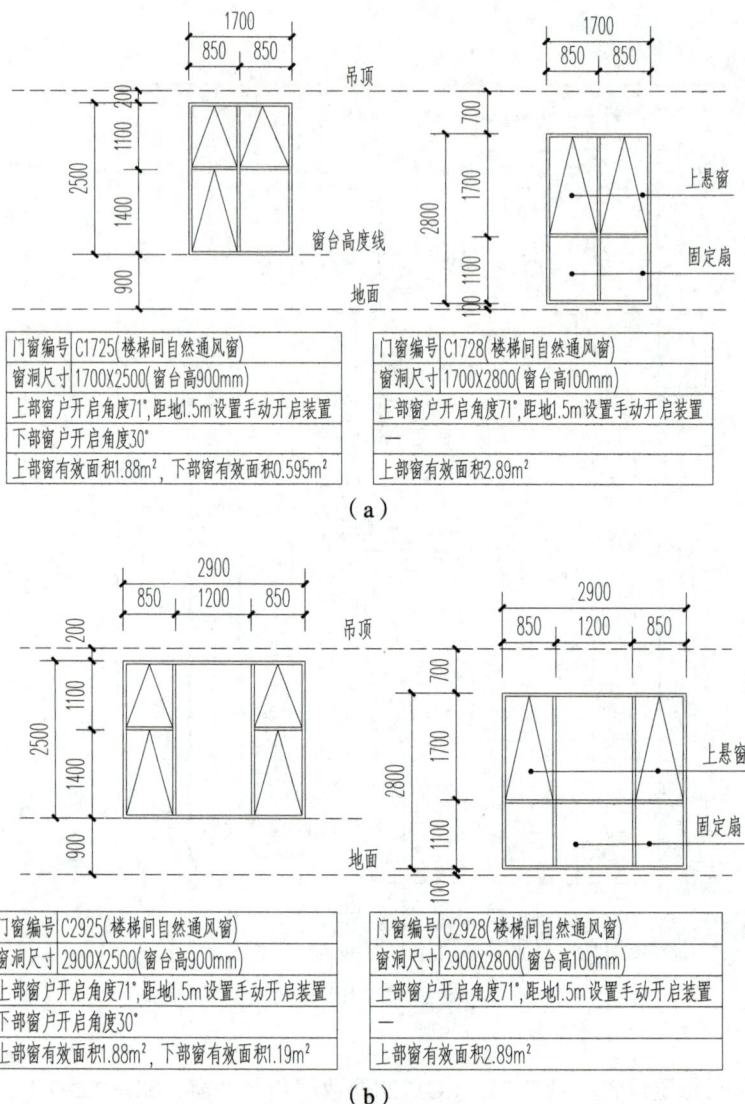

门窗编号	C1725(楼梯间自然通风窗)
窗洞尺寸	1700×2500(窗台高900mm)
上部窗户开启角度71°,距地1.5m设置手动开启装置	
下部窗户开启角度30°	
上部窗有效面积1.88m²,下部窗有效面积0.595m²	

门窗编号	C1728(楼梯间自然通风窗)
窗洞尺寸	1700×2800(窗台高100mm)
上部窗户开启角度71°,距地1.5m设置手动开启装置	
—	
上部窗有效面积2.89m²	

（a）

门窗编号	C2925(楼梯间自然通风窗)
窗洞尺寸	2900×2500(窗台高900mm)
上部窗户开启角度71°,距地1.5m设置手动开启装置	
下部窗户开启角度30°	
上部窗有效面积1.88m²,下部窗有效面积1.19m²	

门窗编号	C2928(楼梯间自然通风窗)
窗洞尺寸	2900×2800(窗台高100mm)
上部窗户开启角度71°,距地1.5m设置手动开启装置	
—	
上部窗有效面积2.89m²	

（b）

图2.2-7　四～十三层自然通风防烟外窗详图
（a）C1725和C1728；（b）C2925和C2928

前室、一～三层消防电梯前室、四层及以上消防电梯与防烟楼梯间的合用前室,不具备自然通风条件,因而,设置了机械加压送风防烟系统。

2.机械加压送风防烟系统细部解读

机械加压送风防烟系统通常是采用加压送风机通过进风口、进风管从室外吸入新鲜空气,经风机加压后,再通过送风管、竖向风井、水平支管、电动百叶送风口等设施将新风输送到各楼层的合用前室、消防电梯前室等需要防止烟气侵入的被保护区域。机械防烟系统原理示意图如图2.2-8所示。

（1）机械防烟系统JY-1系统图识读

选取案例项目中的JY-1开展机械加压送风系统图识读训练。机械加压送风防烟系统JY-1

的系统图如图2.2-9所示。

图中,"JY"是"加压"的拼音首字母,"1"为顺序号。看图可知,风机JY-1被安置在屋顶风机房内,通过进风口和进风管将室外新鲜空气吸入风管,再经过水平风管接入竖向风井内,该风井从建筑屋面开始,贯穿各层楼板直达一楼地板,竖向风井在每层的适当高度接出水平管并连接电动百叶风口,通过风口将新风送入合用前室或消防电梯前室。本项目共13层,每层设置1个电动百叶风口,共计13个。风口洞口宽2000mm,高500mm。

这里需要说明的是,电动百叶风口的一侧需要增设一个250mm宽的空间,用以安装电动开启装置。因此,我们在图中看到,电动百叶风口的标注为"(2000+250)×500",这里的"250"就是电动开启装置需要占用的宽度。电动开启装置能够在火灾时联动开启或就地手动开启风口。

(2)机械防烟系统JY-1平面图识读

机械防烟系统平面图的识读顺序是首先找到该系统的风机所在楼层,从该楼层开始,顺藤摸瓜,依次找到新风送到哪些楼层的哪些位置,再详细解读标注的参数。JY-1的风机位于屋顶层的风机房内,因此,我们应首先阅读屋顶机械防烟平面图。

1)屋顶防烟平面图识读

屋顶机械防烟平面布置图如图2.2-10所示。

在建筑屋面设置了专用送风机房,轴流加压风机JY-1被安装在机房内,其百叶进风口与进风管截面尺寸均为2000mm×2000mm,进风管上安装了一个70℃防火阀,当进风温度超过70℃时,防火阀将自动关闭。

风机出风管尺寸为1600mm×500mm,出风管截面面积之所以小于进风管,原因是风机加压后,风速明显变大,在风量相同的情况下,风速越大,所需要的管道截面面积就会越小。风机与进风管、出风管之间通常采用柔性的天圆地方短管连接,以降低风机运行振动对管道的不利影响。

在风机房内,风机出风管侧面设置了一个截面为400mm×500mm的旁通管路,在该管路上安装有电动多页调节风阀,调节风阀可与被保护空间(消防电梯前室或合用前室)内所设置的压差传感器实现联动。当被保护空间内空气压力超过规定限值时,立即开启调节阀,旁通管路开放,通过

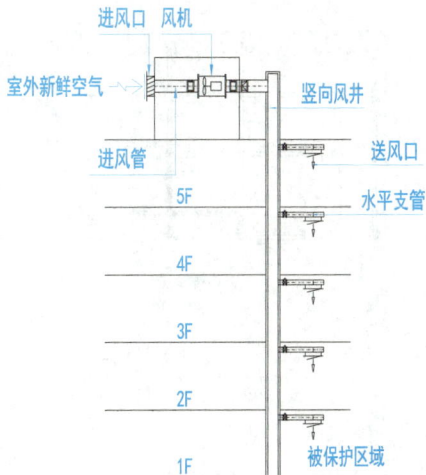
图2.2-8 机械防烟系统原理示意图

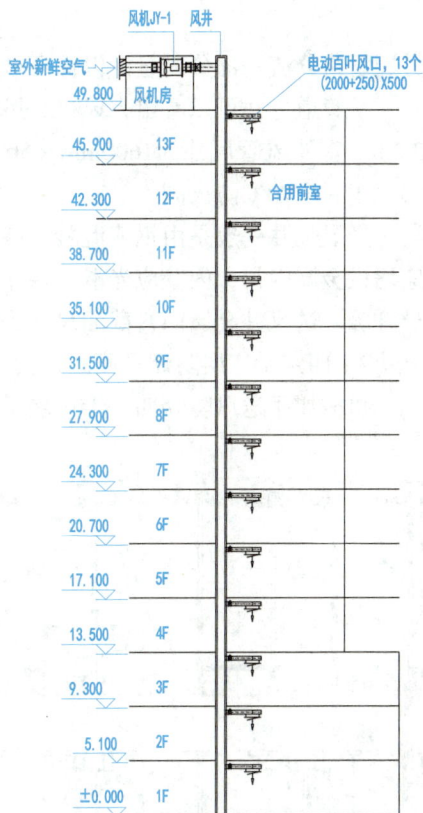
图2.2-9 机械加压送风系统JY-1的系统图

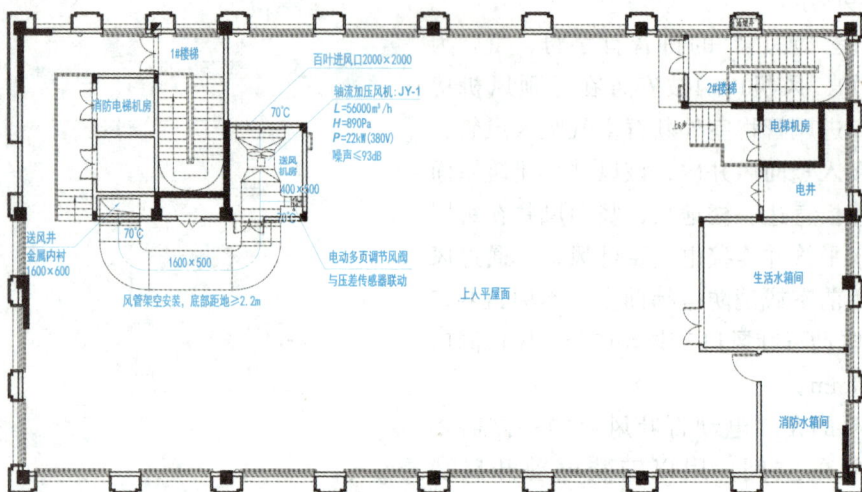

图2.2-10   屋顶机械防烟平面布置图

旁通管路分流一部分风量，以保证被保护空间内空气压力处在疏散人员可以接受的范围内。

从管道标注可以看出，风机、风管及系统附件等都是被架空安装的，底面距地面大于等于2.2m。室外风管尺寸为1600mm×500mm，平面呈U形，接入送风竖井。在接入送风竖井前，加设了一个70℃防火阀。

送风竖井一般是由钢筋混凝土墙、柱或砌体墙围合而成的，按照相关规范要求，井道内壁应增设金属内衬，内壁应光滑、洁净，以免在运行时将大量积尘吹入被保护空间，影响疏散人员呼吸。送风井金属内衬截面尺寸为1600mm×600mm。

2）四～十三层防烟平面图识读

机械加压送风防烟四～十三层平面布置图如图2.2-11所示。

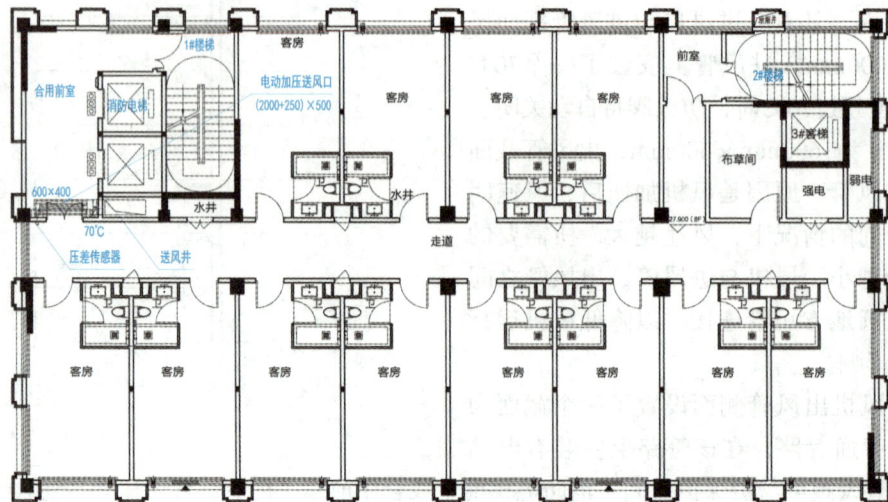

图2.2-11   机械加压送风防烟四～十三层平面布置图

从图中可以看出，每层在合用前室顶棚之下，从送风井侧面水平接出一段支管，截面尺寸为600mm×400mm。在水平支管与风井连接处，安装了一个70℃防火阀。在支管面向合用前室的一侧设置一个电动加压送风口，其洞口尺寸为2000mm宽，500mm高。在合用前室的侧墙上，安装有压差传感器，用以探测合用前室空气压力。当合用前室内空气压力超过规定值时，联动开启风机房内风机出风管旁通管路，泄出一部分风量，使被保护空间内空气压力恢复到预定区间。

3）一～三层防烟平面图识读

机械加压送风防烟一～三层平面布置图如图2.2-12所示。

在消防电梯前室顶棚下，从竖向风井侧面安装一个70℃防火阀，接出一段截面为600mm×400mm支管，然后水平弯折，接出一段截面尺寸为2000mm×320mm的支管。支管的底面安装2000mm×500mm的电动加压送风口。在合用前室的侧墙上，同样安装有一个压差传感器。

（3）机械防烟系统JY-1设计参数解读

1）风机参数解读

如图2.2-10所示，风机设置在专用风机房内，风量$L=56000m^3/h$，风压$H=890Pa$，额定功率$P=22kW$，噪声不大于93dB。

2）风口及附件参数

在每层合用前室顶部设置一个电动百叶风口，其尺寸为2000mm×500mm，在风口附近距地1.5m高的墙面上，设置手动开启装置。另在前室侧墙上装有压差传感器，当合用前室超压时，风机旁通管路就会被联动打开泄压。

3）防火阀参数解读

在风机进风口和出风口处分别设置一个70℃的防火阀，在每一层支管与竖向风管连接处也都设置了70℃的防火阀。防火阀平时呈开启状态，并保证新风正常流通。火灾发生时，如果进风口附近空气过热，使得管道内空气温度达到70℃时，防火阀自动关闭，并在一定时间内，满足漏烟量和耐火完整性要求，阻隔过热烟气被送入被保护空间。

3. 机械防烟系统的配电和控制

在建筑供配电设计中，一般会根据建筑物特点、供电可靠性及中断供电所造成的损失或影响程度，将建筑物的用电负荷分为特、一、二、三级。其中，特级负荷要求最高，不允许中断供电，用于最重要的建筑。三级负荷要求最低，中断供配电影响不太严重，多用于重要性不高的建筑或场景。

案例项目采用二级和三级负荷分类供电。其中，消防水泵、应急照明、疏散指示标志等消防用电为二级负荷，其他用电为三级负荷。

根据《供配电系统设计规范》GB 50052—2009第3.0.7条规定，二级负荷的供电系统，宜由两回路供电。在负荷较小或地区供电条件困难时，二级负荷可由一回路6kV及以上专用的架空线路供电。当发生电力线路常见故障或电力变压器故障时，应不至于中断供电或中断供电后能迅速恢复。

（1）机械防烟系统供配电识图

1）消防电源图纸识读

消防风机专用配电系统图如图2.2-13所示。

机械防烟系统供配电识图

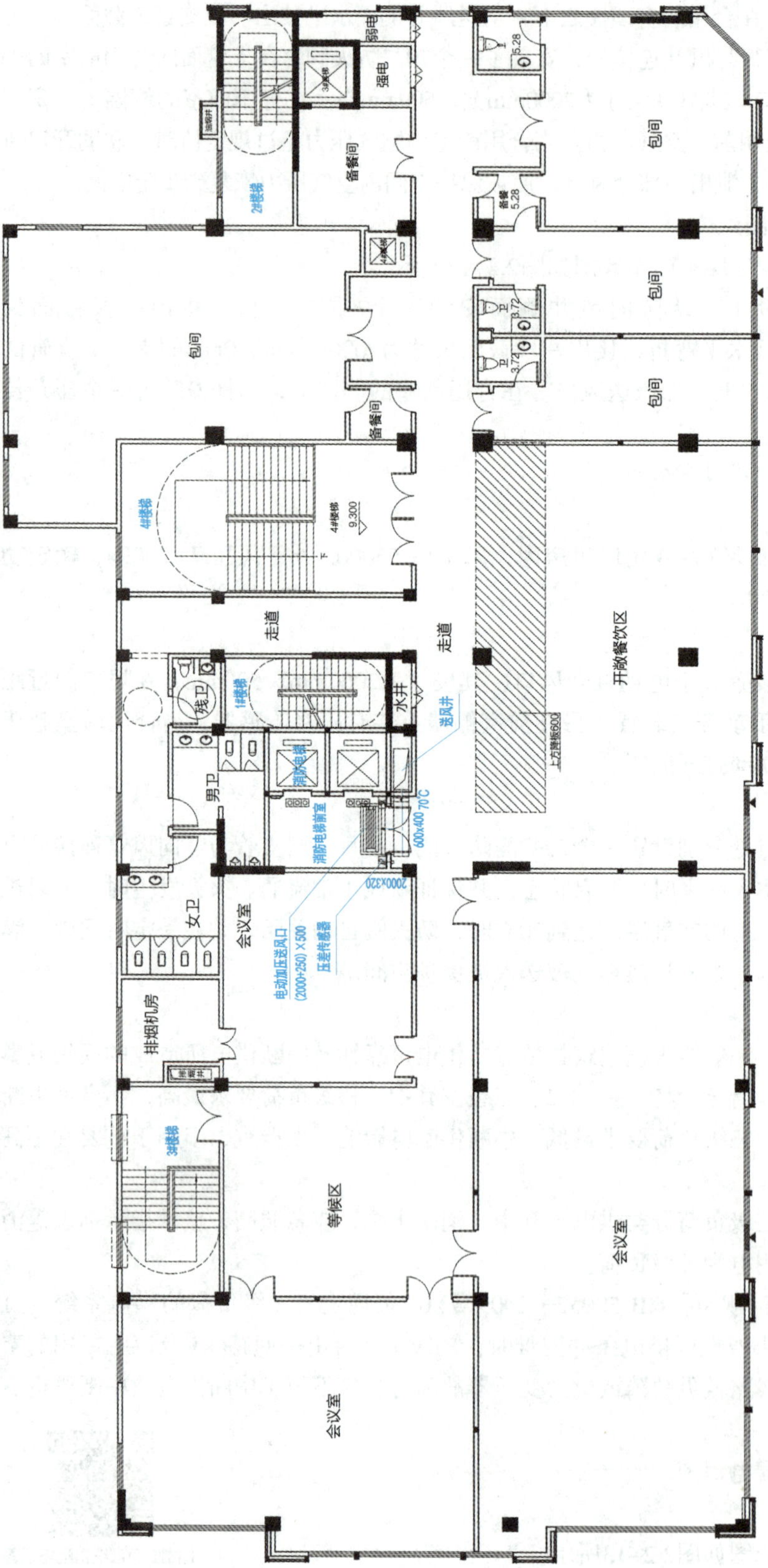

图2.2-12 机械加压送风防烟——三层平面布置图

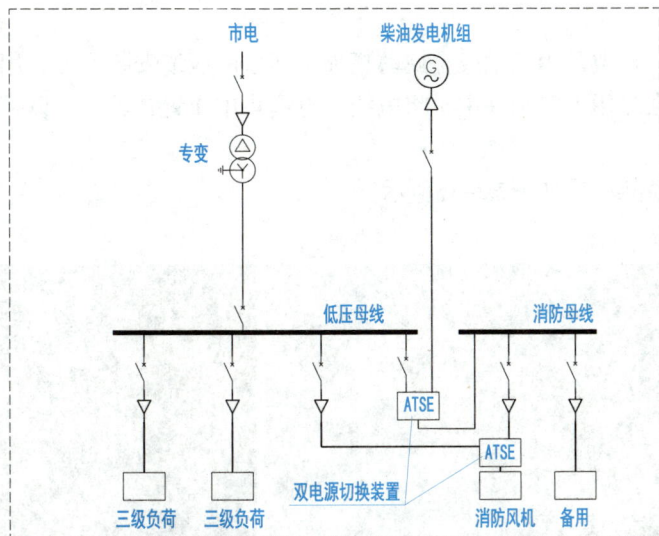

图2.2-13 消防风机专用配电系统图

从图中可以看出，案例项目采用双电源双回路供电，一路来自市电，即市政供电线路，另一路来自拟建的柴油发电机组。

市电经专用变压器降压后，接入低压母线。柴油发电机组低压供电线路经过双电源切换装置 ATSE 后，分别接入低压母线和消防母线。消防风机配电线路经过双电源切换装置 ATSE 后，分别接在低压母线和消防母线上。为控制柴油发电机组功率，降低建设成本，按照规范要求，非消防负荷禁止接入应急回路中。

正常情况下，柴油发电机组处于停机状态，市政供电线路经低压母线供电给消防风机。特殊情况下（如建筑发生火灾时，正好市政供电线路停电或损坏），可以启动柴油发电机组发电，产生的低压电经过双电源切换装置 ATSE 、消防母线供给消防风机。通过两条供电线路，确保在市政供电线路故障的情况下，消防风机还能正常工作。

消防设备供电优先顺序如图2.2-14所示。

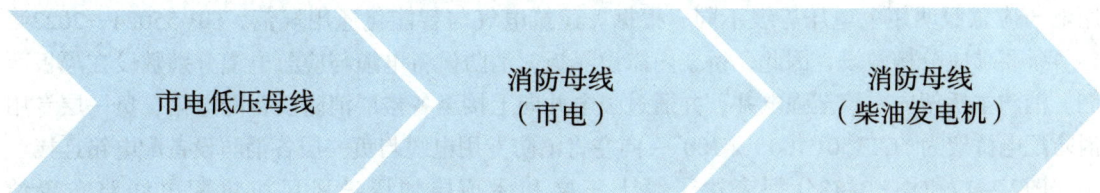

市电低压母线　　消防母线（市电）　　消防母线（柴油发电机）

图2.2-14 消防设备供电优先顺序

2）配电桥架（线槽）图纸识读

经变压器降压后的市政线路和柴油发电机组两路供电均首先接至负一层变配电房，再用电缆配送至各楼层配电间，各楼层配电间内的配电箱分别配电给本楼层的消防设备。通常供配电是通过电缆或电线提供，而干线上的电线或电缆大多是被集中敷设在竖向或水平布置的桥架内。

电气中所用到的桥架是用型钢或金属薄板加工而成的线缆安装通道，用支吊架水平固定在顶板底或竖向固定在专用电气竖井中，将电线、电缆集中布置在其中，以提高电气布线后的美观效果。

建筑中常见的桥架布线如图2.2-15所示。

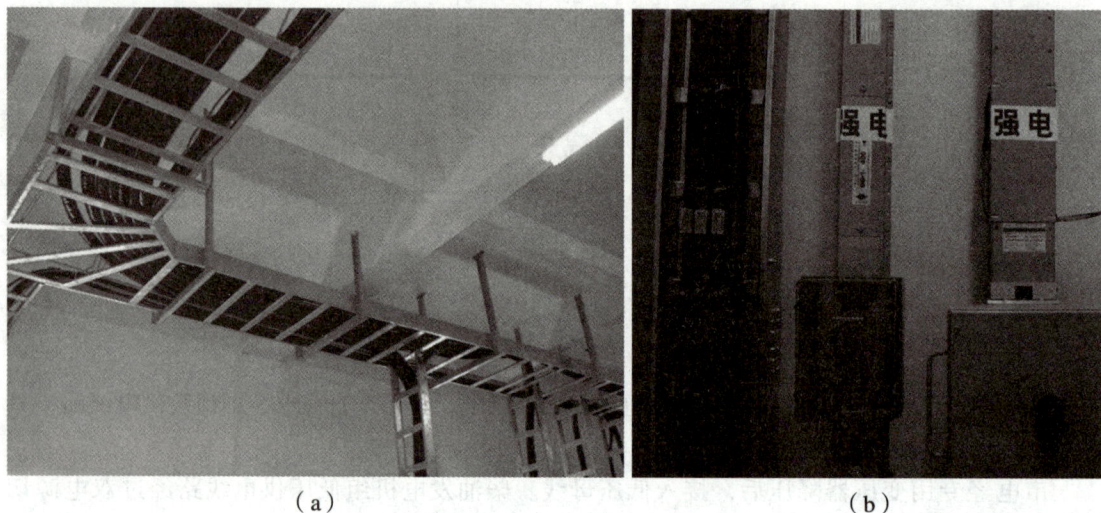

（a）   （b）

图2.2-15 桥架布线
（a）水平布置的桥架；（b）竖向布置的桥架

识读供配电桥架施工图时，通常先找到变配电间，然后从变配电间出发，依次梳理引向建筑其他部位的桥架布置情况。案例项目变配电间设计在负一层，因此，我们首先来看负一层机械加压送风防烟配电平面图，如图2.2-16所示。

从图中看到，由变、配电房引出消防专用桥架，用于敷设消防专用线缆。消防专用桥架的主桥架为"CT400×200"，"CT"表示槽式桥架；"400×200"指桥架宽度400mm、高度200mm，"梁下150mm安装"指梁底下方先留150mm维修空间，然后安装桥架。由于消防设备用电与应急照明用电电压等级不同，根据《建筑电气与智能化通用规范》GB 55024—2022第6.1.1条要求应分槽敷设，因此，桥架内需隔板，消防设备电缆与应急电缆分别敷设在隔板两侧。消防主桥架向右接至强电井，并通过强电井向上接至各楼层消防设备配电箱。负一层专用消防配电桥架为"CT150（100）×100"，向左将消防专用电缆与负一层各消防设备配电箱连接。

图2.2-17和图2.2-18分别表达了第十三层和屋顶层加压送风风机供配电线路布置情况。在第十三层，从右侧强电井引出水平桥架，向左直达消防电梯周边区域。桥架尺寸为"CT150×100"，梁下预留150mm维修空间之后安装桥架，消防设备电缆与应急电缆分槽敷设。风机专用电缆竖向穿过屋面板接入JY-1风机控制箱。风机控制箱距地1.5m安装，加压送风风机配电功率为22kW。

3）配电线路图纸识读

屋顶防烟风机配电系统图如图2.2-19所示。

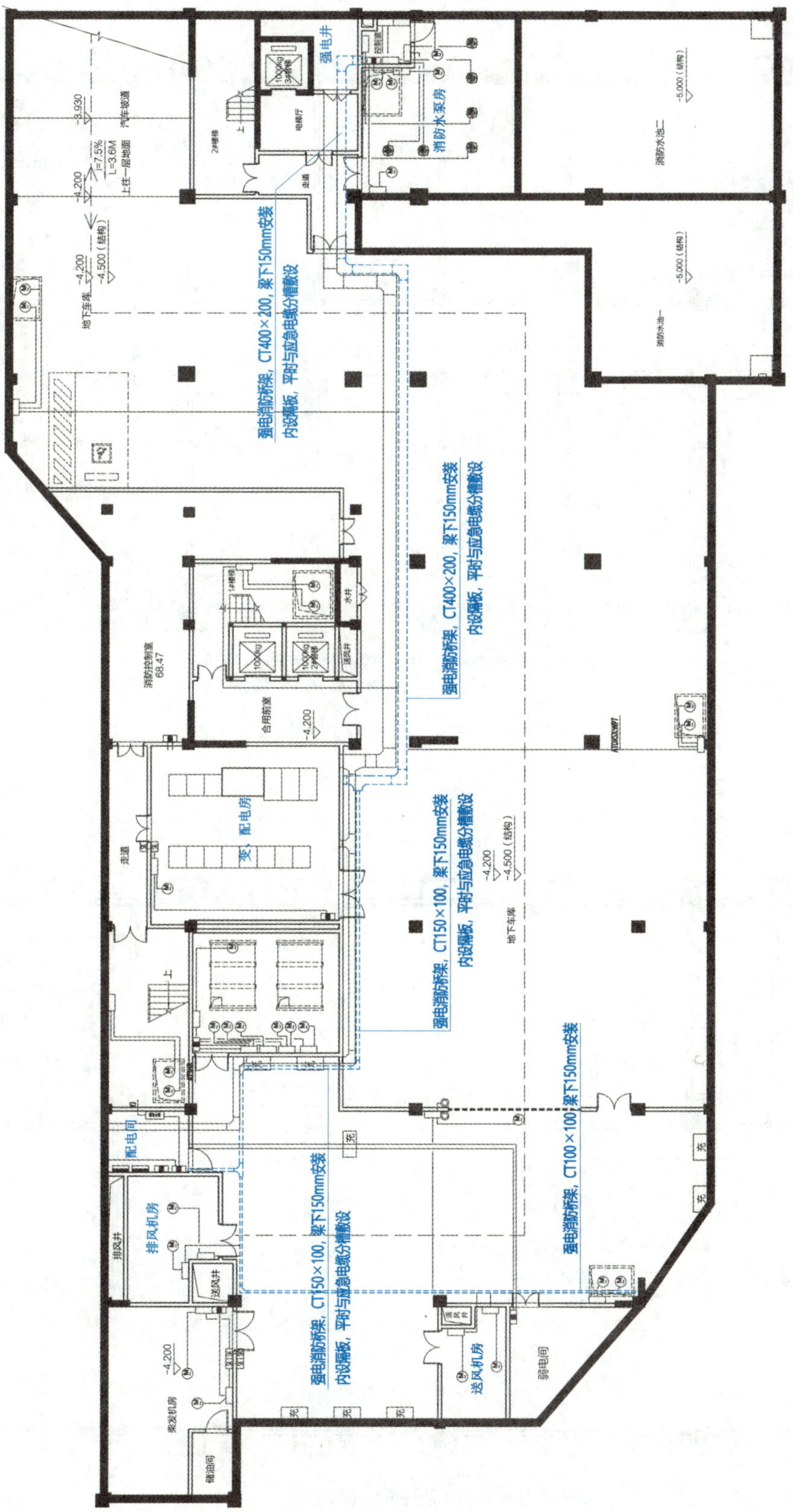

图2.2-16 负一层机械加压送风防烟配电平面图

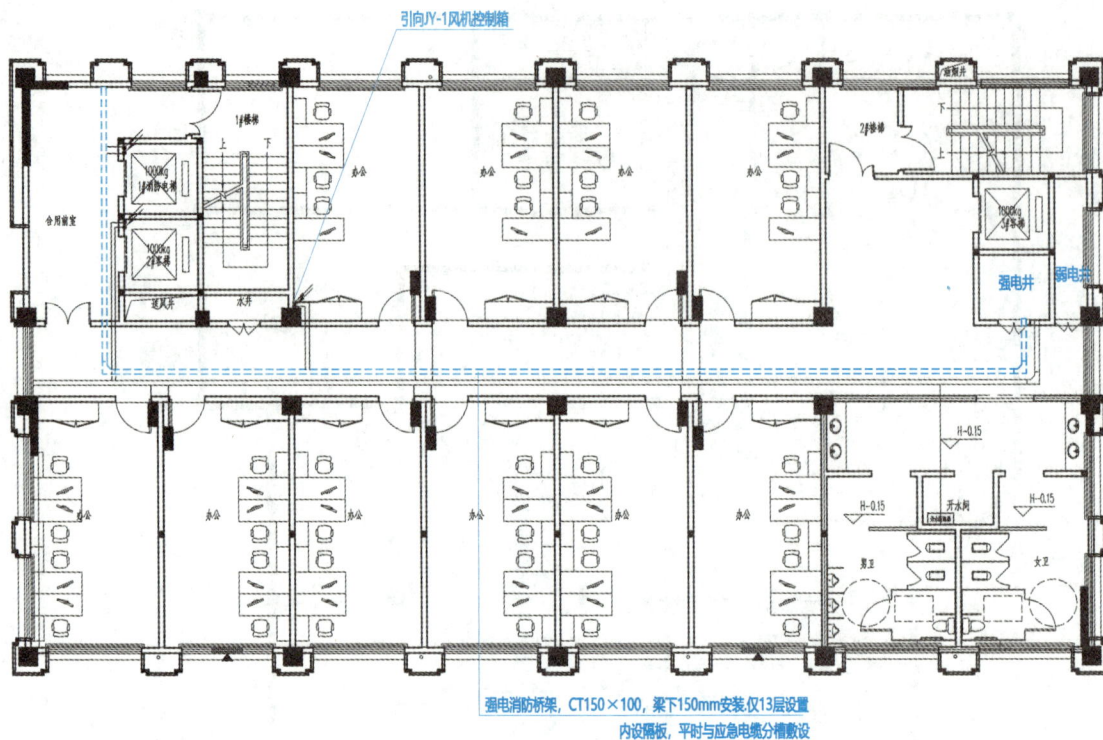

图2.2-17 十三层消防配电平面图

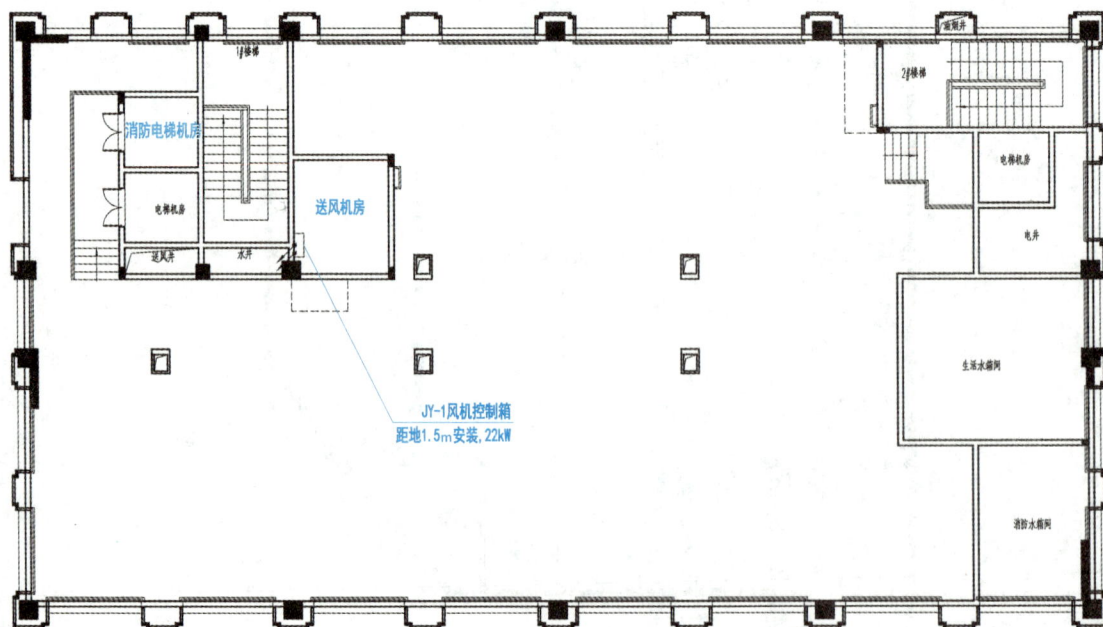

图2.2-18 屋顶层消防配电平面图

箱体编号	主回路	相序	回路编号	负荷名称	负荷容量(kW)	计算电流(A)
消防风机 $P_e=$ 22.0 kW $K_x=$ 1 $\cos\phi=0.80$ $P_{js}=$ 22.0 kW $I_{js}=$ 41.8 A WDZN-YJY-0.6/1.0 4×25+16 SC50 CT,WE	ATSE/SC-D63A/4P MCB-D63A/3P-ICB MCB-D63A/3P-ICB LR2-D3357C/37~50A MCB-D63A/3P-ICB LC1-D50 WDZN-YJY-3x25+16-SC50-WS,CE (M) MCB-C16A/1P WDZN-BYJ-3x2.5-SC20-CC,WC 引至消防设备电源状态监控器 总线：NH-RVS2x1.5mm 电源线：NH-BV2x2.5mm TP1200 SC20同管敷设 N PE	三相 L1	WP1 WL2	风机 机房照明	22.0 0.1	41.78 0.57
			至排烟防火阀 NH-KYJ-0.45/0.75kV-2×1.5-SC20			
			至消防模块 NH-BYJ-0.45/0.75kV-12×1.5-SC40			
			至消防联动控制器手动控制盘 NH-KYJJY-0.45/0.75kV-3×1.5-SC20			
			至现场 NH-KYJY-0.45/0.75kV-6×1.5-SC25			

备注：此箱为消防风机控制箱系统图。电动机保护按二类配合设计，配套设备由厂家提供，消防负荷过负荷保护仅作为信号，断路器带单磁脱扣器

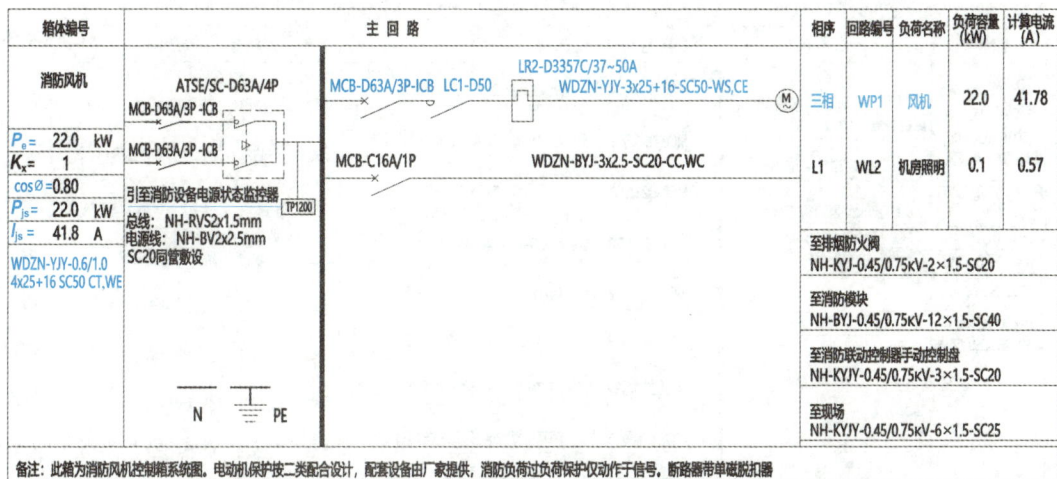

图2.2-19　屋顶防烟风机配电系统图

图中显示，配线箱的进线额定功率$P_e=22.0$kW，计算功率$P_{js}=22.0$kW，计算电流$I_{js}=41.8$A，功率因素$\cos\phi$取0.8。

配线箱进线电缆型号为"WDZN-YJY-0.6/1.0 4×25+16 SC50 CT，WE"，其中"WDZN"指无卤低烟阻燃耐火电缆，表示这种电缆在燃烧时不会产生卤素气体和大量烟雾，阻燃等级属于A类；"YJY"表示交联聚乙烯绝缘护套电力电缆，意指电缆的绝缘层为交联聚乙烯，护套层也为聚乙烯；"0.6/1.0"表示电缆的额定电压为0.6/1.0kV，这种电缆适用于0.6～1.0kV的电压等级；"4×25"指电缆有4根导线，每根导线的截面积为25mm²；"+16"表示在4根导线之外，还有1根截面积为16mm²的导线，作为保护线使用；"SC50"表示电缆穿在外径为50mm的钢制保护管内，"SC"是钢制电缆保护管的缩写；"CT"表示电缆敷设方式为槽式桥架；"WE"表示电缆敷设的另一种方式为沿墙敷设。

配电箱出线到风机的电缆型号为"WDZN-YJY-3×25+16-SC50-WS，CE"，表示出线电缆为无卤低烟阻燃耐火电缆，交联聚乙烯绝缘护套的电力电缆，由3根25mm²和1根16mm²的导线组成，敷设于外径50mm钢套管内，套管沿墙敷设，同时符合CE认证标准。

出线到风机房照明线路的型号为"WDZN-BYJ-3×2.5-SC20-CC，WC"，表示照明线路为无卤低烟阻燃耐火电缆，聚乙烯绝缘的布电线，由3根2.5mm²的导体组成，敷设于外径为20mm的钢套管内，套管沿墙敷设。其他控制线路将在后文中讲解。

负一层防烟风机配电系统图如图2.2-20所示。

负一层消防设备配电箱型号为ATDXSX，箱体尺寸为500mm×600mm×200mm，设置于负一层的楼层配电箱内，箱体底面距地1.5m高，贴墙壁安装。配电箱进线额定功率57.0kW，计算功率57.0kW，计算电流101.9A，需要系数为1，功率因素$\cos\phi$取0.85。进线电缆型号为"WDZN-YJY-0.6/1.0 4×50+25 SC50 CT，WE"。

配电箱防烟风机出线接JY-D1-1风机控制箱，回路编号为WP4，出线电缆型号为"WDZN-YJY-5×4-SC25-WE，CT"。

箱体编号	主回路			相序	回路编号	负荷名称	负荷容量(kW)	计算电流(A)
ATDXSX 箱体参考尺寸 (500×600×200) 底边距地1.5米壁装	ATSE/PC-D125A/4P MCCB-160M125A/3208 MCCB-160M125A/3208	MCB-D40A/3P	WDZN-YJY-5x10-SC40-WE,CT	三相	WP1	PY-D1-1风机控制箱	15.0	28.49
		MCB-D50A/3P	WDZN-YJY-5x16-SC50-WE,CT	三相	WP2	PY-D1-2风机控制箱	18.5	35.14
$P_e=$ 57.0 kW $K_x=$ 1 $\cos\varnothing=$ 0.85 $P_{js}=$ 57.0 kW $I_{js}=$ 101.9 A	引至消防设备电源状态监控器 总线：NH-RVS2x1.5mm 电源线：NH-BV2x2.5mm SC20同管敷设 TP1200	MCB-D25A/3P	WDZN-YJY-5x4-SC25-WE,CT	三相	WP3	SB-D1-1风机控制箱	4.0	7.60
		MCB-D25A/3P	WDZN-YJY-5x4-SC25-WE,CT	三相	WP4	JY-D1-1风机控制箱	5.5	10.45
		MCB-D20A/3P	WDZN-YJY-5x4-SC25-WE,CT	三相	WP5	潜污泵控制箱	1.5	2.85
WDZN-YJY-0.6/1.0 4x50+25 SC50 CT,WE	N　　PE	MCB-D20A/3P	WDZN-YJY-5x4-SC25-WE,CT	三相	WP6	潜污泵控制箱	3.0	5.70
		MCB-D20A/3P	WDZN-YJY-5x4-SC25-WE,CT	三相	WP7	潜污泵控制箱	1.5	2.85
		MCB-D20A/3P	WDZN-YJY-5x4-SC25-WE,CT	三相	WP8	潜污泵控制箱	1.5	2.85
		MCB-D20A/3P	WDZN-YJY-5x4-SC25-WE,CT	三相	WP9	潜污泵控制箱	3.0	5.70
		MCB-D16A/3P	WDZN-YJY-5x2.5-SC20-WE,CT	三相	WP10	防火卷闸门控制箱	1.5	2.85
		MCB-C16A/2P	NG-A-3x2.5-CT,WE	L2	WL11	YJ	1.0	5.05
		MCB-C16A/2P	NG-A-3x2.5-CT,WE	L1	WL13	YJ	1.0	5.05
备注：此箱共1个，为地下室消防风机电源箱。消防负荷过负荷保护仅动作于信号，风机控制箱厂家配套								

图2.2-20　负一层防烟风机配电系统图

（2）机械防烟控制系统识图

1）机械防烟系统控制逻辑

根据《火灾自动报警系统设计规范》GB 50116—2013第4.5条规定，当加压送风口所在防火分区内的两只独立的火灾探测器或一只火灾探测器与一只手动火灾报警按钮均发出报警信号时，火灾报警控制器即可确认火灾发生，触发联动控制器动作，并由消防联动控制器联动控制相关层前室等需要加压送风场所的加压送风口开启和加压送风机启动。

（右侧图标）机械防烟控制系统识图

防烟系统的手动控制方式，应能在消防控制室内的消防联动控制器上手动控制防烟风机等设备的启动或停止，防烟风机的启动、停止按钮应采用专用线路直接连接到设置在消防控制室内的消防联动控制器的手动控制盘，并应能直接手动控制防烟风机的启动、停止。送风口启闭的动作信号，防烟风机启停及电动防火阀关闭的动作信号，均应反馈至消防联动控制器。

根据《消防设施通用规范》GB 55036—2022第11.2.6条要求，当防火分区内火灾确认后，应能在15s内联动开启常闭加压送风口和加压送风机。并应开启该防火分区楼梯间的全部加压送风机，同时开启该防火分区内着火层及其相邻上下层前室及合用前室的常闭送风口。

根据《建筑防烟排烟系统技术标准》GB 51251—2017第5.1条要求，机械加压送风系统宜设有测压装置及风压调节措施；GB 51251—2017第7.3.1条要求，当任何一个常闭送风口开启时，相应的送风机均应能联动启动；GB 51251—2017第3.4.4条要求，机械加压送风量应满足走廊至前室至楼梯间的压力呈递增分布，余压值应符合下列规定：

①前室、封闭避难层（间）与走道之间的压差应为25～30Pa。

②楼梯间与走道之间的压差应为40～50Pa。

③当系统余压值超过最大允许压力差时应采取泄压措施。

2）案例项目机械防烟控制

根据以上要求，本项目的火灾自动报警与联动控制系统从以下几个方面进行设计：

①信号总线：火灾自动报警系统的信号总线连接楼栋的火灾探测器、手动报警按钮与报警控制器，探测信号作为火灾报警控制器的输入信号，当两只独立的火灾探测器或一只火灾探测器与一只手动火灾报警按钮触发联动控制器时，由信号总线输出信号开启加压送风机和加压送风风口，并将防火阀状态、风口状态、风机状态反馈给火灾报警控制器。图2.2–21中的蓝色线即为信号总线。

图2.2-21 机械防烟控制系统图

②直起线（也称K线）：为了能在消防控制室内的消防联动控制器上手动控制送风口开启或关闭及防烟风机等设备的启动或停止，直起线从消防控制室火灾自动报警控制区的手动控制盘连接至机械加压送风风机。

③模块设置：需要联动启动的各种消防设备的启动方式不同，需要反馈的信号也各不相同，而报警控制器需要输入/输出同一种信号，便于识别和判断。案例项目针对不同的设备类型，配备了不同的输入/输出模块，将不同的信号转换为报警控制器能够识别的信号。如图2.2-21中 I/O 为输入/输出模块，I 为单输入模块。

④调压线：为了控制加压送风区域与走道之间的压差，在前室或楼梯间设置有压差传感器，在压差传感器与加压送风机出风管侧的泄压管路上的电动多页调节阀之间连接信号线，如图2.2-23～图2.2-24中的单虚线即为调压线，调压线型号与信号总线一致。

3）控制线路图纸识读

图2.2-21中下方为负一层消防控制室内火灾自动报警控制器及其附件的布置情况，上方是各楼层内与机械防烟控制系统相关的末端设备和模块，蓝色单实线为信号总线，每条单实线表示一组信号线，竖向信号总线与每个楼层的支线连接时设置一个接线端子 XD ，接线端子安装在每个楼层的弱电井内。为了减少回路总线短路故障的影响范围，信号总线接入每个楼层时设置一个短路隔离器 SI ，确保每只短路隔离器所保护的火灾探测器、手动火灾报警按钮和模块等设备的总数不应大于32点。

信号总线的型号为WDZN-RVS-2×1.5-SC20-WC，CE，表示无卤低烟阻燃耐火双绞线，2根1.5mm²导线，敷设于外径20mm钢套管内，套管沿墙敷设，并符合欧洲CE标准。

系统图右侧的带有"K"字母的线代表直起线，连接加压送风风机与火灾报警控制器的手动启动盘，便于在消防控制室人工远程启动加压送风机，进而联动启动机械加压送风系统。每组直起线控制一个末端设备，线路起点和终点之间不得装设任何接口。直起线型号为WDZN-KVV-6×1.5-SC20-WC，CE。

4）机械防烟控制系统平面图识读

负一层机械防烟控制系统平面图如图2.2-22所示。

消防控制室位于负一层，消防控制室内的火灾自动报警控制器和联动控制器是机械防烟控制系统的核心，是信号总线、直起线、DC24V电源线等控制线路的源头。负一层由消防控制室引出的主线路通过弱电桥架连接至右侧竖向电井和本层各消防设备用房。图中双虚线为桥架位置线，主桥架尺寸为200mm×100mm，梁下预留100mm的维修空间，然后安装桥架；分支桥架尺寸为100mm×100mm，安装高度与主桥架顶平齐，桥架内信号总线、应急广播线、消防电话线分槽敷设。

DC24V电源线："DC24V"是指直流24V电源，供给由信号总线控制的各个模块、电动启动装置的工作时需要的24V直流电，图2.2-22中D线即为DC24V电源线，D线将消防控制室内的火灾自动报警控制器信号输送至末端模块或启动装置，型号为WDZN-BV-2×2.5-SC20-WC，CE。

图2.2-22中K线为直起线，连接火灾自动报警控制器与机械加压送风风机，用于在消防控制室人工远程启动加压送风机；蓝色单实线为信号总线，连接防烟风机模块、防火阀模块、报警探测器等，是火灾自动报警控制器的报警信号输入线、联动信号输出线、反馈信号输入线。

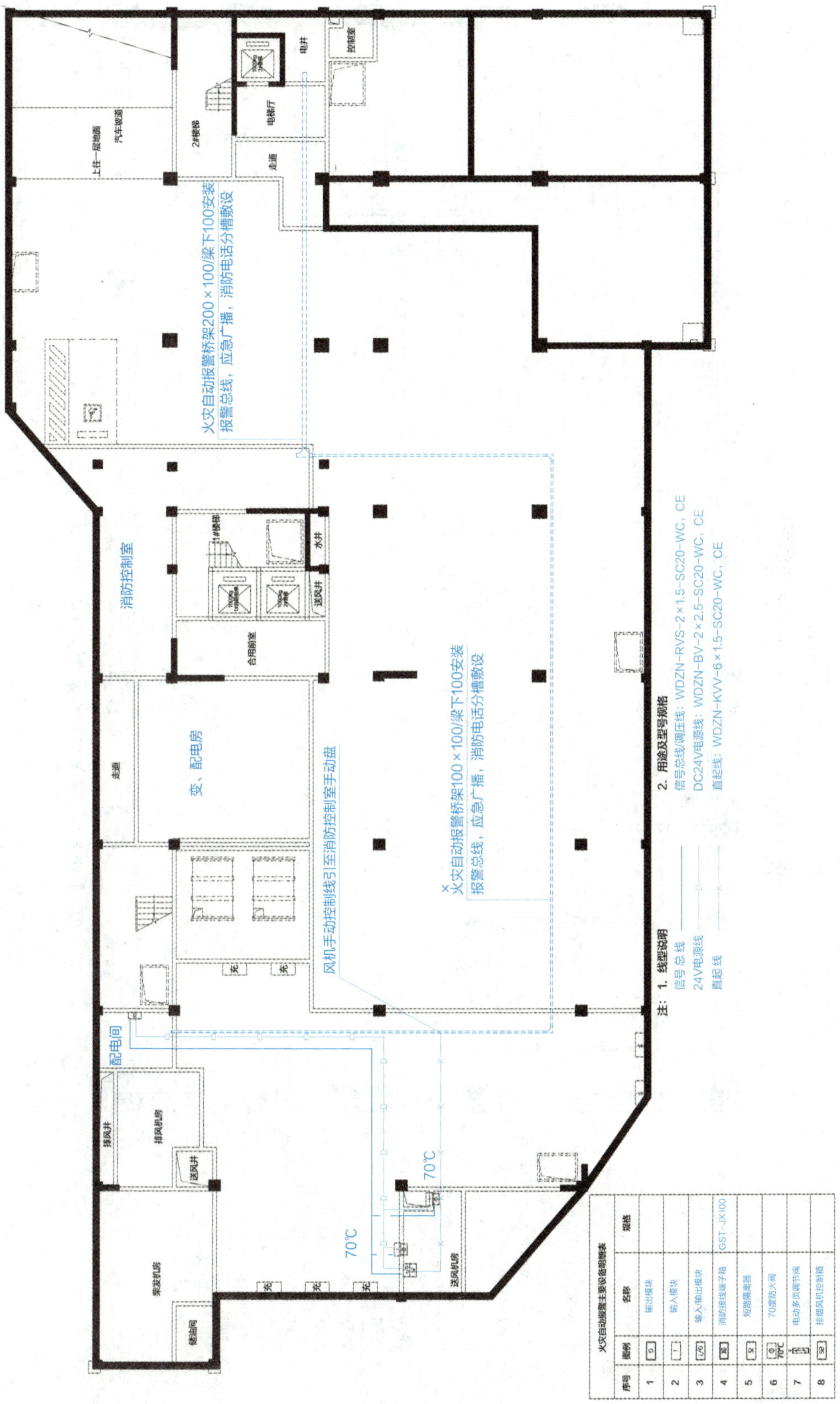

图2.2-22 负一层机械防烟控制系统平面图

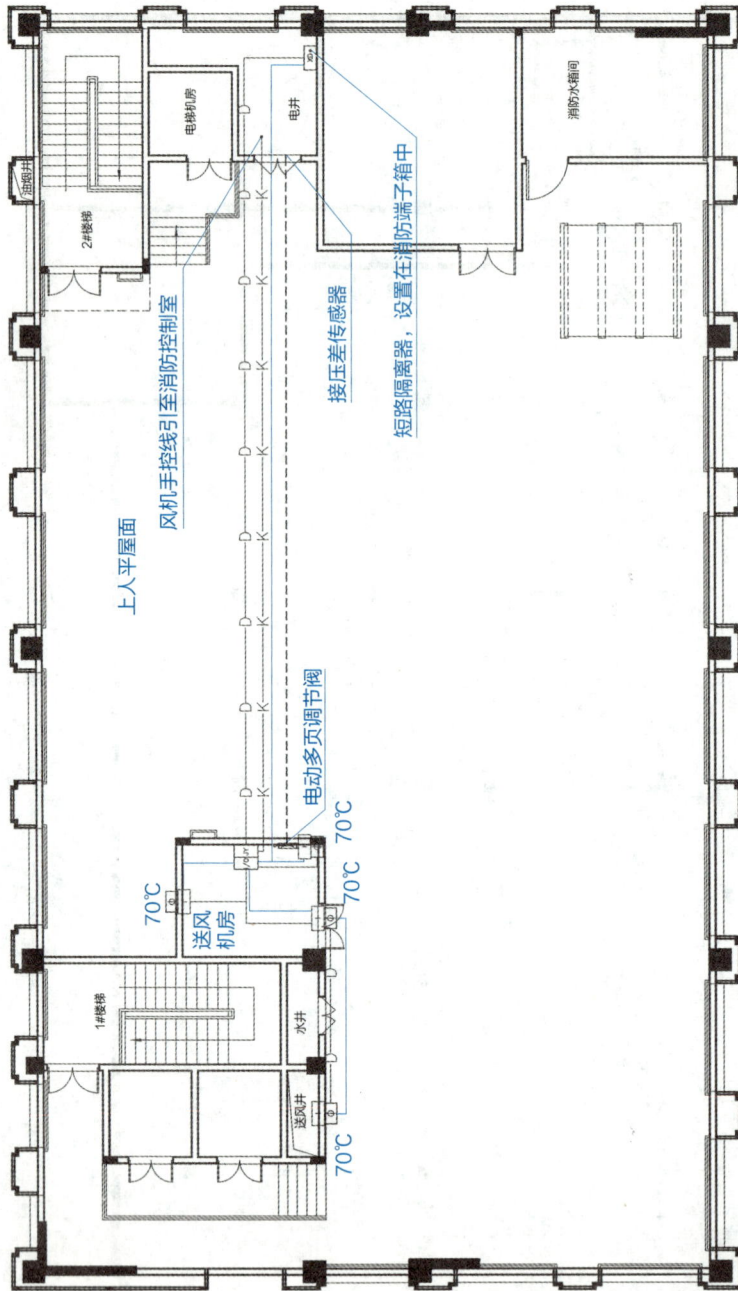

图2.2-23 屋顶层机械防烟控制系统平面图

注:
1. 线型说明

信号总线
调压线
24V电源线
直起线

2. 用途及型号规格

信号总线调压主线：WDZN-RVS-2×1.5-SC20-WC、CE
DC24V电源线：WDZN-BV-2×2.5-SC20-WC、CE
直起线：WDZN-KVV-6×1.5-SC20-WC、CE

火灾自动报警主要设备明细表

序号	图例	名称	规格
1	⊙	输出模块	
2	I	输入模块	
3	I/O	输入/输出模块	
4	箱	消防接线端子箱	GST-JX100
5	S	短路隔离器	
6	Φ70℃	70℃防火阀	
7	阀	电动多页调节阀	
8	DYB	电动挡烟垂壁	
9	FF	排烟风机控制箱	

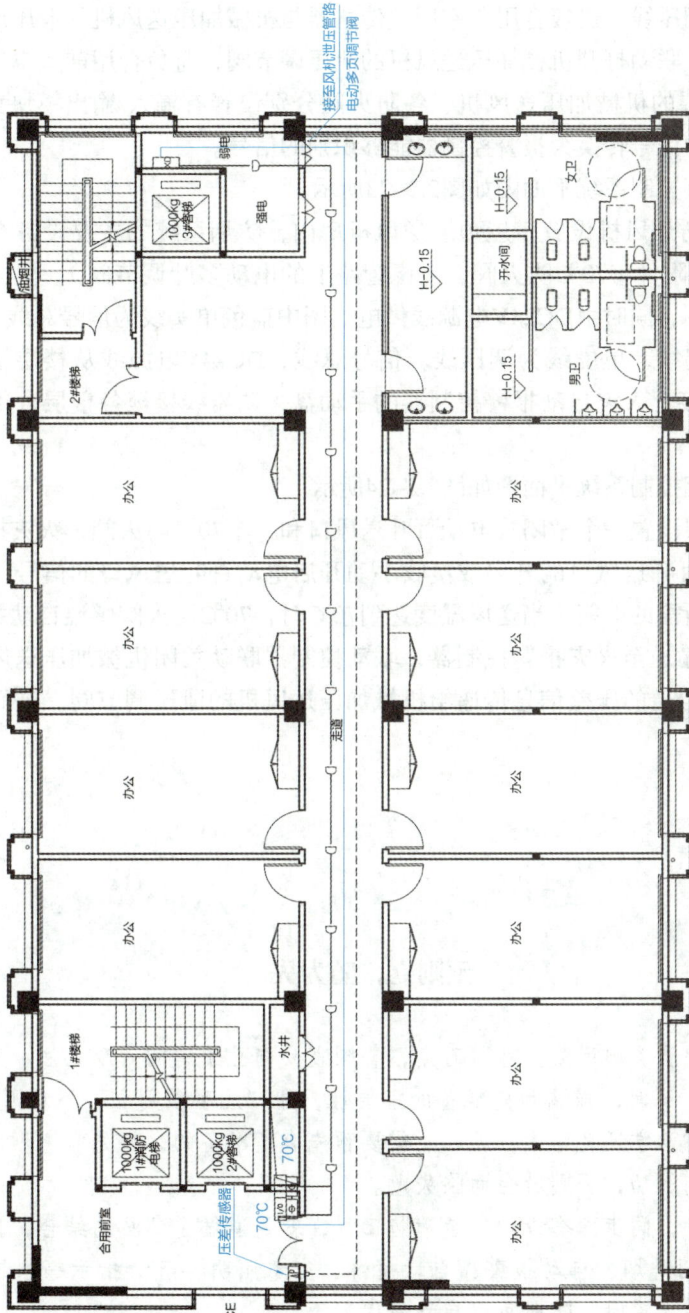

图2.2-24 标准层机械防烟控制系统平面图

注:
1. 线型说明
信号总线 ————
调压线 ——— D ———
24V电源线 ——— K ———
直起线

2. 用途及型号规格
信号总线/调压线: WDZN-RVS-2×1.5-SC20-WC、CE
DC24V电源线: WDZN-BV-2×2.5-SC20-WC、CE
直起线: WDZN-KVV-6×1.5-SC20-WC、CE

序号	图例	名称	规格
		火灾自动报警主要设备明细表	
1		输入模块	
2		输入/输出模块	
3		消防接线端子箱	GST-JX100
4		短路隔离器	
5		70℃防火阀	
6		电动多页调节阀	

　　图中单虚线为调压线，连接合用前室压差传感器与机械加压送风机的泄压调节阀，当合用前室内空气超压时，联动打开机械加压送风机的泄压调节阀，避免合用前室空气压力过大而影响人员疏散。负一层的机械加压送风机、各防火阀分别设置有输入/输出模块$\boxed{I/O}$、$\boxed{I}$单输入模块，将不同设备的信号转换为报警控制器能够识别的信号。

　　屋顶层机械防烟控制系统平面图如图2.2-23所示。

　　合用前室加压防烟风机设置于屋顶层送风机房内，防烟系统的主要设备有一台机械防烟风机JY-1、4个风机附件（70℃防火阀、泄压管路上的电动多叶调节阀），机械防烟风机由信号总线、直起线控制，同时由DC24V电源线供电。图中蓝色单实线为信号总线，D线为DC24V电源线，K线为直起线，单虚线为调压线。信号总线、DC24V电源线从楼层接线端子箱$\boxed{XD}$接入，直起线直接接至火灾自动报警控制器的手动盘，调压线接至各楼层合用前室的压差传感器。

　　标准层机械防烟控制系统平面图如图2.2-24所示。

　　一～十三层每层设置一个常闭式电动百叶送风口和一个70℃防火阀，火灾报警控制器通过信号总线控制电动百叶送风口的开启或接收手动开启电动百叶送风口的信号，通过DV24V电源线供给开启动作所需的电能。当送风温度达到70℃时，70℃防火阀感温自动关闭，并通过信号总线将关闭信号输送至火灾报警控制器，联动控制器联动关闭机械加压送风机。调压线将各楼层合用前室与走道的压差信息传递给机械加压送风机的泄压调节阀，进而调节泄压阀的开度。

中华经典——凡事预则立，不预则废

预则立，防为先

　　儒家经典《中庸》中记载，春秋时期，鲁国哀公向孔子询问为政之法。孔子说，治理国家应依靠九经，同时，强调预先准备的重要性，即"凡事预则立，不预则废"。孔子认为，无论是办事、治学还是治国，无一不需要预先有所准备的，事先有谋划、有预防、有准备，才可能马到成功，否则就会面临失败。

　　在工程建设时，同步配套设计安装消防工程，就是遵循了"防消结合，预防为主"的原则。提前将防烟排烟、自动报警、自动喷淋、应急照明、疏散指示等系统安装在建筑中，以便万一发生火灾时，随时可以启动使用。

　　"预则立，防为先"是智者的行事方式，他们善于思考未来，能根据当前信息，预判将来可能发生的事情，并提前做好应对之策，防患于未然。

　　当前，世界正经历百年未有之大变局，大国之间在经济、科技、军事、舆论等多个方面的博弈不断。作为新时代的大学生，我们要时刻保持清醒的头脑，及时关注国事和世界大事，在思想上始终与党和国家保持一致，凝聚共识，为实现中华民族伟大复兴作出积极贡献。

2.2.3 同步训练

1. 自然防烟识图训练

仔细识读图2.2-4～图2.2-7，完成以下答题。

（1）单选题

1）1#楼梯间的防烟方式是（   ）。

A. 自然通风方式　　B. 机械加压送风　　C. 自然排烟　　D. 机械排烟

2）1#楼梯间的每层设置的外窗编号是（   ）。

A. C1728

B. C1725

C. C1728和C1725

D. 未开外窗

3）1#楼梯间的第5层设置的外窗可开启面积是多少（   ）m^2。

A. 1.2　　　　　　B. 2.48　　　　　　C. 2.4　　　　　　D. 2.89

4）2#楼梯间6层前室设置的外窗可开启面积是多少（   ）m^2。

A. 1.2　　　　　　B. 2.13　　　　　　C. 2.89　　　　　　D. 3.07

5）图2.2-6为案例项目的（   ）立面。

A. ①～㉓　　　　B. ㉓～①　　　　C. Ⓐ～Ⓖ　　　　D. 以上答案均不对

（2）判断题

1）自然通风窗的可开启面积等于各开启扇面积之和。　　　　　　　　　（   ）

2）防烟楼梯间与其前室的防烟方式可以不同。　　　　　　　　　　　　（   ）

2. 机械防烟识图训练

仔细识读图2.2-20～图2.2-26，完成以下答题。

（1）单选题

1）负一层消防电梯前室的防烟方式是（   ）。

A. 自然通风方式

B. 机械加压送风

C. 自然排烟

D. 机械排烟

2）负一层设置的机械加压送风系统的编号是（   ）。

A. JY-1　　　　　B. JY-D1　　　　　C. JY-1-1　　　　　D. JY-D1-1

3）负一层机械加压送风系统设置有几个70℃防火阀？（   ）

A. 2　　　　　　　B. 3　　　　　　　C. 4　　　　　　　D. 5

4）负一层机械加压送风系统的主风管型号是（   ）。

A. 500mm×500mm

B. 250mm×250mm

C. 630mm×400mm

D. 2000mm×320mm

5）负一层机械加压送风机的额定功率是（   ）kW。

A. 3　　　　　　　B. 5　　　　　　　C. 5.5　　　　　　D. 10

6）机械加压送风系统的压差传感器的作用是（   ）。

A. 控制加压送风风机输出风压

B. 控制加压送风风机启停

C. 控制加压送风区域空气压力，防止超压

D. 控制加压送风风机输出功率

7）机械加压送风系统的自动启动由哪个部件控制？（   ）

A．风机配电箱　　　　　　　　　　　　B．自动报警控制器

C．手动按钮　　　　　　　　　　　　　D．火灾探测器

8）机械加压送风控制系统的直起线连接加压送风风机和（　　　）。

A．风机配电箱　　　　　　　　　　　　B．风机房手动启动按钮

C．报警控制器的手动盘　　　　　　　　D．模块箱

9）关于机械加压送风控制系统的调压线的说法错误的是（　　　）。

A．连接压差传感器与风机的泄压阀

B．连接机械加压送风系统的每一个送风口

C．控制加压送风区域空气压力，防止超压

D．控制加压送风风机的有效送风量

10）关于机械加压送风控制系统的24V电源线的说法错误的是（　　　）。

A．供给24V的直流电　　　　　　　　　B．为模块供给直流电

C．为风机供给交流电　　　　　　　　　D．为电动阀的启/闭供给直流电

（2）多选题

1）关于机械加压送风控制系统的信号总线的说法正确的是（　　　）。

A．火灾报警控制器通过信号总线控制电动百叶送风口的开启

B．火灾报警控制器通过信号总线接收手动开启电动百叶送风口的信号

C．信号总线传输信号所需的电能来源于24V电源线

D．火灾报警控制器通过信号总线控制风机的开启

E．火灾报警控制器通过信号总线控制各种电动阀的启/闭

2）下列哪些区域需要设置防烟设施？（　　　）

A．防烟楼梯间　　　　　B．防烟楼梯间前室　　　　C．封闭楼梯间

D．走道　　　　　　　　E．消防电梯前室

3）负一层机械加压送风系统哪些部件需要与自动报警控制器通信？（　　　）

A．止回阀　　　　　　　B．机械加压送风机　　　　C．防火阀

D．电动百叶风口　　　　E．风管

4）负一层机械加压送风系统中用到哪些风口？（　　　）

A．单层百叶风口　　　　B．防雨百叶风口　　　　　C．自垂百叶风口

D．电动百叶风口　　　　E．条形风口

5）机械加压送风机系统哪些部位应设置70℃防火阀？（　　　）

A．加压送风机的入口　　B．加压送风机的出口　　　C．风管穿楼板处

D．风管穿防火分区处　　E．风管穿防烟分区处

（3）判断题

1）信号总线连接末端设备前，必须先经过短路隔离器。（　　　）

2）负一层信号总线的敷设方式是穿管后桥架内敷设。（　　　）

3）每只总线短路隔离器保护的末端设备的总数不应大于50点。（　　　）

4）模块的作用是将不同设备的信号转换为报警控制器能够识别的信号。（　　　）

5）每个机械加压送风口附近必须设置手动开启装置。（　　　）

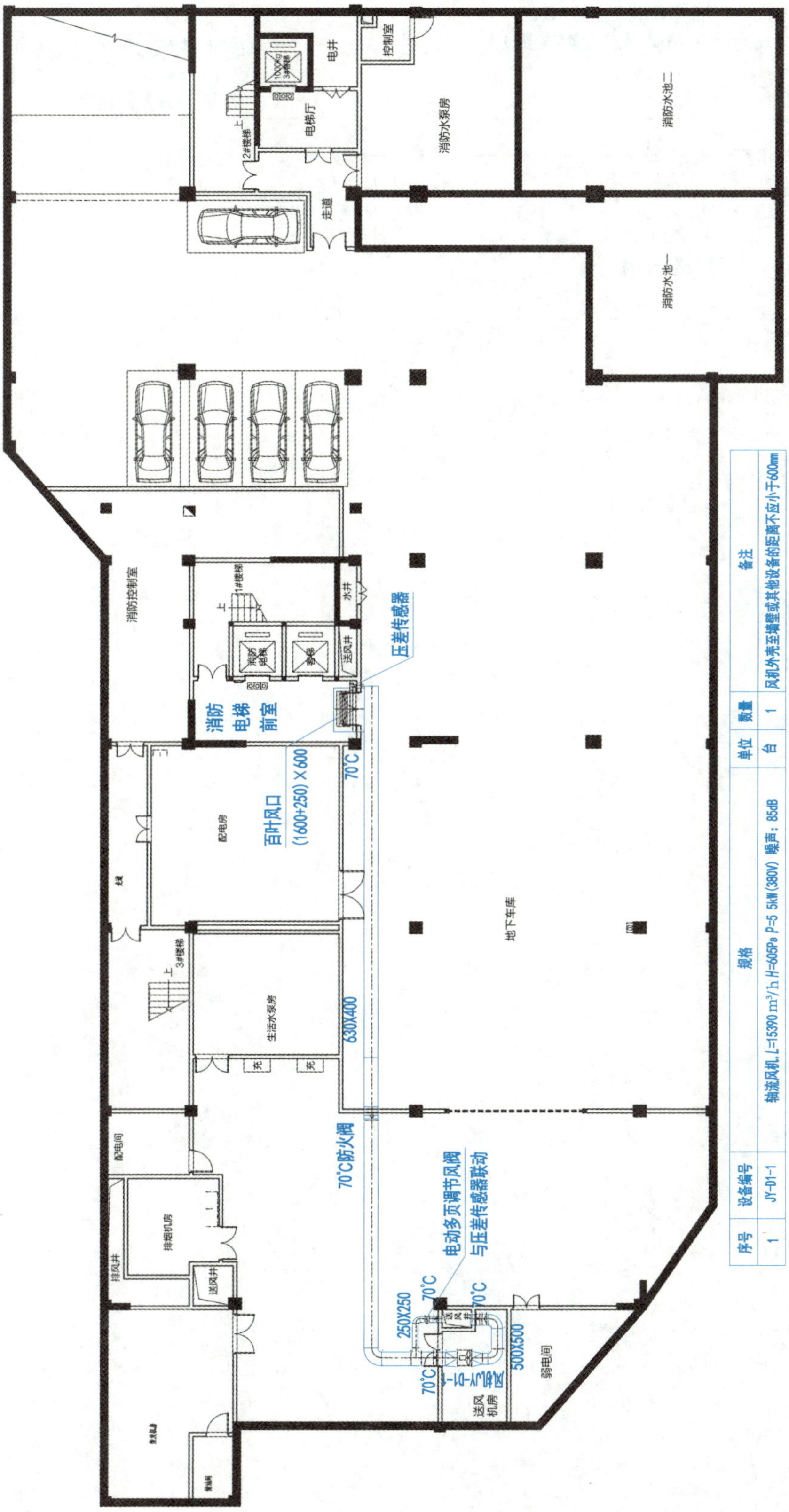

图2.2-25 负一层机械防烟平面图

序号	设备编号	规格	单位	数量	备注
1	JY-D1-1	轴流风机 L=15390 m³/h H=605Pa P=5.5kW(380V) 噪声：85dB	台	1	风机外壳至墙壁或其他设备的距离不应小于600mm

防烟排烟二三维对照—负一层

防雨百叶风口（600×3600）
距地0.5m留洞尺寸（650×3650）设置防坠落设施

电动加压送风口[(1600+250)×600]
风量12701m³/h
距地0.5m设置手动开启装置

1F

±0.000

室外   JY-D1-1

70℃   70℃   70℃

70℃

-1F

风机房   电动调节阀
        与压力传感器联动

压力传感器

车库   合用前室

-4.200

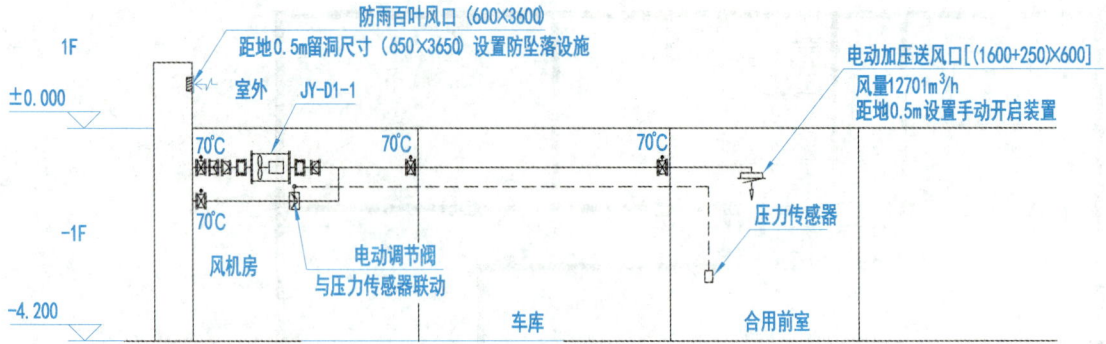

图2.2-26　负一层机械防烟系统图

任务 2.3
排烟系统施工图识读

【学习目标】

知识目标	能力目标	素质目标
1. 了解防烟分区划分的依据； 2. 了解挡烟垂壁高度的计算思路； 3. 掌握防烟分区的细部要求； 4. 掌握自然排烟设置的规范要求； 5. 了解有效排烟面积的计算方法； 6. 了解自然排烟的细部设计要求； 7. 了解机械加压送风系统设计的细部要求； 8. 了解机械加压送风防烟系统配电与控制方面的知识； 9. 了解补风系统细部设计要求； 10. 了解机械补风系统的供电和控制方面的知识	1. 能识读建筑防烟分区划分中的相关参数； 2. 能识读自然排烟系统设计施工图； 3. 能正确识读机械加压送风系统施工图； 4. 能解读机械加压送风系统配电及控制方面的施工图； 5. 能识读补风系统施工图； 6. 能解读机械补风系统的配电和控制施工图	1. 体验事物控制的基本思路； 2. 提高环境保护意识

【思维导图】

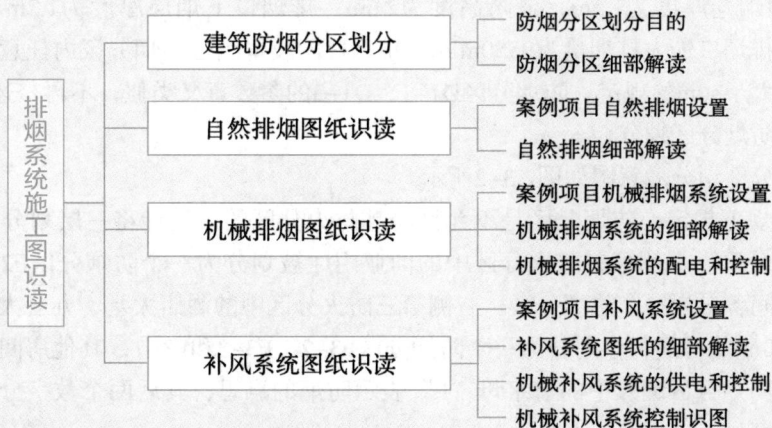

排烟系统是采用自然排烟或机械排烟方式，将房间、走道等空间的火灾烟气排至建筑物外的工程技术措施，分为自然排烟系统和机械排烟系统两种。

2.3.1 建筑防烟分区划分

1. 防烟分区划分目的

在设计排烟系统前，首先应在防火分区内进行防烟分区划分，将面积较大的空间通过防烟分隔设施划分成若干小的顶部区域，形成防烟分区。防烟分区划定后，再在每一个分区内布置排烟口，用管道相互连通，加设排烟风机和各种控制阀门，组织排烟。并应能保证每一个分区内的排烟口独立启闭，而不影响其他区域。

只有确定了防烟分区的划定方案，才能计算每个防烟分区需要排烟量，为排烟系统设计提供计算参数。

2. 防烟分区细部解读

案例项目暖通施工图中，已对各层防烟分区进行了划分设计，并用列表的方式标注了每一防烟分区的技术参数。

（1）负一层防烟分区划分

负一层防烟分区划分示意图如图2.3-1所示。

本层共计设置了D1-1、D1-2、D1-3三个防烟分区，依次为电动车充电区、普通车辆停车区和消防控制室，分隔范围如图中蓝线所示。平时无人看守的设备用房不需要考虑排烟，无需划分防烟分区（图2.3-1右下区域）。防烟分区编号中"D"表示地下层，"1-2"表示第1防火分区里的第2块区域。

每一防烟分区均引出一个参数表，用以明确该防烟分区的相关参数。

防烟分区D1-2房间类型为地下车库，设置有自动喷水灭火系统，火灾时热释放速率为1.5MW，房间净高4.1m，防烟分区面积为810.87m²，计算排烟量为31650m³/h，计算补风量15825m³/h，储烟仓厚度为1.5m，清晰高度为2.6m，排烟口下烟层厚度为1.2m，通过设计计算，得到单个排烟口最大排烟量为9550m³/h。排烟口的设置满足防烟分区内任意一点到最近排烟口的距离不大于30m的规定。防烟分区D1-1、D1-3的参数意义类似，不再赘述。

（2）一层防烟分区划分

一层防烟分区划分示意图如图2.3-2所示。

按照相关规范规定，防烟分区是不允许跨越防火分区的。设计将一层划分为两个防火分区，四个防烟分区。左侧第二防火分区中的商业门厅被划分为一个防烟分区F2-1，该防火分区中的其他房间各自为一个防烟分区。右侧第三防火分区中的酒店大堂、办公大堂和厨房操作间三个大于100m²的房间各自划分为一个防烟分区F3-2、F3-3和F3-1，其他房间各自为一个防烟分区。地上防烟分区编号中的首字母"F"表示防烟的意思，其后两个数字分别代表所属防火分区号和顺序号。

一层商业门厅（F2-1）设置有吊顶，有喷淋系统，房间净高3.6m，设计储烟仓厚度为1.5m，设计清晰高度为2.1m，火灾时热释放速率为3MW，采用机械排烟方式，计算排烟量为15000m³/h，通过外门窗自然补风。

图2.3-1　负一层防烟分区划分示意图

表（消防控制室）

防烟分区	D1-3	房间类型	消防控制室
有无喷淋	否	热释放速率	8.0MW
是否吊顶	否	房间净高	4.1m
防烟分区面积	68.47m²	防烟分区长度	13.3m
计算排烟量	1500m³/h	未设置补风系统	
清晰高度	2.1m	储烟仓厚度	2.0m
排烟口下烟层厚度			1.5m
单个排烟口最大允许排烟量			2600m³/h（γ取0.5）
遥控多个排烟口最近端地1.5m设置手动开启装置			
防烟分区内任意一点与最近的排烟口的水平距离≤30m			

表（地下车库 D1-2）

防烟分区	D1-2	房间类型	地下车库
有无喷淋	有	热释放速率	1.5MW
房间净高	4.1m	防烟分区面积	810.87m²
风机补风量	31650m³/h	计算补风量	1582m³/h
储烟仓厚度	1.5m	清晰高度	2.0m
排烟口下烟层厚度			1.2m
单个排烟口最大允许排烟量			9550m³/h（γ取0.5）
防烟分区内任意一点与最近的排烟口的水平距离≤30m			

表（地下车库 D1-1）

防烟分区	D1-1	房间类型	地下车库
有无喷淋	有	热释放速率	1.5MW
房间净高	4.1m	防烟分区面积	254.92m²
计算排烟量	31650m³/h	计算补风量	1582m³/h
清晰高度	2.3m		
储烟仓厚度	1.8m	排烟口下烟层厚度	1.5m
单个排烟口最大允许排烟量			17750m³/h（γ取0.5）
防烟分区内任意一点与最近的排烟口的水平距离≤30m			

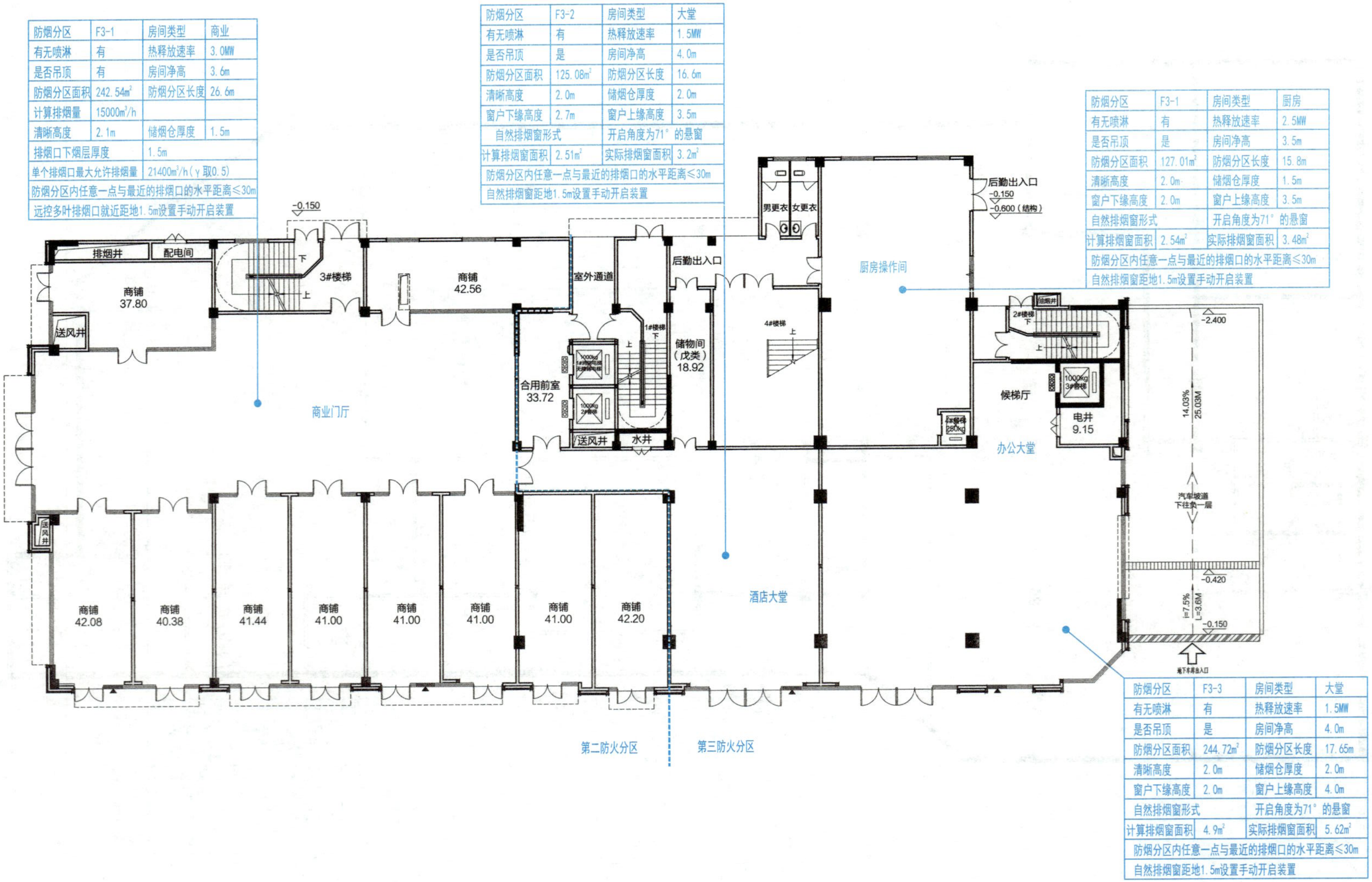
防烟分区 F3-1 房间类型 商业
有无喷淋 有 热释放速率 3.0MW
是否吊顶 有 房间净高 3.6m
防烟分区面积 242.54m² 防烟分区长度 26.6m
计算排烟量 15000m³/h
清晰高度 2.1m 储烟仓厚度 1.5m
排烟口下烟层厚度 1.5m
单个排烟口最大允许排烟量 21400m³/h（γ取0.5）
防烟分区内任意一点与最近的排烟口的水平距离≤30m
远控多叶排烟口就近距地1.5m设置手动开启装置
防烟分区 F3-2 房间类型 大堂
有无喷淋 有 热释放速率 1.5MW
是否吊顶 是 房间净高 4.0m
防烟分区面积 125.08m² 防烟分区长度 16.6m
清晰高度 2.0m 储烟仓厚度 2.0m
窗户下缘高度 2.7m 窗户上缘高度 3.5m
自然排烟窗形式 开启角度为71°的悬窗
计算排烟窗面积 2.51m² 实际排烟窗面积 3.2m²
防烟分区内任意一点与最近的排烟口的水平距离≤30m
自然排烟窗距地1.5m设置手动开启装置
防烟分区 F3-1 房间类型 厨房
有无喷淋 有 热释放速率 2.5MW
是否吊顶 是 房间净高 3.5m
防烟分区面积 127.01m² 防烟分区长度 15.8m
清晰高度 2.0m 储烟仓厚度 1.5m
窗户下缘高度 2.0m 窗户上缘高度 3.5m
自然排烟窗形式 开启角度为71°的悬窗
计算排烟窗面积 2.54m² 实际排烟窗面积 3.48m²
防烟分区内任意一点与最近的排烟口的水平距离≤30m
自然排烟窗距地1.5m设置手动开启装置
防烟分区 F3-3 房间类型 大堂
有无喷淋 有 热释放速率 1.5MW
是否吊顶 是 房间净高 4.0m
防烟分区面积 244.72m² 防烟分区长度 17.65m
清晰高度 2.0m 储烟仓厚度 2.0m
窗户下缘高度 2.0m 窗户上缘高度 4.0m
自然排烟窗形式 开启角度为71°的悬窗
计算排烟窗面积 4.9m² 实际排烟窗面积 5.62m²
防烟分区内任意一点与最近的排烟口的水平距离≤30m
自然排烟窗距地1.5m设置手动开启装置
排烟井
配电间
3#楼梯
商铺 37.80
商铺 42.56
送风井
商业门厅
室外通道
合用前室 33.72
1#楼梯
储物间（戊类）18.92
后勤出入口
4#楼梯
男更衣
女更衣
厨房操作间
后勤出入口
-0.150
-0.600（结构）
2#楼梯
候梯厅
电井 9.15
办公大堂
-2.400
14.03%
25.03M
汽车坡道下往负一层
-0.420
i=7.5%
L=3.6M
水井
商铺 42.08
商铺 40.38
商铺 41.44
商铺 41.00
商铺 41.00
商铺 41.00
商铺 41.00
商铺 42.20
酒店大堂
第二防火分区
第三防火分区

图2.3-2　一层防烟分区划分示意图

　　办公大堂（F3-3）设置有吊顶，房间净高4m，设计储烟仓厚度为2m，设计清晰高度为2m，火灾时热释放速率为1.5MW，采用自然排烟方式，排烟窗最大可开启角度为71°，自然排烟窗距地面高1.5m处设置手动开启装置，便于火灾时手动开启。

　　二层及以上楼层防烟分区划分如图2.3-3～图2.3-5所示。

2.3.2　自然排烟图纸识读

　　自然排烟是利用火灾热烟气的浮力和外部风压作用，通过建筑局部开口将建筑内的烟气直接排至室外的排烟方式。建筑排烟系统的设计应根据建筑的使用性质、平面布局等因素，优先采用自然排烟系统。

1．案例项目自然排烟设置

　　案例项目一层商业酒店大堂、操作间、办公大堂，二层、三层的小包间等区域均采用自然排烟方式，四～十三层走道、客房、办公室等也采用了自然排烟方式。

2．自然排烟细部解读

　　一层酒店大堂、办公大堂、操作间等房间自然排烟窗设置情况如图2.3-6所示。

　　酒店大堂为防烟分区F3-2，建筑面积125.08m²，净高4m，设计清晰高度2m，储烟仓厚度2m，外门窗开启情况如图2.3-7所示，实际排烟窗面积3.2m²，不小于房间建筑面积的2%，满足规范要求。

　　办公大堂为防烟分区F3-3，建筑面积244.72m²，净高4m，设计清晰高度2m，储烟仓厚度2m，外窗开启情况如图2.3-8所示，有效排烟面积3.6+2.02+2.76=8.38m²，不小于房间建筑面积的2%，满足规范要求。

　　操作间为防烟分区F3-1，房间建筑面积127.01m²，净高3.5m，设计清晰高度2m，储烟仓厚度1.5m，外窗开启情况如图2.3-9所示，三樘外窗有效排烟面积为1.35×3=4.05m²，不小于房间建筑面积的2%，满足规范要求。

2.3.3　机械排烟图纸识读

　　机械排烟是通过排烟口、风管、耐高温排烟风机等将房间、走道等空间的火灾烟气排至建筑物外的系统，为人员疏散争取时间，抑制因烟气而造成的火灾蔓延。

1．案例项目机械排烟系统设置

　　案例项目负一层两个防烟分区D1-1和D1-2分别设置一个机械排烟系统，消防控制室防烟分区D1-3与防烟分区D1-2共用一个机械排烟系统。

　　一、二、三层共用一个机械排烟系统，其排烟风机位于三层。一层商业门厅设置了一个机械排烟口，二层商业区域划分为四个防烟分区，分别设置机械排烟口，二层酒店走道和大于100m²的包间均设置有机械排烟口，三层的三个大会议室、开敞餐饮区、走道、大于100m²的包间分别设置机械排烟口，三个楼层通过排烟竖井贯通。地上设置机械排烟的房间均通过外窗自然补风。

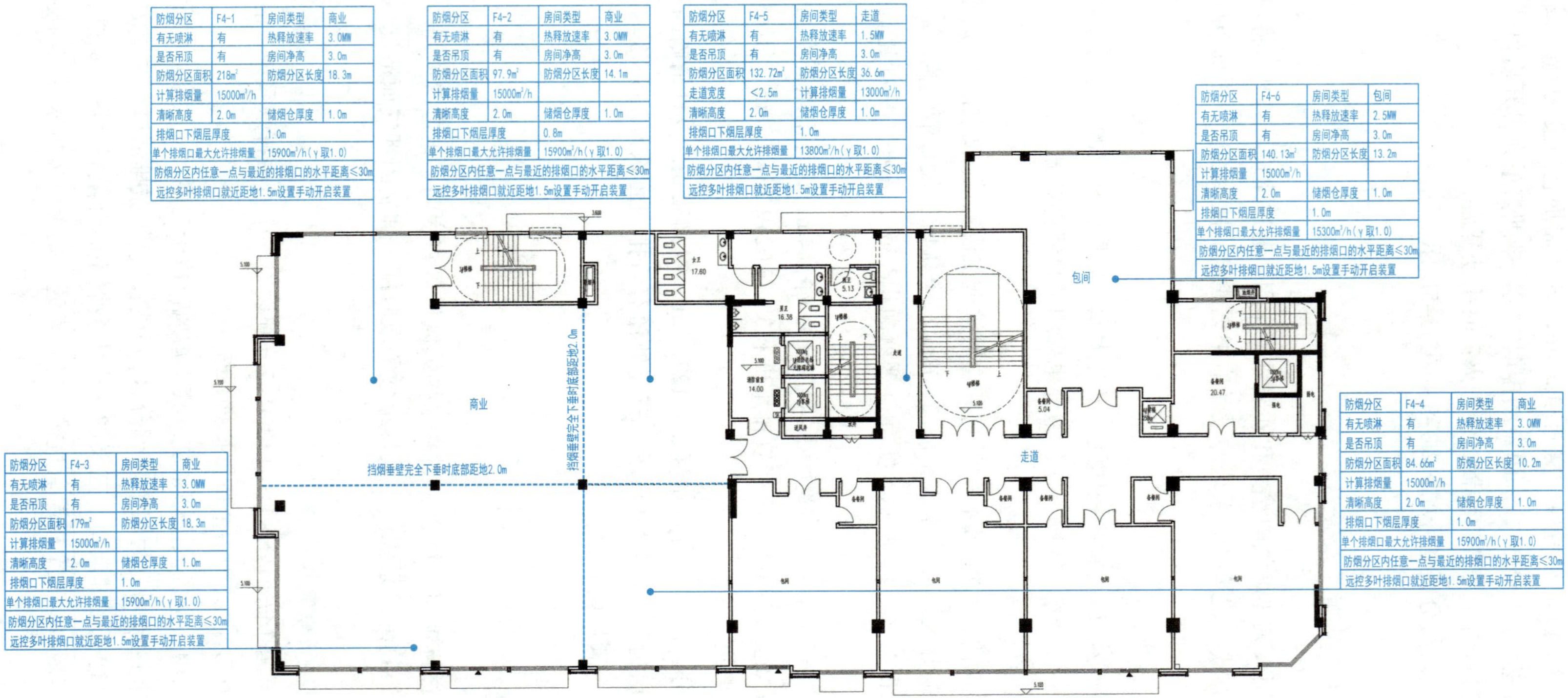

F4-6

防烟分区	F4-6
有无喷淋	有
是否吊顶	有
房间类型	包间
热释放速率	2.5MW
房间净高	3.0m
防烟分区长度	13.2m
防烟分区面积	140.0m²
计算排烟量	15000m³/h
储烟仓厚度	2.0m
挡烟下垂层厚度	1.0m
单个排烟口最大允许排烟量	15300m³/h(γ取1.0)
防烟分区内任一点与最近的排烟口之间的水平距离≤30m	
远控多叶排烟口就近距地1.5m设置手动开启装置	

F4-4

防烟分区	F4-4
有无喷淋	有
是否吊顶	有
房间类型	商业
热释放速率	3.0MW
房间净高	3.0m
防烟分区长度	10.2m
防烟分区面积	84.6m²
计算排烟量	15000m³/h
清晰高度	2.0m
储烟仓厚度	1.0m
单个排烟口最大允许排烟量	15900m³/h(γ取1.0)
防烟分区内任一点与最近的排烟口之间的水平距离≤30m	
远控多叶排烟口就近距地1.5m设置手动开启装置	

F4-5

防烟分区	F4-5
有无喷淋	有
是否吊顶	有
房间类型	走道
热释放速率	1.5MW
房间净高	3.0m
防烟分区长度	36.0m
防烟分区面积	132.7m²
计算排烟量	13000m³/h
走道宽度	<2.5m
清晰高度	2.0m
储烟仓厚度	1.0m
单个排烟口最大允许排烟量	13800m³/h(γ取1.0)
防烟分区内任一点与最近的排烟口之间的水平距离≤30m	
远控多叶排烟口就近距地1.5m设置手动开启装置	

F4-2

防烟分区	F4-2
有无喷淋	有
是否吊顶	有
房间类型	商业
热释放速率	3.0MW
房间净高	3.0m
防烟分区长度	14.1m
防烟分区面积	97.9m²
计算排烟量	15000m³/h
储烟仓厚度	2.0m
挡烟下垂层厚度	1.0m
单个排烟口最大允许排烟量	15900m³/h(γ取1.0)
防烟分区内任一点与最近的排烟口之间的水平距离≤30m	
远控多叶排烟口就近距地1.5m设置手动开启装置	

F4-1

防烟分区	F4-1
有无喷淋	有
是否吊顶	有
房间类型	商业
热释放速率	3.0MW
房间净高	3.0m
防烟分区长度	18.0m
防烟分区面积	218m²
计算排烟量	15000m³/h
储烟仓厚度	2.0m
挡烟下垂层厚度	1.0m
单个排烟口最大允许排烟量	15900m³/h(γ取1.0)
防烟分区内任一点与最近的排烟口之间的水平距离≤30m	
远控多叶排烟口就近距地1.5m设置手动开启装置	

F4-3

防烟分区	F4-3
有无喷淋	有
是否吊顶	有
房间类型	商业
热释放速率	3.0MW
房间净高	3.0m
防烟分区长度	18.3m
防烟分区面积	170m²
计算排烟量	15000m³/h
挡烟下垂层厚度	1.0m
储烟仓厚度	2.0m
单个排烟口最大允许排烟量	15900m³/h(γ取1.0)
防烟分区内任一点与最近的排烟口之间的水平距离≤30m	
远控多叶排烟口就近距地1.5m设置手动开启装置	

挡烟垂壁完全垂于顶棚向下垂直2.0m

挡烟垂壁需要分开干垂高度距离2.0m

包间

走道

商业

图2.3-3　二层防烟分区划分示意图

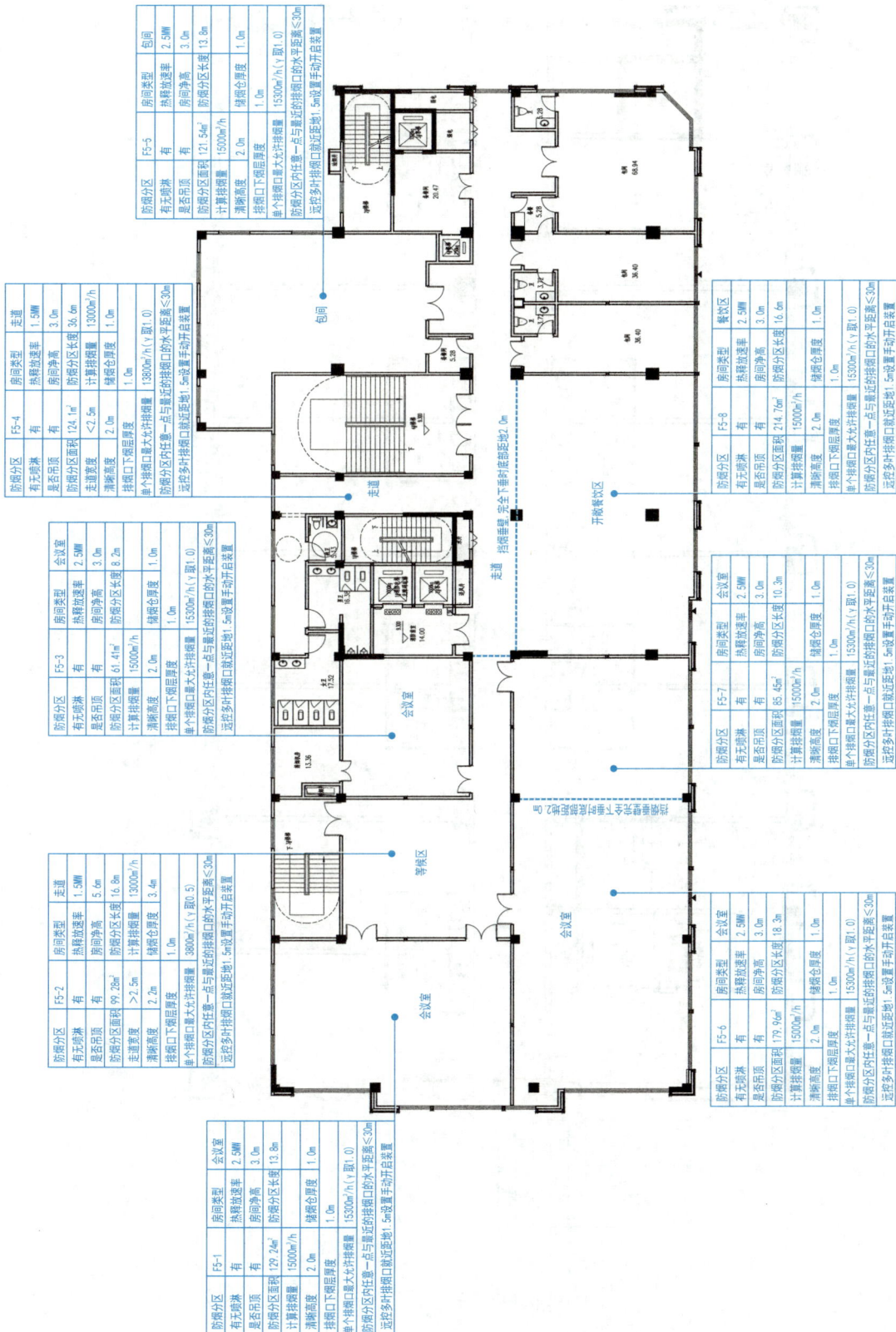

图2.3-4　三层防烟分区划分示意图

F5-1

项目	参数
防烟分区	F5-1
有无喷淋	有
是否吊顶	有
房间类型	会议室
热释放速率	2.5MW
房间净高	3.0m
防烟分区面积	129.24㎡
防烟分区长度	13.8m
清晰高度	2.0m
计算排烟量	15000m³/h
储烟仓厚度	1.0m
排烟口下烟层厚度	1.0m
单个排烟口最大允许排烟量	15300m³/h（γ取1.0）
防烟分区内任意一点与最近的排烟口的水平距离≤30m
远控多叶排烟口就近距地1.5m设置手动开启装置

F5-2

项目	参数
防烟分区	F5-2
有无喷淋	有
是否吊顶	有
房间类型	走道
热释放速率	1.5MW
房间净高	>2.0m
防烟分区面积	99.28㎡
走道宽度	2.2m
防烟分区长度	16.8m
清晰高度	3.4m
计算排烟量	3800m³/h（γ取0.5）
储烟仓厚度	1.0m
单个排烟口最大允许排烟量	15300m³/h（γ取1.0）
防烟分区内任意一点与最近的排烟口的水平距离≤30m
远控多叶排烟口就近距地1.5m设置手动开启装置

F5-3

项目	参数
防烟分区	F5-3
有无喷淋	有
是否吊顶	有
房间类型	会议室
热释放速率	2.5MW
房间净高	3.0m
防烟分区面积	61.41㎡
防烟分区长度	8.2m
储烟仓厚度	1.0m
计算排烟量	15000m³/h
排烟口下烟层厚度	2.0m
清晰高度	1.0m
单个排烟口最大允许排烟量	15300m³/h（γ取1.0）
防烟分区内任意一点与最近的排烟口的水平距离≤30m
远控多叶排烟口就近距地1.5m设置手动开启装置

F5-4

项目	参数
防烟分区	F5-4
有无喷淋	有
是否吊顶	有
房间类型	走道
热释放速率	1.5MW
房间净高	<2.5m
防烟分区面积	124.1㎡
走道宽度	2.5m
清晰高度	2.0m
计算排烟量	13800m³/h
储烟仓厚度	1.0m
排烟口下烟层厚度	1.0m
单个排烟口最大允许排烟量	15300m³/h（γ取1.0）
防烟分区内任意一点与最近的排烟口的水平距离≤30m
远控多叶排烟口就近距地1.5m设置手动开启装置

F5-5

项目	参数
防烟分区	F5-5
有无喷淋	有
是否吊顶	有
房间类型	包间
热释放速率	2.5MW
房间净高	3.0m
防烟分区面积	121.54㎡
防烟分区长度	13.0m
清晰高度	1.0m
计算排烟量	15000m³/h
储烟仓厚度	1.0m
单个排烟口最大允许排烟量	15300m³/h（γ取1.0）
防烟分区内任意一点与最近的排烟口的水平距离≤30m
远控多叶排烟口就近距地1.5m设置手动开启装置

F5-6

项目	参数
防烟分区	F5-6
有无喷淋	有
是否吊顶	有
房间类型	会议室
热释放速率	2.5MW
房间净高	3.0m
防烟分区面积	179.96㎡
防烟分区长度	18.3m
清晰高度	1.0m
计算排烟量	15000m³/h
储烟仓厚度	2.0m
排烟口下烟层厚度	1.0m
单个排烟口最大允许排烟量	15300m³/h（γ取1.0）
防烟分区内任意一点与最近的排烟口的水平距离≤30m
远控多叶排烟口就近距地1.5m设置手动开启装置

F5-7

项目	参数
防烟分区	F5-7
有无喷淋	有
是否吊顶	有
房间类型	会议室
热释放速率	2.5MW
房间净高	3.0m
防烟分区面积	85.45㎡
防烟分区长度	10.3m
清晰高度	1.0m
计算排烟量	15000m³/h
储烟仓厚度	2.0m
排烟口下烟层厚度	1.0m
单个排烟口最大允许排烟量	15300m³/h（γ取1.0）
防烟分区内任意一点与最近的排烟口的水平距离≤30m
远控多叶排烟口就近距地1.5m设置手动开启装置

F5-8

项目	参数
防烟分区	F5-8
有无喷淋	有
是否吊顶	有
房间类型	餐饮区
热释放速率	2.5MW
房间净高	3.0m
防烟分区面积	214.76㎡
防烟分区长度	16m
清晰高度	1.0m
计算排烟量	15000m³/h
储烟仓厚度	2.0m
排烟口下烟层厚度	1.0m
单个排烟口最大允许排烟量	15300m³/h（γ取1.0）
防烟分区内任意一点与最近的排烟口的水平距离≤30m
远控多叶排烟口就近距地1.5m设置手动开启装置

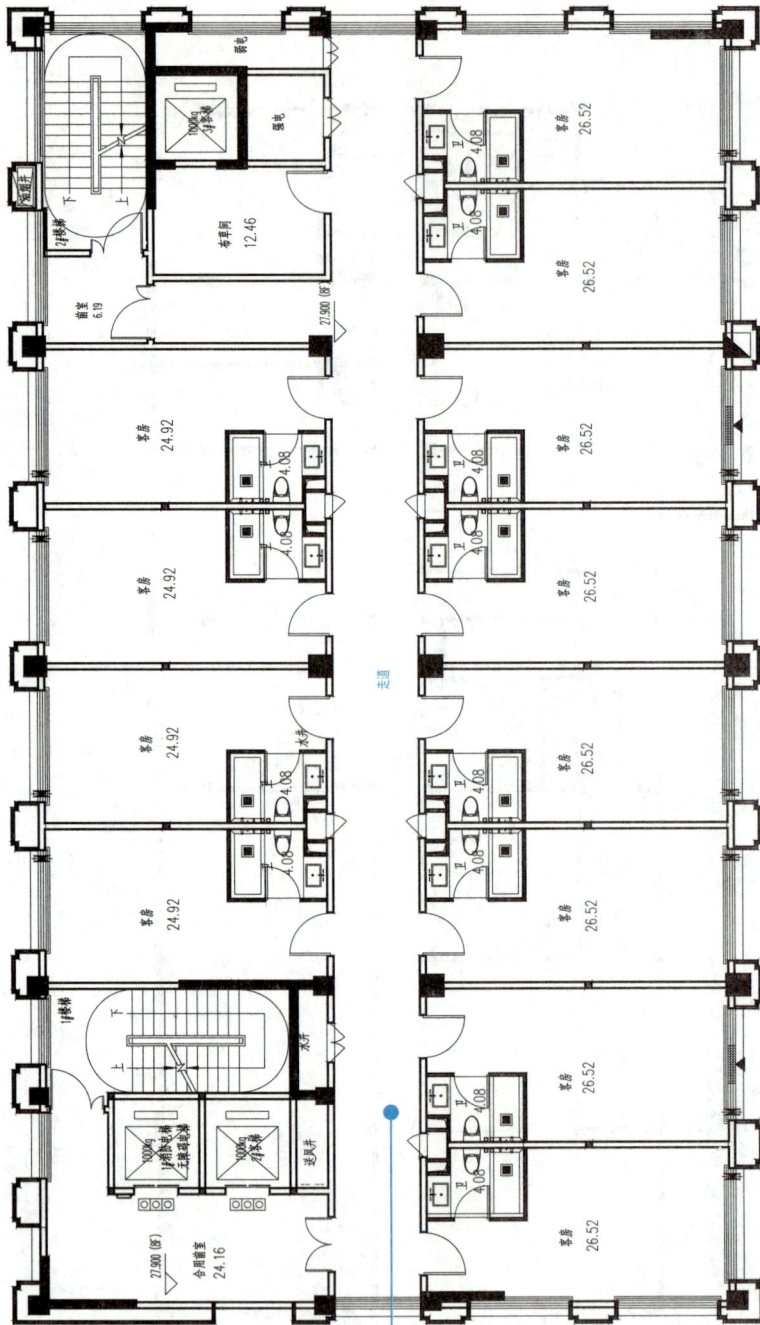

图2.3-5 四~十三层防烟分区划分示意图

防烟分区	Z-3	房间类型	走道
有无吊顶	有	热释放速率	1.5MW
是否吊顶		走道吊顶	2.4m
走道净高	2.2m		
防烟分区面积	80.92m²	防烟分区长度	33.4m
清晰高度	1.2m	储烟仓厚度	1.2m
窗户下缘高度	1.5m	窗户上缘高度	2.4m
		自然排烟窗形式	内倒窗
计算排烟窗面积	4m²		
防烟分区内任意一点与最近自然排烟窗口的水平距离≤30m			
自然排烟窗距地1.5m设置手动开启装置			

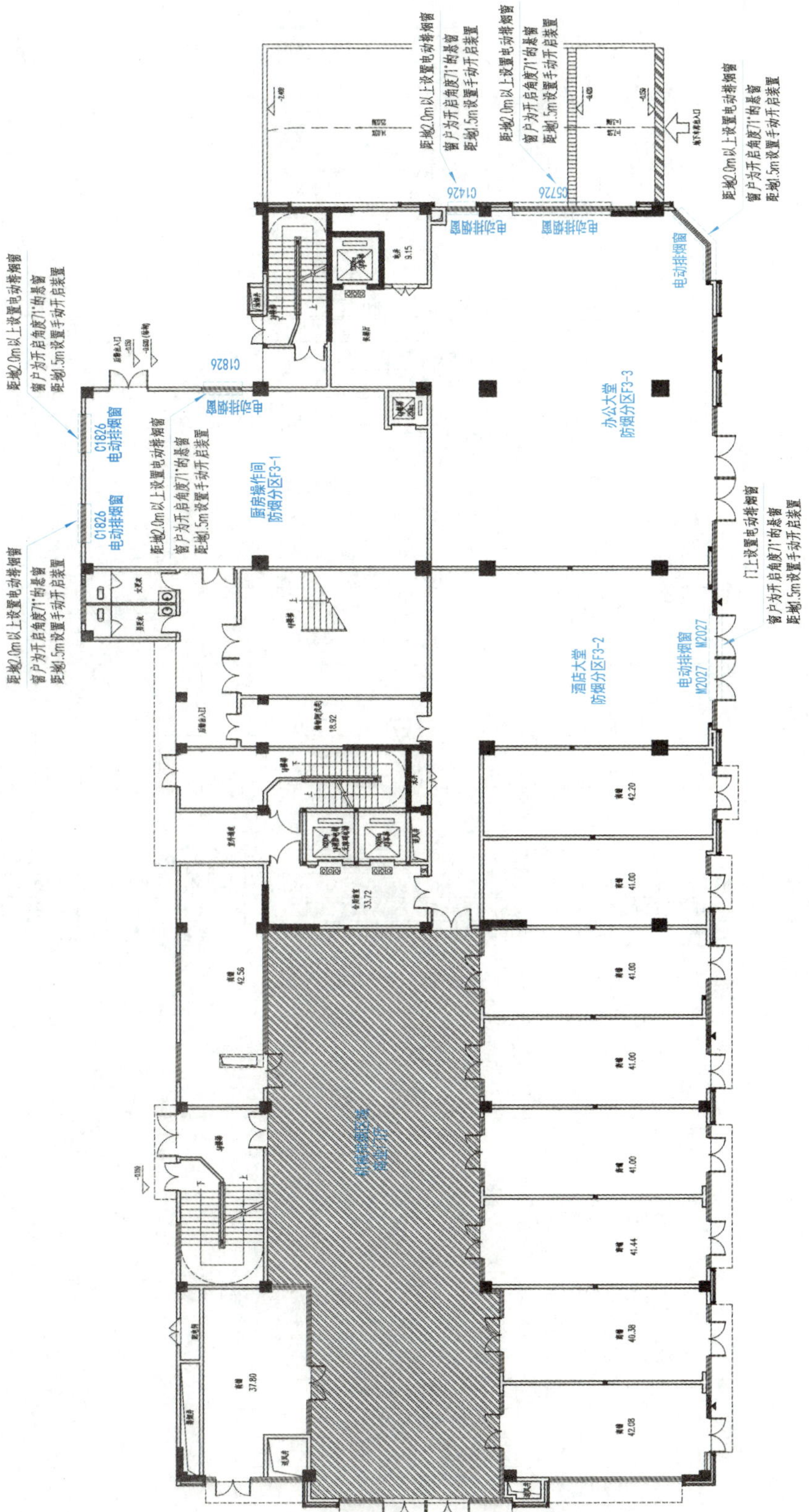

图2.3-6 一层自然排烟窗布置平面图

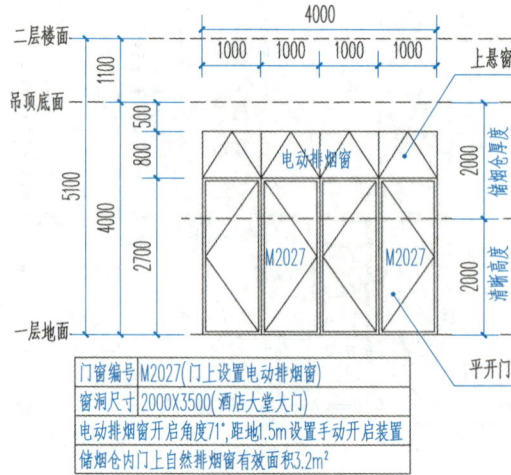

门窗编号	M2027(门上设置电动排烟窗)
窗洞尺寸	2000X3500(酒店大堂大门)
电动排烟窗开启角度71°,距地1.5m设置手动开启装置	
储烟仓内门上自然排烟窗有效面积3.2m²	

图2.3-7 防烟分区F3-2排烟窗详图

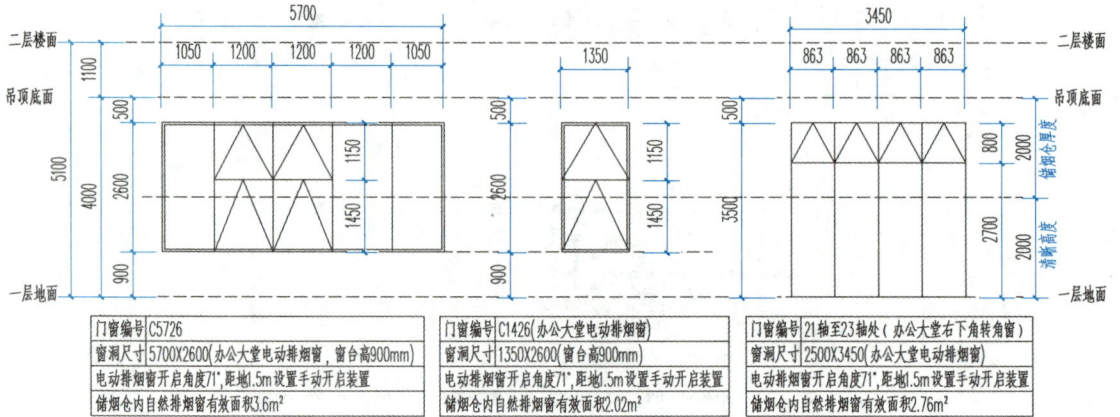

门窗编号	C5726
窗洞尺寸	5700X2600(办公大堂电动排烟窗,窗台高900mm)
电动排烟窗开启角度71°,距地1.5m设置手动开启装置	
储烟仓内自然排烟窗有效面积3.6m²	

门窗编号	C1426(办公大堂电动排烟窗)
窗洞尺寸	1350X2600(窗台高900mm)
电动排烟窗开启角度71°,距地1.5m设置手动开启装置	
储烟仓内自然排烟窗有效面积2.02m²	

门窗编号	21轴至23轴处(办公大堂右下角转角窗)
窗洞尺寸	2500X3450(办公大堂电动排烟窗)
电动排烟窗开启角度71°,距地1.5m设置手动开启装置	
储烟仓内自然排烟窗有效面积2.76m²	

图2.3-8 防烟分区F3-3排烟窗详图

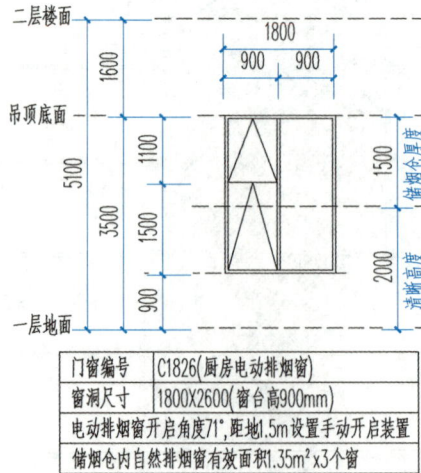

门窗编号	C1826(厨房电动排烟窗)
窗洞尺寸	1800X2600(窗台高900mm)
电动排烟窗开启角度71°,距地1.5m设置手动开启装置	
储烟仓内自然排烟窗有效面积1.35m²x3个窗	

图2.3-9 防烟分区F3-1排烟窗详图

2．机械排烟系统的细部解读

一～三层设置了一个机械排烟系统，其排烟机房设置在三楼的⑦～⑧轴与Ⓔ～Ⓕ轴交叉区域。机房内设置PY-3-1排烟风机，通过出烟管道和出烟口向室外排烟。风机排烟量$L=37437\text{m}^3/\text{h}$，风压$H=981\text{Pa}$，额定功率$P=18.5\text{kW}$。

排烟管道穿过排烟机房的侧墙通到三楼的各个防烟分区内，风机房内左下角设置有一个竖井，排烟风机通过该竖井将排烟管道向下延伸到二楼、一楼。该机械排烟系统覆盖一层的商业门厅，二层的商业、餐厅走道以及面积大于100m^2的包厢，三楼的会议室、餐厅的走道、大于100m^2的包厢等。

一～三层机械排烟系统图如图2.3-10所示。从图中可以看出，排烟风机出、入口管道上均设置有280℃常开排烟防火阀，在通向各层的支管上，首先需要安装一个280℃常闭排烟防火阀。在竖向井道的二层楼面下设置一个280℃常闭排烟防火阀。

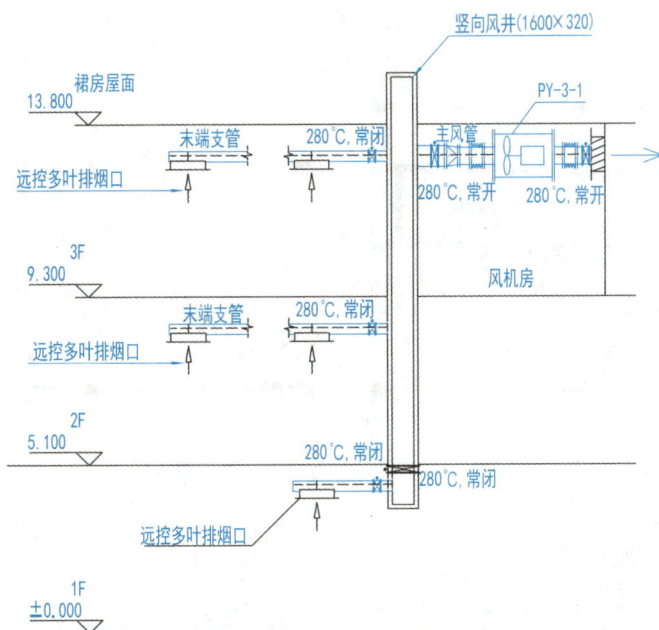

图2.3-10　一～三层机械排烟系统图

（1）三层机械排烟系统设置情况

如图2.3-11所示，三层有8个防烟分区，分别是F5-1～F5-8，各个防烟分区的面积从$61.41～214.76\text{m}^2$不等，均设置有排烟口。排烟风机安装在机房内，风机两端各设置一个天圆地方风管管件实现与矩形风管之间过渡。启智讨论：为什么不把排烟管也做成与排烟风机一样的圆形管道，这样不就可以省去复杂的天圆地方管件吗？从排烟机房引出1600mm×320mm截面的主风管，在防烟分区F5-3内设置一个排烟口，并在面向等候区的隔墙上设置4个500mm×（300+250）mm的排烟口。排烟主管道在走道上空分支，一支向左负责F5-7、F5-6及F5-1三个防烟分区，另一支向右，分别引至F5-8、F5-4和F5-5。在每一个防烟分区各设置一至两个远控多叶排烟口，在排烟口前均设置一个280℃常闭排烟防火阀。

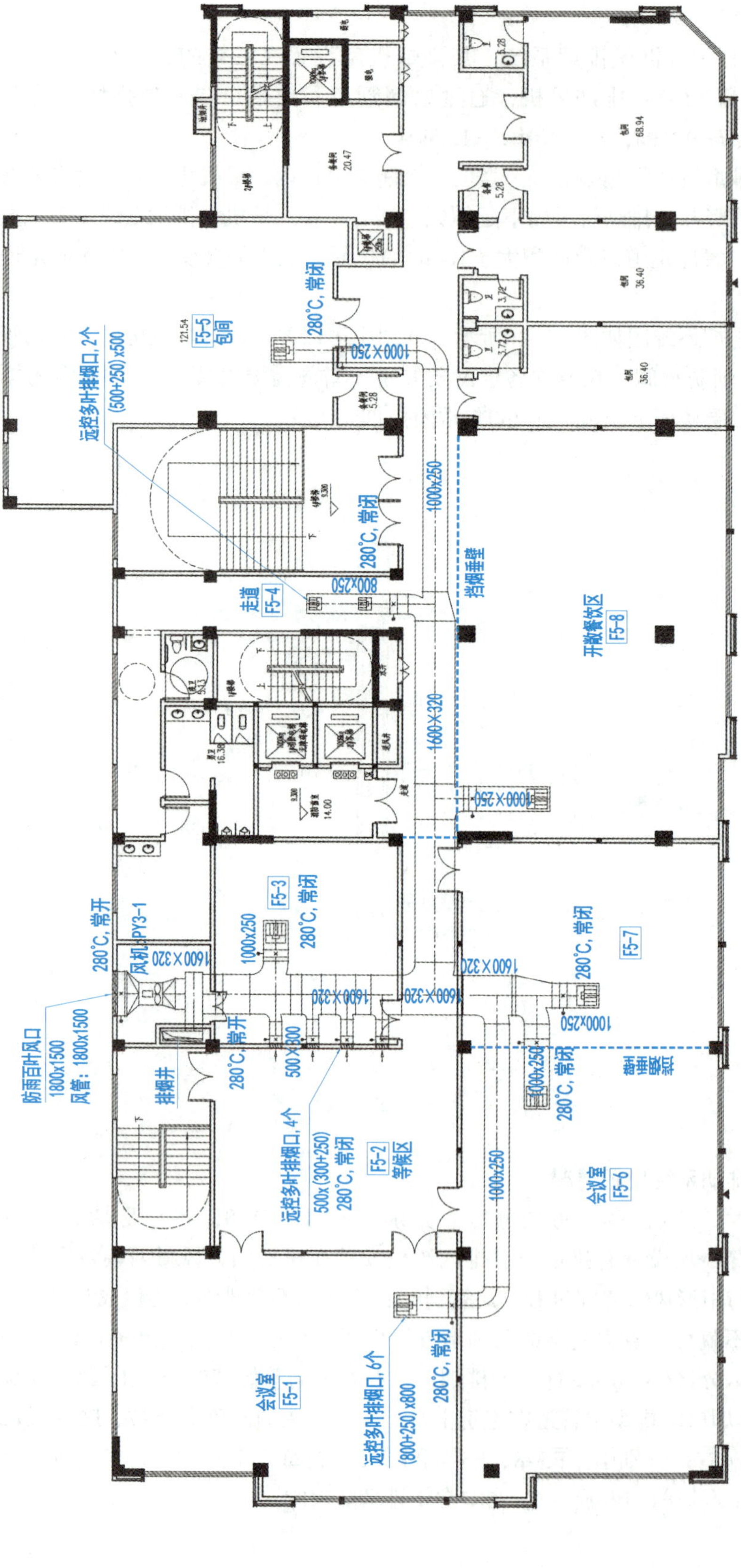

图2.3-11 三层机械排烟系统平面布置图

防烟排烟三维对照—三层

（2）二层机械排烟系统设置情况

如图2.3-12所示，二层排烟管道从3#楼梯间右侧的竖向井道中接出，主管道截面1600mm×320mm，分支管道1000mm×250mm和800mm×250mm不等。启智讨论：为什么多数排烟风管的截面高度小，而宽度大？分别接入F4-1～F4-6防烟分区内，并设置一至两个远程多叶电动排烟口。六个防烟分区的建筑面积都在84.66～218m²不等。

（3）一层机械排烟系统设置情况

如图2.3-13所示，一层仅在F2-1防烟分区内设置了机械排烟系统。该分区的功能为商业，建筑面积为242.54m²，设计排烟量为$L=15000m^3/h$，一层储烟仓厚度为1.5m。从排烟竖井引出1000mm×250mm支管，在末端设置了一个远程多叶电动排烟口，尺寸为800mm×800mm。

3. 机械排烟系统的配电和控制

案例项目共设有PY-D1-1、PY-D1-2和PY-3-1三座排烟风机，分别位于负一层和三层。机械排烟系统的供配电为二级负荷，设置双电源双回路为消防设备供电，电源配置情况以及主电/备电供电逻辑关系与机械防烟系统相似，在任务2.2中的"2.2.2"和"2.2.3"中已经讲解。机械排烟系统的控制识图方法与机械防烟系统相同，不再赘述。

2.3.4 补风系统图纸识读

除了地上建筑的走道或面积小于500m²的地上建筑房间外，设置了机械排烟系统的场所应能直接从室外引入空气补风，且补风量和补风口的风速应满足排烟系统有效排烟的要求。

补风可以采用自然补风或机械补风。

补风系统图纸识读

1. 案例项目补风系统设置

本项目地下室防烟分区D1-2和D1-3可以通过直通室外的车道自然补风。地上各层防烟分区均设有外窗或外门，能直接从室外引入空气自然补风。仅负一层防烟分区D1-1无法自然补风，设置了SB-D1-1机械补风系统。

2. 补风系统图纸的细部解读

机械补风系统SB-D1-1的补风机落地安装在②～③轴与Ⓑ～Ⓒ轴交叉区域（图中左下角）对应的专用风机房内，如图2.3-14和图2.3-15所示。补风风机通过吸风管、竖向风井、防雨百叶风口从室外吸入新鲜空气，经补风风机加压后从风机出口风管、单层百叶送风口送至排烟区域。

风机风量$L=16000m^3/h$，风压$H=510Pa$，额定功率$P=4kW$，吸风管尺寸为400mm×630mm，送风主风管尺寸为1000mm×400mm，补风口为单层百叶风口，尺寸为1000mm×1000mm。风机进风口和出风口处各设置一个常开70℃防火阀，温度超过70℃时自动关闭。负一层防烟分区D1-2和D1-3通过直通室外的车道自然补风，补风口的风速满足排烟系统有效排烟的要求。

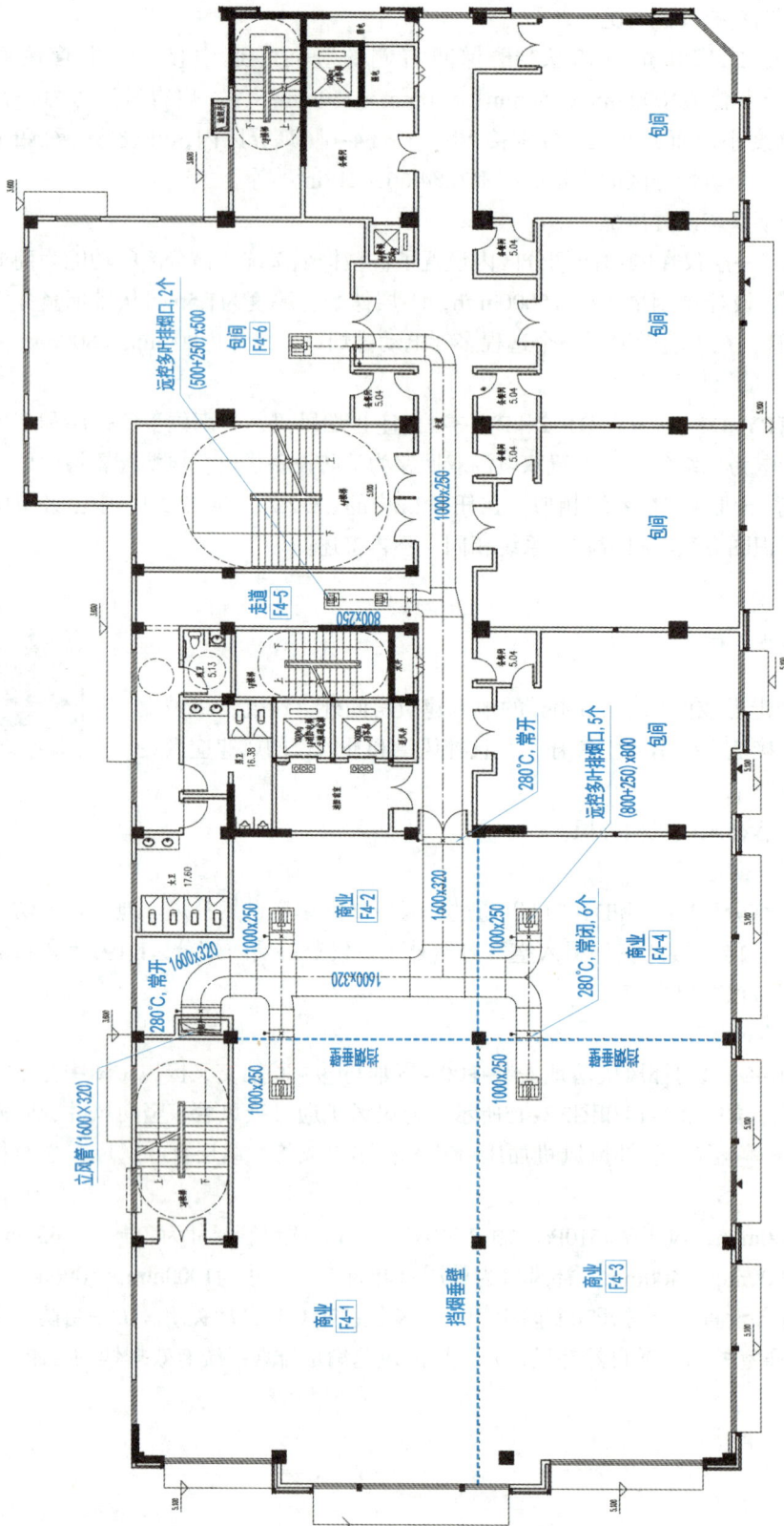

图2.3-12 二层机械排烟系统平面布置图

防烟排烟二三维对照一二层

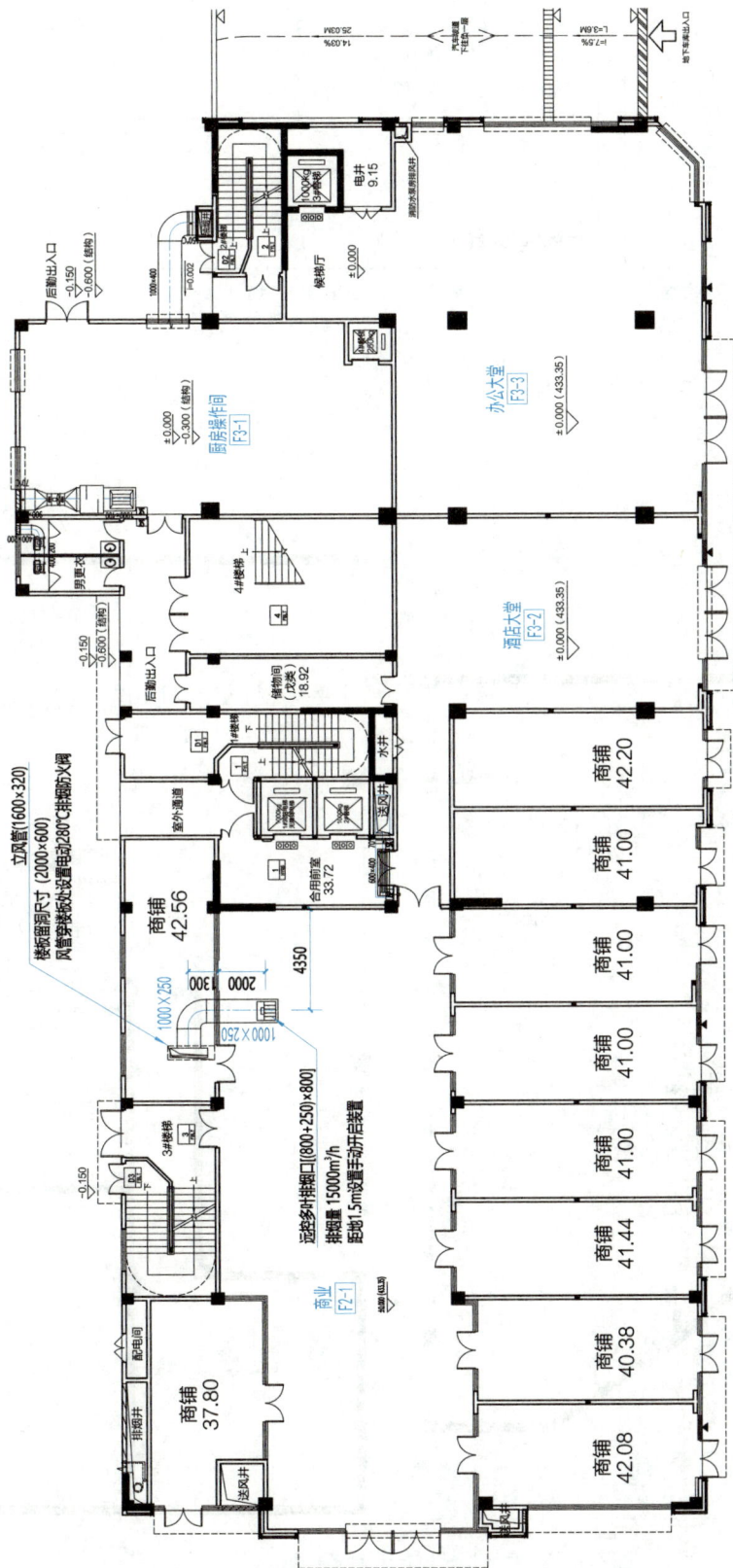

图2.3-13 一层机械排烟系统平面布置图

防烟排烟二维对照——层

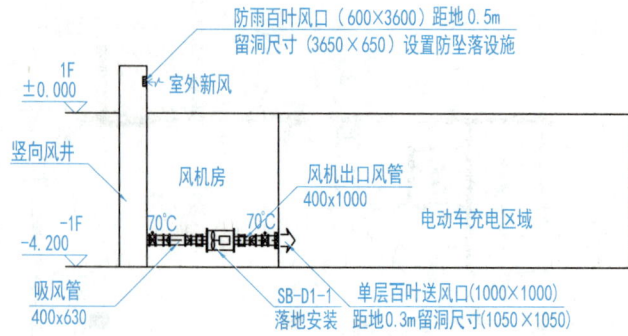

图2.3-14 负一层机械补风系统图

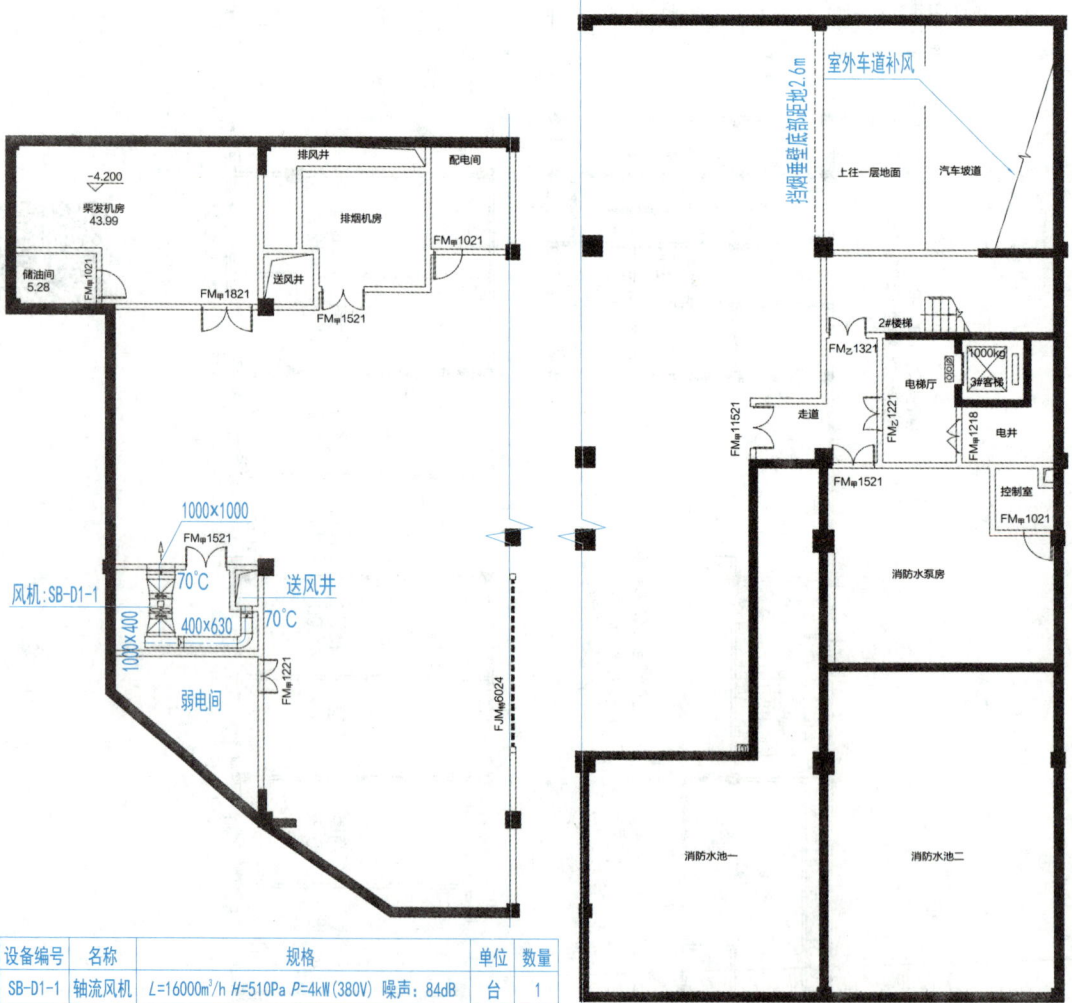

序号	设备编号	名称	规格	单位	数量
1	SB-D1-1	轴流风机	L=16000m³/h H=510Pa P=4kW(380V) 噪声：84dB	台	1

图2.3-15 负一层机械补风系统平面布置图

3．机械补风系统的供电和控制

本建筑消防设备为二级负荷，设置双电源双回路为消防设备供电，电源配置情况以及主电/备电供电逻辑关系在任务2.2第"2.2.2"和"2.2.3"小节中已讲解，补风系统配电识图方法与机械防烟系统相同，此处不再赘述。

4．机械补风系统控制识图

（1）机械补风系统控制逻辑

根据《建筑防烟排烟系统技术标准》GB 51251—2017第4.5.5条要求，补风系统应与排烟系统联动开启或关闭；第5.2.3条要求，机械排烟系统中的常闭排烟阀或排烟口应具有火灾自动报警系统自动开启、消防控制室手动开启和现场手动开启功能，其开启信号应与排烟风机联动。当火灾确认后，火灾自动报警系统应在15s内联动开启相应防烟分区的全部排烟阀、排烟口、排烟风机和补风设施，并应在30s内自动关闭与排烟无关的通风、空调系统。消防控制设备应能显示排烟系统的排烟风机、补风机、阀门等设施的启闭状态。

机械补风风机控制逻辑如图2.3-16所示。

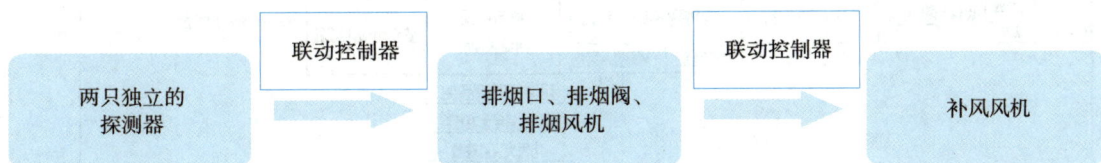

图2.3-16　机械补风风机控制逻辑

（2）案例项目机械补风控制

本项目机械补风系统控制与机械防烟系统相同，在此不做赘述。

（3）机械补风控制平面图识读

负一层弱电桥架的布置情况在任务2.2中"2.2.2"和"2.2.3"小节已讲解，不再赘述。图2.3-17表示负一层设置1座SB-D1-1补风风机、2个70℃防火阀、2个输入模块、2个输入/输出模块。

机械补风风机模块需要信号总线与火灾自动报警控制器连接、DC24V电源线供电，同时与消防控制室手动启动盘相连接，实现火灾自动报警控制联动控制和手动控制盘人工手动控制。防火阀模块需要连接信号总线、DC24V电源线，接收火灾自动报警控制器的联动控制信号，并将状态信号反馈给火灾自动报警控制器。

机械补风控制平面图如图2.3-18所示。

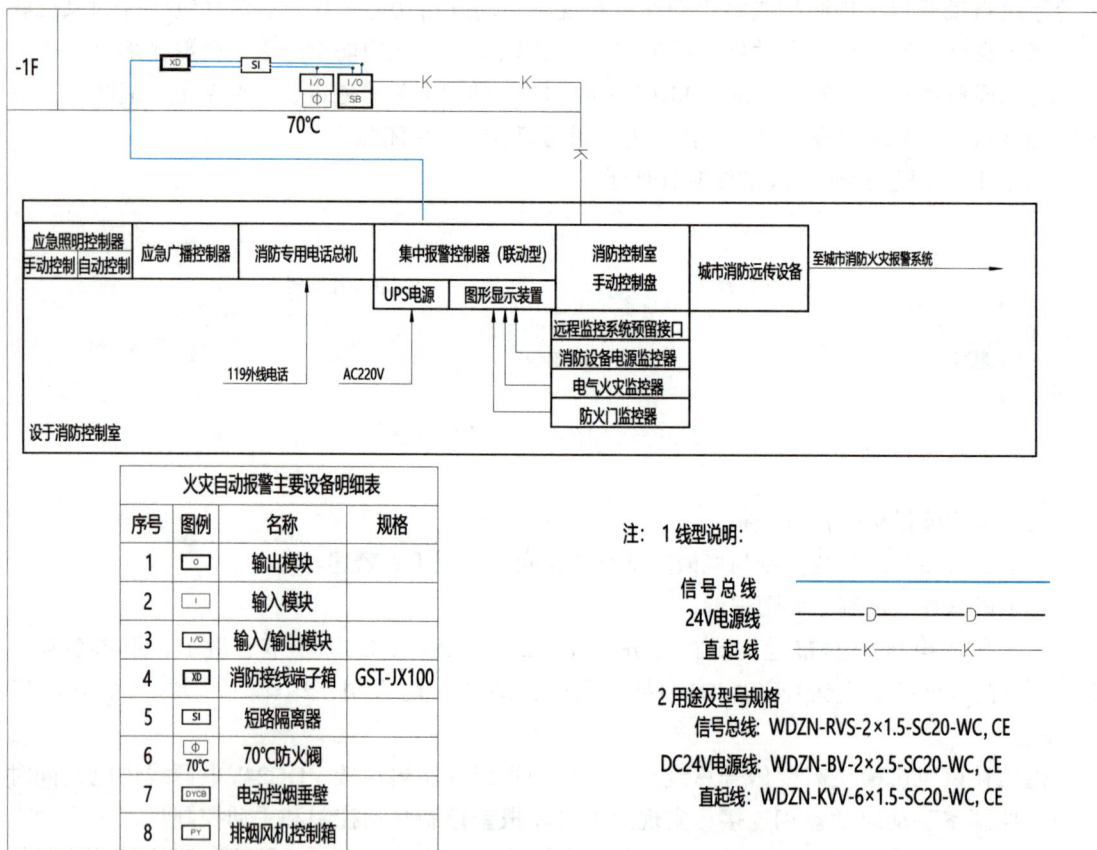

图2.3-17　机械补风控制系统图

火灾自动报警主要设备明细表

序号	图例	名称	规格
1	O	输出模块	
2	I	输入模块	
3	I/O	输入/输出模块	
4	XD	消防接线端子箱	GST-JX100
5	SI	短路隔离器	
6	Φ 70℃	70℃防火阀	
7	DYCB	电动挡烟垂壁	
8	PY	排烟风机控制箱	

注：1 线型说明：

信号总线
24V电源线　　D　　D
直起线　　　K　　K

2 用途及型号规格
信号总线：WDZN-RVS-2×1.5-SC20-WC, CE
DC24V电源线：WDZN-BV-2×2.5-SC20-WC, CE
直起线：WDZN-KVV-6×1.5-SC20-WC, CE

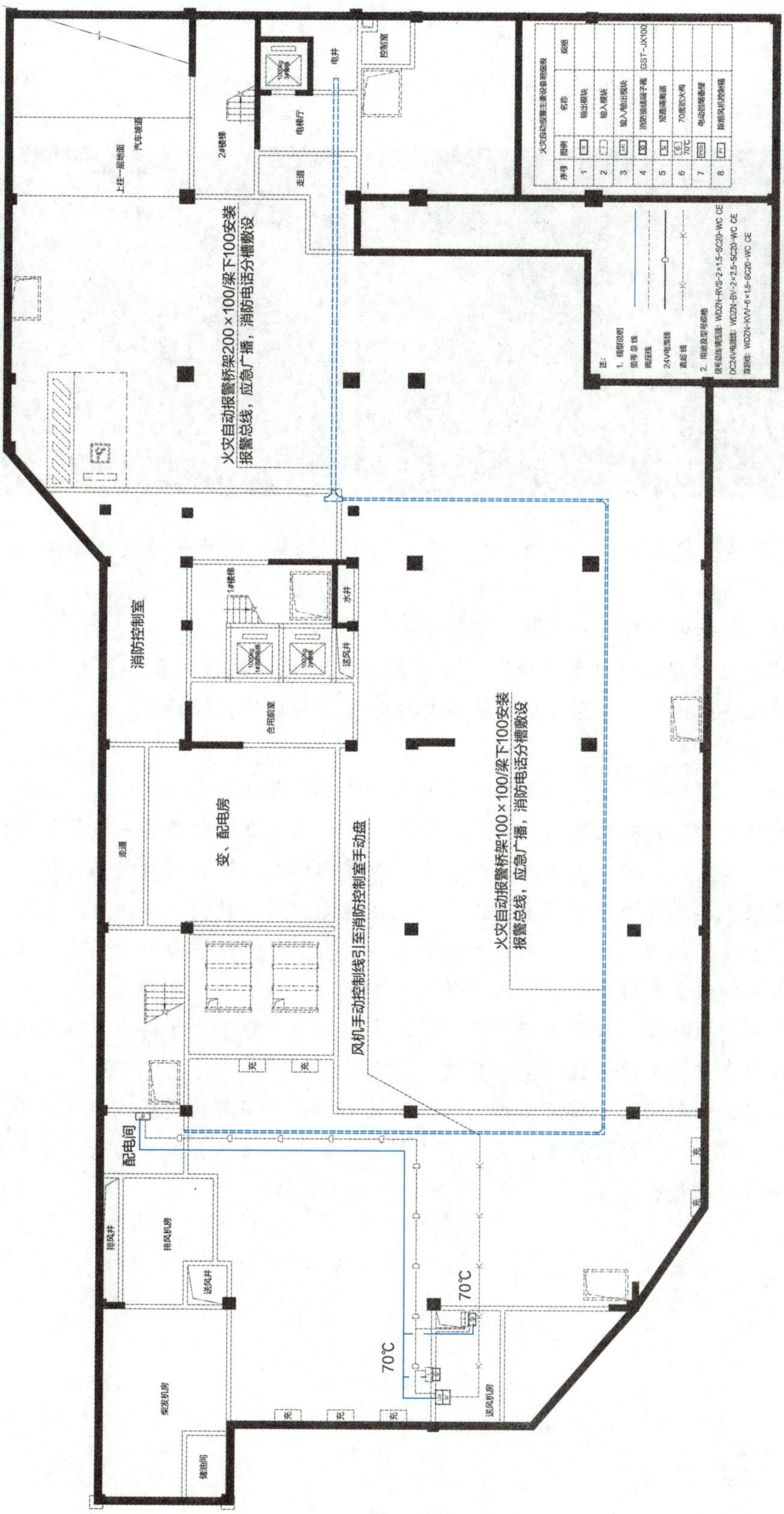

图2.3-18 机械补风控制平面图

职业操守——逆火而行，人民安宁的守护神

　　2022年夏天，连续数日的高温干旱天气，创下川渝地区高温干旱天气新纪录。面对焦灼的山林，在短时间内，重庆某地森林火灾频发。2022年8月21日晚上，北碚区山火向着缙云山国家级自然保护区方向蔓延，情势十分危急。

　　应急管理部立即启动应急响应，调动甘肃、四川、云南3个总队一千余名救援人员投入灭火行动。按照指令，一百多名消防人员死守火场四公里长的火线，保障人民的生命财产安全。

　　经过分析，确定以火攻火（又称点烧战术）的方式开展灭火。就是人工点燃火头，与相向烧来的林火对接，在两股山火相遇一瞬间，隔绝山火燃烧所需要的氧气和可燃物，导致山火熄灭。以火攻火的点烧战术省时省力，效果彻底。但该战术对气候、植被、地域环境等条件要求严格。夜晚时分，缙云山风向突然转为北风，救援团队决定抓住有利时机，立即疏散作业区车辆和人员，组织五十人的救援突击队，依托隔离带开展点烧作业。

　　闻讯赶来的武警和群众等一千八百多人协同配合，经过三个多小时紧张作业，两条几十米高的火线迎面相撞，瞬间火光冲天，随后火熄烟散，整个火场得到了彻底的控制。至此，重庆这起森林火灾扑救任务全线告捷。

　　出入相友，守望相助。重庆山火的扑灭，离不开一千多名救援英雄，也离不开许许多多无名参与者的支持。这次行动，见证了我国专业救援队伍的应急硬功夫，也见证了无数国人凝心聚力的精气神。

2.3.5 同步训练

1. 防烟分区识图训练

仔细识读图2.3-4和图2.3-5，回答以下问题。

（1）单选题

1）三层划分为几个防烟分区（　　　）。

A. 5　　　　　　　　B. 6　　　　　　　　C. 7　　　　　　　　D. 8

2）三层防烟分区F5-2的挡烟垂壁的高度为（　　　）m。

A. 1.0　　　　　　　B. 2.0　　　　　　　C. 3.0　　　　　　　D. 3.4

3）防烟分区的划分应考虑的因素不包括（　　　）。

A. 面积　　　　　　B. 长边的长度　　　　C. 开窗数量　　　　D. 房间净高

4）房间净高为4m，则最小清晰高度为（　　　）m。

A. 1.0　　　　　　　B. 2.0　　　　　　　C. 3.0　　　　　　　D. 4.0

5）储烟仓的厚度在采用机械排烟方式时，不应小于空间净高的（　　　）。

A. 10%　　　　　　B. 20%　　　　　　　C. 30%　　　　　　D. 40%

（2）多选题

1）以下哪些条件可以不设置排烟设施？（　　　）

A. 敞开式汽车库

B. 地下一层中建筑面积小于1000m²的汽车库

C. 地下一层中建筑面积小于1000m²的修车库

D. 建筑面积大于5000m²的地上丁类生产场所

E. 建筑面积大于300m²的地上丙类库房

2）以下哪些构件可用于划分防烟分区？（　　　）

A. 挡烟垂壁　　　　　　B. 结构梁　　　　　　C. 隔墙

D. 防火卷帘　　　　　　E. 吊顶

3）以下哪些是防烟分区划分的依据？（　　　）

A. 面积大小　　　　　　B. 长边长度　　　　　C. 空间净高

D. 走道宽度　　　　　　E. 是否有可开启外窗

4）以下哪些因素影响储烟仓的厚度？（　　　）

A. 排烟方式　　　　　　B. 空间净高　　　　　C. 房间面积

D. 走道宽度　　　　　　E. 吊顶开孔率

5）关于图2.3-5中防烟分区划分的说法正确的有（　　　）。

A. 图中每个楼层为一个防烟分区　　　B. 图中需要设置排烟设施的只有走道

C. 走道储烟仓厚度为1.0m　　　　　　D. 走道两端分别设置有自然排烟窗

E. 自然排烟窗距最远点不大于30m

（3）判断题

1）防烟分区的划分可以跨越防火分区。　　　　　　　　　　　　　　（　　　）

2）当空间净高大于9m时，防烟分区之间可以不设置挡烟设施。　　　（　　　）

3）公共建筑、工业建筑中的走道宽度不大于2.5m时，其防烟分区的长边长度应大于60m。 （　　）

4）采用自然排烟方式时，储烟仓的厚度不应小于空间净高的20%，且不应小于500mm。 （　　）

5）同一防火分区内防烟分区的排烟方式应一致。 （　　）

2.自然排烟识图训练

仔细识读图2.3-19和图2.3-20，回答以下问题。

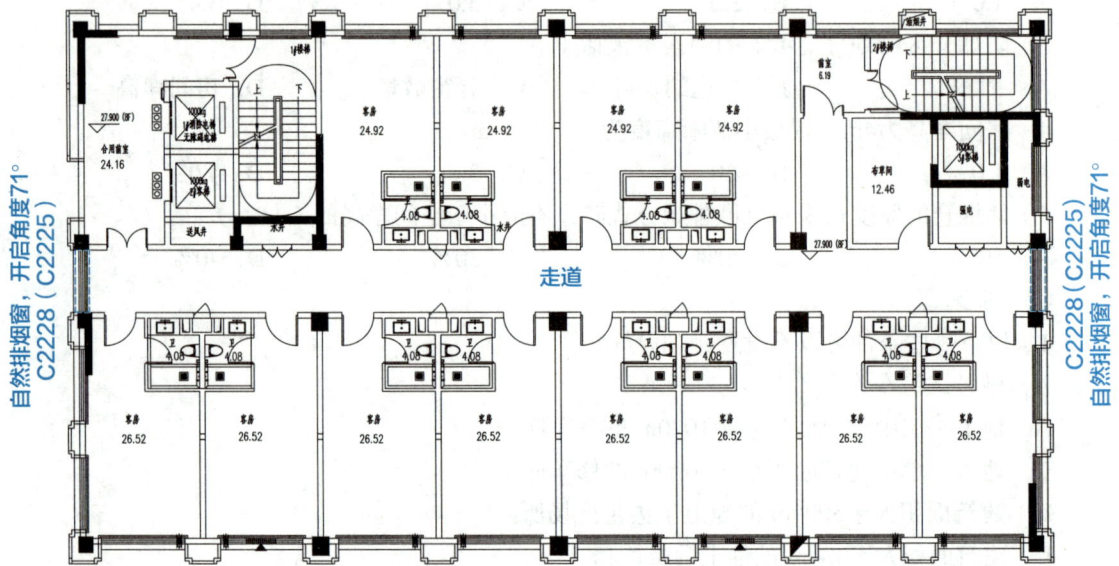

图2.3-19　四～十三层自然排烟窗布置图

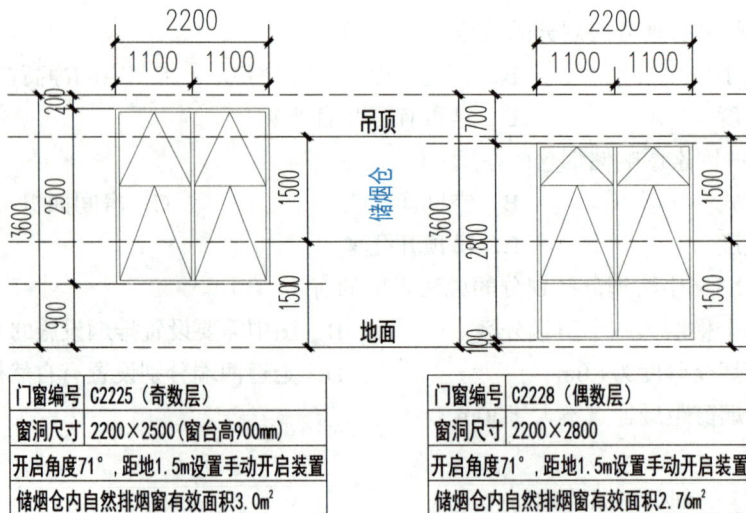

门窗编号	C2225（奇数层）
窗洞尺寸	2200×2500（窗台高900mm）
开启角71°，距地1.5m设置手动开启装置	
储烟仓内自然排烟窗有效面积3.0m²	

门窗编号	C2228（偶数层）
窗洞尺寸	2200×2800
开启角71°，距地1.5m设置手动开启装置	
储烟仓内自然排烟窗有效面积2.76m²	

图2.3-20　四～十三层自然排烟窗详图

（1）单选题

1）需要设置防烟设施的场所优先采用（   ）方式。

A．自然通风   B．机械排烟

C．自然排烟   D．机械加压送风

2）根据规范要求，自然排烟窗（口）应设置在排烟区域的（   ）。

A．底部   B．顶部或外墙上部

C．侧面   D．地面

3）四层走道外窗有效排烟面积为（   ）m^2。

A．3.0   B．2.76   C．6.0   D．5.52

4）五层走道外窗有效排烟面积为（   ）m^2。

A．3.0   B．2.76   C．6.0   D．5.52

5）外窗在储烟仓内的面积为$2m^2$，当外窗为上悬窗且可开启角度为30°时，其有效排烟面积是（   ）？

A．$0.5m^2$ B．$1.0m^2$ C．$1.5m^2$ D．$2.0m^2$

（2）判断题

1）所有采用自然排烟系统的场所都必须设置自然排烟窗（口）。   （   ）

2）储烟仓的底部距地面的高度可以小于安全疏散所需的最小清晰高度。   （   ）

3）所有的自然排烟窗必须在距地1.3～1.5m处设置手动开启装置。   （   ）

4）自然排烟窗计算有效排烟面积时，可计入设计范围内的可开启面积。   （   ）

5）四～十三层走道应划分为至少两个防烟分区。   （   ）

3. 机械排烟识图训练

根据图2.3-21和图2.3-22以及该项目的原始设计图纸，回答以下问题。

（1）单选题

1）负一层设置有（   ）个机械排烟系统。

A．1   B．2   C．3   D．4

2）负一层机械排烟系统P（Y）–D1–2共设置几个排烟口（   ）。

A．3   B．4   C．5   D．6

3）下列风管型号不属于P（Y）–D1–2的是（   ）。

A．1250mm×400mm   B．1250mm×320mm

C．1000mm×250mm   D．800mm×400mm

4）负一层机械排烟系统P（Y）–D1–2共设置（   ）个280℃防火阀。

A．3   B．4   C．5   D．6

5）下列排烟口型号不属于负一层机械排烟系统的是（   ）。

A．单层百叶风口1000mm×1000mm

B．单层百叶风口800mm×800mm

C．单层百叶风口100mm×250mm

D．电动百叶风口800mm×800mm

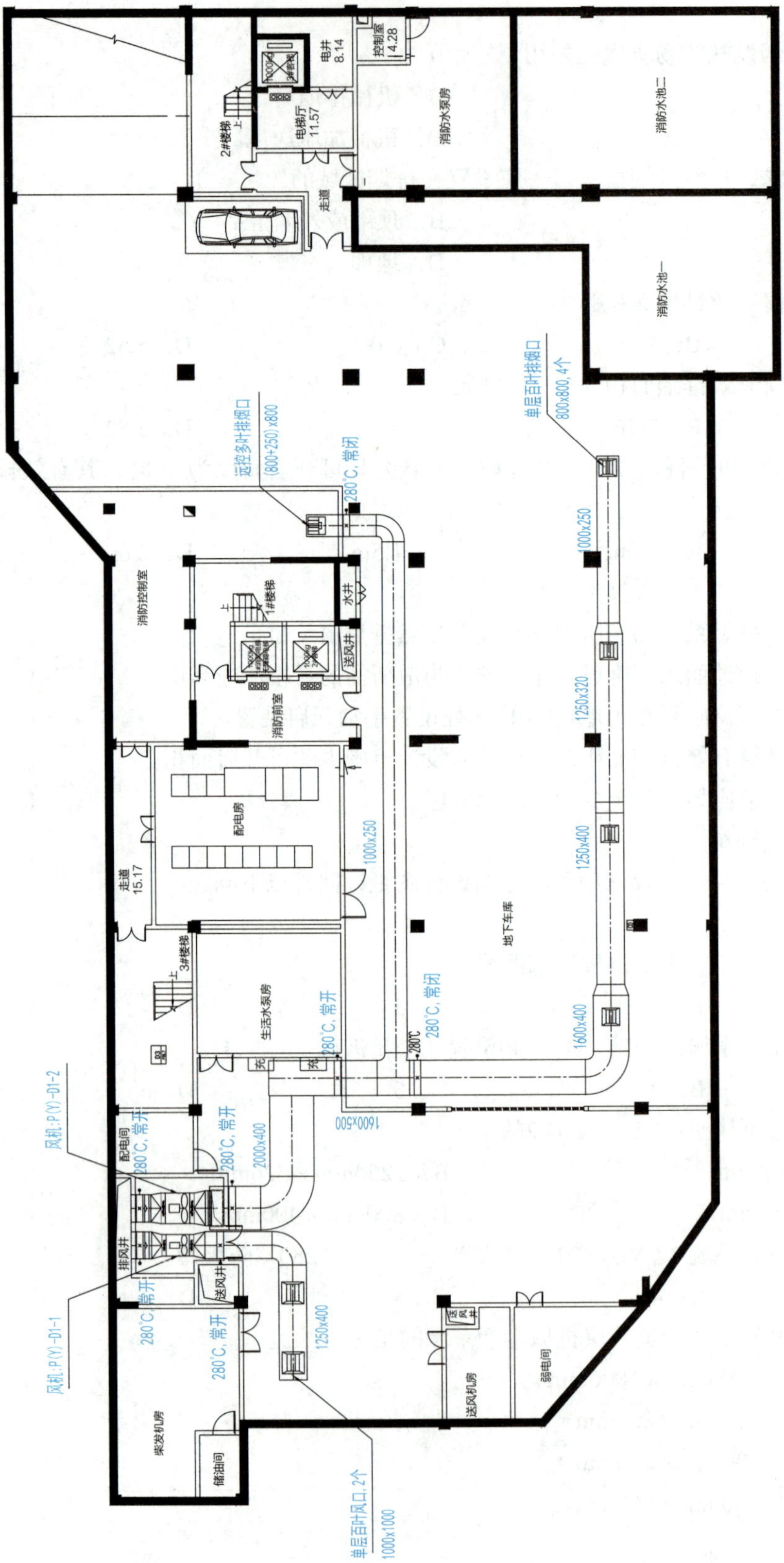

图2.3-21 负一层机械排烟系统平面布置图

防烟排烟三维对照—负一层

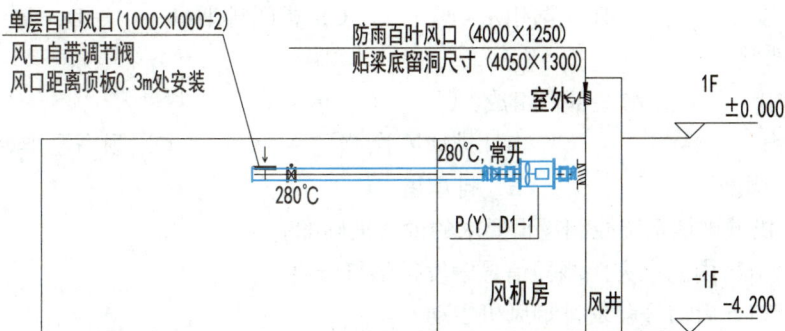

P(Y)-D1-1 排烟系统图

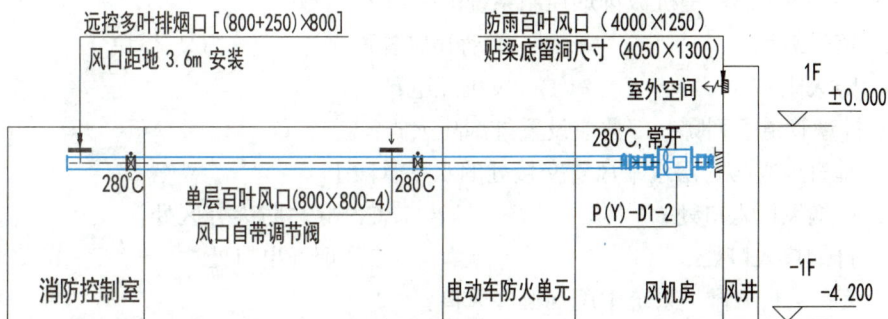

P(Y)-D1-2 排烟系统图

图2.3-22　负一层机械排烟系统图

6）根据《火灾自动报警系统设计规范》GB 50116—2013，排烟风机入口处的总管上设置的280℃防火阀在关闭后应如何动作？（　　　）

A．无动作　　　　　　　　　　　　　B．直接联动控制风机继续运行

C．直接联动控制风机停止　　　　　　D．手动控制风机停止

7）机械排烟系统的自动控制中枢是哪个部件？（　　　）

A．风机配电箱　　　　　　　　　　　B．自动报警控制器

C．手动按钮　　　　　　　　　　　　D．火灾探测器

8）排烟风机供电系统图中，电缆型号WDZN–YJY–0.6/1.0 4×50+25 SC50 CT，WE表示的电缆敷设方式是（　　　）。

A．管道内敷设　　　　　　　　　　　B．桥架内敷设

C．明线敷设　　　　　　　　　　　　D．暗线敷设

9）负一层消防配电箱型号是（　　　）。

A．ATDXSX　　　　　　B．WP1　　　　　　C．WP2　　　　　　D．ATSE

10）发生火灾时，火灾报警控制器确认火灾后会联动启动排烟系统的设备不包括（　　　）。

A．排烟风机　　　　B．常闭防火阀　　　C．常闭排烟口　　　D．常开防火阀

（2）多选题

1）机械排烟系统由哪些部件组成？（　　　）

A．排烟口　　　　　　　　B．排烟风管　　　　　　　　C．耐高温排烟风机

D．防火阀　　　　　　　　E．排烟窗

2）关于机械排烟系统控制逻辑要求的说法正确的有（　　　）。

A．防烟分区内的火灾探测器信号触发排烟口开启

B．排烟口开启信号触发排烟风机启动

C．排烟防火阀关闭后联动控制风机停止

D．手动控制可以在消防控制室内实现

E．排烟风机、补风机在任一排烟阀或排烟口开启时联动启动

3）以下哪些部件是机械排烟控制系统的一部分？（　　　）

A．信号总线　　　　　　　B．手动开启装置　　　　C．模块

D．防火阀　　　　　　　　E．风机配电箱

4）排烟管道下列哪些部位应设置排烟防火阀？（　　　）

A．垂直风管与每层水平风管交接处的水平管段上

B．排烟风机入口处　　　　　　　　　　C．穿越防火分区处

D．排烟口入口处　　　　　　　　　　　E．烟气出口处

5）负一层机械排烟系统中用到哪些风口？（　　　）

A．单层百叶风口　　　　　B．防雨百叶风口　　　　C．自垂百叶风口

D．电动百叶风口　　　　　E．条形风口

（3）判断题

1）防烟分区排烟量的计算考虑防烟分区面积即可。　　　　　　　　　　（　　　）

2）排烟防火阀（280℃）均为常闭防火阀。　　　　　　　　　　　　　　（　　　）

3）火灾自动报警系统应在15s内联动开启相应防烟分区的全部排烟阀、排烟口、排烟风机和补风设施。　　　　　　　　　　　　　　　　　　　　　　　　　　　　　（　　　）

4）功能不同的两个防烟分区不能共用一个机械排烟系统。　　　　　　　（　　　）

5）两个防火分区不能共用一个机械排烟系统。　　　　　　　　　　　　（　　　）

任务 2.4
防烟排烟设计说明解读

【学习目标】

知识目标	能力目标	素质目标
1. 了解工程概况； 2. 掌握与防烟排烟系统相关的知识	1. 能解读防烟设计说明，描述防烟措施； 2. 能解读排烟设计说明，讲述排烟措施； 3. 能介绍防烟排烟系统施工具体要求	1. 增强安全意识； 2. 养成科学严谨、统筹兼顾的工作习惯

【思维导图】

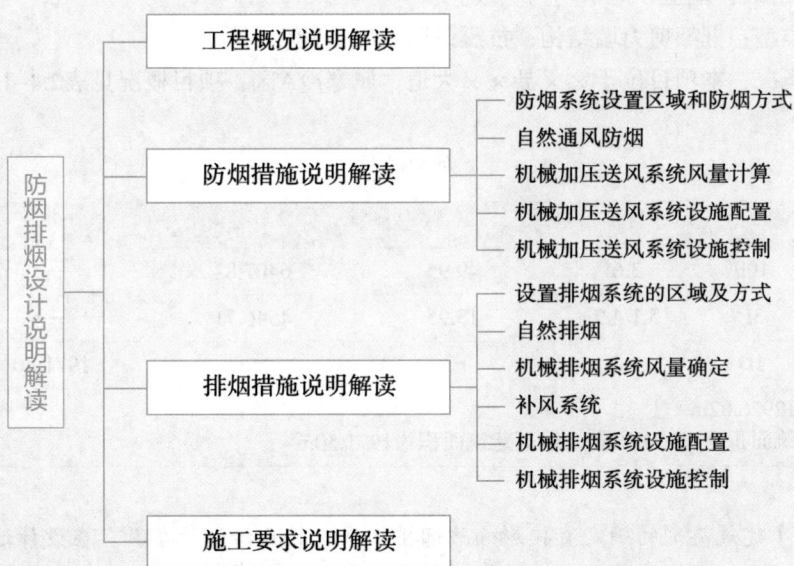

前面，我们学习了防烟和排烟系统施工图识读，重点关注了能用图线表达的内容。实际上，对于复杂的系统工程，仅用图线和简单的标注，是很难全面表达设计意图的。

工程实践中，防烟排烟设计除了绘制平面图、系统图和大样图外，往往还需要通过文字说明，对上述方法没有表达清楚的内容做补充说明，这就是防烟排烟设计说明。

一套完整的防烟排烟系统施工图设计说明包括：工程概况，防烟措施，排烟措施和施工要求等。本学习任务以案例项目为范例，解读防烟排烟系统施工图纸设计说明。

案例项目防烟排烟工程设计专篇说明如图2.4-1所示。

2.4.1 工程概况说明解读

防烟排烟设计
说明—学习指引

1．工程名称：××县2023年大中型水库移民后期扶持竞争性项目。

2．设计号：2023-1-03。

3．基本指标：

建筑设计使用年限：50年。

建筑类别：二类高层公共建筑。

建筑耐火等级：地上、地下均为一级。

4．结构类型：框架剪力墙结构；抗震设防烈度：7度。

5．工程概况：本项目位于××县××大道，属寒冷A区，项目概况见表2.4-1。

项目概况   表2.4-1

功能名称	层数	层高（m）	建筑高度（m）	地上面积（m²）	地下面积（m²）	备注
办公	10F	3.6	49.95	6407.81	—	
地上商业	3F	5.1/4.2	13.95	4546.71	—	
地下车库	1D	4.2	—	—	1971.50	

总建筑面积：12926.02m²

其中：地上建筑面积为10954.52m²，地下建筑面积为1971.50m²

【解读1】建筑类别的确定直接影响防烟排烟系统的具体设计参数。在设计过程中，需综合考虑建筑的使用功能、高度、面积、人员密集程度、火灾危险性等因素，结合相关消防法规和标准要求，制定科学合理的防排烟设计方案。同时，还需关注设计方案的经济性与实用性，确保防烟排烟系统既能满足安全需求，又能实现经济效益的最大化。本项目为二类高层公共建筑，与之相关的设计参数包括但不限于送风量、排烟风量、送风口与排烟口的布置、送风机与排烟风机的选型、防火阀设置等。

通过阅读此部分内容，还可以宏观地了解到各区域对应的功能、层高、建筑高度及面积等情况。

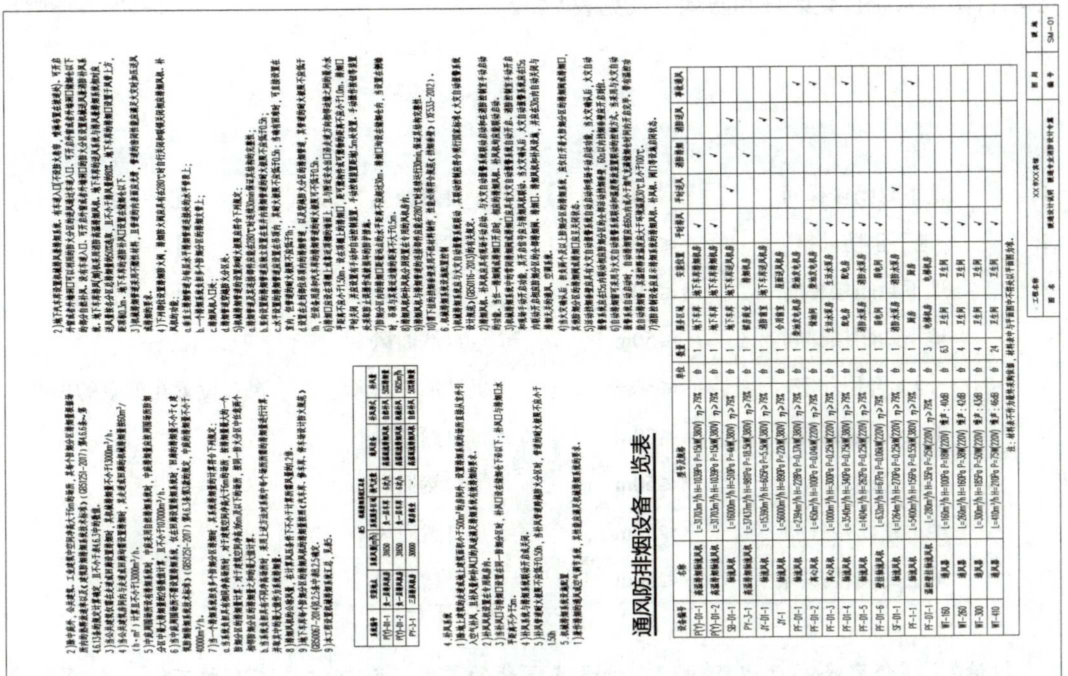

防烟排烟工程设计专篇

一、工程概况

二、防烟措施

三、排烟措施

通风及防排烟设备一览表

图2.4-1　防烟排烟工程设计专篇

2.4.2 防烟措施说明解读

1. 防烟系统设置区域和防烟方式

本项目防烟系统设置区域和防烟方式见表2.4-2。

防烟系统设置区域和防烟方式 　　　　　　　　　表2.4-2

序号	楼梯间/前室类型	服务高度	防烟方式	备注
1	地下封闭楼梯间	≤10m	自然通风	仅一层
2	地下消防前室	≤10m	机械加压送风	仅一层
3	地下封闭楼梯间	≤10m	自然通风	仅一层
4	地下封闭楼梯间	≤50m	自然通风	—
5	地上合用前室	≤50m	机械加压送风	风口设置在前室的顶部
6	地上防烟楼梯间	≤50m	自然通风	—
7	地上独立前室	≤50m	自然通风	—
8	地上封闭楼梯间	≤50m	自然通风	—
9	地上封闭楼梯间	≤50m	自然通风	—

【解读2】根据服务高度以及防烟系统设置区域的差异，防烟方式亦有所不同。本项目中，服务高度≤10m的地下消防前室和服务高度≤50m的地上合用前室采用机械加压送风防烟方式，其他均为自然通风防烟。

2. 自然通风防烟

（1）当地下封闭楼梯间不与地上楼梯间共用且地下仅为一层时，应在首层设置有效面积不小于$1.2m^2$的可开启外窗或直通室外的疏散门，以实现自然通风。

【解读3】以本项目3#楼梯间为例，该楼梯间不与地上楼梯间共用且地下仅为一层，首层在通向地下的楼梯间处和通往地上的楼梯间处均设置了直通室外的疏散门，可以采取自然通风。

（2）采用自然通风方式的防烟楼梯间，在最高部位设置面积不小于$1.0m^2$的可开启外窗或开口；当建筑高度大于10m时，在楼梯间的外墙上每5层内设置总面积不小于$2.0m^2$的可开启外窗或开口，且布置间隔不大于3层。

【解读4】本项目1#楼梯间在4~13层每层设置外窗C1725，2#楼梯间在4~13层每层设置外窗C2925，3#、4#楼梯间在1~3层每层设置外窗C1826，这些外窗都是总面积不小于$2.0m^2$的可开启外窗，满足此项说明要求。

（3）采用自然通风方式的防烟楼梯间前室、消防电梯前室均需设置面积不小于2.0m²的可开启外窗或者开口，而共用前室、合用前室可开启外窗或开口面积不小于3.0m²。

（4）若楼梯间设置了高度不便于开启的自然通风窗，需在距地面高度1.3～1.5m的位置就近设置手动开启装置。

【解读5】根据以上说明内容，可将自然通风区域采用的自然通风措施归纳见表2.4-3。

自然通风区域的防烟措施　　　　　　　　　　　表2.4-3

序号	情形	自然通风设施设置场所	自然通风措施
1	地下封闭楼梯间不与地上楼梯间共用且地下仅为一层时	首层	设置有效面积不小于1.2m²的可开启外窗或直通室外的疏散门
2	—	采用自然通风方式的防烟楼梯间	在防烟楼梯间最高部位设置面积不小于1.0m²的可开启外窗或开口
3	当建筑高度大于10m时	楼梯间的外墙上	每5层内设置总面积不小于2.0m²的可开启外窗或开口，且布置间隔不大于3层
4	—	采用自然通风方式的防烟楼梯间前室、消防电梯前室	设置面积不小于2.0m²的可开启外窗或者开口
5	—	共用前室、合用前室	可开启外窗或开口面积不小于3.0m²
6	楼梯间设置了高度不便于开启的自然通风窗	在楼梯间距地面高度1.3～1.5m的位置	就近设置手动开启装置

3．机械加压送风系统风量计算

（1）防烟楼梯间、合用前室和消防电梯前室的机械加压送风的计算风量，应依据《建筑防烟排烟系统技术标准》GB 51251—2017规定计算确定。

【解读6】本条介绍了机械加压送风系统的风量计算依据，可帮助读者了解影响计算风量的因素，同时，也可以对设计选取的计算风量进行验算。

（2）前室、合用前室、封闭避难层（间）、封闭楼梯间与疏散走道之间的压差应为25～30Pa；防烟楼梯间与疏散走道之间的压差应为40～50Pa。

【解读7】建筑火灾发生时，高温烟气会自发地向四周快速蔓延。同时，烟气蔓延会遵循"从高压区流向低压区"这一基本的物理原理，反之则无法实现。

通过加压送风，使防烟楼梯间内的空气压力高于疏散走道40～50Pa，则可以有效阻止走道烟气进入楼梯间，从而保证楼梯间内的空气清洁，为人员疏散营造安全环境。保持楼梯间、前室、合用前室、避难层内的气压高于外部区域气压一定数值，能有效防止外部烟雾和有害气体通过门窗缝隙等进入楼梯间。

（3）加压送风机的公称风量，在计算风压条件下应不小于该系统计算所需风量的1.2倍。

（4）本工程设置机械加压送风系统汇总见表2.4-4。

【解读8】考虑防烟系统管道、设施连接处可能存在不太严密的情况，导致少许风量漏出。因此，我们在选择风机时，要比理论计算风量适当放大，按照规范要求应放大1.2倍，以此保证实际运行风量满足最低要求。

表2.4-4则说明了两个送风系统的计算风量和服务的区域，以便读者了解。

机械加压送风系统汇总   表2.4-4

系统编号	系统计算送风量（m³/h）	系统服务区域
JY-D1-1	12701	负一层消防电梯前室
JY-1	44700	四～十三层合用前室

4. 机械加压送风系统设施配置

（1）楼梯间设置常开百叶送风口，每隔两层设置一个；前室每层采用电动多叶送风口，每层设置，并在风口处距地1.3～1.5m处设置便于开启的手动开启装置。手动操作按钮等装置处采取防止误操作或被损坏的防护措施。

【解读9】本条集中说明了机械加压送风系统在不同部位送风口所采取的形式和开启方式。

（2）加压送风口的颈部风速不大于7m/s；且均设置在不被门挡住的部位。

（3）机械加压送风管道均应采用不燃性材料，且管道的内表面应光滑，管道的密闭性能应满足火灾时加压送风或排烟的要求。

（4）机械加压送风管道的设置和耐火极限应符合下列规定：

1）竖向设置的送风管道应独立设置在竖井内，当确有困难时，未设置在管道井内与其他管道合用管井的送风管道，其耐火极限不应低于1.00h；

2）水平设置的送风管道，当设置在吊顶内时，其耐火极限不应低于0.50h，当未设置在吊顶内时，其耐火极限不应小于1.00h；

（5）机械加压送风风机设置在专用机房内。

【解读10】（2）～（5）主要就送风口风速、送风管道耐火要求以及风机安装位置提出了要求。

机械加压送风系统设施配置情况见表2.4–5。

机械加压送风系统设施配置情况　　　　　表2.4-5

序号	部位	设施设备	配置情况
1	楼梯间	常开百叶送风口	每隔两～三层设置一个
2	前室	采用电动多叶送风口	每层设置，并在风口处距地1.3～1.5m处设置便于开启的手动开启装置
3	—	机械加压送风风机	设置在专用机房内

5. 机械加压送风系统设施控制

（1）机械加压送风系统应与火灾自动报警系统联动，其联动控制应符合现行《火灾自动报警系统设计规范》GB 50116—2013的有关规定。

（2）加压送风机应具有现场手动启动、与火灾自动报警系统联动启动和在消防控制室手动启动的功能。当系统中任一常闭加压送风口开启时，相应的加压风机均应能联动启动。

（3）机械加压送风系统应与火灾自动报警系统联动，并应能在防火分区内的火灾信号确认后15s内联动同时开启该防火分区的全部疏散楼梯间、该防火分区所在着火层及其相邻上下各一层疏散楼梯间及其前室或合用前室的常闭加压送风口和加压送风机。

【解读11】以上三条分别说明联动控制的规范依据、加压送风机的三种启动方式以及送风系统与谁联动、联动启动时限等内容。

机械加压送风系统与火灾自动报警系统联动的目的是在火灾初期，通过火灾自动报警系统的探测和报警功能，及时启动机械加压送风系统，形成一定的压力梯度，阻止烟气侵入安全区域，保障人员疏散通道的安全畅通。

火灾自动报警系统应在确认火灾信号后的15s内联动开启常闭加压送风口和加压送风机，这要求是为了在火灾初期迅速形成安全屏障，阻止烟气的扩散。

（4）在楼梯间上、下部分分别设压差传感器，两个压差传感器之间的高度差不小于楼梯间服务高度的1/2，任一压差传感器超压时，电控开启机械加压送风系统旁通管上的电动风阀泄压。前室每层设压差传感器和电动余压阀，任一层超压时，电控开启机械加压送风系统旁通管上的电动风阀泄压。

（5）消防控制设备应显示防烟系统的送风机、阀门等设施启闭状态。

【解读12】以上两条分别说明了如何解决被加压送风空间内压力过大的问题以及如何保证随时关注到风机、阀门的启闭状态。前面一条说的是在楼梯间不同高度设置压力传感器，并通过信号线将信号传输到风机房内的风机出风口处的旁路管启闭装置上，当检测到超压，即刻开启旁路管泄压，直到压力处于合理区间，以免楼梯间内压力过大，疏散人员感觉不适。

2.4.3 排烟措施说明解读

1. 设置排烟系统的区域及方式

（1）民用建筑的下列场所或部位设置排烟设施：

1）设置在一、二、三层且房间建筑面积大于100m²的歌舞娱乐放映游艺场所，设置在四层及以上楼层、地下或半地下的歌舞娱乐放映游艺场所；

2）中庭；

3）公共建筑内建筑面积大于100m²且经常有人停留的地上房间；

4）公共建筑内建筑面积大于300m²且可燃物较多的地上房间；

5）建筑内长度大于20m的疏散走道。

（2）地下或半地下建筑（室）、地上建筑内的无窗房间，当总建筑面积大于200m²或一个房间建筑面积大于50m²，且经常有人停留或可燃物较多时，应设置排烟设施。

（3）本项目各防火分区排烟系统设置见表2.4-6。

各防火分区排烟系统设置   表2.4-6

序号	楼层	防火分区	建筑功能	层高（m）	排烟方式	备注
1	-1	第一防火分区	地下汽车库	5.1	机械排烟，服务高度≤50m	自然、机械补风
2	1	第二防火分区	商业	5.1	机械排烟，服务高度≤50m	自然补风
3	1	第三防火分区	商业	5.1	自然排烟	自然补风
4	2	第四防火分区	商业	4.2	机械排烟，服务高度≤50m	自然补风
5	3	第五防火分区	商业	4.2	机械排烟，服务高度≤50m	自然补风
6	4~13	每一层	酒店	3.6	自然排烟	自然补风

（4）设置排烟系统的场所或部位采用挡烟垂壁、结构梁及隔墙等划分防烟分区。防烟分区不跨越防火分区。同一防烟分区采用同一种排烟方式。

【解读13】（1）~（2）是设计人将规范规定罗列在设计说明中，说明哪些部位需要设置排烟设施。（3）~（4）分别说明了本项目的哪些部位设置哪种类型的防烟设施以及防烟分区的划分要求。

（5）当采用自然排烟方式时，储烟仓的厚度不应小于空间净高的20%，且不应小于500mm；当采用机械排烟方式时，不应小于空间净高的10%，且不应小于500mm。同时储烟仓底部距地面的高度应大于安全疏散所需的最小清晰高度。对于有吊顶的空间，当吊顶开孔不均匀或开孔率小于或等于25%时，吊顶内空间高度不得计入储烟仓厚度。

【解读14】本条主要说明了储烟仓厚度和最小清晰高度的确定方法，并对开孔率不同的吊顶，如何计算储烟仓厚度做了明确。吊顶开孔不均匀、开孔率较小的，烟气不容易流入吊顶内，主要聚集在吊顶以下，所以，忽略吊顶内部空间储烟的作用。

（6）设置排烟设施的建筑内，敞开楼梯和自动扶梯穿越楼板的开口部设置挡烟垂壁。

（7）公共建筑、工业建筑防烟分区的最大允许面积和其长边最大允许长度应符合表2.4-7的规定，当工业建筑采用自然排烟系统时，其防烟分区的长边长度尚不应大于建筑内空间净高的8倍。

公共建筑、工业建筑防烟分区的最大允许面积和其长边最长允许长度　表2.4-7

空间净高（m）	最大允许面积（m²）	长边最长允许长度（m）
H≤3.0	500	24
3.0<H≤6.0	1000	36
H>6.0	2000	60，具有自然对流条件时不应大于75

注：1. 公共建筑、工业建筑中的走道宽度不大于2.5m时，其防烟分区的长边长度不应大于60m。
　　2. 当空间净高大于9m时，防烟分区之间可不设置挡烟设施。
　　3. 汽车库防烟分区的划分及其排烟量应符合《汽车库、修车库、停车场设计防火规范》GB 50067—2014的相关规定。

【解读15】前面一条主要是要求开敞空间四周要设置挡烟垂壁，以避免四周区域着火，烟气肆意串入开敞空间内。后面一条主要是规定了防烟分区面积和最大长边的限制值，我们可以据此验证本项目各防烟分区是否符合要求。

2. 自然排烟

（1）除中庭外，建筑空间净高小于或等于6m的场所，每个防烟分区设置有效面积不小于该防烟分区建筑面积2%的自然排烟窗（口）。

（2）除中庭外，公共建筑、工业建筑中空间净高大于6m的场所，每个防烟分区设置自然排烟窗（口），其所需有效排烟面积应根据《建筑防烟排烟系统技术标准》GB 51251—2017第4.6.3条及自然排烟窗（口）处风速计算。

（3）当公共建筑仅需在走道或回廊设置排烟时，在走道两端（侧）均设置面积不小于2m²的自然排烟窗（口）且两侧自然排烟窗（口）的距离不应小于走道长度的2/3。

（4）当公共建筑房间内与走道或回廊均需设置排烟时，设置有效面积不小于走道、回廊建筑面积2%的自然排烟窗（口）。

（5）中庭周围场所设有排烟系统，中庭采用自然排烟系统时，中庭排烟量应按周围场所防烟分区中最大排烟量的2倍数值计算，且不小于107000m³/h，按自然排烟窗（口）的风速不大于0.5m/s计算有效开窗面积。

（6）当中庭周围场所不需设置排烟系统，仅在回廊设置排烟系统时，回廊的排烟量不小于《建筑防烟排烟系统技术标准》GB 51251—2017第4.6.3条第3款的规定，中庭的排烟量不小于40000m³/h，中庭采用自然排烟系统时，应按上述排烟量和自然排烟窗（口）的风速不大于0.4m/s计算有效开窗面积。

（7）防烟分区内任一点与最近的自然排烟窗（口）之间的水平距离不大于30m。当工业建筑采用自然排烟方式时，其水平距离尚不大于建筑内空间净高的2.8倍；当公共建筑空间净高大于或等于6m，且具有自然对流条件时，其水平距离不大于37.5m。

（8）自然排烟窗（口）应设置手动开启装置，设置在高位不便于直接开启的自然排烟窗（口），设置距地面高度1.3~1.5m的手动开启装置。净空高度大于9m的中庭、建筑面积大于2000m²的营业厅、展览厅、多功能厅等场所，设置集中手动开启装置和自动开启设施。

> 【解读16】自然排烟这部分说明，主要阐述了自然排烟窗（口）的设置要求，有效开窗面积的计算方法，防烟分区与最近的自然排烟窗（口）之间的水平距离，及自然排烟窗（口）设置手动开启装置的要求等。

3. 机械排烟系统风量确定

（1）除中庭外，建筑空间净高小于或等于6m的场所，其排烟量按不小于60m³/（h·m²）计算，且取值不小于15000m³/h。

排烟措施说明解读 1

> 【解读17】本条主要说明常规排烟场所，排烟量计算指标和最小值。
> 以本项目首层防烟分区F2-1为例，房间净高3.6m，防烟分区面积为242.54m²，按照本条说明"其排烟量按不小于60m³/（h·m²）计算"，可以初步算出排烟量为：60m³/（h·m²）×242.54m²=14552.4m³/h，该值小于15000m³/h。按照本条说明，"取值不小于15000m³/h"的规定，本防烟分区排烟量取值15000m³/h。

（2）除中庭外，公共建筑、工业建筑中空间净高大于6m的场所，其每个防烟分区排烟量根据场所内的热释放速率以及《建筑防烟排烟系统技术标准》GB 51251—2017第4.6.6~4.6.13条的规定计算确定，且不小于规范中表4.6.3中的数值。

> 【解读18】本项目中不存在净高大于6m的场所，可以不予考虑。

（3）当公共建筑仅需在走道或回廊设置排烟时，其机械排烟量不小于13000m³/h。

（4）当公共建筑房间内与走道或回廊均需设置排烟时，其走道或回廊的机械排烟量按60m³/（h·m²）计算且不小于13000m³/h。

> 【解读19】本项目属于公共建筑，三层防烟分区F5-4就是房间内与走道均需设置排烟的情况，因此，计算其机械排烟量时，可以按60m³/（h·m²）计算，且不小于13000m³/h。

（5）中庭周围场所设有排烟系统时，中庭采用自然排烟系统，中庭排烟量应按周围场所防烟分区中最大排烟量的2倍数值计算，且不小于107000m³/h。

（6）当中庭周围场所不需设置排烟系统，仅在回廊设置排烟系统时，回廊的排烟量不小于《建筑防烟排烟系统技术标准》GB 51251—2017第4.6.3条第3款的规定，中庭的排烟量不小于40000m³/h。

【解读20】本项目不存在中庭，可以不考虑。

（7）当一个排烟系统担负多个防烟分区排烟时，其系统排烟量的计算符合下列规定：

1）当系统负担具有相同净高场所时，对于建筑空间净高大于6m的场所，按排烟量最大的一个防烟分区的排烟量计算；对于建筑空间净高为6m及以下的场所，按同一防火分区中任意两个相邻防烟分区的排烟量之和的最大值计算。

2）当系统负担具有不同净高场所时，采用上述方法对系统中每个场所所需的排烟量进行计算，并取其中的最大值作为系统排烟量。

（8）排烟风机的公称风量，在计算风压条件下不小于计算所需风量的1.2倍。

（9）地下车库每个防烟分区的排烟风机的排烟量按照《汽车库、修车库、停车场设计防火规范》GB 50067—2014中第8.2.5条中表8.2.5确定。

（10）本工程设置机械排烟系统汇总见表2.4-8。

机械排烟系统汇总　　　　　　　　　　　　　　表2.4-8

系统编号	风机安装地点	系统风量（m³/h）	系统服务区域	换气次数	通风设备	补风形式	补风量
P（Y）-D1-1	负一层排风机房	31650	负一层车库	6次/h	高温混流排烟风机	机械补风	15825m³/h
P（Y）-D1-2	负一层排风机房	31650	负一层车库	6次/h	高温混流排烟风机	自然补风	50%排烟量
PY-3-1	三层排风机房	30000	裙房商业	—	高温混流排烟风机	自然补风	50%排烟量

【解读21】第（7）条说的是当一套排烟系统负担多个防烟分区的排烟任务时，排烟量如何计算。第（8）条则是说在选择风机时，公称风量要比计算风量适当放大。第（9）条则是说明地下车库的排烟量计算依据。第（10）条罗列了本项目各排烟系统的相关参数和补风方式等。

4．补风系统

（1）除地上建筑的走道或地上建筑面积小于500m²的房间外，设置排烟系统的场所直接从室外引入空气补风，且补风量和补风口的风速满足排烟系统有效排烟的要求。

【解读22】在本项目中，地上建筑房间面积每层均小于500m²，因此地上部分均直接从外（门）窗自然补风，未设置机械补风系统。地下一层设置机械补风系统，且风源自一层

ⓒ与③轴相交处送风井防雨百叶风口处。

（2）补风风机设置在专用机房内。

【解读23】本项目中，只有地下一层设置机械补风系统，补风风机SB-D1-1设置在地下一层送风机房内。

（3）当补风口与排烟口设置在同一防烟分区时，补风口应设在储烟仓下沿以下；同时，补风口与排烟口水平距离不小于5m。

【解读24】本项目中，补风口设置在地下一层送风机房内墙距地0.3m处，满足说明"补风口设在储烟仓下沿以下"要求。最近排烟口与补风口的距离超过了5m。

（4）机械补风系统与机械排烟系统联动开启或关闭。

（5）补风管道耐火极限不应低于0.50h，当补风管道跨越防火分区时，管道的耐火极限不应小于1.50h。

【解读25】以上两条说明意义简单明晰，主要阐述了补风与排烟系统启闭联动的问题以及补风管道耐火极限的要求等。

5．机械排烟系统设施配置

（1）兼作排烟的通风或空气调节系统，其性能应满足机械排烟系统的要求。

排烟措施说明解读2

【解读26】本项目没有采取这种兼用方案，可以不予考虑。

（2）地下汽车库设置机械排风兼排烟系统。对于有车道入口（不设防火卷帘，喷淋布置在坡道处）、可开启外窗或者外墙洞口可以利用的防火分区，其进风通过车道入口、可开启外窗或者外墙洞口储烟仓以下的部分实现自然补风。没有车道入口、可开启外窗或者外墙洞口的防火分区设置机械送风兼消防补风系统。地下车库排风（烟）机采用消防高温排烟风机。地下车库的送风系统与排风兼排烟系统相对应，送风量按各分区总排烟量的50%选取，且不小于排风量的80%。地下车库的排烟口设置于风管上方，距顶板0.3m。地下车库的消防补风口设置在储烟仓以下。

【解读27】本项目中，机械送风系统与消防补风系统单独设置。地下车库2台排风（烟）机设置在排烟机房内。因本项目具备额外的动力（排风机）来确保烟雾能够逆流而上进入风管，因此，地下车库的排烟口已经设置于风管上方。

（3）机械排烟管道采用不燃性材料，且管道的内表面应光滑，管道的密闭性应能满足火灾时加压送风或排烟的要求。

（4）下列部位设置排烟防火阀，排烟防火阀应具有在280℃时自行关闭和连锁关闭相应排烟风机、补风机的功能：

1）垂直主排烟管道与每层水平排烟管道连接处的水平管段上；

2）一个排烟系统负担多个防烟分区的排烟支管上；

3）排烟风机入口处；

4）排烟管道穿越防火分区处。

> 【解读28】第（3）条是对排烟管道燃烧性能、管道内壁的光滑程度及密闭性做了规定。第（4）条规定了哪些部位需要设置排烟防火阀。在平面图纸中，排烟防火阀旁有"280℃"字样。

（5）机械排烟管道的设置和耐火极限应符合下列规定：

1）排烟管道及其连接部件应能在280℃时连续30min保证其结构的完整性；

2）竖向设置的排烟管道应独立设置在竖井内，排烟管道的耐火极限不应低于0.50h；

3）水平设置的排烟管道应设置在吊顶内，其耐火极限不应低于0.50h；当确有困难时，可直接设置在室内，但管道的耐火极限不应低于1.00h；

4）设置在走道部位吊顶内的排烟管道以及穿越防火分区的排烟管道，其管道的耐火极限不应低于1.00h，但设备用房和汽车库的排烟管道的耐火极限可不低于0.50h。

（6）排烟口应设在顶棚上或靠近顶棚的墙面上，且与附近安全出口沿走道方向相邻边缘之间的最小水平距离不应小于1.5m。设在顶棚上的排烟口，距可燃构件或可燃物的距离不应小于1.0m。排烟口平时关闭，并应设置有手动和自动控制装置。手动控制装置距地1.5m处设置。手动操作按钮等装置处采取防止误操作或被损坏的防护措施。

> 【解读29】第（5）条对机械排烟管道的耐火极限做了规定。第（6）条规定了排烟口的设置要求、排烟口开启方式和手动开启装置要求。

（7）防烟分区内的排烟口距最远点的水平距离不应超过30m。排烟口均设在储烟仓内，当设置在侧墙时，吊顶与其最近边缘的距离不大于0.5m。

（8）排烟风机和补风机分别设置在专用的风机房内。

（9）排烟风机与排烟管道的连接部件应能在280℃时连续运行30min，保证其结构完整性。

（10）需下挂的挡烟垂壁采用不燃材料制作，性能必须符合《挡烟垂壁》XF 533—2012。

> 【解读30】以上四条依次介绍了排烟口定位的要求、风机安装位置规定、排烟风机与排烟管道的耐火要求、下挂式挡烟垂壁的选材和性能要求。

6. 机械排烟系统设施控制

（1）机械排烟系统应与火灾自动报警系统联动，其联动控制应符合《火灾自动报警系统设计规范》GB 50116—2013的有关规定。

（2）排烟风机、补风机应具有现场手动启动、与火灾自动报警系统联动启动以及在消防控制室手动启动的功能。当任一排烟阀或排烟口开启时，相应的排烟风机、补风机均应能联动启动。

（3）机械排烟系统中的常闭排烟阀或排烟口应具有火灾自动报警系统自动开启、消防控制室手动开启和现场手动开启功能，其开启信号应与排烟风机联动。当火灾确认后，火灾自动报警系统应在15s内联动开启相应防烟分区的全部排烟阀、排烟口、排烟风机和补风设施，并应在30s内自动关闭与排烟无关的通风、空调系统。

（4）当火灾确认后，担负两个及以上防烟分区的排烟系统，应仅打开着火防烟分区的排烟阀或排烟口，其他防烟分区的排烟阀或排烟口应呈关闭状态。

（5）活动挡烟垂壁应具有火灾自动报警系统自动启动和现场手动启动功能，当火灾确认后，火灾自动报警系统应在15s内联动相应防烟分区的全部活动挡烟垂壁，60s以内挡烟垂壁应开启到位。

（6）自动排烟窗可采用与火灾自动报警系统联动和温度释放装置联动的控制方式。当采用与火灾自动报警系统自动启动时，自动排烟窗应在60s内或小于烟气充满储烟仓时间内开启完毕。带有温控功能自动排烟窗，其温控释放温度应大于环境温度30℃且小于100℃。

（7）消防控制设备应显示排烟系统的排烟风机、补风机、阀门等设施的启闭状态。

排烟措施说明解读 3

【解读37】本条要求排烟设备的启闭状态能够在消防控制设备上予以显示。

互联互通——消防联动筑牢消防安全第一道防线

消防联动系统作为现代消防安全体系的核心组成部分，其重要性不言而喻。该系统"互联互通"能够按照预定的程序，联动控制火灾探测、报警、防烟排烟、自动喷淋、防火卷帘及应急照明等设备设施的启停，在火灾发生时迅速响应，有效控制火势蔓延，保障人民生命和财产安全，形成整体协同作战的能力，筑牢消防安全第一道防线。

互联互通、协同配合的思维不仅局限于专业技术领域，它对人生的启示也是广泛而深远的，我们在个人进步、职业成长、事业发展及生活娱乐等方面都离不开沟通、交流、配合、协同的精神。我们应主动融入具有远大理想和积极进取的团队，在新的时代，共同谱写中华民族伟大复兴的绚丽篇章。

2.4.4 施工要求说明解读

1. 本工程普通通风、设备房排风管采用热镀锌钢板，管壁厚度应符合国家标准规范。本工程中卫生间通风管道采用双层铝箔伸缩软风管。

2. 加压送风管、消防补风管及事故通风管采用热镀锌钢板制作，排油烟风管采用不锈钢板制作，其厚度见说明（一）（表2.4-9）；当加压送风及消防补风利用土建风道时，需内衬热镀锌钢板制作，厚度见表2.4-9。排烟系统及排烟排风合用系统管道采用热镀锌钢板制作，厚度见说明（二）（表2.4-10）；当排烟系统及排烟排风合用系统的竖管采用土建风道时，需内衬热镀锌钢板制作，厚度见表2.4-10。

说明（一）　　表2.4-9

风管尺寸（长边）b（mm）	b≤320	320<b≤450	450<b≤630	630<b≤1000	1000<b≤1500	1500<b≤2000
厚度（mm）	0.5	0.6	0.75	0.75	1.0	1.2

说明（二）　　表2.4-10

风管尺寸（长边）b（mm）	b≤320	320<b≤450	450<b≤630	630<b≤1000	1000<b≤1500	1500<b≤2000
厚度（mm）	0.75	0.75	1.0	1.0	1.2	1.5

3. 风管的曲率半径R=1.0～1.5，不能满足要求时加装导流板。支风管与主风管连接处须设导流板。

> 【解读38】在风管系统中，导流板的使用是为了更好地控制气流的流向和分配，减少涡流和阻力，提高系统的整体性能。

4. 所有水平或垂直的风管，必须设置必要的支吊架或托架，其构造形式由安装单位在保证牢固、可靠的原则下按《金属、非金属风管支吊架（含抗震支吊架）》19K112的相关要求并根据现场情况确定，并应符合下列要求：

1) 风管支吊架、托架应设置在保温层的外部，不得损坏保温层，并在支吊架与风管之间镶以垫木。

2) 相同管径的风管支吊架、托架一般应等距离排列。不能在风口法兰、测量孔、调节阀、检测门等部件处设置支吊架、托架。

5. 当设计图中未标出测量孔位置时，安装单位应根据调试要求在适当的部位配置测量孔，测量孔的做法见《风管测量孔和检查门》06K131。

6. 各种阀门管件及风管上的可拆卸接口均不得设置在墙体或楼板内。所有管道穿墙、楼板、防火分区的缝隙处应用防火封堵材料填充密实。

7. 安装调节阀、蝶阀、插板阀等风管调节装置时，必须注意将操作手柄配置在便于操作的部位。斜插阀垂直安装时，阀板应向上开启；水平安装时，阀板应顺气流方向插入。

8. 安装防火阀和排烟阀时，应先对其外观质量和动作的灵活性与可靠性进行检验，确认合格后再行安装。防火阀必须单独设置支吊架，防火阀距墙水平距离不大于200mm。

> 【解读39】防火阀距墙的水平距离不大于200mm。这一要求主要是为了确保防火阀在火灾时能够有效阻止火势通过管道蔓延到其他区域，同时便于安装和维护。防火阀应安装在顺气流方向一侧，以确保其正常工作。如果防火阀暗装，还应在防火阀安装部位的吊顶或隔墙上设置检修口，以便日后进行维护和检修工作。

9. 防火阀、止回阀的安装位置必须与设计图相符，气流方向务必与阀件上标志的箭头一致，严禁反向。为防止防火阀易熔片脱落，易熔片应在系统安装后再行安装。

10. 所有消声器及消声静压箱的消声材料及胶粘剂均采用不燃材料。消声静压箱用1.2mm厚的镀锌钢板作外壳，内贴100mm厚、密度为32kg/m³的离心玻璃棉，再设一层0.6mm厚穿孔镀锌钢板，孔径6～8mm，穿孔率>18%。

11. 通风机的进出口相连处，应设置长度为200～300mm的节能伸缩软管，排烟风机可采用金属软接头。软接的接口应牢固、严密，在软接处禁止变径。

12. 防爆通风系统的部件必须严格按照设计要求制作，所用材料严禁代用。

13. 土建风道应防潮、光滑、严密，排烟风道、排烟用补风风道、事故通风风道、加压送风风道内衬热镀锌钢板。

14. 所有安装完毕后能直接触摸到叶轮及电机的风机均应加装防护网，以防意外伤害及鼠雀进入。

15．防火风管的本体、框架与固定材料、密封垫料等必须采用不燃材料，防火风管的耐火极限应符合系统防火设计的规定。

16．复合材料风管的覆面材料必须采用不燃材料，内层的热绝材料应采用不燃或难燃并且对人体无害的材料。

17．防排烟系统的柔性短管必须采用不燃材料。

18．当风管穿过需要封闭的防火、防爆的墙体或楼板时，必须设置厚度不小于1.6mm的钢制防护套管；风管与防护套管之间应采用不燃柔性材料封堵严密。

19．风管安装必须符合下列规定：

1）风管内严禁其他管线穿越；

2）输送含有易燃易爆气体或安装在易燃易爆环境的风管系统必须设置可靠的防静电接地装置；

3）输送含有易燃易爆气体的风管系统通过生活区或者其他辅助生产房间时，严禁设置接口；

4）室外风管系统的拉索等金属固定件严禁与避雷针或者避雷网连接。

20．设计风机出口静压不大于1500Pa的通风防烟排烟风管，当风管长边尺寸不大于2000mm时，采用薄钢板法兰螺栓连接，当风管长边尺寸大于2000mm时，采用角钢法兰螺栓连接。设计风机出口静压大于1500Pa的通风防烟排烟风管，采用角钢法兰螺栓连接。法兰的做法及连接等相关工艺需满足《通风管道技术规程》JGJ/T 141—2017相关要求。

21．防烟排烟管道的密闭性能应满足火灾时加压送风或排烟的要求。

22．防烟排烟系统中的送风口、排风口、排烟防火阀、送风风机、排烟风机、固定窗等应设置明显永久标识。

23．常闭送风口、排烟阀或排烟口的手动驱动装置应固定安装在明显可见、距楼地面1.3～1.5m便于操作的位置，预埋套管不得有死弯及瘪陷，手动驱动装置操作应灵活。

24．挡烟垂壁的安装应符合下列规定：

1）型号、规格、下垂的长度和安装位置应符合设计要求；

2）活动挡烟垂壁与建筑结构（柱或墙）面的缝隙不应大于60mm，由两块或两块以上的挡烟垂帘组成的连续性挡烟垂壁，各块之间不应有缝隙，搭接宽度不应小于100mm；

3）活动挡烟垂壁的手动操作按钮应固定安装在距楼地面1.3～1.5m便于操作、明显可见处。

25．高位防、排烟窗的手动开启机构或按钮应固定安装在距楼地面1.3～1.5m，并应便于操作、明显可见。

26．防烟排烟风机外壳与墙壁或其他设备的距离不应小于600mm。

27．风机应设在混凝土或钢架基础上，且不应设置减震装置；若排烟系统与通风空调系统共用且需要设置减震装置时，不应使用橡胶减震装置。

28．吊装防、排烟风机的支吊架应焊接牢固且安装可靠，其结构形式和外形尺寸应符合设计或设备技术文件的要求。

29．防、排烟风机驱动装置的外露部位应装设防护罩；直通大气的进、出风口应装设防护网或采取其他安全设施，并应设防雨措施。

施工要求说明解读

【解读40】本部分说明主要阐述了防烟排烟系统施工安装中需要注意的问题，包括管道材质和厚度，风管的曲率半径，支吊架或托架的构造形式，测量孔位置的确定，可拆卸接口的位置，阀门安装朝向，防火阀和排烟阀安装注意事项，消声器及消声静压箱的消声材料，软接头的设置位置，防排烟设备加装防护网的要求，防护套管的安装，风管安装相关规定，通风防烟排烟风管的连接方式，防烟排烟系统设备标识，送风口、排烟阀或排烟口的手动驱动装置安装要求，挡烟垂壁的安装规定，高位防、排烟窗的手动开启机构或按钮的安装位置，防护罩和防雨措施设置部位等内容。

总之，设计说明部分主要是为了阐明防烟排烟系统施工的具体细节，在施工前需要详细阅读。

2.4.5 同步训练

1. 单选题

（1）采用自然通风方式的共用前室、合用前室，可开启外窗或开口面积不小于（   ）m²。

A. 1.0   B. 1.2   C. 2   D. 3

（2）加压送风机的公称风量，在计算风压条件下不小于该系统计算所需风量的（   ）倍。

A. 1.0   B. 1.2   C. 1.6   D. 2

（3）机械加压送风管道均应采用（   ），且管道的内表面应光滑。

A. 不燃性材料   B. 难燃材料

C. 可燃材料   D. 不燃性材料或者难燃材料

（4）风管与防护套管之间应采用（   ）封堵严密。

A. 难燃柔性材料   B. 不燃柔性材料

C. 难燃材料   D. 不燃材料

2. 多选题

（1）工程概况通常包含哪些内容？（   ）

A. 工程名称   B. 设计号   C. 基本指标

D. 结构类型   E. 工程概况

（2）下列哪些区域采用了机械加压送风方式？（   ）

A. ≤10m的地下封闭楼梯间   B. ≤10m的地下消防前室

C. >10m的地下封闭楼梯间   D. ≤50m的地下封闭楼梯间

E. ≤50m的地上合用前室

（3）下列哪些属于加压送风机的启动方式？（   ）

A. 现场手动启动   B. 与火灾自动报警系统联动启动

C. 在消防控制室手动启动   D. 电动启动

E. 感应启动

（4）下列哪些部位设置排烟防火阀？（   ）

A. 垂直主排烟管道与每层水平排烟管道连接处的水平管段上

B．一个排烟系统负担多个防烟分区的排烟支管上

C．排烟风机入口处

D．排烟管道穿越防火分区处

E．排烟管道穿越防烟分区处

3．判断题

（1）防烟分区不跨越防火分区。　　　　　　　　　　　　　　　　（　　　）

（2）同一防烟分区采用同一种排烟方式。　　　　　　　　　　　　（　　　）

（3）在机械排烟系统中，补风形式可以是机械补风和自然补风。　　（　　　）

（4）当补风口与排烟口设置在同一防烟分区时，补风口设在储烟仓下沿以上。　（　　　）

（5）当火灾确认后，担负两个及以上防烟分区的排烟系统，应仅打开着火防烟分区的排烟阀或排烟口，其他防烟分区的排烟阀或排烟口应呈关闭状态。　　　　　　　　　　　（　　　）

模块三

防烟排烟系统安装施工

任务 3.1
防烟排烟风管及配件制作

防烟排烟风管
及配件的制作 1

【学习目标】

知识目标	能力目标	素质目标
1. 了解防烟排烟系统不同风管材料的制作流程； 2. 掌握风管板材连接、加固和风管法兰加工方法	1. 能根据图纸，确定防烟排烟风管制作方案； 2. 能现场加工制作风管及配件； 3. 能描述风管加工的质量要求	1. 增强遵守国家规范的意识； 2. 强化安全意识； 3. 养成精益求精和严谨的工作态度； 4. 树立节约意识

【思维导图】

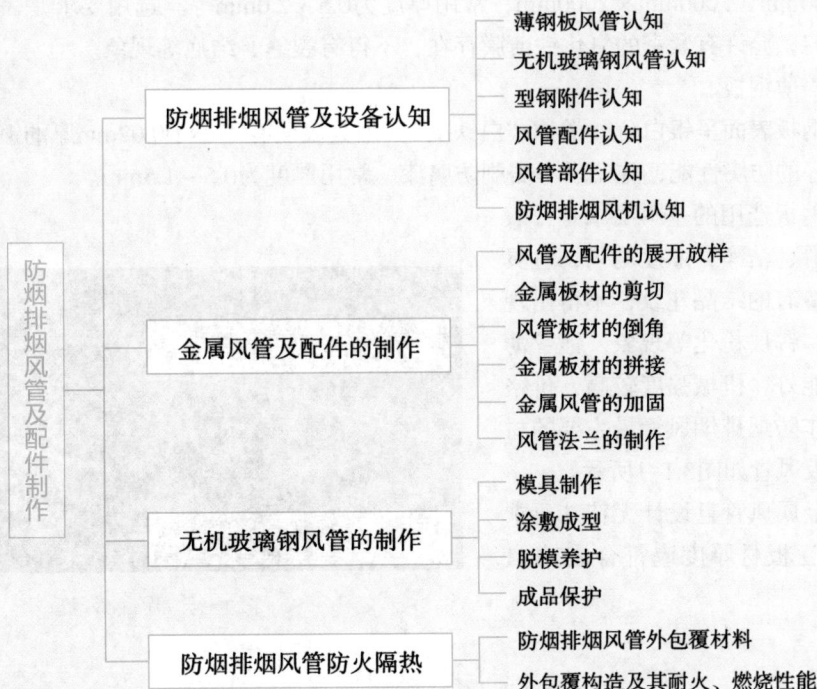

3.1.1 防烟排烟风管及设备认知

风管是建筑防烟排烟系统中的重要组成部分，火灾时，风管承担着约束烟气或新风的流动方向的功能。防烟风管的作用是将加压后的新风输送到逃生通道（空间）内，使逃生通道（空间）内空气保持较高压力，从而避免周围的烟气入侵。排烟风管的作用则是将火灾空间内积累的热烟气排到室外，使火灾空间的底部烟气减少，确保具有一定的可见度，保障人员安全疏散。

为保证工程质量和防火功能，《建筑防烟排烟系统技术标准》GB 51251—2017和《通风与空调工程施工质量验收规范》GB 50243—2016等规范规定，防火风管的本体、框架与固定材料、密封垫料等必须采用不燃材料，而且其防火风管的耐火极限还要满足系统防火设计的规定。因此，建筑防烟排烟风管通常采用薄钢板或无机玻璃钢制作。

1．薄钢板风管认知

薄钢板是制作防排烟风管和通风部件的主要材料，常用的有普通薄钢板和镀锌薄钢板。

（1）普通薄钢板

普通薄钢板俗称"黑铁皮"，可分为板材和卷材两类，常用材质为Q235-B，制作方法为冷或热轧，具有良好的机械强度和加工性能。由于钢板表面无镀锌防腐层，施工后应刷防腐漆。普通薄钢板的规格是用短边、长边和厚度来表示，常用规格有750mm×1800mm、900mm×1800mm、1000mm×2000mm，常用厚度为0.5～2.0mm等。选用要求是表面平整、光滑，厚度均匀，允许有紧密的氧化铁薄膜存在，不得有裂缝、结疤等现象。

（2）镀锌薄钢板

镀锌薄钢板表面呈银白色，俗称"白铁皮"。因其表面有不小于0.02mm厚的镀锌保护层，所以具有良好的防腐性能，施工后不需刷防腐漆。常用厚度为0.5～1.5mm。

镀锌薄钢板选用的基本要求是：表面平整、光滑、洁净，厚度均匀，且具有热浸镀锌特有的结晶花纹，不得出现大面积白花、锌层粉化等现象。镀锌薄钢板加工性能好，机械强度较高，价格便宜，是制作防烟排烟风管最主要的材料，镀锌钢板风管如图3.1-1所示。

当采用金属风管且设计无特殊要求时，钢板风管板材厚度应符合表3.1-1的规定。

图3.1-1　镀锌钢板风管

钢板风管板材厚度　　　　　　　　　　　表3.1-1

风管直径D（mm）或长边尺寸B（mm）	送风系统（mm）		排烟系统（mm）
	圆形风管	矩形风管	
D（B）≤320	0.50	0.50	0.75

续表

风管直径D（mm）或长边尺寸B（mm）	送风系统（mm）		排烟系统（mm）
	圆形风管	矩形风管	
320<D（B）≤450	0.60	0.60	0.75
450<D（B）≤630	0.75	0.75	1.00
630<D（B）≤1000	0.75	0.75	1.00
1000<D（B）≤1500	1.00	1.00	1.20
1500<D（B）≤2000	1.20	1.20	1.50
2000<D（B）≤4000	按设计	1.20	按设计

2．无机玻璃钢风管认知

无机玻璃钢风管按其胶凝材料性能分为：以硫酸盐类为胶凝材料，与玻璃纤维网格布制成的水硬性无机玻璃钢风管，和以改性氯氧镁水泥为胶凝材料，与玻璃纤维网格布制成的气硬性改性氯氧镁水泥风管两种类型。无机玻璃钢风管如图3.1–2所示。

无机玻璃钢风管板材的技术参数应符合表3.1–2的要求。

图3.1–2　无机玻璃钢风管

无机玻璃钢风管板材的技术参数　　　　　　　　　表3.1–2

名称	密度（kg/m³）	吸水率（%）	燃烧性能	弯曲强度（MPa）
硫酸盐类无机玻璃钢风管	≤1700	≤15	不燃A级	≥70
氯氧镁水泥风管	≤2000		不燃A级	≥65

低、中压无机玻璃钢风管板材厚度应符合表3.1–3的规定，无机玻璃钢风管玻璃纤维布厚度及层数应符合表3.1–4的规定，且不得采用高碱玻璃纤维布，风管表面不得出现严重返卤及返霜的现象。

低、中压无机玻璃钢风管板材厚度　　　　　　　　　表3.1–3

风管直径D或长边尺寸B（mm）	壁厚（mm）
D（B）≤300	2.5～3.5
300<D（B）≤500	3.5～4.5
500<D（B）≤1000	4.5～5.5
1000<D（B）≤1500	5.5～6.5

续表

风管直径D或长边尺寸B（mm）	壁厚（mm）
1500＜D（B）≤2000	6.5～7.5
D（B）＞2000	7.5～8.5

无机玻璃钢风管玻璃纤维布厚度及层数　　　　　　表3.1-4

风管直径D或长边尺寸B（mm）	风管管体玻璃纤维布厚度（mm）		风管法兰玻璃纤维布厚度（mm）	
	0.3	0.4	0.3	0.4
	玻璃纤维布层数			
D（B）≤300	5	4	8	7
300＜D（B）≤500	7	5	10	8
500＜D（B）≤1000	8	6	13	9
1000＜D（B）≤1500	9	7	14	10
1500＜D（B）≤2000	12	8	16	14
D（B）＞2000	14	9	20	16

3．型钢附件认知

在建筑防烟排烟工程中，型钢主要用于设备框架、风管法兰、加固圈以及风管及其附属设备的支吊架等。常用的型钢种类有圆钢、扁钢、角钢和槽钢等。

圆钢主要用于风管吊架的吊杆，其符号用"ϕ"表示，直径规格数据以"mm"为单位。如："$\phi10$"表示直径为10mm的圆钢。

扁钢及角钢主要用于制作风管法兰及加固圈。扁钢的符号用"▬"表示，规格数据是以"mm"为单位的宽度×厚度表示。如："▬20×4"表示扁钢宽度为20mm，厚度为4mm。角钢分为等边角钢和不等边角钢，风管法兰及风管支吊架多采用等边角钢。角钢的符号用"∟"表示，规格数据是以"mm"为单位的边宽×边厚表示。如："∟40×4"表示等边角钢的边宽为40mm，边厚为4mm。"∟45×75×5"表示不等边角钢的短边宽为45mm，长边宽为75mm，边厚为5mm。

槽钢主要用于风管支吊架托架、吊杆以及风机等设备的机座。槽钢的规格用高度（h）、腿宽（b）、腰厚度（d）等尺寸来表示，槽钢规格见表3.1-5。

槽钢规格　　　　　　表3.1-5

型号	尺寸（mm）			理论质量（kg/m）
	h	b	d	
5	50	37	4.5	5.44
6.3	63	40	4.8	6.63

型号	尺寸（mm）			理论质量（kg/m）
	h	b	d	
8	80	43	5	8.04
10	100	48	5.3	10.01
12.6	126	53	5.5	12.37
14a	140	58	6	14.53
14b	140	60	8	16.73
16a	160	63	6.5	17.23
16b	160	65	8.5	19.74
18a	180	68	7	20.17
18b	180	70	9	22.99
20a	200	73	7	22.63
20b	200	75	9	25.77

常用型钢如图3.1-3所示。

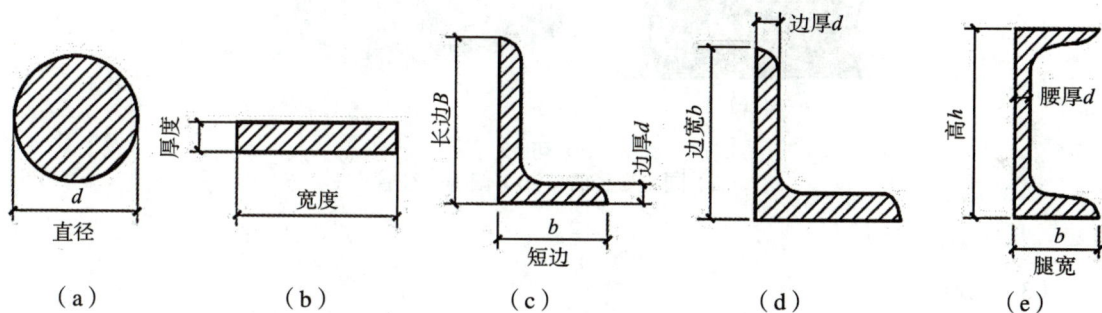

图3.1-3　常用型钢
（a）圆钢；（b）扁钢；（c）不等边角钢；（d）等边角钢；（e）槽钢

4．风管配件认知

防烟排烟系统风管的常用配件有弯头、变径、三通、四通、天圆地方、风管法兰等，这些配件主要用于管道在截面形状、布置方向、截面大小变化、分支等情况时的连接。

（1）弯头

当防烟排烟风管需要转换方向时，可以使用弯头。弯头可以改变空气（烟气）的流动方向。常用的风管弯头有90°矩形弯头、45°圆形虾米弯头等，如图3.1-4所示。

（2）变径

当风管截面大小需要变化时，可以选用变径管。根据其两端截面是否同心，变径管可以分同心变径管和偏心变径管两类。按照管道截面形状，通常有矩形变径管和圆形变径管。矩形变径管如图3.1-5所示。

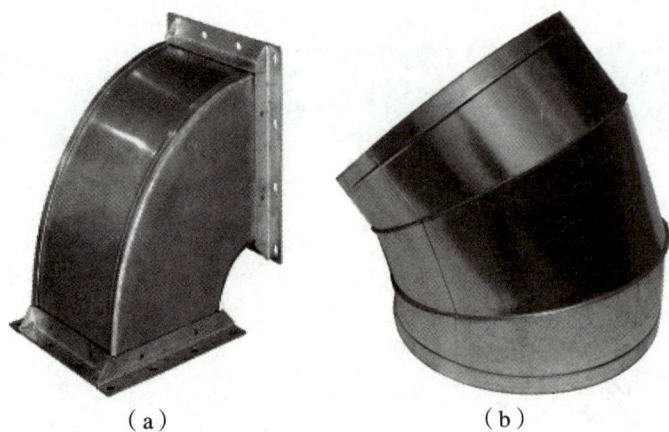

（a）　　　　　　　　　　　（b）

图3.1-4　风管弯头

（a）90°矩形弯头；（b）45°圆形虾米弯头

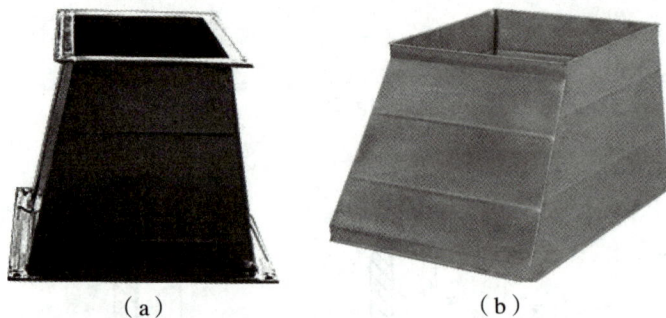

（a）　　　　　　　　　　　（b）

图3.1-5　矩形变径管

（a）同心变径管；（b）偏心变径管

（3）三通

当防烟排烟管道需要分支时，可能用到三通。常用的三通有T形三通、Y形三通（图3.1–6）、斜三通等。

（a）　　　　　　　　　　　（b）

图3.1-6　三通

（a）T形三通；（b）Y形三通

（4）四通

矩形风管四通主要用于四个方向都有管道的节点处，如图3.1-7所示。

（5）天圆地方

当风管需要从圆形截面变成方形截面或者从方形截面转换成圆形截面时，可以选用天圆地方管接头，如图3.1-8所示。

（6）防火软连接

在排烟或送风风机与风管连接处，一般都会采用软连接。软连接可以降低风机运行振动可能给硬质管道系统带来的不利影响。防火软连接一般采用涂覆硅树脂的带钢丝玻璃纤维布制成，可耐高温，如图3.1-9所示。

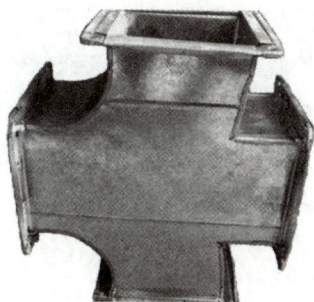

图3.1-7 矩形风管四通

图3.1-8 天圆地方管接头

图3.1-9 防火软连接

（7）风管法兰

当风管与风管需要延长连接或风管与附件或配件之间需要连接时，可以采用风管法兰。连接时，将两个同等大小、孔位对齐的法兰盘分别固定（焊接或铆钉固定）在两根管道的端头，然后将两个法兰盘对准，通过螺栓孔用螺栓、螺母紧固，以达到连接目的。使用法兰连接的管道便于拆卸、方便维修。工程中的风管法兰分圆形法兰和矩形法兰两种，如图3.1-10所示。

当风管为金属风管时，选用的法兰及螺栓规格应符合表3.1-6的规定。风管法兰螺栓孔或铆钉孔的孔距不得大于150mm，矩形风管法兰四角处应设有螺栓孔。

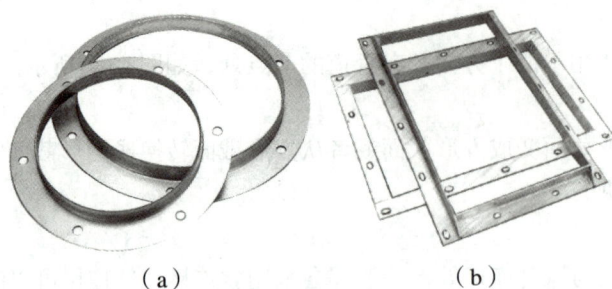

（a）   （b）

图3.1-10　风管法兰
（a）圆形法兰；（b）矩形法兰

金属风管法兰及螺栓规格　　　　　　　　　　表3.1-6

风管法兰种类	圆管直径D（mm）或矩形长边B（mm）	法兰规格		螺栓规格
		扁钢	角钢	
圆形风管法兰	D≤140	—20×4		M6
	140<D≤280	—25×4		
	280<D≤630		∟25×3	
	630<D≤1500		∟30×3	M8
	1500<D≤2500		∟40×4	
	2500<D≤4000		∟50×5	M10
矩形风管法兰	B≤630		∟25×3	M6
	630<B≤1500		∟30×3	M8
	1500<B≤2500		∟40×4	
	2500<B≤4000		∟50×5	M10

　　玻璃钢风管的法兰及螺栓规格应符合表3.1-7的规定，螺栓孔的间距不得大于120mm。矩形风管法兰的四角部位必须设有螺孔。

玻璃钢风管法兰及螺栓规格　　　　　　　　　　表3.1-7

圆管直径D（mm）或矩形长边B（mm）	法兰规格（mm）	螺栓规格
D（B）≤400	∟30×4	M8
400<D（B）≤1000	∟40×6	
1000<D（B）≤2000	∟50×8	M10

5. 风管部件认知

　　防烟排烟系统的风管部件主要包括送风口、排烟口、风阀、防火阀、排烟防火阀、检查门和测定孔等功能部件。

（1）风口

防烟排烟系统常用的风口包括加压送风口、补风口和排烟口等。加压送风口处于加压送风系统风管的末端，一般位于需要加压空间的侧墙上，起着出风的作用。加压送风口分常开和常闭两种，常开式送风口又分百叶式和自垂百叶式送风口两种，如图3.1-11所示。

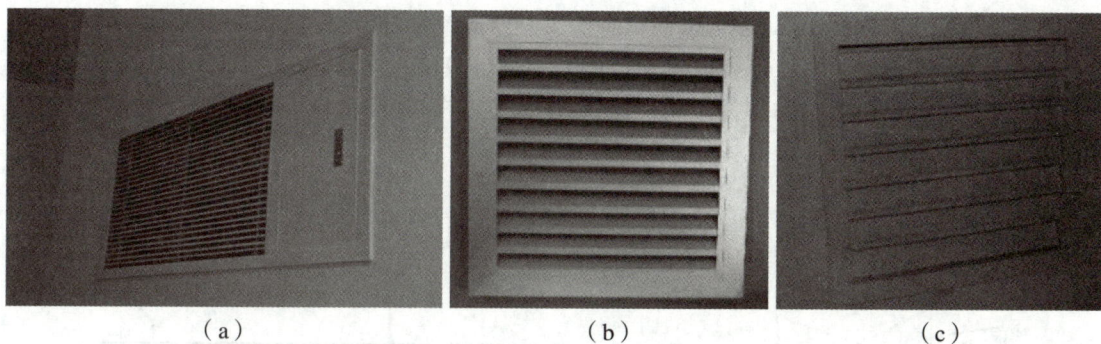

图3.1-11 加压送风口
（a）常闭式送风口；（b）百叶式送风口；（c）自垂百叶式送风口

补风口用于需要排烟的相对封闭的空间内，其功能与加压送风口类似，是通过该口将新风补充到正在排烟的空间内，以保持该空间的压力平衡。在工程实际中，多将加压送风口用于补风口。

排烟口是安装在建筑物墙面或顶棚上，平时关闭，需要时能自动或手动开启，能将火灾产生的热气和烟雾排出室外的系统部件。按照控制方式不同，排烟口可以分为板式排烟口、多叶排烟口、远程控制多叶排烟口和多叶防火排烟口等类型，如图3.1-12所示。

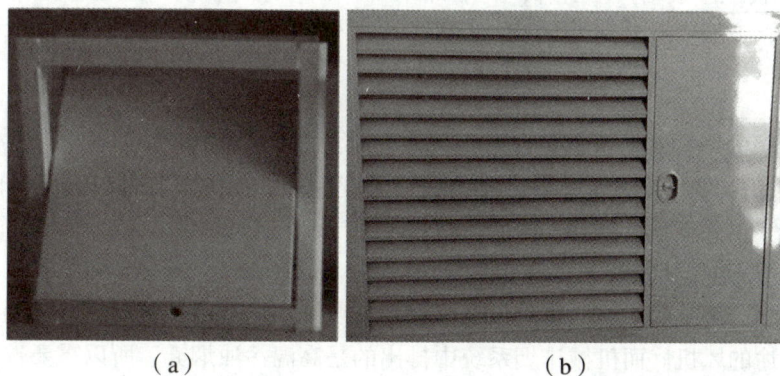

图3.1-12 排烟口
（a）板式排烟口；（b）多叶排烟口

（2）风阀

风阀是防烟排烟系统中具有控制功能的阀门。主要包括电动风阀、防火阀和排烟防火阀等。

发生火灾时，电动风阀能自动开启，通常安装在加压送风机的出风管上，平时呈开启状态，火灾发生后，当风管内空气温度达到70℃时自动关闭。

防火阀一般由阀体、叶片、执行机构和温感器等部件组成，如图3.1-13所示。防火阀是借助易熔合金的温度控制，利用重力作用和弹簧机构的作用，在火灾时，高温使阀门上的易熔合金熔解，从而使阀门关闭。防火阀的执行机构如图3.1-14所示。火灾时，当管道内的烟气温度达到70℃，温感器2熔断，拉簧3从拉伸状态恢复到常态，杠杆7动作使杠杆7和凸（棘）轮6脱开，转轴8转动，阀门关闭。也可以拉动拉环9，使杠杆7和凸（棘）轮6脱开，转轴8转动，关闭阀门。或使电磁铁1通电动作，拉动杠杆7动作，使杠杆7和凸（棘）轮6脱开，转轴8转动，关闭阀门。

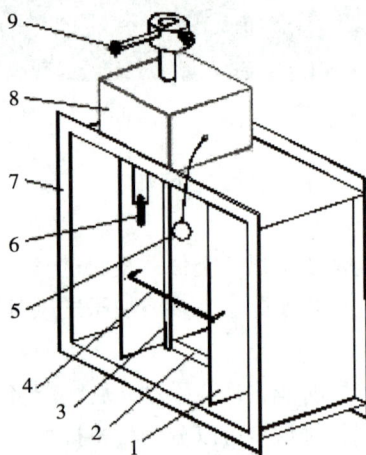

图3.1-13 矩形防火阀

1—叶片；2—挡板；3—转轴；4—连杆；5—拉环；
6—温感器；7—阀体；8—执行机构；9—手柄

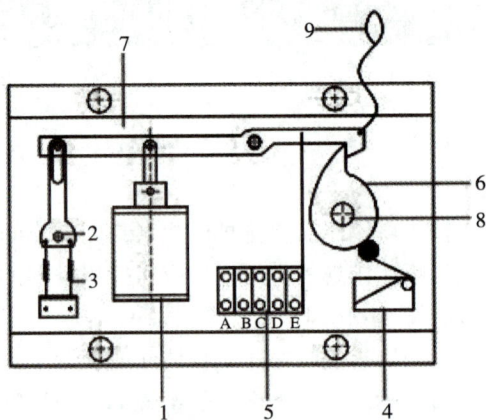

图3.1-14 防火阀执行机构

1—电磁铁；2—温感器；3—拉簧；
4—双微动开关；5—接线柱；6—凸（棘）轮；
7—杠杆；8—转轴；9—拉环

排烟防火阀的结构和防火阀的结构基本是一致的，同样由阀体、叶片、执行机构和温感器等部件组成。区别在于防火阀温感器的动作温度为70℃，排烟防火阀温感器的动作温度为280℃。

6. 防烟排烟风机认知

在建筑防烟排烟工程中，加压送风系统和补风系统中输送的是室外新鲜常温空气，因此可以采用一般用途的风机。而机械排烟系统中排出的是高温污浊烟雾，所以需要选用消防用排烟风机。

根据作用原理的不同，风机可分为离心式风机和轴流式风机。

（1）离心式风机

离心式风机由叶轮、机壳、转轴、支架等部分组成，叶轮上装有一定数量的叶片，如图3.1-15所示。气流从风机轴向吸入，经90°转弯进入叶轮，叶轮叶片间隙中的气体被带动旋转而获得离心力，气体由于离心力的作用向机壳方向运动，并产生一定的正压力。由蜗壳汇集

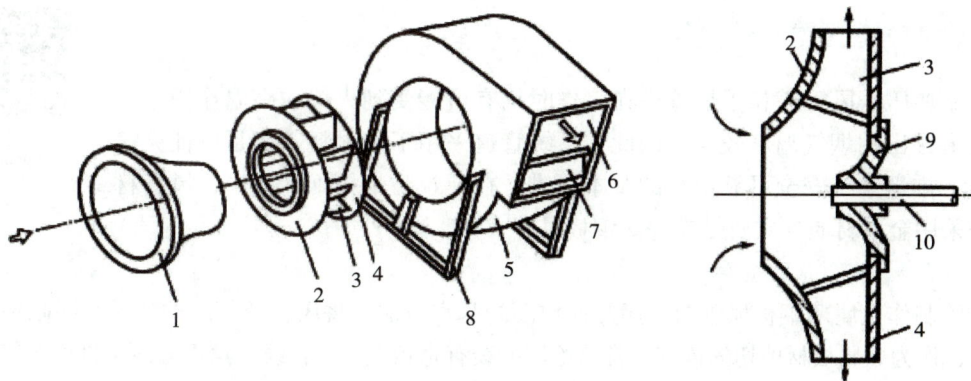

图3.1-15　离心式风机

1—进风口；2—叶轮前盘；3—叶片；4—后盘；5—机壳；
6—出风口；7—风舌；8—支架；9—轮毂；10—转轴

沿切向引导至排气口排出，叶轮中则由于气体离开而形成了负压，气体因而源源不断地由进风口被吸入，从而形成了气体被连续吸入、加压、排出的流动过程。

按风机出口全压值，离心式风机分为低、中、高压离心式风机三类。低压离心式风机的全压 $P<1000$Pa，中压离心式风机的全压 $1000 \leqslant P<3000$Pa，高压离心式风机的全压 $P \geqslant 3000$Pa。

（2）轴流式风机

轴流式风机的叶片安装在旋转的轮毂上，当叶轮由电动机带动而旋转时，将气体从轴向吸入，气体受到叶片的推挤而升压，并形成轴向流动，由于风机中的气流方向始终沿着旋转轴向，故称为轴流式风机，如图3.1-16所示。

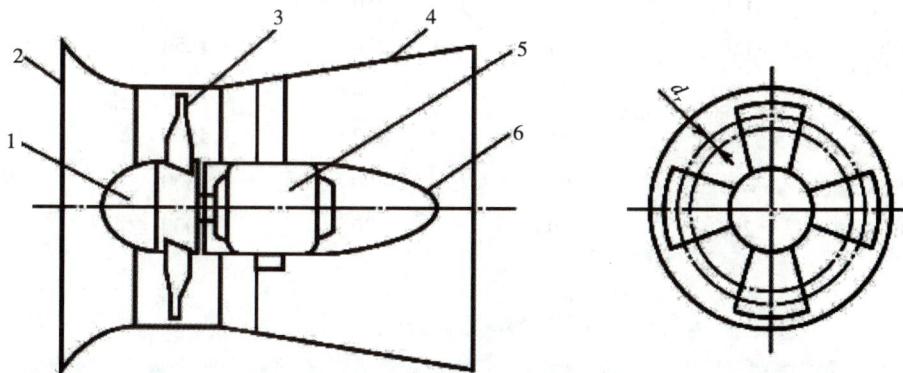

图3.1-16　轴流式风机

1—轮毂；2—前整流罩口；3—叶轮；4—扩压管；5—电动机；6—后整流罩

由于机械加压送风系统的风压通常在中、低压范围，因此《建筑防烟排烟系统技术标准》GB 51251—2017指出，机械加压送风系统的风机宜采用轴流式风机或中、低压离心式风机。

消防排烟风机与加压送风机在结构上、类型上是一致的，可以采用离心式风机，也可以采用轴流式风机。由于排烟系统排出的是高温烟气，因此，消防排烟风机有耐高温的要求。

3.1.2 金属风管及配件的制作

机械加压送风管道和排烟管道在工作时均有可能受到火焰或高温作用，且排烟管道排出的烟气温度较高。因此，系统管道采用不燃材料制作是保证火灾时送风、排烟系统安全可靠运行的基本要求。在建筑防烟排烟工程中，风管材料一般采用金属材质，主要是镀锌薄钢板风管。

防烟排烟风管
及配件制作 2

1．风管及配件的展开放样

加工制作金属薄钢板风管时，用几何作图的基本方法，将风管及其配件的展开图画在板材表面上，作为金属板材剪切的依据。常需绘制的线有直角线、平行线、角平分线、直线的等分线等。画线常用的工具主要有钢板直尺、90°角尺、划规和地规、量角器、划针、样冲和曲线板等。

（1）直风管的展开放样

防烟排烟系统用到的风管有圆形和矩形两种，金属风管规格应以外径或外边长为准，非金属风管规格应以内径或内边长为准。圆形风管应优先采用表3.1-8中的规格，矩形风管规格宜符合表3.1-9的规定。

圆形风管统一规格（mm） 表3.1-8

外径		外径		外径	
基本系列	辅助系列	基本系列	辅助系列	基本系列	辅助系列
100	80	280	260	800	750
	90	320	300	900	850
120	110	360	340	1000	950
140	130	400	380	1120	1060
160	150	450	420	1250	1180
180	170	500	480	1400	1320
200	190	560	530	1600	1500
220	210	630	600	1800	1700
250	240	700	670	2000	1900

矩形风管统一规格（mm） 表3.1-9

风管边长					
120	250	500	1000	2000	3500
160	320	630	1250	2500	4000
200	400	800	1600	3000	

1）圆形直风管的展开

圆形直风管的展开图为一个矩形，其一边长为πD（D为圆形管道直径），另一边长为L，

当风管采用咬口连接时，还应按板材厚度画出咬口余量。如图3.1-17中下边尺寸两端的标注为
M/2值。如果风管采用法兰连接，还应画出风管与法兰连接时的翻边量，如图3.1-17中右侧尺
寸两端的10mm。

2）矩形直风管的展开

矩形直风管的展开图也是一个矩形，其一边长*M*/3+2（*A*+*B*）+*M*/3（*A*表示风管矩形截面的
短边长度，*B*表示风管矩形截面的长边长度），另一边为风管的长度*L*，如图3.1-18所示。

放样画线时，对咬口连接的风管同样按板材厚度画出咬口余量*M*/3及法兰连接时的翻边量
10mm。

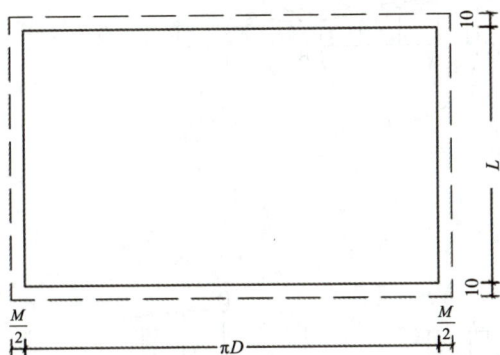

图3.1-17　圆形直风管展开图

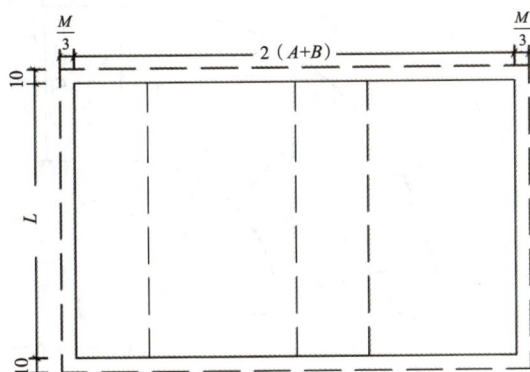

图3.1-18　矩形直风管展开图

（2）风管弯头的展开放样

根据风管的断面形状，风管弯头有圆形弯头和矩形弯头，弯头的尺寸主要取决于风管的断
面尺寸、弯曲角度和弯曲半径。

1）圆形风管弯头的展开放样

圆形风管弯头俗称"虾米弯"，它由两个带斜口的端节和若干个带有双斜口的中节组成，
两端节的长度是中节的一半。弯头弯曲半径应满足工程需要，且其阻力不能太大，圆形风管弯
头的弯曲半径和最少节数应符合表3.1-10中的规定。

圆形风管弯头的弯曲半径和最少节数　　　　　　　表3.1-10

弯管直径*D*（mm）	弯曲半径*R*（mm）	弯曲角度及最少节数							
		90°		60°		45°		30°	
		中节	端节	中节	端节	中节	端节	中节	端节
80～220	≥1.5*D*	2	2	1	2	1	2	—	2
240～450	1.0*D*～1.5*D*	3	2	2	2	1	2	—	2
480～800	1.0*D*～1.5*D*	4	2	2	2	1	2	1	2
850～1400	1.0*D*	5	2	3	2	2	2	1	2
1500～2000	1.0*D*	8	2	5	2	3	2	2	2

圆形风管弯头的展开采用平行线展开法，先由弯管直径查表3.1-10确定弯头的弯曲半径和节数，然后画出弯头立面图，如图3.1-19所示。如弯管直径$D=500mm$，则弯曲半径$R=1.5D=750mm$，弯头由4个中节和2个端节组成。展开时，先将直角四等分，过等分线与R、D圆弧线的交点分别做切线，内外弧上各切线交点的连线，即为各节间的连接线。画展开图时，只要用平行线法将端节展开，取两倍的端节展开图，就可得到中节的展开图。

考虑到弯管咬口连接时，外侧咬口（背部）容易打紧，而内侧咬口（腹部）打紧较困难，画线时应将腹部尺寸减去2mm（图3.1-19中的h值），这样加工后的弯管将避免出现小于90°的情况。

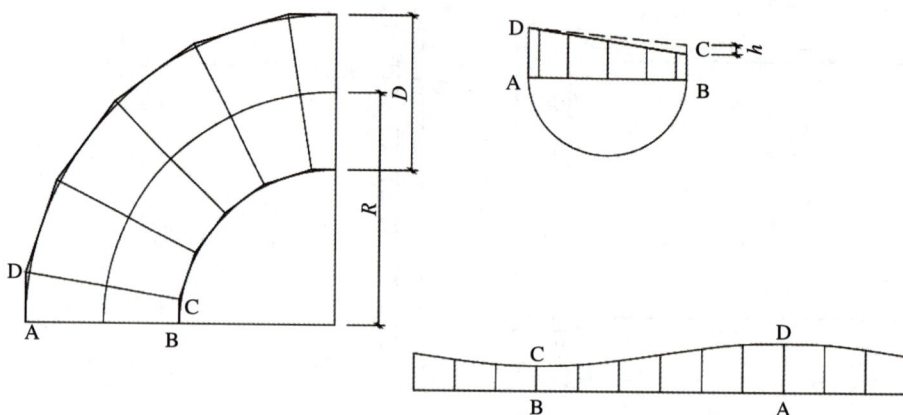

图3.1-19　圆形弯管展开图

2）矩形风管弯头的展开图

常用的矩形弯头有内外弧形矩形弯头、内弧形矩形弯头、内斜线矩形弯头等。它们主要由两块侧壁、弯头背和弯头里组成。

内外弧形矩形弯头展开图如图3.1-20（a）所示，弯头背宽度以A表示，展开长度以l_2表示，$l_2=1.57R_2$；弯头里宽度为B，展开长度$l_1=1.57R_1$。侧壁宽度以B表示，其弯曲半径一般为B，则弯头里的弯曲半径为$R_1=0.5B$，弯头背的弯曲半径为$R_2=1.5B$。

画线时，先用R_1、R_2展开侧壁，并应在两弧线侧加上单边咬口余量，在两端头加上法兰翻边量。用弯头背及弯头里的计算展开长度画线，同样应加上咬口余量及法兰翻边留量。

对于内弧形矩形弯头，一般取内圆弧半径$R=200mm$，则弯头里展开长度$l_1=1.57R=314mm$，弯头背展开长度$l_2=2l$，其宽度均为B，如图3.1-20（b）所示，画线时按如上尺寸展开画线，并应加上咬口余量及法兰翻边留量。

内斜线矩形弯头里长度为$l=200×\sqrt{2}=283mm$，如图3.1-20（c）所示，其他尺寸与内弧形弯头相似。

（3）矩形风管三通的展开放样

矩形整体三通由平侧板、斜侧板、角形侧板和两块平面板组成。展开时，首先根据风管系统的需要来确定矩形三通的A_1、A_2、A_3、B、H等尺寸，再画出各部分的展开图。平侧板为一矩形，其尺寸为$B×H$，斜侧板和角形侧板也为矩形，但须在展开图中画出折线，

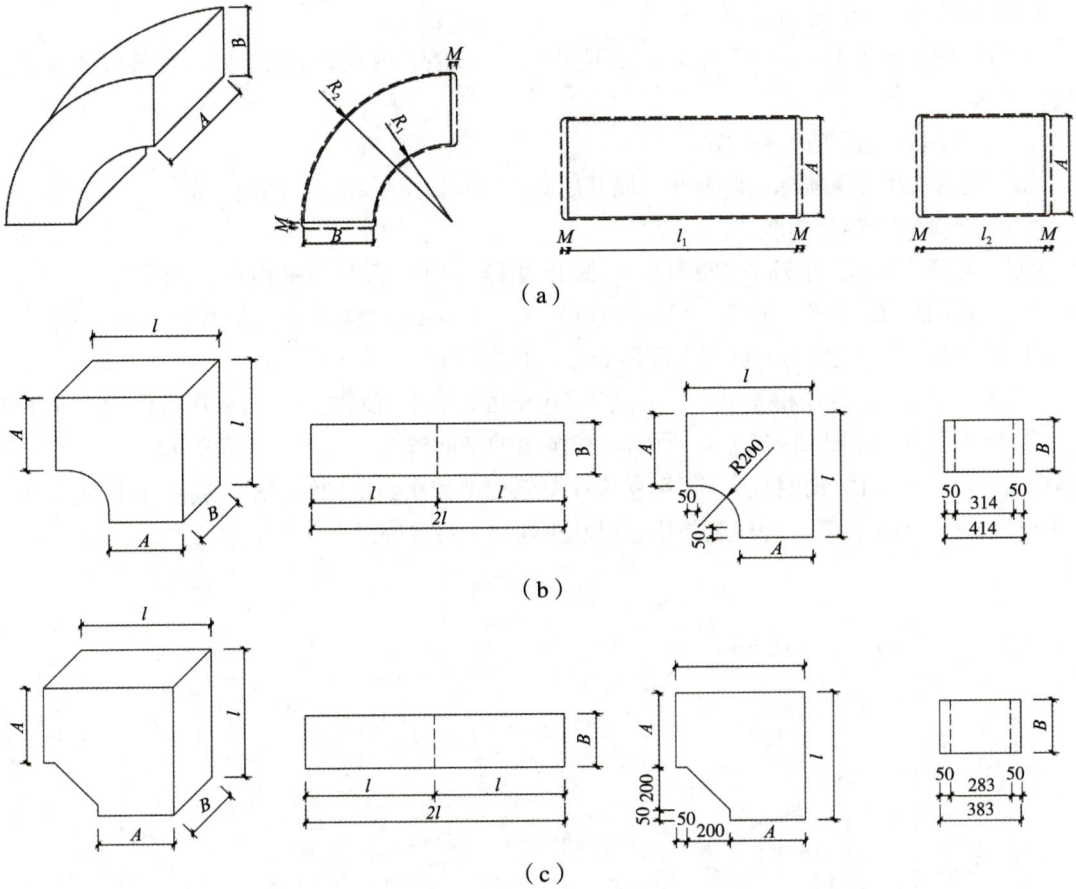

图3.1-20 矩形弯管展开图

（a）内外弧形矩形弯头；（b）内弧形矩形弯头；（c）内斜线矩形弯头

便于加工时折压成形。斜侧板的斜边的长度为 $\sqrt{100^2 \text{mm} + 150^2 \text{mm}} = 180\text{mm}$，斜侧板的长度为 $50\text{mm} + 180\text{mm} + 50\text{mm} = 280\text{mm}$，宽度为 B，角侧板的长度为 $l+100\text{mm}$，宽度为 B，如图3.1-21所示。

矩形三通各部分展开图画好后，应在法兰连接部分加翻边留量，咬口连接时，咬口部分应加咬口余量。矩形三通展开图如图3.1-21所示。

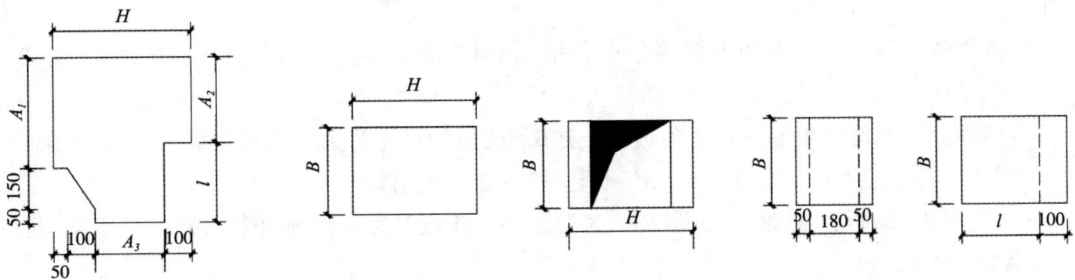

图3.1-21 矩形三通展开图

（4）风管变径管的展开放样

在防烟排烟工程中，变径管用来连接不同截面的风管，变径管主要有矩形变径管和圆形变径管。

1）矩形风管变径管的展开图

用三角形法通过求实际长度展开，展开后应留出咬口余量和法兰翻边留量。

2）圆形风管变径管的展开图

已知大圆直径D、小圆直径d和高h，画出变径管的立面图和平面图，如图3.1-22（a）所示，延长AD、BC相交于O点，以O为圆心，分别以OD、OA为半径画圆弧，圆弧圆心角$\alpha=\pi d/l$，两端圆弧组成的图形即为圆形变径管的展开图。

当变径管大小口直径相差很小，交点O落在很远处而不宜画线时，可采用近似的样板法作变径管的展开图，如图3.1-22（b）所示，在画出的平面图上，把大小圆12等分，以变径管的高h和$\pi d/12$、$\pi D/12$作出样板，用小样板在薄钢板上依次画出12块，最后将上下各端点连成弧长分别πd、πD的圆弧，并经复核修正以减少误差，可得圆形变径管的展开图。

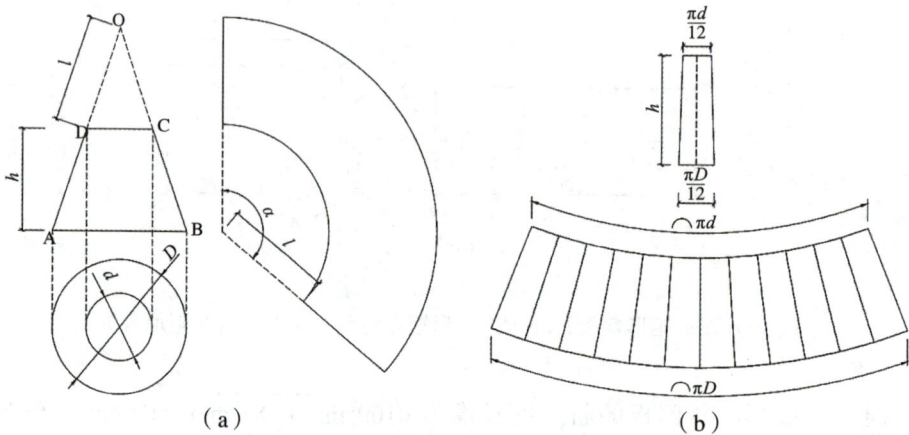

图3.1-22　圆形变径管展开图
（a）几何作图法；（b）样板法

（5）天圆地方管件的展开放样

凡是圆形断面与矩形断面变换的地方，均需用天圆地方管件，如风机出口、送风口等连接处。

将整个圆12等分，按下图连接等分点和矩形的4个端点，会得到六条不同的线1、2、3、4、5、6［图3.1-23（a）］。

- 以高度h为直角三角形的一直角边，上述6条线段的尺寸为另一直角边做直角三角形，得到六条斜边记为1′、2′、3′、4′、5′、6′［图3.1-23（b）］。
- 以矩形边长A画直线TK，分别以T、K为圆心，线段2′为半径画两个圆相交于点A，连接AT、AK；
- 以T为圆心，线段3′为半径画圆，以A为圆心十二分之一的弧长（$\pi D/12$）为半径画圆，两

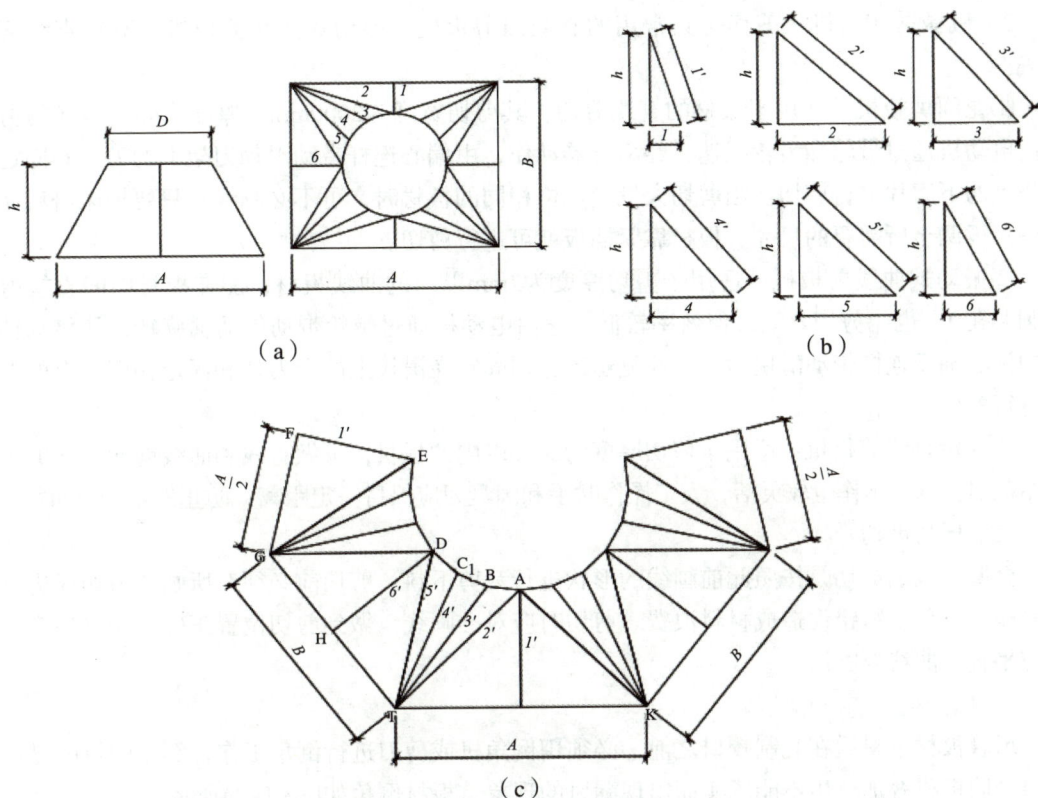

图3.1-23 天圆地方管件展开图

个圆相交于点B，连接AB、TB；

- 以T为圆心，线段4′为半径画圆，以B为圆心十二分之一的弧长为半径画圆，两个圆相交于点C，连接CB、TC；
- 以T为圆心，线段5′为半径画圆，以C为圆心十二分之一的弧长为半径画圆，两个圆相交于点D，连接CD、TD；
- 以T为圆心，矩形另一边长B的二分之一（B/2）为半径画圆，以D为圆心线段6′为半径画圆，两个圆相交于点H，连接HD、TH（注意此时∠DHT为90°）。

将上述步骤得到的图以DH为镜像线镜像得到GDE等各点，以G为圆心，矩形边长A的二分之一（A/2）为半径画圆，以E为圆心线段1′为半径画圆，两个圆相交于点F，连接FE、FG（注意此时∠GFE为90°）。

将上述得到的图以A点所在中心线镜像得到右侧的图即完成了整个展开过程［图3.1-23（c）］。

2. 金属板材的剪切

板材剪切方式有手工剪切和机械剪切两种，应根据选定的剪切方式选择相应工具，按照板材上的画线实施剪切。

（1）剪切工具

1）手工剪切。手工剪切常用的工具有直剪刀、弯剪刀、侧剪刀和手动滚轮剪刀等。手工剪切适合的板材厚度在1.2mm以下。

2）机械剪切。机械剪切工具常用的有龙门剪板机、振动式曲线剪板机、双轮直线剪板机等。

①龙门剪板机：适用于板材的直线剪切，其剪切宽度为2000mm，厚度为4mm。龙门剪板机由电动机通过带轮和齿轮减速，经离合器动作，由偏心连杆带动滑动刀架上的刀片和固定在床身上的下刀片进行剪切。当剪切大批量规格相同的板材时，可不必画线，只要把床身后面的可调挡板调至所需要的尺寸，板材靠紧挡板就可进行剪切。

②振动式曲线剪板机：适用于剪切厚度为2mm以内的曲线板材，能在板材中间直接剪切内圆（孔），也能剪切直线，但效率较低。它由电动机通过带轮带动传动轴旋转，使传动轴端部的偏心轴及连杆带动滑块做上下往复运动，用固定在滑块上的上刀片和固定在床身上的下刀片进行剪切。

③双轮直线剪板机：适用于剪切厚度为2mm以内的板材，可做直线和曲线剪切。该剪板机使用范围较宽，操作也较灵活，人工操作时手和圆盘刀应保持一定距离，防止发生安全事故。

（2）板材剪切

金属薄板的剪切是按照此前画线的形状进行裁剪下料。剪切前必须对所画的剪切线进行仔细复核，避免下料错误造成材料浪费。剪切时应对准画线，做到剪切位置正确，切口整齐，直线应平直、曲线要圆滑。

3. 风管板材的倒角

风管板材下料后在轧制咬口之前，必须用倒角机或剪刀进行倒角工作，倒角的目的是避免咬口处因板材叠加产生不能压实而出现漏风的现象，板材倒角如图3.1-24所示。

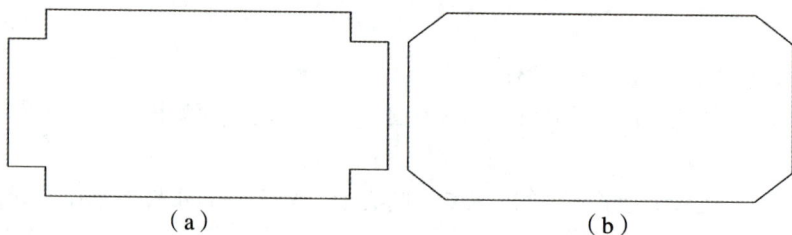

（a）　　　　　　　　　　　（b）

图3.1-24　板材倒角
（a）机械倒角；（b）手工倒角

4. 金属板材的拼接

风管板材的连接方式有咬口连接、焊接和铆接三种形式，其中咬口连接应用最为广泛。

（1）咬口连接

1）咬口形式

咬口连接是把需要相互结合的两个板边折成能互相咬合的各种钩形，钩接后压紧折边。这种连接方式不需要其他材料，适用于厚度$d \leqslant 1.2$mm的薄钢板、厚度$d \leqslant 1.0$mm的不锈钢板和厚度$d \leqslant 1.2$mm的铝板。其咬口形式有如下几种：

①单平咬口。用于板材的拼接缝和圆风管纵向的闭合缝。

②单立咬口。用于圆形风管端头环向接缝，如圆形弯头、圆形来回弯各管节间的接缝。

③转角咬口。用于矩形风管及配件的纵向接缝和矩形弯管、三通的转角缝连接。

④联合角咬口。也叫包角咬口，咬口缝处于矩形管角边上，用途同转角咬口。应用在有曲率的矩形弯管的角缝连接更为合适。

⑤按扣式咬口。适用于矩形风管和配件的转角闭合缝。在加工时，一侧的板边加工成有凸扣的插口，另一侧板边加工成折边带有倒钩状的承口，安装时将插口插入承口即可组合成接缝。这种咬口的特点是咬合紧密，运行可靠。

各种咬口的形式如图3.1-25所示。

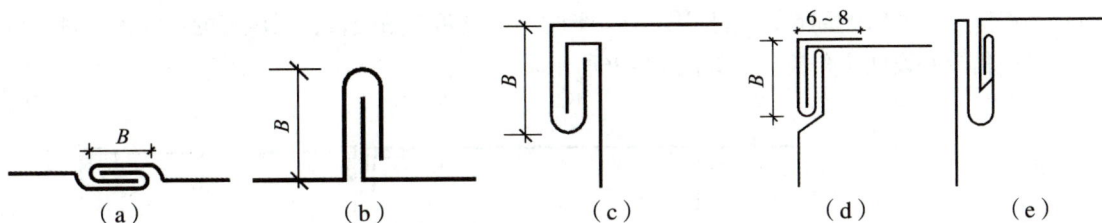

图3.1-25 咬口连接

（a）单平咬口；（b）单立咬口；（c）转角咬口；（d）联合角咬口；（e）按扣式咬口

风管和配件的咬口宽度应根据板材的厚度确定，应符合表3.1-11的规定。

风管和配件的咬口宽度 表3.1-11

钢板厚度δ（mm）	平咬口宽度B（mm）	角咬口宽度B（mm）
$\delta \leq 0.7$	6～8	6～7
$0.7 < \delta \leq 0.85$	8～10	7～8
$0.85 < \delta \leq 1.2$	10～12	9～10

2）咬口余量计算

画线时，咬口余量的大小与咬口宽度、重叠层数及使用的机械有关，一般对于单平咬口、单立咬口和转角咬口，在一块板上的咬口余量等于咬口宽度，在与其咬合的另一块板上，咬口余量为2倍的咬口宽度。对于联合角咬口和按扣式咬口，一块板上的咬口余量等于咬口宽度，另一块板上咬口余量为3倍的咬口宽度。

3）手工咬口工具

手工咬口使用的工具包括硬木拍板、硬质木锤、钢制小方锤、固定在工作台上的槽钢和圆管、手持垫铁及咬口套等。硬木拍板用来平整板料，拍打咬口，其尺寸为45mm×35mm×450mm；硬质木锤用来打紧打实咬口；钢制小方锤用来碾打圆形风管单立咬口；固定在工作台上的槽钢作为折方或拍打的垫铁；固定在工作台上的圆管作为卷圆和修正圆弧的垫铁；咬口套用来压平咬口或控制咬口宽度。

4）机械咬口器械

机械咬口常用的机械有直线多轮咬口机、圆形弯头联合咬口机、矩形弯头咬口机、合缝机、按扣式咬口机和咬口压实机等。

5）风管及配件咬口成形

圆形风管的成形加工通常采用手工或机械进行。手工加工前，应将剪切好的板材贴在圆管上压圆，再用方木尺修整，使咬口能互相扣合，再把咬口打紧打实，最后用方尺调圆，直到圆弧均匀为止。机械加工是用卷圆机进行滚压，板材经卷圆机卷圆后，再由咬口机压实，形成圆形风管。

矩形风管的折边用手动板边机折成直角，然后将咬口压实后即可形成矩形风管。矩形风管的咬口可采用按扣式咬口、联合咬口或转角咬口。当风管的周长小于板宽时，可设一个角咬口；当板宽小于风管的周长，大于周长的一半时，可设两个角咬口；当风管的尺寸很大时，可在四个边角分别设四个角咬口，如图3.1-26所示。

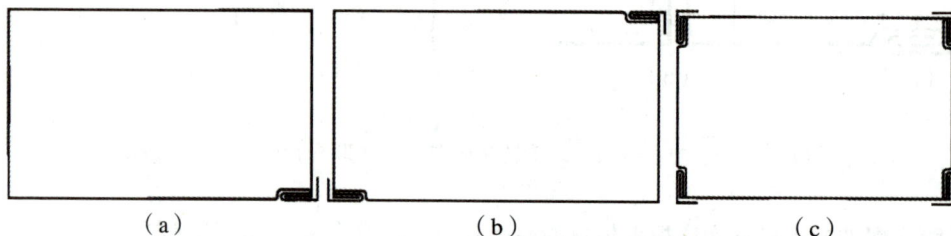

图3.1-26　矩形风管咬口示意图
（a）一个角咬口；（b）两个角咬口；（c）四个角咬口

三通主管和支管的结合缝可采用咬口连接，矩形三通的组合可参照矩形风管进行咬口连接。

为了避免出现大口法兰与风管无法紧密贴合，小口法兰无法套入等现象，下料时可将小口略微缩小，将大口稍微放大，同时将变径管的高度减少，并将减少量加工成正圆短管，先进行咬口连接，待套入法兰后再翻边，矩形变径管和天圆地方管的加工可用一块板材加工制作。为了节省板材，也可用四块小料拼接，即先咬合小料拼合缝，再依次卷圆或折方，最后咬口成形。

6）质量控制事项

咬口的加工主要是折边和咬合压实。折边的质量要求是折边宽度一致，既平且直，保证咬口的平整、严密和牢固，不得出现含半咬口和胀裂现象。折边宽度应稍小于咬口宽度，因为压实时一部分留量将变为咬口宽度。当咬口宽度为6~8mm时，折边宽度比咬口宽度少1mm，当咬口宽度大于10mm时，折边宽度比咬口宽度少2mm。

7）安全注意事项

咬口加工时，手指距滚轮护壳不小于5cm，手柄不得放在咬口机轨道上，同时应扶稳板料。咬口后的板料，按画好的折方线放在折方机上，置于下模的中心线。操作时使机械上刀片中心线与下模中心线重合，折成所需的角度。折方时应互相配合并与折方机保持一定距离，以免被翻转的钢板或配重碰伤。制作圆风管时，将咬口两端拍成圆弧状放在卷圆机上圈圆，按风管圆径规格适当调整上、下辊间距，操作时，手不得直接推送钢板。

（2）焊接

对于板材厚度δ>1.2mm的普通薄钢板，板材厚度δ>1.0mm的不锈钢板，板材厚度

$\delta>1.5$mm的铝板，因板材较厚、机械强度高，不宜采用咬口连接，可采用焊接方式制作风管。常用的焊接方法有点焊、气焊及氩弧焊。

焊缝形式常用的有对接焊缝、角焊缝、搭接焊缝、搭接角焊缝、板边焊缝、板边角焊缝等，如图3.1-27所示。板材的拼接缝、横向缝或纵向闭合缝可采用对接焊缝；矩形风管和配件的转角采用角焊缝；矩形风管和配件及较薄板材拼接时，采用搭接焊缝、板边角焊缝和板边焊缝。

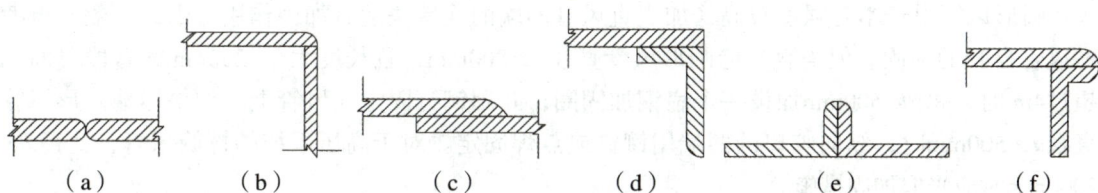

图3.1-27　板材焊缝形式
（a）对接焊缝；（b）角焊缝；（c）搭接焊缝；（d）搭接角焊缝；（e）板边焊缝；（f）板边角焊缝

焊条电弧焊一般用于钢板厚度$\delta>1.2$mm的薄钢板焊接，其预热时间短、穿透力强、焊接速度快、焊缝变形较小。焊接时应除去焊缝周围的铁锈、污物，对接缝时应留出0.5～1.0mm的对口间隙，搭接焊时应留出10mm的搭接量。

气焊用于厚度$\delta>1.5$mm的铝板的焊接，其预热时间长、加热面积大、焊接后板材变形大，影响风管表面的平整。为克服这一缺点，常采用板边焊缝及板边角焊缝，先分段点焊后再进行连续焊接。

氩弧焊是利用氩气作保护气体的气电焊，氩气保护了被焊接的金属板材，故焊接接头有很高的强度和耐腐蚀性能，且由于热量集中，板材焊接后不易发生变形，更适于不锈钢板和铝板的焊接。

（3）铆接

铆接主要用于风管、部件或配件与法兰的连接。它是将要连接的板材翻边，用铆钉穿连并铆合在一起，如图3.1-28所示。铆钉有空心和实心两类，最常用的铆接是实心铆钉连接。铆钉的直径应为板厚的2倍，且不得小于3mm，其净长度$L=2\delta+（1.5～2）d$，δ为钢板的厚度，d为铆钉直径。铆钉与铆钉之间的中心距一般为40～100mm，铆钉孔中心到板边的距离为（3～4）d。

手工铆接时，先把板材与角钢画好线，以确定铆钉位置，再按铆钉直径用电钻打铆钉孔，将铆钉自内向外穿过，垫好垫铁，用钢制方锤打敲钉尾，再用罩模罩上，把钉尾打成半圆形的钉帽。

电动拉铆枪是用于铆接工作的专业工具，其铆接方法及工作原理是：先将铆钉钳导向冲头插入角钢法兰铆钉孔内，再把铆钉放入磁性座中，按动手钳上的电钮，使压力油进入软管注入工作油罐，罐内活塞迅

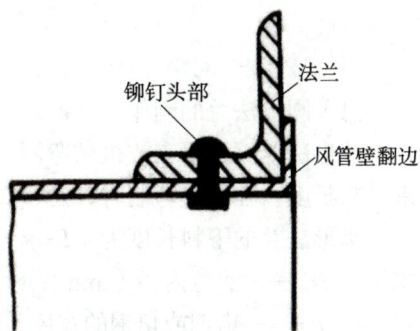

图3.1-28　风管与法兰铆接

速伸出使铆钉顶穿薄钢板实现冲孔。活塞杆上的铆钉将工件压紧，使铆钉尾部与风管壁紧密结合，这时油压加大，又使铆钉在法兰孔内变形膨胀挤紧，外露部分则因塑性变形成为大于孔径的鼓头。铆接完成后，松开按钮，活塞杆复位。

5. 金属风管的加固

对于直径或边长较大的风管，为了避免风管断面变形，减少由于管壁振动而产生的噪声，需要对其进行加固。

（1）圆形直风管的加固

圆形风管由于本身强度较高，加之直风管两端的连接法兰有加固作用，因此一般不再考虑风管自身的加固。但当直咬缝圆形风管直径 $d \geqslant 800\text{mm}$，且长度大于1250mm或管段总面积超过 4m^2 时，每隔1500mm加设一个扁钢加固圈，并用铆钉固定在风管上。如果运输圆形风管直径 $d \geqslant 500\text{mm}$ 时，纵向咬口的两端用铆钉或点焊固定。对于高压系统的螺旋风管，直径 $d>2000\text{mm}$ 时应采取加固措施。

（2）矩形直风管的加固

矩形风管与圆形风管相比，其自身强度低、易变形，尤其对于边长较大的风管应采取加固措施。当矩形风管的长边尺寸大于或等于630mm，保温风管长边尺寸大于800mm，管段长度在1250mm以上，或低压风管的单边平面积大于 1.2m^2，中、高压风管大于 1.0m^2 时，应采取加固措施。

（3）加固方法

金属风管加固方法如图3.1-29所示，图中（a）为楞筋加固，是在风管壁上滚槽加固，将板放在滚槽机械上滚槽，加工出凸棱；（b）为立筋加固，即用立咬口；（c）为角钢加固；（d）为扁钢立加固，加固框必须铆接在风管外侧，应用较为普遍；（e）为加固筋，用1.0～1.5mm厚的镀锌钢板条压成三角棱作为加固肋条，铆接在风管壁上；（f）为管内支撑加固，采用扁钢在管内支撑，扁钢两端铆接在风管上。

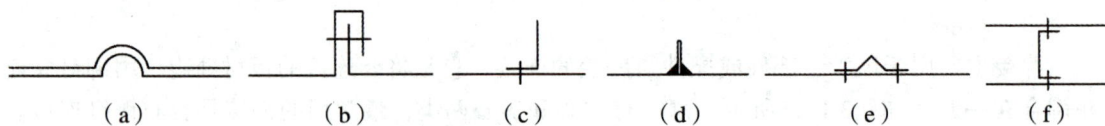

（a）　　　　（b）　　　　（c）　　　　（d）　　　　（e）　　　　（f）

图3.1-29　金属风管加固方法
（a）楞筋加固；（b）立筋加固；（c）角钢加固；（d）扁钢立加固；（e）加固筋；（f）管内支撑加固

6. 风管法兰的制作

（1）圆形法兰的制作

圆形法兰可用手工或机械弯制。由于法兰弯制时外圆弧受拉，内圆弧受压，从而改变了原来材料长度。在加热弯制时，还存在材料的受热伸长问题，这些均应在下料时予以考虑。

圆形法兰的下料长度为：$L = \pi(D + b/2)$

式中　D —— 法兰内径（mm）；

b —— 扁钢或角钢的宽度（mm）。

当用手工冷弯圆法兰时，按上式的计算长度 L 下料切断后，在弧形槽钢模上用锤敲打起弯，直到圆弧均匀成形，最后焊接、平整、钻孔制成。当手工热弯法兰时，先将角钢或扁钢加热至可塑状态，在圆形胎具上弯曲成形，对准起点和搭接处画线切割，经焊接、平整、钻孔制成。一般情况下，在法兰标准胎具上加工法兰可不需计算切断下料，只要用长料在胎具上连续弯制、切断，再弯制圆形法兰即可，还可使用法兰弯制机械弯制圆形法兰。

（2）矩形法兰的制作

矩形法兰由四根角钢组成，总下料长度：$L=2(A+B+2b)$。A、B分别为矩形风管法兰的内边长，它们应大于风管外边长2~3mm，b为角钢宽度。

矩形风管法兰加工时，先把角钢调直，用小钢角尺下料，下料尺寸要准确，然后切断、组装并点焊，经平整后复测对角线尺寸，然后焊接各接口缝。

所有圆形和矩形法兰均应配对钻孔，即将两支相互连接的法兰点焊在一起，一并画线钻孔。钻孔直径应大于螺栓直径1.5mm。微压、低压和中压系统风管孔距不应大于150mm，高压系统风管孔距不应大于100mm。如采用8501阻燃密封胶带做垫料，螺栓孔距可适当增加，但不得超过300mm。法兰四角处应设螺栓孔。在按风管或配件（附件）编号配用法兰时，方可打掉法兰定位焊处，将法兰按编号组装到风管或配件上。

3.1.3　无机玻璃钢风管的制作

近年来，不少地方已开始使用满足耐火性能要求的非金属及复合材料成品风管，这类风管应由不燃材料制作，还需满足国家标准规定的抗震、抗老化、受热时不产生毒气及任何环境下不吸潮、不返卤的要求，因此，选择非金属及复合材料风管作为加压送风防烟风管及排烟风管时，应确保质量安全和满足耐火性能要求。

防烟排烟风管及配件制作3

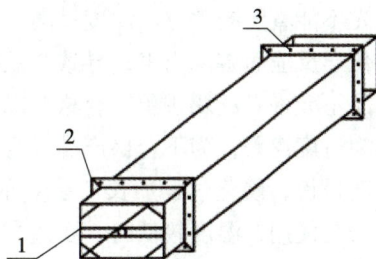

无机玻璃钢风管分为整体普通型（非保温）、整体保温型（内、外表面为无机玻璃钢，中间为绝热材料）、组合型（由复合板、专用胶、法兰、加固角件等连接而成）和组合保温型四类。

无机玻璃钢风管的制作是在专用的整体胎膜上进行，辅以塑料薄膜作为内衬，滚涂或压抹菱镁材料（菱苦土和轻烧镁粉配比而成），贴铺玻璃丝布，重复多次，直至达到要求的玻璃丝布层数和总厚度要求。

1. 模具制作

矩形风管模具一般采用木板、胶合板、方木等材料制作而成；圆形风管模具一般采用薄木板、薄钢板、钢管等材料制作而成。模具成型均使用内模，并且是可以拆卸的，以便于脱模。矩形风管的内模外边尺寸等于矩形风管的内边尺寸，并且内模要考虑脱模。法兰模具上用直径5mm左右的突出物（如塑料毛钉或自攻螺栓）来标记法兰螺栓孔的位置，同种规格的螺栓孔位置纵横方向都应保持一致，具有可互换性，并保证法兰四个角处必须有一个螺栓孔。无机玻璃钢风管模具示意如图3.1-30所示。

圆形风管的内模制作，按设计要求的风管管径选用适

图3.1-30　无机玻璃钢风管模具示意
1—管体模具；2—法兰模具；
3—法兰螺栓孔

当偏小直径的钢管，或用木方、胶合板和铁板制作成圆管。其外径应等于风管的内径，并且要求内表面光滑、便于脱模。

2. 涂敷成型

首先在模具成型面上涂抹隔离剂（或在模具外表面包上一层透明的玻璃纸），待其充分干燥后，将加有引发剂（或固化剂）、促进剂等添加剂的氯氧镁水泥均匀涂刷在模具成型面上，随之在其上铺放裁剪好的玻璃布。然后在铺好的玻璃布上再涂刷氯氧镁水泥，并注意驱除气泡。涂刷好氯氧镁水泥浆后再铺上剪好的玻璃布，如此重复上述操作，直到达到设计和规范厚度。

风管表层浆料厚度以压平玻璃纤维网格布纹理为宜（可见布纹）。管壁表面不允许有密集气孔和漏浆，以避免在承受弯曲拉应力（正风压）、弯曲压应力（负风压）时出现应力集中。

管体与法兰转角处应有过渡圆弧，其半径应为壁厚的0.8～1.2倍，才能提高悬臂状态下法兰的承载能力，并避免应力集中。同时，要求风管法兰处的玻璃纤维网格布应延伸至风管管体上。

玻璃纤维网格布长度、宽度不够时一定要采取搭接的方法，这样才能提高搭接处的切向承载能力，从而有效地克服径向拉应力、弯曲应力和弯曲剪切应力。玻璃纤维布在接缝处的搭接长度一般为50～100mm；而且每层玻璃纤维布接缝处与相邻层接缝应有一定距离。相邻层之间的纵、横搭接缝距离应大于300mm，同层搭接缝距离不得小于500mm。

糊制圆形风管时，玻璃布可沿径向45°的方向剪成布带；糊制圆锥形制品时，可按扇形裁布。

矩形风管的边长大于900mm，且管段长度大于1250mm时，应进行加固处理。加固尽量采用本体材料（纤维增强胶材料）在最大应力处设置加强盘，提高截面模量，从而提高管体整体强度。风管的加固也可在风管制作完毕后，采用经过防腐处理过的金属或其他耐腐材料进行加固，加固件应与风管成为整体，并采用与风管本体相同的胶凝材料封堵缝隙。

3. 脱模养护

风管制作完毕，静置让其自然固化后方可脱模。固化时间要求方面，夏季大于24h，冬季大于36h。脱模时要保护好风管外表面的完好，管体的缺棱不得多于两处，且缺棱尺寸应小于或等于10mm×10mm；风管法兰缺棱不得多于一处，且缺棱尺寸应小于或等于10mm×10mm，缺棱的深度不得大于法兰厚度的1/3，且不得影响法兰连接的强度。

脱模后的风管要进行养护。养护的温度一般在18～35℃为宜，养护场地为通风良好，且阳光不能直射的地方。温度过高，会引起水分蒸发加快，干燥速度提高，部分氧化镁来不及参加化学反应而游离出来，导致产品翘曲和变形，表面会形成一层粉状物，简称泛霜现象。优质产品不允许有泛霜现象，合格产品仅允许有轻微的泛霜。表面形成一层明显的白色粉状颗粒，则为过度泛霜，为不合格产品，会影响风管的强度和抗老化能力。而温度过低，产品化学反应速度过慢，硬化过程加长，强度亦会降低，同样影响制品的产量。因此养护期大于10d方能投入安装使用，温度较低时，要适当增加养护时间。若养护期不到时间就投入安装，会因强度不够而引起风管的直接破坏或发生隐性裂纹，存在隐患。

4. 成品保护

成品风管应存放在宽敞、避雨雪的仓库、棚中，并置于干燥防潮的垫架上。风管应按系统、规格和编号堆放整齐，以避免相互碰撞造成表面划伤，要保持所有产品表面的光滑、洁净。若风管长时间未安装，应用塑料薄膜包口。吊运、安装风管及配件时要先按编号找准、排好，然后再进行吊运。吊装作业时严禁使用钢丝绳，一般采用软质麻绳捆绑。若安装时有破损，应在现场用原材料进行修复。

3.1.4 防烟排烟风管防火隔热

建设工程排烟管道、机械加压送风管道、补风管道耐火极限应满足《建筑设计防火规范（2018年版）》GB 50016—2014、《建筑防烟排烟系统技术标准》GB 51251—2017等规范要求，可采用防火板填充岩棉、柔性防火卷材、新型板状防火棉等包覆材料，通过机械固定、柔性包覆（裹）等方式固定在镀锌钢板风管表面，以满足耐火极限的相关要求。

吊顶内的排烟管道应采用厚度不小于40mm的不燃材料绝热，并应与可燃物保持不小于150mm的距离。

1. 防烟排烟风管外包覆材料

（1）防火板+岩棉板

防火用无石棉纤维增强硅酸钙板（俗称"防火板"）是以硅质、钙质材料为主要胶结材料，以非石棉类纤维为增强材料，经成型、加压（或非加压）、蒸压养护制成的板材。它具备良好的高温尺寸稳定性能和抗高温开裂性能，燃烧性能不低于《建筑材料及制品燃烧性能分级》GB 8624—2012规定的不燃A级，防火板的最高使用温度≥1050℃。制品中石棉成分含量为零。

岩棉板应符合《建筑用岩棉绝热制品》GB/T 19686—2015的规定，其燃烧性能不低于《建筑材料及制品燃烧性能分级》GB 8624—2012规定的不燃A级。在平均温度为70℃的条件下，其导热系数≤0.044W/（m·K）。

（2）漂珠防火隔热板

漂珠是煤粉在电厂锅炉内燃烧时，黏土质物质熔融成微液滴，在炉内湍流的热空气作用下高速自旋，形成浑圆硅铝球体。燃烧和裂解反应产生的氮气、氢气和二氧化碳等气体，在熔融的高温硅铝球体内迅速膨胀，并在表面张力作用下，形成中空的玻璃泡，然后进入烟道迅速冷却、硬化后，成为高真空的玻璃态空心微珠。

漂珠防火隔热板，兼具了防火性、耐火性和隔热性三大属性，是一种全新的耐火隔热材料，是符合《通风管道耐火试验方法》GB/T 17428—2009中耐火完整性和隔热性要求的建筑防烟排烟风管包裹，其燃烧性能不低于《建筑材料及制品燃烧性能分级》GB 8624—2012规定的不燃A级。该材料在最高使用温度≥1200℃，平均温度为70℃时，导热系数≤0.055W/（m·K），平均温度1000℃时，导热系数≤0.10W/（m·K）。

（3）复合铝箔岩棉板

复合铝箔岩棉板是在岩棉板上使用复合铝箔贴面，复合铝箔应满足《矿物棉绝热制品用复合贴面材料》JC/T 2028—2018的要求，复合铝箔贴面应具有憎水性，表面应洁净、平整，不应存在妨碍使用的针孔、鼓泡、腐蚀和破损。复合铝箔贴面与岩棉板的粘结应平整、牢固，其燃烧性能不低于《建筑材料及制品燃烧性能分级》GB 8624—2012规定的不燃A级。

对复合铝箔岩棉板的性能要求与（1）相同。

（4）复合铝箔封装耐火纤维卷毯

耐火纤维卷毯是指经针刺成型，不含胶粘剂，具有生物可溶性以及一定的尺寸、柔软的非晶态碱土硅酸盐纤维制品。其主要化学成分为氧化钙、氧化镁等碱土金属氧化物和二氧化硅。当耐火纤维卷毯最高使用温度≥1000℃，平均温度为70℃时，导热系数≤0.044W/（m·K），当耐火纤维卷毯完全封装在方格筋复合铝箔中时，其整体燃烧性能不应低于《建筑材料及制品燃烧性能分级》GB 8624—2012规定的不燃A级。

2．外包覆构造及其耐火、燃烧性能

防烟排烟金属风管常见防火包覆构造及耐火性能和燃烧性能见表3.1–12。

防烟排烟金属风管常见防火包覆构造及耐火性能和燃烧性能　　　　表3.1–12

防火包覆构造	包覆厚度（mm）	耐火极限（min）	燃烧性能
1.2mm镀锌钢板风管+40mm空气层+8mm防火板	48	40	不燃
1.0mm镀锌钢板风管+25mm厚岩棉板（密度为100kg/m³）+6mm空气层+8mm防火板	39	60	不燃
1.0mm镀锌钢板风管+50mm厚岩棉板（密度为100kg/m³）+9mm防火板	59	90	不燃
1.0mm镀锌钢板风管+2×25mm厚岩棉板（密度为100kg/m³）+9mm防火板。岩棉板间添加防火板粉末与水的混合物	60	120	不燃
1.0mm镀锌钢板风管+50mm厚岩棉板（密度为100kg/m³）+12mm防火板。防火板、岩棉板、镀锌钢板风管间涂抹高温胶，高温胶由防火水泥与水玻璃以1∶1重量比配制而成	70	180	不燃
1.0mm镀锌钢板风管+20mm厚漂珠防火隔热板（密度为330kg/m³）。风管法兰连接处涂漂珠耐火凝胶密封	20	60	不燃
1.0mm镀锌钢板风管+30mm厚漂珠防火隔热板（密度为330kg/m³）。风管法兰连接处涂漂珠耐火凝胶密封	30	120	不燃
1.2mm镀锌钢板风管+50mm厚岩棉板（熔点不低于1150℃，密度为60kg/m³）+复合铝箔贴面	50	30	不燃
1.0mm镀锌钢板风管+45mm厚岩棉板（熔点不低于1150℃，密度为120kg/m³）+复合铝箔贴面	45	60	不燃
1.0mm镀锌钢板风管+30mm厚复合铝箔封装的耐火纤维针刺卷毯（密度为96kg/m³）	30	60	不燃
1.0mm镀锌钢板风管+40mm厚复合铝箔封装的耐火纤维针刺卷毯（密度为96kg/m³）	40	60	不燃
1.0mm镀锌钢板风管+60mm厚复合铝箔封装的耐火纤维针刺卷毯（密度为96kg/m³）	60	120	不燃

中华经典——勤俭节约

　　勤俭节约是中华民族的传统美德。《墨子》中说："俭节则昌，淫佚则亡。"诸葛亮说："静以修身，俭以养德。"《治家格言》道："一粥一饭，当思来处不易；半丝半缕，恒念物力维艰。"唐朝诗人李商隐写下了"历览前贤国与家，成由勤俭破由奢"的著名诗句。可以看出，勤俭节约已经根植于中华民族的血脉。

　　当前，我国已全面建成小康社会，正踏上实现第二个百年奋斗目标的新征程。在新的历史时期，我们仍然要继承和发扬艰苦奋斗、勤俭节约的光荣传统。提高精神境界，让艰苦奋斗、勤俭节约的思想内化于心、外化于行，将这一良好习惯应用于工作、生活的方方面面。

　　比如，在防烟排烟风管及配件制作时，我们要"量体裁衣"，想尽一切办法减少损耗，避免大材小用，节约材料。要做到矩形风管标准化节最大化，风管拼接时三面折方、一面咬口。要充分利用边角料制作短小的连接件等，做到物尽其用。

3.1.5 同步训练任务

1. 单选题

（1）钢板风管，当风管直径为500mm时，圆形风管的板材厚度应为（　　）mm。

A. 0.5　　　　　　　B. 0.6　　　　　　　C. 0.75　　　　　　　D. 1.0

（2）矩形钢板风管长边尺寸为800mm时，中低压系统矩形风管板材厚度为（　　）mm。

A. 1.0　　　　　　　B. 0.75　　　　　　　C. 0.6　　　　　　　D. 0.5

（3）普通钢板制作风管，板材厚度$\delta > 1.5$mm时，采用（　　）连接。

A. 电焊　　　　　　B. 氩弧焊　　　　　　C. 铆接　　　　　　D. 咬接

（4）镀锌钢管制作风管时可采用咬口连接、铆接、焊接等不同方式，当钢板厚度1.0mm$< \delta \leq 1.2$mm时，采用（　　）连接。

A. 电焊　　　　　　B. 氩弧焊　　　　　　C. 气焊　　　　　　D. 咬接

（5）镀锌钢板制作防烟排烟风管时，不得采用（　　）。

A. 法兰连接　　　　B. 焊接连接　　　　　C. 铆接　　　　　　D. 咬接

（6）金属风管长边尺寸为2000mm时，应采用（　　）螺栓连接。

A. M4　　　　　　　B. M6　　　　　　　C. M8　　　　　　　D. M10

2. 判断题

（1）风管采用法兰连接时，其螺栓孔的间距不得大于150mm，矩形风管法兰四角处应设有螺栓孔。　　　　　　　　　　　　　　　　　　　　　　　　　　　　（　　）

（2）防烟、排烟系统柔性短管的制作材料必须是不燃材料。　　　　　　　（　　）

（3）板材应采用咬口连接或铆接，除镀锌钢板及含有复合保护层的钢板外，板厚等于1.0mm的可采用焊接。　　　　　　　　　　　　　　　　　　　　　　　（　　）

（4）排烟风管的隔热层采用厚度不小于40mm的不燃绝热材料。　　　　　（　　）

任务 **3.2**
防烟排烟风管及附件安装

防烟排烟风管
及附件安装 1

【学习目标】

知识目标	能力目标	素质目标
1. 熟悉防烟排烟系统风管支吊架形式； 2. 掌握风管与风管、风管与配件、部件的连接方法	1. 能根据图纸，确定防烟排烟风管支吊架位置和标高； 2. 能现场连接风管、配件及部件； 3. 能描述风管施工的质量要求	1. 增强遵守规范意识，树立安全意识； 2. 养成精益求精和严谨细致的工作态度； 3. 养成甘做"螺丝钉"的精神

【思维导图】

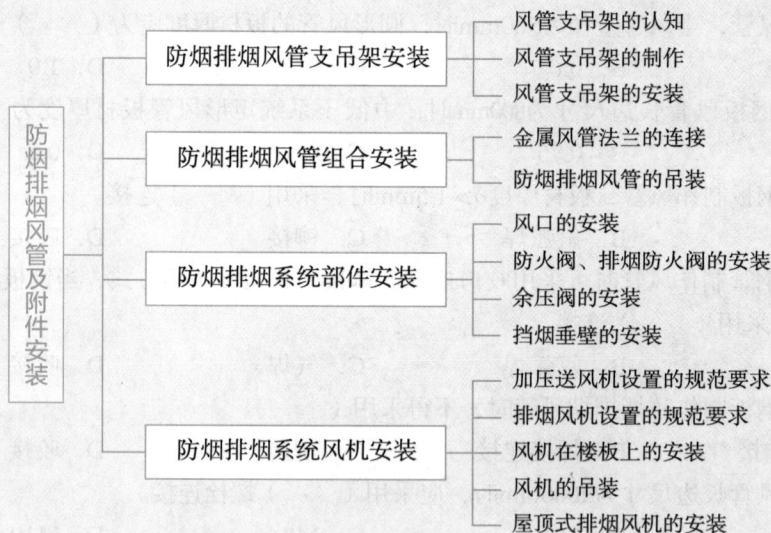

3.2.1 防烟排烟风管支吊架安装

1. 风管支吊架的认知

防烟排烟设备通常安装在楼（屋）面板上，水平布置的防烟排烟风管通常沿楼（屋）面板下面或上敷设，竖向布置的防烟排烟风管则一般附着在墙柱侧。置于楼（屋）面板上或附着在墙柱侧的风管一般需要设置支架固定。置于楼（屋）面板下的则需要设置悬吊架。

（1）悬吊架的认知

当水平布置的防烟排烟管道被安装在楼（屋）面板下方时，通常需要使用悬吊架。悬吊架的设计应首先保证其在管道等荷载作用下，具有足够的强度和刚度，同时，必须保证其与上部结构之间的连接足够牢固。另外，还应考虑上部结构能否承担管道系统的荷载作用。

悬吊架的吊杆可以采用抗拉能力较强的圆钢、角钢或槽钢制作，横担则多采用抗弯能力强的角钢或槽钢制作，吊杆顶部一般使用角码、膨胀螺栓等固定在结构梁板中。

相邻悬吊架之间的间距是根据管道自身的抗弯强度、刚度情况综合确定。管道强度、刚度大，悬吊架之间的间距则可适当增大，如图3.2-1所示。

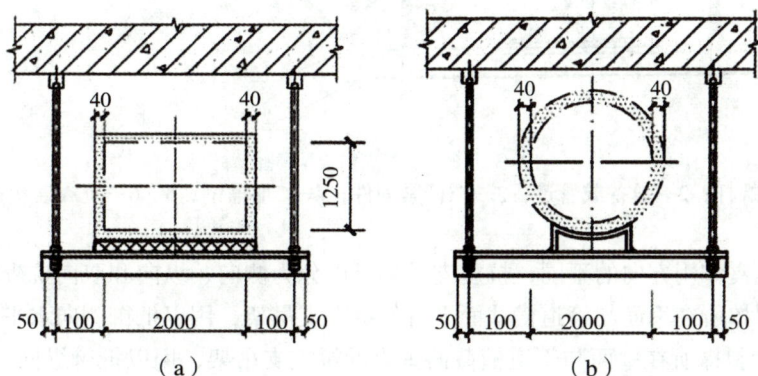

图3.2-1 悬吊架
（a）矩形风管；（b）圆形风管

（2）支撑型支架

当防烟排烟设备或管道需要落地安装时，一般就需要在设备或管道的下方，楼地板上设置支撑型支架。支撑型支架可以采用型钢（角钢或槽钢等）制作，设置螺栓孔，与楼地板上的预埋螺栓牢固固定，如图3.2-2所示。

（3）装配式支吊架

装配式支吊架是由工厂直接生产支吊架的零配件，运到现场后，由施工人员现场装配、安装，形成支吊架系统。现场装配、安装不需要电焊、钻孔等操作，多采用螺栓等连接方式，无明

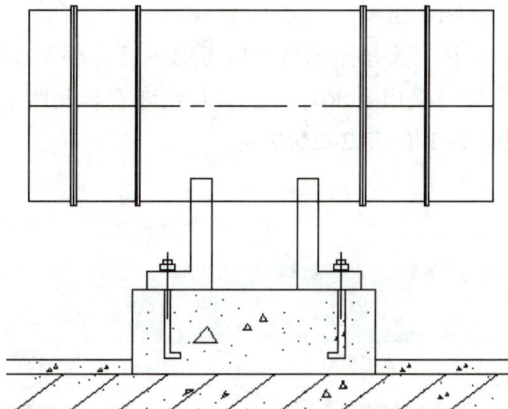

图3.2-2 支撑型支架

火、无噪声、无污染、不产生建筑垃圾，实现了施工的工业化、模块化、高速化。

（4）抗震支吊架

当建筑物位于抗震设防烈度为6~8度的地区时，在防烟排烟系统全生命周期内可能会发生较强地震。地震具有作用方向的不确定性，巨大的地震波将导致建筑物和管道系统无规律晃动，造成破坏。为了预防可能产生的不良影响，《建筑机电工程抗震设计规范》GB 50981—2014规定，抗震设防烈度为6~8度的地区建筑，其防烟排烟系统支吊架应设计为抗震支吊架。抗震支吊架一般由长螺杆、螺杆紧固件、抗震连接构件等组成，如图3.2-3所示。与普通支吊架的区别主要在于设置了抗震斜撑和抗震连接构件，同时，其锚固件和吊杆也比普通支吊架的要更牢固。

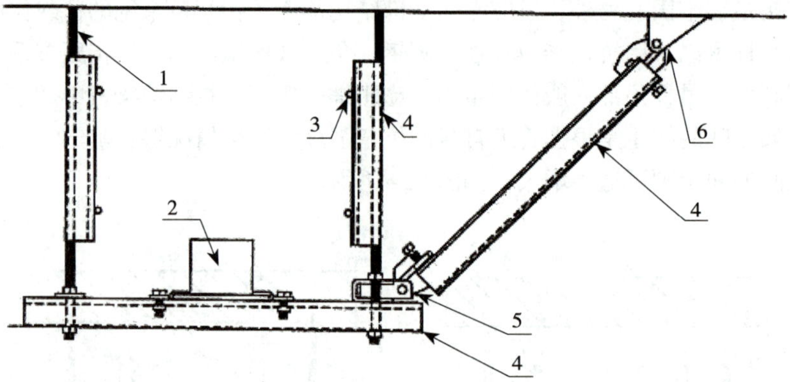

图3.2-3　抗震支吊架示意图
1—长螺杆；2—设备或管道；3—螺杆紧固件；4—C形槽钢；5、6—抗震连接构件

根据抵御地震作用方向的不同，抗震支吊架可以分为侧向、纵向和双向抗震支吊架。侧向抗震支吊架是斜撑所在垂面与管道横截面平行的抗震支吊架，用以抵御侧向水平地震作用；纵向抗震支吊架为斜撑所在垂面与管道横截面垂直的抗震支吊架，用以抵御纵向水平地震作用；双向抗震支吊架为同时具有侧向和纵向抗震功能的抗震支吊架。

2．风管支吊架的制作

风管支吊架的制作通常需要经过选材、下料、钻孔、焊接和防腐5个步骤。

（1）选材

风管支吊架的选材应考虑风管、部件或设备的重量、型号等因素，并应符合设计要求。当设计未提出要求时，在最大允许安装间距下，水平安装金属风管的吊架型钢最小规格应符合表3.2-1和表3.2-2的规定。

水平安装矩形金属风管的吊架型钢最小规格（单位：mm）　　　　　表3.2-1

风管横截面长边尺寸B	吊杆直径D	吊杆规格	
		角钢	槽钢
$B \leqslant 400$	$\phi 8$	∟25×3	[$50 \times 37 \times 4.5$
$400 < B \leqslant 1250$	$\phi 8$	∟30×4	[$50 \times 37 \times 4.5$

续表

风管横截面长边尺寸B	吊杆直径D	吊杆规格	
		角钢	槽钢
1250<B≤2000	ϕ10	∟40×4	[50×37×4.5 [63×40×4.8
2000<B≤2500	ϕ10	∟50×5	—

水平安装圆形金属风管的吊架型钢最小规格（单位：mm）　　表3.2-2

风管横截面直径D	吊杆直径D	抱箍规格		角钢横担
		钢丝	扁钢	
D≤250	ϕ8	ϕ2.8	━25×0.75	—
250<D≤450	ϕ8	ϕ2.8或ϕ5两根合用		—
450<D≤630	ϕ8	ϕ3.6两根合用		—
630<D≤900	ϕ8	ϕ3.6两根合用	━25×1.0	—
900<D≤1250	ϕ10	—		—
1250<D≤1600	两根ϕ10	—	━25×1.5上下两个半圆弧	∟40×4
1600<D≤2000	两根ϕ10	—	━25×1.0上下两个半圆弧	

（2）下料

支吊架制作前，应对拟使用的型钢进行检查矫正，以保证其几何形状的规则性。

型钢下料宜采用机械切割，切割边缘处应进行打磨处理，以确保光滑。切割下料应符合下列规定：

1）型钢斜支撑、悬臂型钢支架嵌入砖砌墙体部分应采用燕尾形式，嵌入深度不应小于120mm。

2）横担长度应考虑管道水平尺度、防火隔热层厚度以及吊杆固定等因素。

3）吊杆的长度应按上部结构底面与管底设计标高差值确定，并适当考虑调节余量。

4）柔性风管的吊环宽度应大于25mm，圆弧长应大于1/2周长，并应与风管贴合紧密。

（3）钻孔

型钢应采用机械开孔，开孔尺寸应与选用的螺栓相匹配。

（4）焊接

支吊架焊接应采用角焊缝满焊，焊缝高度应与较薄焊接件厚度相同，焊缝应饱满、均匀，不应出现漏焊、夹渣、裂纹、咬肉等现象。采用圆钢吊杆时，吊杆根部与吊架焊接长度应大于6倍的吊杆直径。

（5）防腐

防腐施工前应对金属表面进行除锈、清洁处理，可选择人工除锈或喷砂除锈。涂刷防腐材料时，应控制涂刷厚度，保持均匀，不应出现漏涂、起泡等不良现象。

3．风管支吊架的安装

（1）预埋件埋设

风管支吊架在混凝土墙、混凝土柱上安装时，预埋件的形式（比如扁钢）、规格及位置应符合设计要求，并在结构混凝土浇筑前准确预埋。

（2）放线与定位

应按施工图中管道、设备等的安装位置，弹出支吊架的中心线，确定支吊架的安装位置。风管支吊架的最大允许间距应满足设计要求，并应符合下列规定：

1）金属风管（含防火隔热）水平安装时，支吊架的最大间距应符合表3.2-3的规定。

2）无机玻璃钢风管水平安装时，支吊架的最大间距应符合表3.2-4的规定。

3）风管垂直安装时，支吊架的最大间距应符合表3.2-5的规定。

4）抗震支吊架最大间距应符合表3.2-6的规定。

金属风管水平安装支吊架最大间距（单位：mm）　　　表3.2-3

风管横截面宽度B或直径D	矩形风管	圆形风管		薄钢板法兰风管
		纵向咬口风管	螺旋咬口风管	
B（D）≤400	4000	4000	5000	3000
B（D）>400	3000	3000	3750	

无机玻璃钢风管水平安装支吊架最大间距（单位：mm）　　　表3.2-4

风管类别	风管长边尺寸			
无机玻璃钢风管	B（D）≤400	400<B（D）≤1000	1000<B（D）≤1600	1600<B（D）≤2000
	4000	3000	2500	2000

风管垂直安装支吊架最大间距（单位：mm）　　　表3.2-5

风管类别	支吊架最大间距
金属风管	4000
无机玻璃钢风管	3000

抗震支吊架最大间距（单位：m）　　　表3.2-6

管道类别	抗震支吊架最大间距	
	侧向	纵向
新建工程普通刚性材质风管	9	18
新建工程普通非金属材质风管	4.5	9
改建工程普通刚性材质风管	4.5	9
改建工程普通非金属材质风管	2.3	4.5

（3）支吊架安装

1）风管支架在墙上安装

风管沿墙敷设时，通常固定在托架上，而将托架固定在墙上。在确定托架标高时，应注意圆形风管是以风管的轴线标高为准，矩形风管是以管道底标高为准。根据风管的设计标高画出托架横梁上表面的位置线，再根据风管支架的间距要求，确定支架的具体位置，然后将托架的触墙侧（端）固定在墙壁上。固定的方法可采用预埋法、栽埋法、膨胀螺栓法和射钉法等。

2）风管吊架安装

安装吊架时，应首先根据风管的中心线确定吊杆的安装位置，单杆吊杆在风管的中心线上，双杆吊杆可以按风管的中心线对称安装。然后再根据风管支吊架的间距要求，画出吊杆的具体安装位置。最后再根据风管的标高，确定吊杆的安装高度。当风管较长，需要安装多个吊架时，可先把两端的吊架安装完成，然后再以两端的吊架为基准，拉线确定中间各吊架的安装标高。

吊架形式应结合建筑结构形式选择，吊架与建筑结构之间的固定常用预埋件法或膨胀螺栓法等。

①预埋件法：这种方法是在结构顶板浇筑混凝土之前，将钢板或型钢预埋件按照吊杆位置预埋在钢筋混凝土结构内，后期将吊杆上端固定在预埋件下面即可［3.2-4（a）］。

②穿透结构法：当结构顶板厚度较小时，可以在吊杆位置用冲击钻将顶板打穿，并在板顶安置一个开孔小钢板或短钢筋，再与吊杆固定即可。注意密封孔洞，以防漏水。

③膨胀螺栓法：膨胀螺栓法则是在结构顶板下，根据吊杆位置，向结构体内钻孔，将膨胀螺栓的膨胀端置于孔中，拧紧螺栓即可固定牢固。可用槽钢短件两翼钻孔后实现吊杆与膨胀螺栓之间的连接，如图3.2-4（b）所示。

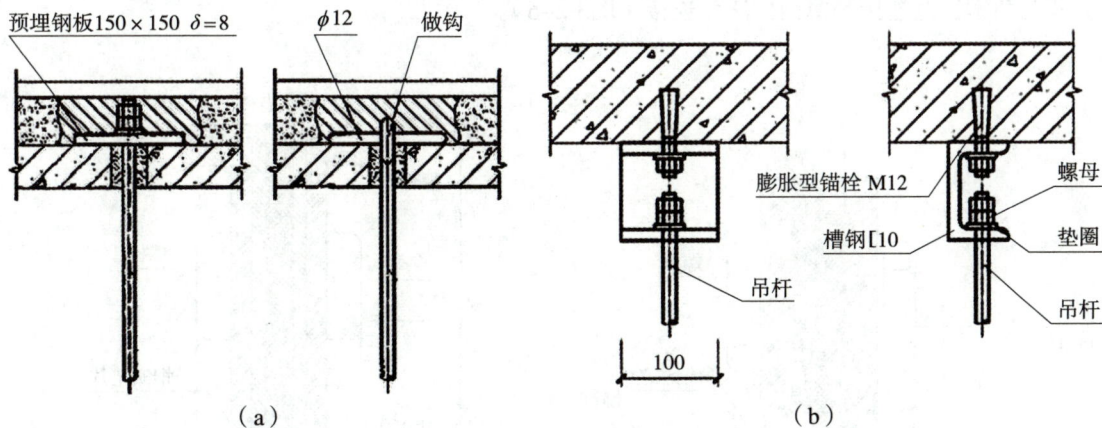

图3.2-4 吊架吊杆的固定方法
（a）预埋件法；（b）膨胀螺栓法

3）风管抗震支吊架安装

首先是测量所要安装的风管规格及风管底面距顶板底面的高度，以此来决定全螺纹吊杆的长度、上下两根横梁槽钢的长度、加劲槽钢的长度及斜撑槽钢的长度，并确定膨胀螺栓的位置。然后根据测量出的相关数据进行材料的切割下料，槽钢切割完后须在切口处喷涂金属喷锌剂，避免切口腐蚀。根据主要吊杆膨胀螺栓的位置进行钻孔作业，进而安装膨胀螺栓及全螺纹吊杆。安装上下两根横梁，其中下横梁须拧紧，进而安装限位组件，上横梁维持松弛状态。定位侧向、纵向支撑的膨胀螺栓的位置，钻孔，进而安装侧向、纵向支撑，上横梁也须安装拧紧。风管抗震支吊架安装示意如图3.2-5所示。

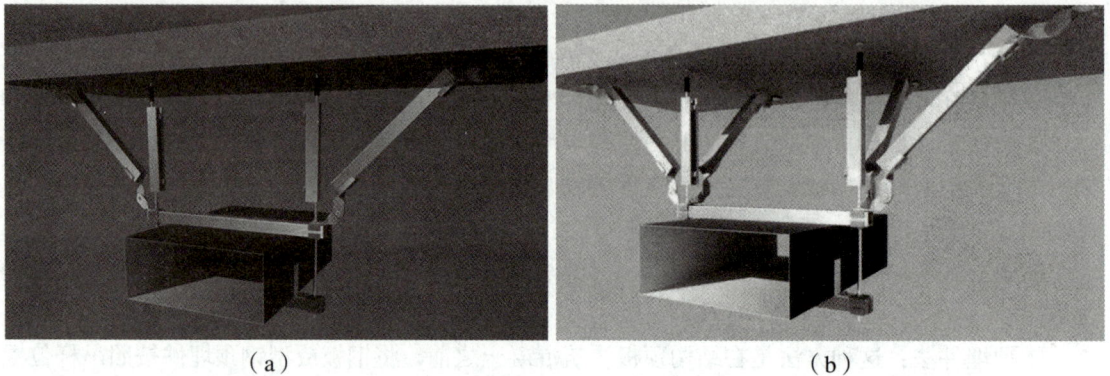

（a）   （b）

图3.2-5 风管抗震支吊架安装示意
（a）风管单向抗震支吊架；（b）风管双向抗震支吊架

3.2.2 防烟排烟风管组合安装

在防烟排烟系统的风管、配件及部件已预制加工完成，且风管支吊架已安装的情况下，将进行风管与风管、风管与配件以及风管与部件的组合连接，防烟排烟金属风管的主要组合连接方式为角钢法兰连接和薄钢板法兰连接（图3.2-6）。

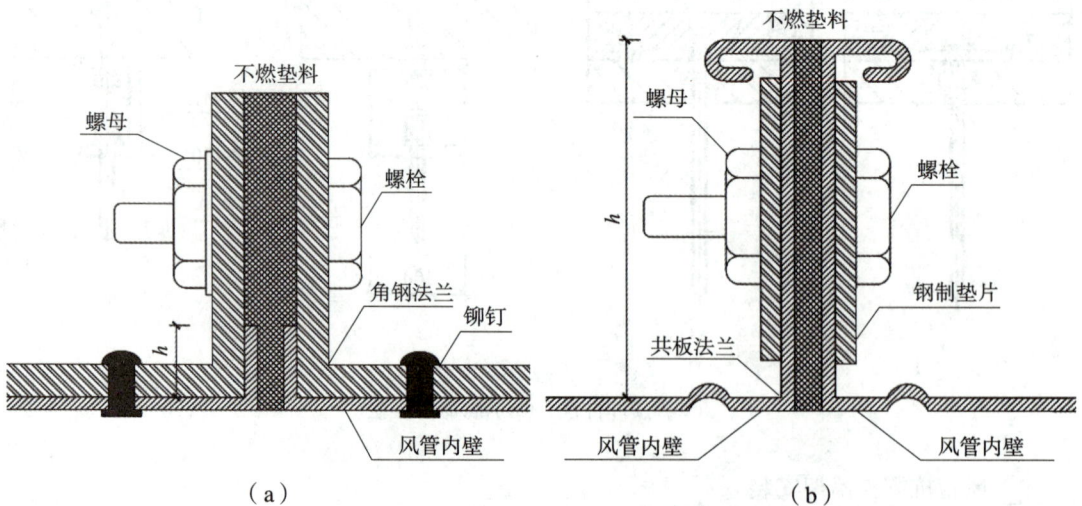

（a）   （b）

图3.2-6 金属风管法兰连接方法
（a）角钢法兰连接；（b）薄钢板法兰连接

1．金属风管法兰的连接

（1）角钢法兰连接

防烟排烟系统风管与风管、风管与配件以及风管与部件的组合连接宜优先采用法兰连接，因其安装和拆卸方便，有利于加快安装速度及维护管理。风管或配件（部件）与法兰的装配可采用翻边法、翻边铆接法和焊接法。

当风管与角钢法兰装配时，可采用6~9mm的翻边，将法兰套在风管或配件上。翻边量不能太大，以免遮住螺栓孔。

当风管壁厚$\delta \leqslant 1.2$mm时，法兰与风管的装配可用直径为4~5mm的铆钉铆接，再用小锤将风管翻边。

当风管壁厚$\delta > 1.2$mm时，风管与角钢法兰的装配宜采用焊接。一种做法是在风管翻边后对法兰进行点焊，另一种做法是将风管插入法兰4~5mm后进行满缝焊接。

法兰对接的接口处应加垫料，以使连接严密、牢固。对于防烟排烟风管作为输送高温气体的风管，可用石棉绳或石棉橡胶板作衬垫，衬垫厚度不应小于3mm，衬垫不得凸入管内和法兰外，以免增大气流阻力或造成堵塞。

（2）薄钢板法兰连接

薄钢板法兰连接，通常是指风管壁与法兰为一体的连接形式，这种方式将风管端面折边成法兰片，利用法兰插条、弹簧夹、顶丝卡（U形紧固螺栓）、固定螺栓等部件进行连接，防烟排烟风管只能采用螺栓连接。这种形式的风管连接减少了角钢用量，降低了制作角钢法兰的人工成本，但必须通过机床进行加工，手工制作几乎不能实现。

薄钢板风管法兰与法兰之间的连接采用特制的法兰角连接件，在风管法兰的四个角部装上法兰角连接件，用锤头轻击将其敲入法兰中，在两段风管的法兰面及法兰角连接件上采用A级不燃密封胶条进行封堵，法兰垫料厚度宜为3~5mm，保证接缝严密、无泄漏。然后用螺栓、螺母将两段风管紧紧连接起来，如图3.2-7所示。

可以想象，薄钢板法兰的强度、稳定性、密封性等都会比角钢法兰差，通常应用于中、低压风管系统，根据《通风与空调工程施工质量验收规范》GB 50243—2016要求，薄钢板法兰矩形风管不得用于高压风管。

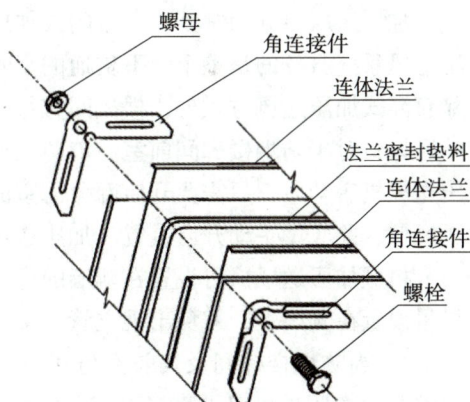

图3.2-7　薄钢板法兰风管角连接

2．防烟排烟风管的吊装

风管安装前，应再次检查支吊架等风管固定件的位置是否正确、牢固。检验合格后，方可对已完成组对的风管采用升降平台或滑轮进行整体提升。

吊装滑轮一般可挂在梁、柱的节点上，也可挂在楼板的预制挂钩上或孔洞下；再检查吊点的绳索是否安全可靠，当水平风管绑扎牢固后，即可进行起吊。当风管离地200~300mm时，应停止起吊，再次检查所用吊具、吊索、绑扎是否安全可靠。如果没有问题，则可把风管起吊到安装位置，并将其固定在支架或吊架上。在固定好后，方可解开绳扣，拆除吊具。

3.2.3 防烟排烟系统部件安装

1．风口的安装

（1）送风口（加压送风口）安装

机械加压送风系统通过送风管道上设置的送风口将新风送至防烟楼梯间及其前室、消防电梯间前室或合用前室、避难层（间）等空间，使该空间内空气压力始终处于正压，从而达到防止烟气侵入疏散通道或疏散安全区的目的。

加压送风口的主要组成部件有阀体、叶片和格栅面板等，如图3.2-8所示。

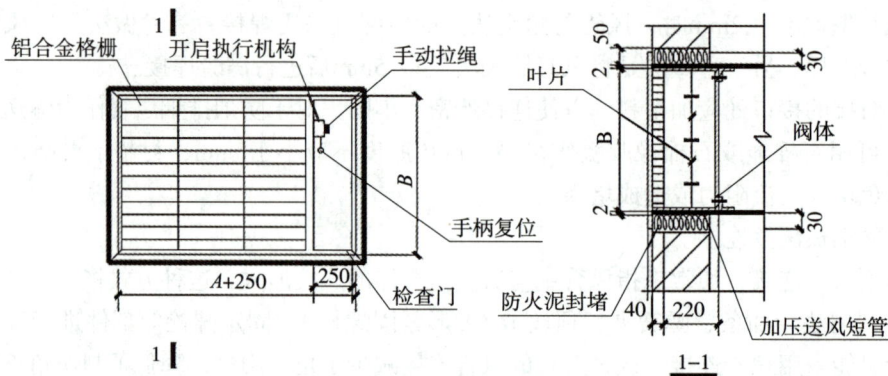

图3.2-8　加压送风口

加压送风口分为常开式和常闭式加压送风口，对于楼梯间、避难层（间）等空间，机械加压送风系统服务的是整个上下贯通的空间。风机启动后，系统上所有的风口均进行送风。所以除直灌式加压送风方式外，楼梯间宜每隔2～3层设置一个常开送风口，并宜采用双层可调式百叶风口；对于防烟楼梯间前室、消防电梯间前室或合用前室，避难走道的前室等空间，机械加压送风机启动后，只需要开启部分前室的加压送风口。所以，前室应每层设置一个常闭式加压送风口，并应设手动开启装置。加压送风口不宜设置在被门挡住的部位。

机械加压送风口可设置在侧墙的低位或设置在高位的水平支管上，有条件时，加压送风口尽量设置在侧墙上，避免出现立管上接出水平风管的情况，有利于提升空间净高和观感。

1）当防烟楼梯间及其前室与其加压管井紧贴，且管井是砌体墙或按要求预留有洞口的剪力墙时，加压送风口可直接安装于侧墙上。对于防烟楼梯间，常开式风口的厚度只有50mm左右，小于管井墙体厚度（一般为100mm或200mm），百叶装入立管接出的水平短管上固定，面板与墙体贴近即可。对于前室，常闭式加压送风口的常规厚度为250mm，为保证风口安装后能紧贴墙面，前室加压立管与管井外侧墙面的距离应不小于260mm。侧墙上安装的加压送风口与侧墙之间的洞口用防火泥封堵。

安装于侧墙上的加压送风口，一般风口底边距地完成面300mm，常闭式加压送风口的执行机构有条件时应设置在风口短边的一侧，可减小阀体的面积，节省造价和便于运输存放。机构设置于风口的纵向方向时，机构上置设置，当机构底边距地面大于1.8m时，为便于日后机构的操作检修，机构应下置设置。

常闭式加压送风口应方便手动操作，当送风口设置在高处不方便手动操作时，需设置现场手动驱动装置。该装置应固定安装在加压送风口附近，应明显可见且距楼地面1.3～1.5m高处，如图3.2-9（a）所示。

侧墙安装的加压送风口的安装方法有两种。一种叫预埋短管法，就是机电安装单位根据送风井的位置提前安装风口短管，然后土建施工单位砌墙，风口安装到短管口部，面板与墙紧贴固定；另一种方法叫预留墙洞法，就是机电安装单位给土建施工单位提供洞口尺度大小、平面和竖向定位参数，土建施工单位按照参数先砌墙留洞，机电安装单位后期安装短管和风口。为考虑施工的便利性，短管做内法兰与竖向风管连接。竖向风管前期不开洞，待安装风口时再在竖向风管上开洞连接水平风管，可避免施工过程中异物掉进立管内。

2）当防烟楼梯间及其前室的加压送风管井无法直接通过管井侧墙对服务区域进行加压送风，或设置侧墙风口会被打开的门遮挡时，加压送风口应设置在高位的水平支管上，如图3.2-9（b）所示。对于防烟楼梯间，自楼层的高位从加压送风立管接出水平支管，水平管过防火隔墙处设置防火阀，末端设置单层百叶风口对楼梯间进行加压送风。对于前室，风管支管上需设置常闭电动阀，风管末端设置单层百叶风口，设置于高位的常闭电动阀需设置远程执行机构，机构底边距地1.3～1.6m。水平风管穿墙处缝隙应用防火材料封堵。

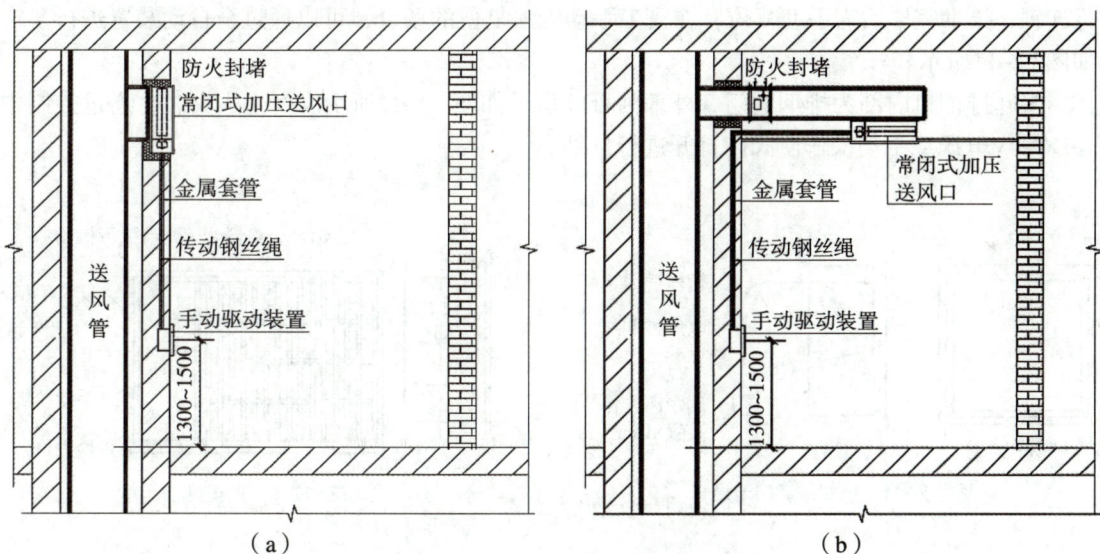

图3.2-9 加压送风口安装示意
（a）侧墙上安装；（b）水平风管上安装

（2）排烟口（排烟阀）安装

排烟口是安装在机械排烟系统各支管端部（烟气吸入口），平时呈关闭状态并满足漏风量要求，火灾或需要排烟时手动或电动打开，起排烟作用的阀门。根据排烟阀安装的排烟风管的形状，排烟阀可分为矩形排烟阀（口）和圆形排烟阀（口）两类，如图3.2-10所示。

排烟阀一般由阀体、叶片、控制机构等部件组成。带有装饰口或进行过处理的阀门称为排烟口。

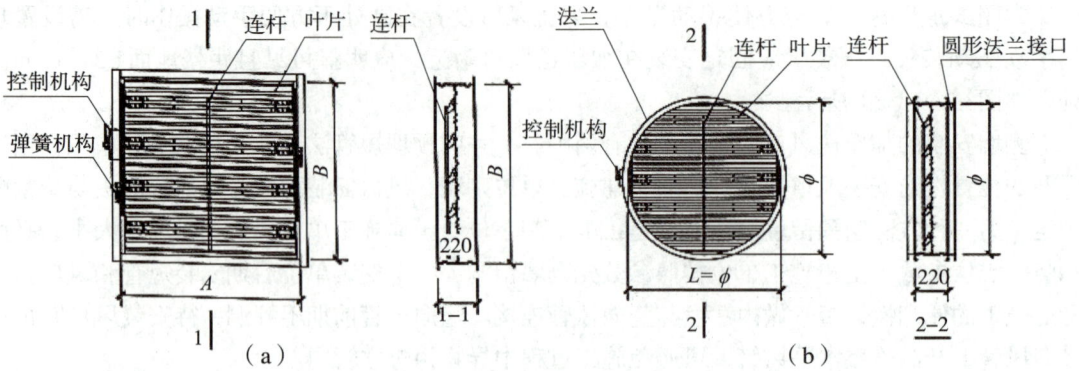

图3.2-10 排烟口（排烟阀）
（a）矩形排烟阀（口）；（b）圆形排烟阀（口）

排烟口主要有多叶排烟口和板式排烟口两种。根据是否有电动装置，多叶排烟口可分为远程控制多叶排烟口和非远程控制多叶排烟口。

板式排烟口由电磁铁、阀门、微动开关和叶片等组成，安装在排烟管道上。火灾发生时，远控装置电动或手动将排烟口打开进行排烟。排烟口打开时，会输出电信号，可与排烟风机进行连锁；排烟完毕后需手动复位，在人工手动无法复位的场合，可以通过全自动装置进行复位如图3.2-11所示。

多叶排烟口内部为排烟阀门，外部为百叶窗，如图3.2-12所示。发生火灾时，通过控制中心DC24V电源或手动操作使阀门打开进行排烟。

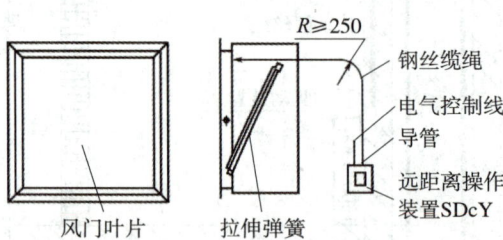

图3.2-11 板式排烟口示意

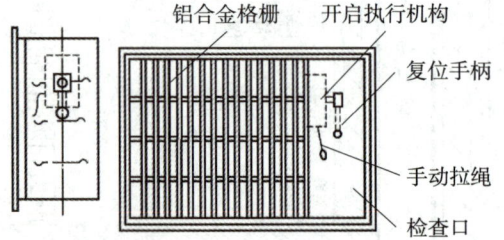

图3.2-12 多叶排烟口示意

1）排烟口在侧墙或风管侧安装

多叶排烟口在砖墙上水平安装时，首先将排烟口的内法兰安装在排烟短管上，定好位后用铆钉固定，然后将排烟口装入短管内，用螺栓和螺母固定，如图3.2-13所示。多叶排烟口在混凝土墙上水平安装时，可用自攻螺钉把排烟口的外框固定在短管上，如图3.2-14所示。排烟口在风管侧安装时，排烟口距楼板底面的尺寸应不小于200mm，如图3.2-15所示。

2）排烟口在吊顶上安装

排烟口在吊顶安装时，排烟管道安装底标高距吊顶面的尺寸应大于250mm，远控板式排烟口吊顶上安装示意如图3.2-16所示，安装多叶排烟口时，排烟短管的长度或垂直方向上应增加250mm，以安装执行器。

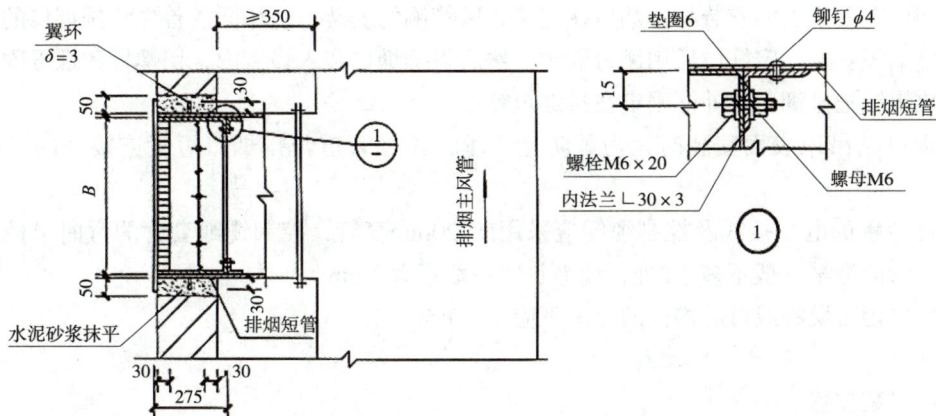

图3.2-13 多叶排烟口在砖墙上水平安装

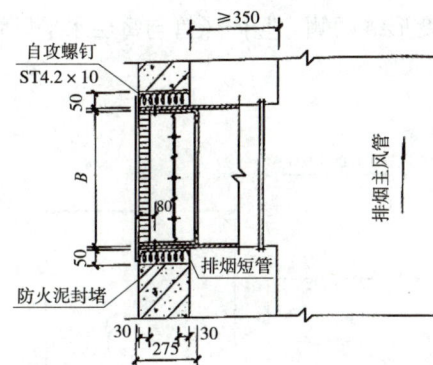

图3.2-14 多叶排烟口在混凝土墙上水平安装

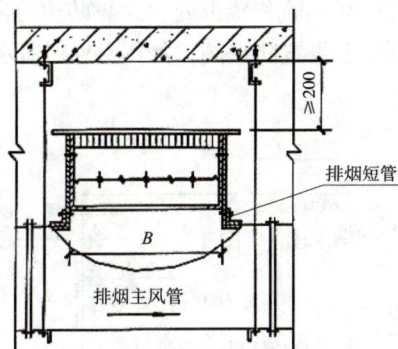

图3.2-15 多叶排烟口在风管侧安装

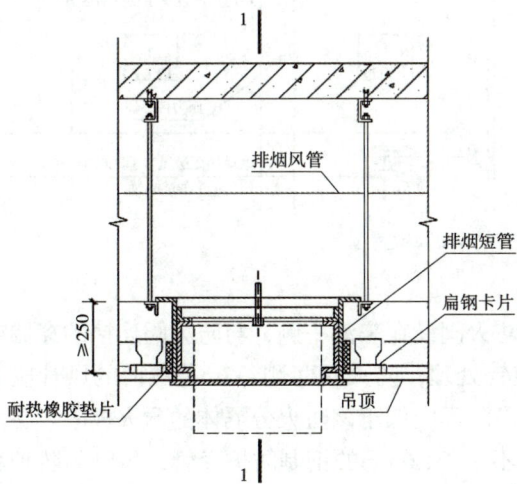

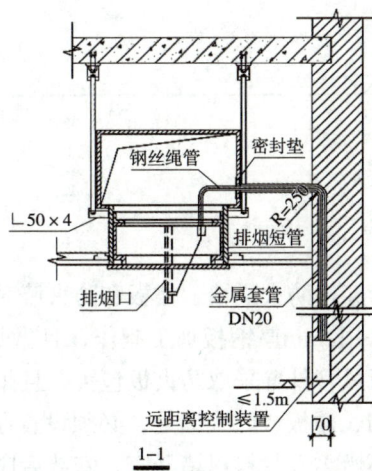

图3.2-16 远控板式排烟口吊顶上安装示意

排烟口在吊顶上的安装与排烟口在侧墙、风管侧的安装方法相同。首先将排烟口的内法兰安装在排烟短管上，定好位后用铆钉固定，然后将排烟口装入短管内，用螺栓和螺母固定，也可用自攻螺钉把排烟口的外框固定在排烟短管上。

排烟口贴吊顶表面安装时，为了防止下垂，排烟管道与排烟口短管连接处用吊杆进行固定。

远程装置的电气接线及控制缆绳应采用DN20mm套管，控制缆绳套管的弯曲半径不小于250mm，弯曲数量一般不多于2处，缆绳长度一般不大于6m。

排烟口距可燃物或可燃构件的距离不应小于1.5m。

2．防火阀、排烟防火阀的安装

（1）安装位置

防火阀安装在加压送风系统的送风管道上，平时呈开启状态，火灾时当管道内烟气温度达到70℃时关闭，并在一定时间内能满足漏烟量和耐火完整性要求，起隔烟阻火作用。

加压送风管道在穿越通风、空气调节机房的房间隔墙和楼板处、穿越重要或火灾危险性大的场所的房间隔墙和楼板处、穿越防火分隔处的变形缝两侧、竖向风管与每层水平风管交接处的水平管段上设置防火阀，如图3.2-17所示。

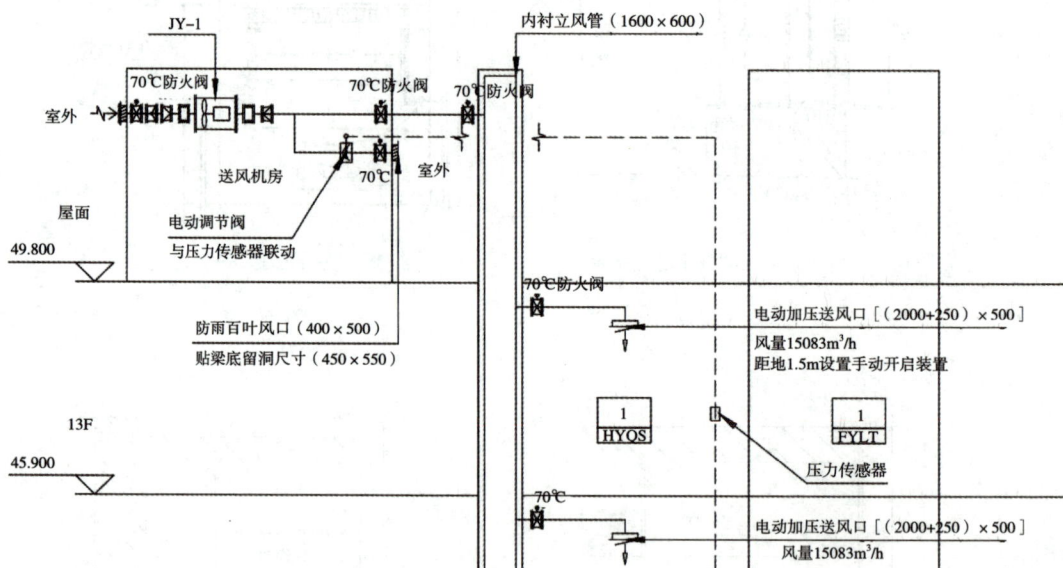

图3.2-17　防火阀设置位置示意

风管穿过防火隔墙、楼板和防火墙时，防火阀设在来流一侧，与防火阀连接的穿墙或楼板风管须采用2mm厚钢板加工制作，且做热镀锌处理，防火阀两侧各2m范围内的风管应采用耐火风管或风管外壁采取防火板包覆，且耐火极限不应低于该防火分隔体的耐火极限。在风管穿防火隔墙、楼板或防火墙处，必须设置厚度不小于1.6mm的钢制防护套管，风管与防护套管之间采用不燃柔性材料封堵严密。安装后应在来流一侧墙洞用挡圈密封，如图3.2-18所示。

排烟防火阀安装在机械排烟系统的管道上，平时呈开启状态。火灾时，当排烟管道内烟气

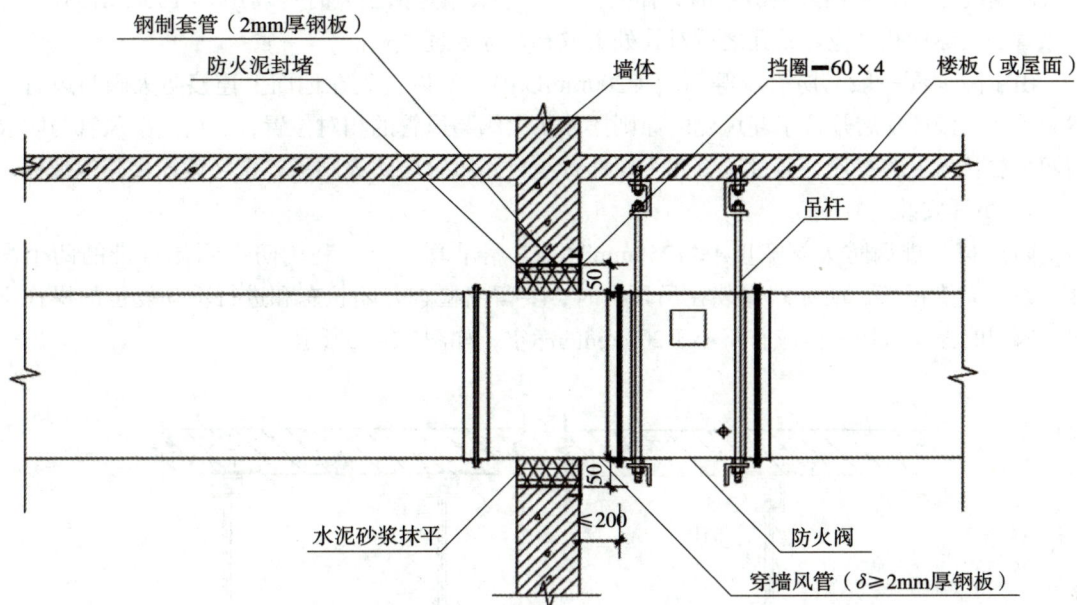

图3.2-18 防火墙处的防火阀示意

温度达到280℃便会关闭，并在一定时间内能满足漏烟量和耐火完整性要求，起隔烟阻火作用。

在垂直风管与每层水平风管交接处的水平风管上、一个排烟系统负担多个防烟分区的排烟支管上、排烟风机入口处、穿越防火分区处均需设置排烟防火阀，如图3.2-19所示。

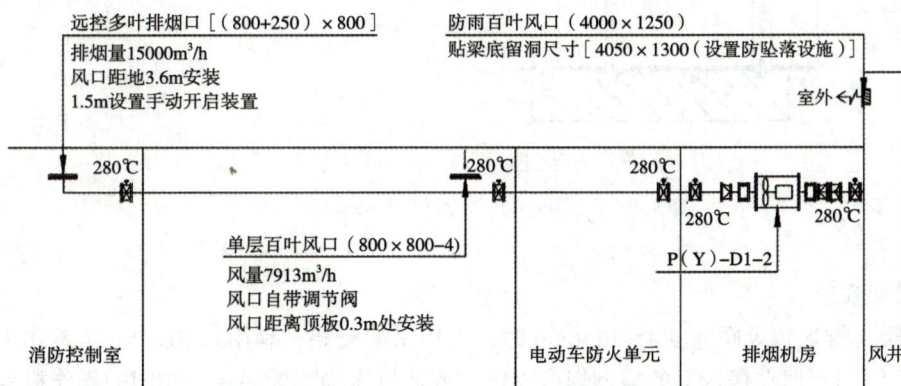

图3.2-19 排烟防火阀设置位置示意

防火阀有水平、垂直、左式和右式之分，安装时应根据设计图纸要求进行选择，不得随意改变，以保证阀板的开启方向为逆气流方向，易熔片处于烟气进入防火阀一侧。为防止防火阀易熔片脱落，易熔片应在安装前拆卸，在系统安装后，试运转之前再进行安装。

（2）吊装方法

防火阀体上配有连接法兰，在出厂时仅预钻法兰四角的四个孔，在安装时可以根据施工现场实际情况钻孔。采用共板法兰时只需要四个孔，采用角钢法兰时每隔100～150mm钻孔，并与风管法兰螺栓孔对应，钻孔之后对孔处采取补锌等处理方式。

由于防火阀一般与防火墙等间距为200mm以内，所以宜先在地面上连接防火阀与风管，然后吊装。按照易熔片位于迎风侧的原则摆放防火阀与风管的相对位置，然后连接风管与防火阀四个法兰角上的螺栓，通过调整四个螺栓直至目测风管与防火阀平齐，之后连接其他螺栓。

1）吊耳安装

防火阀、排烟防火阀宽度A≤1250mm时，采用吊耳安装，利用防火阀体自带的两个吊耳，设独立支吊架。防火阀安装在吊顶内时，要留出检查开闭状态和进行手动复位的操作空间，阀门的操作机构一侧应有不小于200mm的净空，如图3.2-20所示。

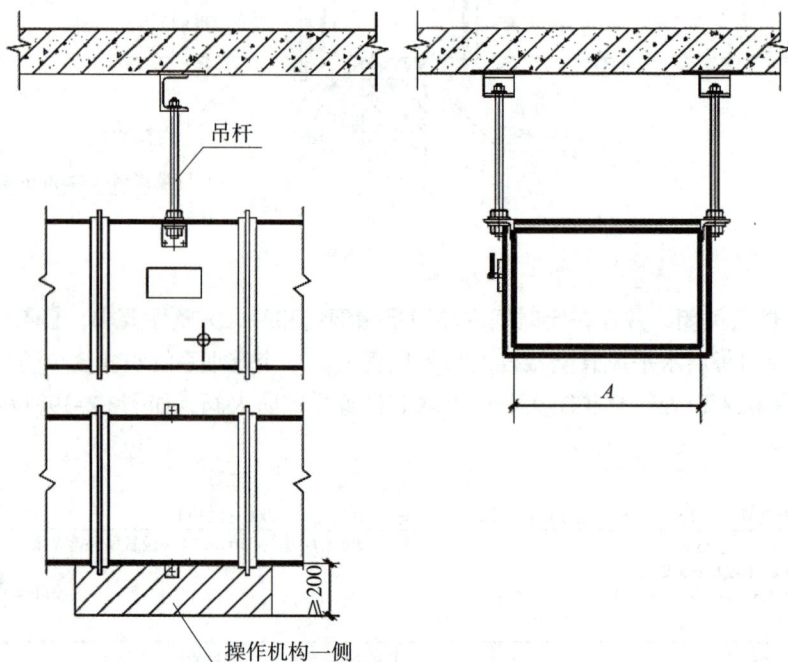

图3.2-20 防火阀、排烟防火阀吊耳安装示意

2）吊架安装

防火阀、排烟防火阀宽度A＞1250mm时，采用吊架安装，利用∟50×4的角钢作为吊架的横担，C型钢与预埋在楼板里的扁钢焊接固定，或通过胀锚螺栓固定。阀门的操作机构一侧应有不小于200mm的净空，如图3.2-21所示。图中，"320"为圆形防火阀宽度，"150"为保温风管含保温层的厚度。

3．余压阀的安装

余压阀是为了维持一定的加压空间静压、实现其正压的无能耗自动控制而设置的设备，它是一个单向开启的风量调节阀，按静压差来调整开启角度。余压阀为壁挂式结构，安装在需要维持压差的两个空间的隔墙上，分为重锤式余压阀和自垂式余压阀，重锤式余压阀又分为固定式余压阀和可调式余压阀，如图3.2-22所示。可调重锤式余压阀可通过调整重锤位置，进行压

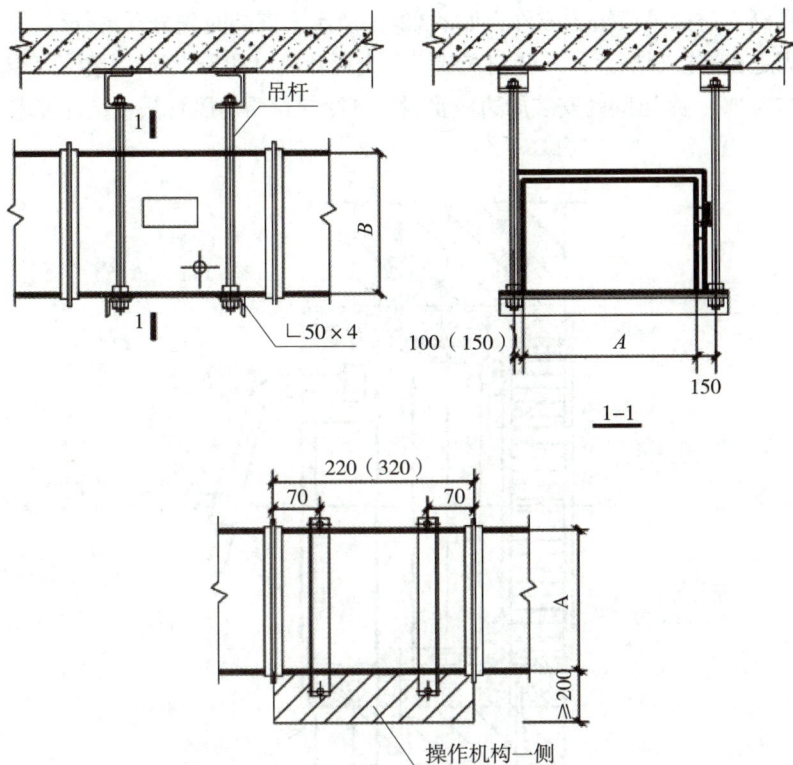

图3.2-21　防火阀、排烟防火阀吊架安装示意

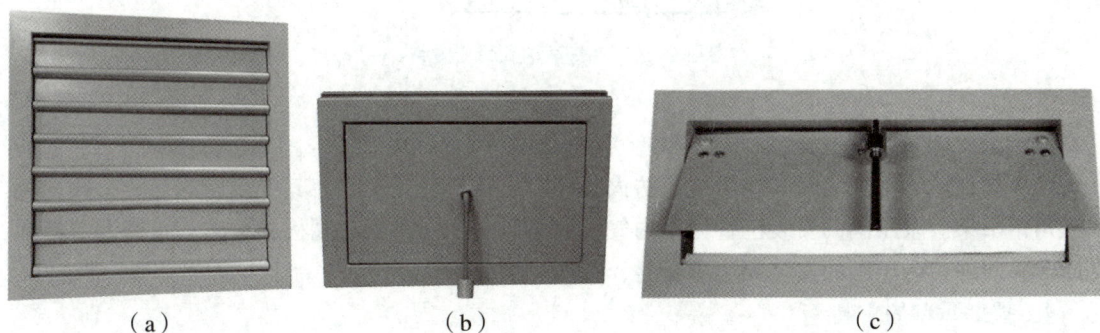

（a）　　　　　　　　　（b）　　　　　　　　　（c）

图3.2-22　余压阀

（a）自垂百叶式余压阀；（b）重锤固定式余压阀；（c）重锤可调式余压阀

差调整，最小开启压差为5Pa，最大开启压差为30Pa，叶片开启角度最大为45°，阀体或框架为热镀锌钢板，叶片轴、重锤为Q235低碳钢，轴套为青铜。自垂式余压阀为固定压差式余压阀，开启压力为10Pa，最大工作压差为50Pa，类似于自垂百叶。一般在楼梯间与前室和之间的隔墙上设置自垂式余压阀。重锤式余压阀适用于前室、合用前室，这样空气通过余压阀从楼梯间进入前室，当前室超压时，空气再从余压阀漏到走道，使楼梯间和前室能维持各自合适的压力。

（1）余压阀在隔墙上安装

在隔墙上安装余压阀时，安装位置为室内气流的下风侧，并应不处于工作面高度范围内，余压阀可以与防火阀、防火风口组合成件，如图3.2-23所示，安装时先分开各部件，然后先将防火阀用自攻螺栓固定在连接阀框上，再分别安装铝合金百叶风口和余压阀，阀体、阀板的转轴均应水平，允许偏差为2‰，余压阀的安装周边应密封，其密封材质与风管法兰垫片要求相同。

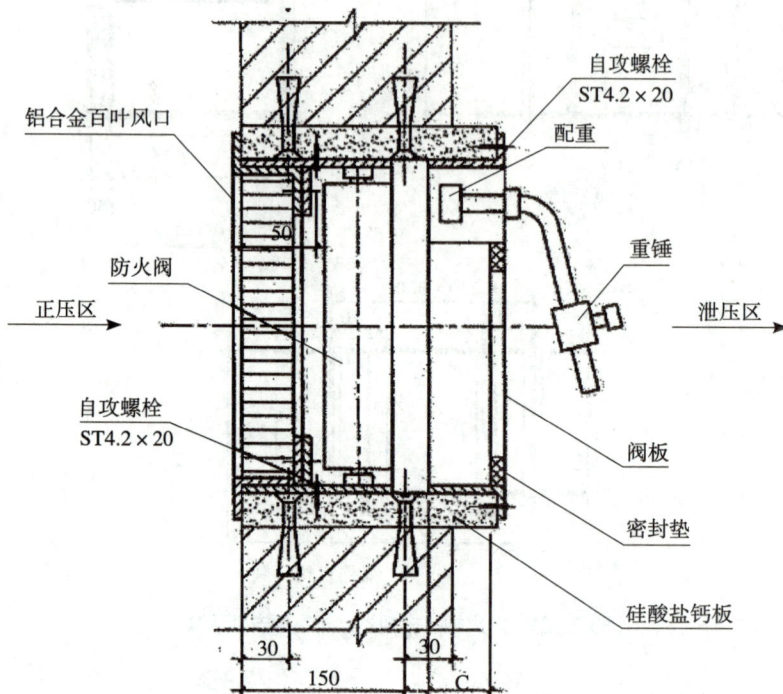

图3.2-23　余压阀在隔墙上安装

（2）余压阀在风管上安装

余压阀在风管上安装时，余压阀、防火阀和防火风口分开安装，其中余压阀与防火阀采用独立角钢吊架。余压阀的安装位置为室内气流的下风侧，同时保证阀板的平整和重锤调节杆不受撞击。此外，余压阀的安装周边应密封，如图3.2-24所示。

4. 挡烟垂壁的安装

挡烟垂壁是指安装在顶棚、梁或吊顶下，火灾时能够阻止烟气水平流动，形成一定的蓄烟空间的垂直分隔物。挡烟垂壁主要用来划分防烟分区，由防火玻璃、不锈钢、挡烟布、铝合金、不燃无机复合板等不燃材料制成。挡烟垂壁按活动方式可分为卷帘式挡烟垂壁和翻板式挡烟垂壁。

根据材质差异，挡烟垂壁分为高温夹丝防火玻璃型、单片防火玻璃型、双层夹胶玻璃型、板型挡烟垂壁、挡烟布型挡烟垂壁。

按安装方式不同，挡烟垂壁可分为固定挡烟垂壁和活动挡烟垂壁。按挡烟部件材料的刚度性能分为柔性挡烟垂壁和刚性挡烟垂壁。固定挡烟垂壁可以采用结构梁、烤漆钢板型、防火硅胶布型、防火板型、防火玻璃型等。活动挡烟垂壁包括卷帘式挡烟垂壁和翻板式挡烟垂壁。

几种不同样式的挡烟垂壁如图3.2-25所示。

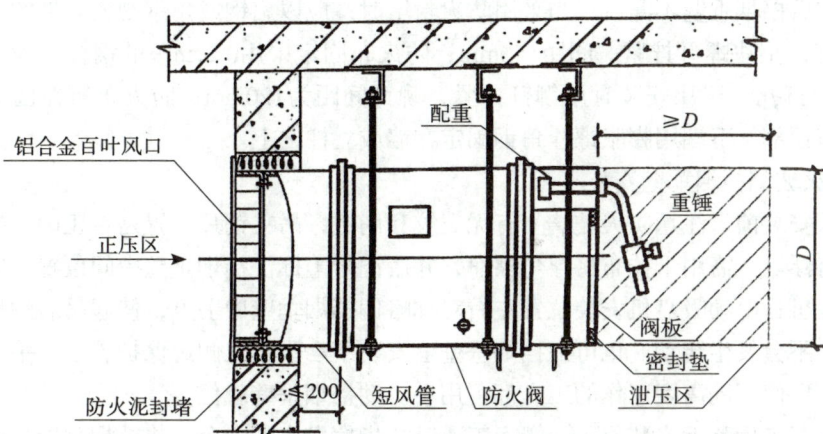

图3.2-24　余压阀在风管上安装

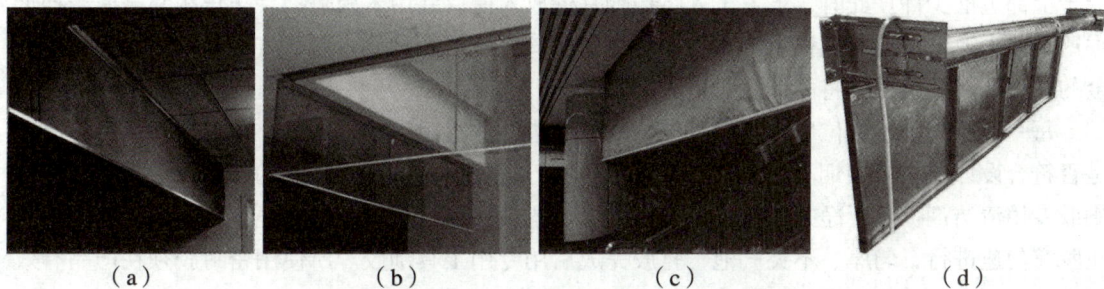

（a）　　　　　　（b）　　　　　　（c）　　　　　　（d）

图3.2-25　几种不同样式的挡烟垂壁
（a）固定防火硅胶布型挡烟垂壁；（b）固定防火玻璃型挡烟垂壁；
（c）卷帘式活动挡烟垂壁；（d）翻板式活动挡烟垂壁

　　设置排烟系统的场所或部位应采用挡烟垂壁、结构梁及隔墙等划分防烟分区，防烟分区不应跨越防火分区。当中庭与周围场所未采用防火隔墙、防火玻璃隔墙、防火卷帘分隔时，中庭与周围场所之间应设置挡烟垂壁。

　　设置排烟设施的建筑内，敞开楼梯和自动扶梯穿越楼板的开口部位应设置挡烟垂壁等设施。

　　排烟窗是在火灾发生后，能够通过手动打开或通过火灾自动报警系统联动控制自动打开，将建筑火灾中热烟气有效排出的装置。排烟窗分为自动排烟窗和手动排烟窗。自动排烟窗与火灾自动报警系统联动或可远距离控制打开，手动排烟窗火灾时靠人员就地开启。

　　对于高层建筑物中的自动排烟窗，其结构由窗扇、窗框和安装在窗扇、窗框上的自动开启装置组成。开启装置由开启器、报警器和电磁插销等主要部件构成。自动排烟窗能在火灾发生后自动开启，并在60s内达到设计的开启角度，起到及时排放火灾烟气的重要作用。

　　（1）固定式挡烟垂壁安装

　　1）固定防火布挡烟垂壁安装

　　首先把防火布裁成每档尺寸需要的规格，在每档角钢处重叠尺寸≥60mm，上下端保留翻边，以确保固定后挡烟垂壁不漏风；当采用防火封堵时，应以扁钢或角钢制成方框的形式，使用螺栓打孔固定，垫块螺母拧紧，间距150mm；防火布固定采用0.2cm厚的钢板作为压条，在其适当位置准确打孔，压片安装时用铆钉拉紧，铆钉间距为120mm；防火布所在位置上端用角钢固定在建筑顶部，下端用膨胀螺栓角钢固定在墙或立柱之上。

2）固定防火玻璃挡烟垂壁安装

在挡烟垂壁安装前，注意防火玻璃上有无裂纹和崩边，吊夹铜片位置是否正确。检查挡烟垂壁表面是否有浮尘，需用干抹布将浮尘擦净，并用记号笔标注挡烟垂壁中间位置，以确保正确安装电动吸盘机；电动吸盘机安装位置左右对称略偏挡烟垂壁中上方，使起吊后的挡烟垂壁不会左右偏斜，不会发生转动。也可在挡烟垂壁上安装手动吸盘及侧边保护胶套。手动吸盘操作比较灵活，可以使不同高度工作的工人都可用手协助挡烟垂壁就位。

挡烟垂壁吊起来后移近安装位置，搬运工要听从指挥发出的命令，将挡烟垂壁缓缓靠近，上层工人要把握好挡烟垂壁位置，防止防火玻璃挡烟垂壁升降移位发生碰撞。等到下层工人把握住挡烟垂壁后，将左右侧胶套摘除。再手动将挡烟垂壁用捯链缓缓吊高，使防火玻璃上端略低于上部边框少许。此时，下方工人将挡烟垂壁放入槽口并用木板隔挡，防止相邻碰撞。挡烟垂壁在放入上框槽口的过程中，需防止与金属槽口碰撞，准确放入后，将挡烟垂壁的孔与铝合金的孔对准，并用配件将两个孔对穿固定。

每一片挡烟垂壁就位后，须检查挡烟垂壁侧边的垂直角度是否一致，上下缝隙是否相等，是否符合设计要求。挡烟垂壁全部安装固定后进行打胶，先将需要注胶的部位及金属表面用丙酮或专用清洁剂擦拭干净并保持干燥，沿胶缝位置粘贴胶带纸带，以防止注胶污染挡烟垂壁。注胶需匀速进行，匀厚、不夹气泡，打胶完成后用专用工具刮胶。所使用密封胶须在产品有效期内使用，施工验收报告要有产品证明文件及记录。

（2）活动式挡烟垂壁安装

采用不燃无机复合板、金属板材、防火玻璃等材料制作刚性挡烟垂壁的单节宽度不应大于2m，采用金属板材、无机纤维织物等制作柔性挡烟垂壁的单节宽度不应大于4m，超过规范规定的长度部分应制作成多节搭接处理。

活动式挡烟垂壁有两种形式：卷帘式和翻板式挡烟垂壁。

卷帘式挡烟垂壁在实际工程中应用较多，但因受单节长度限制，存在搭接问题，搭接量不小于100mm。此外，其筒体最小高度为85mm，安装最小空间为150mm，挡烟垂壁和墙面的安装间隙控制在20mm以内。

活动式挡烟垂壁必须设置重量足够的底梁，以保证垂壁运行顺利、平稳，且保证系统断电时，挡烟垂壁能自动下降至设计距地高度。活动式挡烟垂壁在安装以前，需要将骨架搭建完成才能将挡烟垂壁固定在顶棚下，常使用钢材搭建骨架，需要拼接的挡烟垂壁中间需要打拼接龙骨。如果建筑顶棚下设计有吊顶，那么活动式挡烟垂壁的底部与吊顶应该齐平，以保障设计美观性。

如果挡烟垂壁直接安装在顶棚下，则应先在梁底设置一定高度的密封固定措施（固定挂板），为机电管线布置预留空间及便于后续操作，然后将挡烟垂壁安装在固定设施下方。

3.2.4 防烟排烟系统风机安装

1．加压送风机设置的规范要求

《建筑防烟排烟系统技术标准》GB 51251—2017对加压送风机的设置作出了下列规定：

（1）加压送风机应放置在专用机房内，且送风机房的隔墙和防火门应符合《建筑设计防火规范（2018年版）》GB 50016—2014的规定。

（2）送风机宜设在机械加压送风系统的下部，且应采取保证各层送风量均匀性的措施。

（3）送风机的进风口应直通室外，且应采取防止烟气被吸入的措施。

（4）送风机的进风口宜设在机械加压送风系统的下部，且不应与排烟风机的出风口设在同一面上。当确有困难时，送风机的进风口与排烟风机的出风口应分开布置，竖向布置时，送风机的进风口应设置在排烟出口的下方，两者边缘最小垂直距离不应小于6m；水平布置时，两者边缘最小水平距离不应小于20m。

（5）当送风机出风管或进风管上安装单向风阀或电动风阀时，应采取火灾时自动开启阀门的措施。

2．排烟风机设置的规范要求

消防排烟风机宜设置在排烟系统的最高处，烟气出口宜朝上布置，并应高于加压送风机和补风机的进风口。排烟风机应设置在专用机房内，且风机两侧各有600mm以上的空间，如图3.2-26所示。对于排烟与排风共用的系统，其排烟风机置于合用机房，如图3.2-27所示，应符合下列规定：

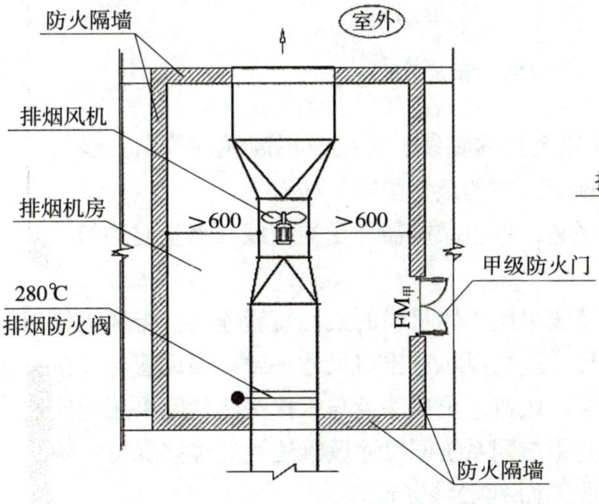

图3.2-26 排烟风机置于专用机房

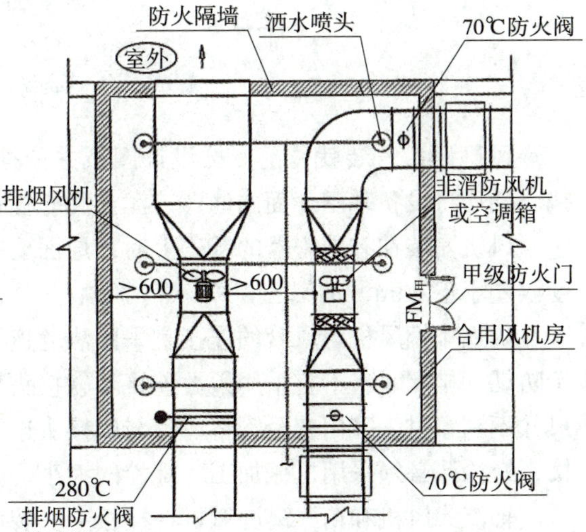

图3.2-27 排烟风机置于合用机房

（1）机房内应设置自动喷淋灭火系统。

（2）机房内不得设置用于机械加压送风的风机与管道。

（3）烟风机与排烟管道的连接部件应能在280℃环境下连续工作30min保证其结构完整性。屋顶式排烟风机安装处的环境风速应小于或等于40m/s、基本风压应小于或等于1.0kN/m²、风机质量应小于860kg。

3. 风机在楼板上的安装

安装前应根据设计图纸、产品样本或风机实物，检查设备基础是否符合设备的尺寸、型号要求，基础边缘到风机底座边缘的距离尺寸以100mm为宜，混凝土基础强度等级应由结构专业设计人员确定，但不应低于C25。当风机支架侧面固定螺栓距离≤550mm时，风机基础可做成一个整体，混凝土基础中的钢筋的保护层为30mm，基础完成面高度≥350mm。正压送风机和消防排烟风机应设在混凝土或钢架基础上，且不应设置减震装置；当排烟系统与排风系统共用系统时，风机应设置减震装置，但不应使用橡胶减震装置。减震器安装采用设计要求的膨胀螺栓或地脚螺栓进行固定，如设计无特别说明采用膨胀螺栓，则注意勿将混凝土中的钢筋打断。轴流式送风机楼板上安装示意如图3.2-28所示。

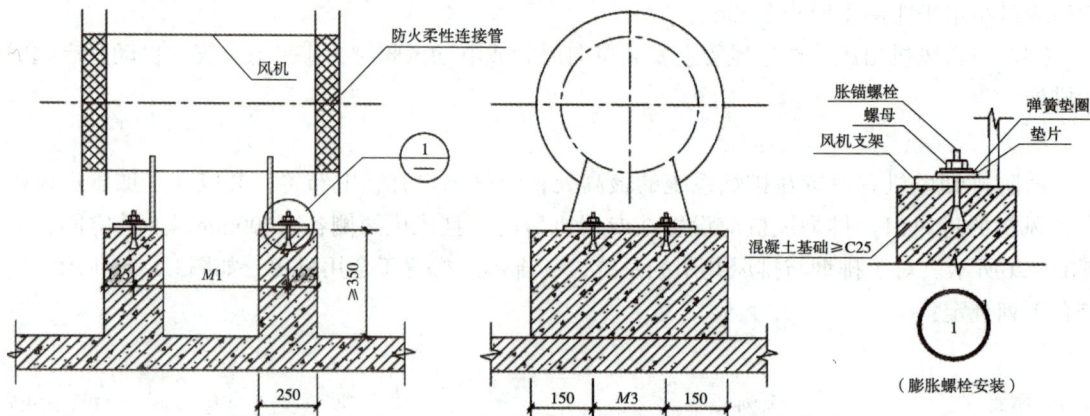

图3.2-28 轴流式送风机楼板上安装示意

风机设备安装就位前，按设计图纸并依据建筑物的轴线、边线及标高线，放出安装基准线。随后将设备基础表面的油污、泥土和螺栓预留孔内的杂物清除干净。

风机安装在有减震器的基础上时，地面要平整，各组减震器承受的荷载压缩量应均匀，高度误差小于2mm，不偏心。

防烟排烟风机与风管的连接宜采用法兰连接或采用不燃材料的柔性短管连接。当风机仅用于防烟、排烟时，不宜采用柔性连接。软接头尺寸应与风机进出口尺寸一致。当风管与软接头尺寸不一致时，采用变径管将风管与软接头连接。风机进出口法兰与软接头法兰间采用螺栓连接，螺栓孔必须采用机械加工。螺栓的大小、间距与同系统同尺寸风管法兰的连接保持一致。

轴流式风机和箱式离心风机在楼板上安装效果如图3.2-29所示。

4. 风机的吊装

依据《建筑机电工程抗震设计规范》GB 50981—2014的规定，防烟排烟风道及相关设备应采用抗震支吊架进行安装。风机吊装固定在楼板上，应选用抗震支吊架。安装前，按设计图纸及现场环境确认吊装位置，将吊架均匀布置，使吊架及减震器受力均匀。根据风机型号和重量，吊臂可以采用M10～M12镀锌圆钢、∟10角钢、[6.3～[10槽钢，托架采用[5～[6.3槽钢，吊臂通过150mm长[10槽钢与预埋件连接。吊臂与托架采用螺栓、螺母连接固定，吊装风

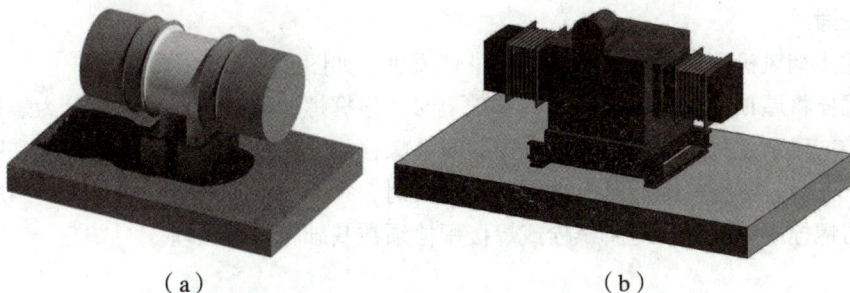

图3.2-29　风机在楼板上安装效果
（a）轴流式风机；（b）箱式离心风机

机采用的螺母均采用防松动螺母。当排烟系统与排风系统共用系统时，选择设计型号对应的减震器，将其与吊杆连接。如设计不采用减震器时，在风机底座与吊装的型钢间垫上弹簧垫圈。风机进出口中心高度应与对应风管中心高度一致。吊装风机的横担型钢长度比吊杆间距R长100mm为宜，轴流式风机吊杆吊装示意如图3.2-30所示。风机吊装后通过调节吊杆长度调整风机高度及水平度，水平度应符合设备技术要求。离心式排烟风机吊装方法与轴流式排烟风机类似。

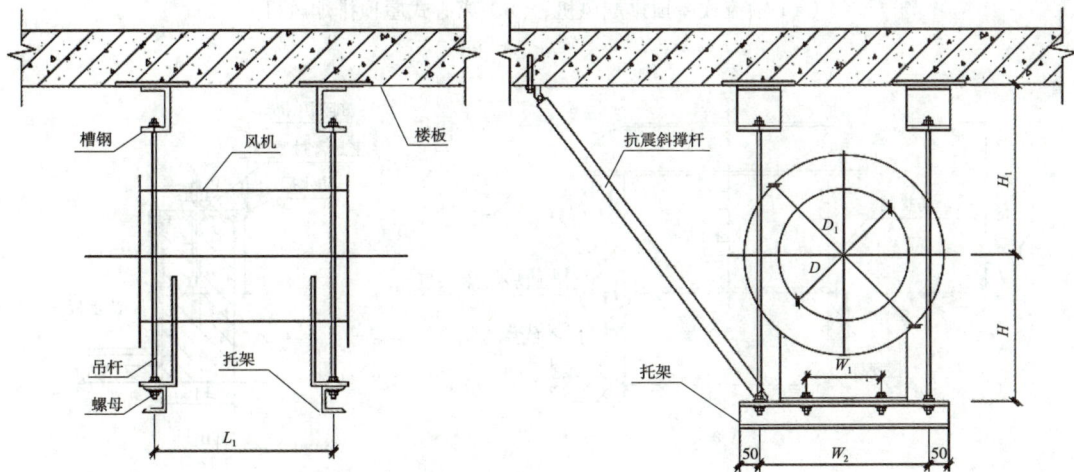

图3.2-30　轴流式风机吊杆吊装示意

轴流式风机吊装效果图如图3.2-31所示。

5．屋顶式排烟风机的安装

工业建筑（或采用钢结构体系且受条件限制无法在屋面设置机房的公共建筑）中，满足国家相关标准要求的室外耐候性能（耐腐蚀、抗强风、抗暴雨等性能）的屋顶式防烟排烟风机可直接设置于室外，其周围至少6m范围内不应布置可燃物，且确保风机在火灾发生时不受烟火影响，能够正常连续运行，同时应设

图3.2-31　轴流式风机吊装效果

置检修维护通道。

屋顶式排烟风机分为轴流式和离心式排烟风机，如图3.2-32所示。

利用螺栓将屋顶式排烟风机固定在基础上时，根据螺栓的安装位置，可分为螺栓垂直安装和侧面安装。屋顶式排烟风机螺栓垂直安装时，螺栓可使用地脚螺栓、焊接螺栓和膨胀螺栓，如图3.2-33所示；屋顶式排烟风机螺栓侧面安装时，须采用膨胀螺栓，如图3.2-34所示。设备安装孔应与螺栓进行配钻，地脚螺栓或焊接螺栓须在基础施工时预埋。

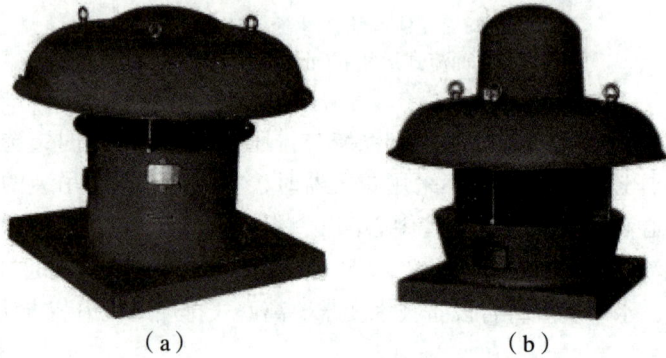

图3.2-32 屋顶式排烟风机
（a）轴流式屋顶排烟风机；（b）离心式屋顶排烟风机

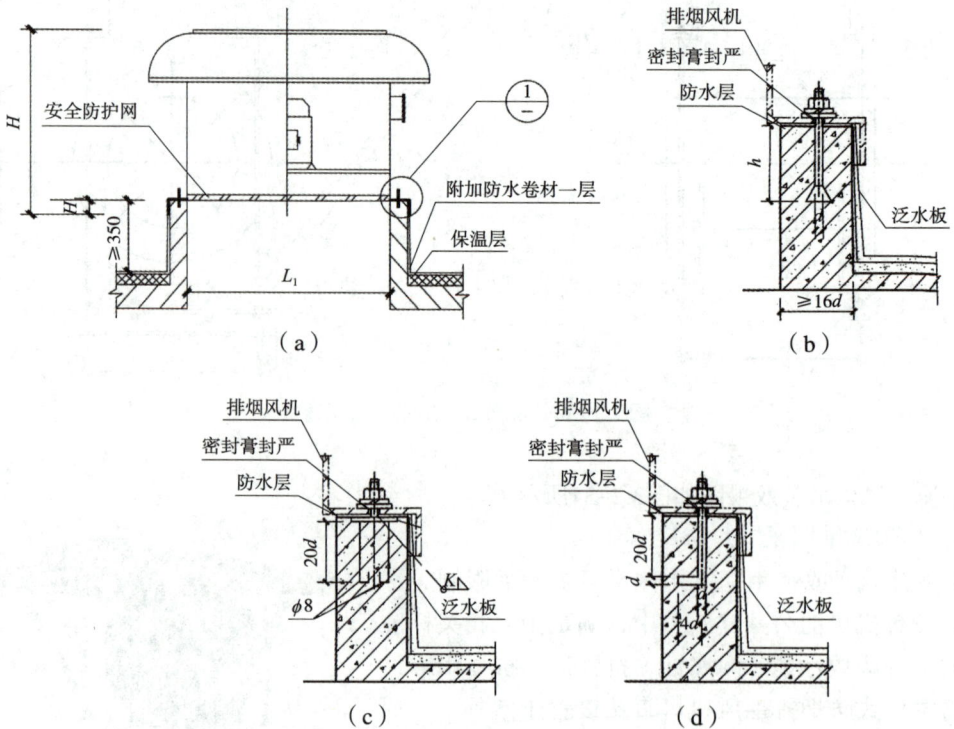

图3.2-33 屋顶式排烟风机螺栓垂直安装
（a）屋顶式排烟风机详图；（b）膨胀螺栓；（c）焊接螺栓；（d）地脚螺栓

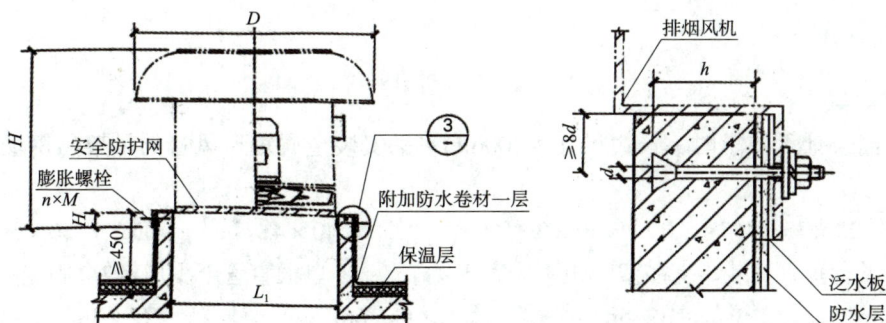

图3.2-34　屋顶式排烟风机螺栓侧面安装

屋顶式排烟风机安装的基础须高出屋面，其基础高度为距屋面建筑面层的高度。螺栓垂直安装时，基础高度不小于350mm。需在保温层外侧附加防水卷材一层，并设泛水板。螺栓侧面安装时，基础高度不小于450mm。需在保温层外侧附加防水卷材一层，并设泛水板。在使用膨胀螺栓固定时，膨胀螺栓距基础顶端的距离 $h \geq 8d$，其中 d 为膨胀螺栓直径，膨胀螺栓固定高度应高于屋面防水翻边高度。

精神指引——"螺丝钉"精神

"螺丝钉"是一端有帽一端尖锐，身带螺纹的圆柱形零件。它可以穿透木材，穿过钢板，将一个个的散件连接起来，使之成为家具、机器、火车、轮船、飞机等。螺丝钉虽小，但其作用可不小。

在防烟排烟系统中，也有许多像"螺丝钉"一样的小零件。如预埋在墙体、楼板中的螺栓、连接风管法兰的铆钉等。它们是消防工程中的小角色，看似不起眼，但缺了它们可不行。要么设备垮塌、要么风管漏气、要么烟道冒烟。轻则失去功效，重则引发安全事故。

雷锋同志的一生就是"螺丝钉精神"的代表，他孜孜以求，在自己的岗位上甘当一枚"永不生锈的螺丝钉"，他能"钻"善"挤"的精神激励着一代又一代中华儿女。

"螺丝钉"精神就是自觉地把个人的成长与党和国家的事业紧密结合起来，干一行爱一行，忠于职守，兢兢业业。作为新时代的青年，我们要有甘于平凡岗位，做出不凡业绩的勇气和精神，发扬"螺丝钉"精神，被拧在哪里，就在哪里发挥着关键作用。

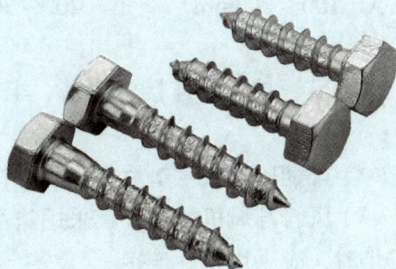

3.2.5 同步训练

1．单选题

（1）当设计无要求时，长边尺寸为800mm水平安装金属矩形风管的吊架角钢最小规格是（　　）。

A．∟25×3　　　　B．∟30×3　　　　C．∟40×4　　　　D．∟50×5

（2）风管垂直安装，支吊架间距不应大于（　　），单根直管至少应有2个固定点。

A．4m　　　　　B．5m　　　　　C．6m　　　　　D．7m

（3）风管水平安装，直径或长边尺寸小于或等于400mm，间距不应大于（　　）。

A．2m　　　　　B．3m　　　　　C．4m　　　　　D．5m

（4）风管水平安装，直径或长边尺寸大于400mm，间距不应大于（　　）。

A．2m　　　　　B．3m　　　　　C．4m　　　　　D．5m

（5）对于薄钢板法兰的风管，其支吊架间距不应大于（　　）。

A．2m　　　　　B．3m　　　　　C．4m　　　　　D．5m

（6）风管穿越防火墙时防火阀安装应单独设吊架，穿墙风管的管壁厚度要大于（　　），安装后在墙洞与防火阀间用水泥砂浆密封。

A．1.0mm　　　　B．1.2mm　　　　C．1.4mm　　　　D．1.6mm

（7）风管起吊时，当风管离地（　　）时，应停止起吊，仔细检查滑轮受力点和捆绑风管的绳索，绳扣是否牢靠，风管的重心是否正确。

A．100～200mm　　B．200～300mm　　C．300～400mm　　D．400～500mm

2．判断题

（1）风管接口的连接应严密、牢固，垫片厚度不应小于3mm，且应凸入管内和法兰外。
　　　　　　　　　　　　　　　　　　　　　　　　　　　　（　　）

（2）排烟风管法兰垫片应为不燃材料，薄钢板法兰风管应采用螺纹连接。　（　　）

（3）风管与风机的连接宜采用法兰连接或采用不燃材料的柔性短管连接。当风机仅用于防烟排烟时，应采用柔性连接。　　　　　　　　　　　　　　　（　　）

（4）风机外壳至墙壁或其他设备的距离不应小于600mm。　　　　　　　（　　）

（5）排烟风机如果设在混凝土或钢架基础上时，不应设置减震装置。　　（　　）

（6）若排烟系统与通风空调系统共用且需要设置减震装置时，应使用橡胶减震装置。
　　　　　　　　　　　　　　　　　　　　　　　　　　　　（　　）

（7）排烟口距可燃物或可燃构件的距离不应小于1.5m。　　　　　　　　（　　）

（8）由两块或两块以上的挡烟垂壁组成的连续性挡烟垂壁，各块之间不应有缝隙，搭接宽度不应小于100mm。　　　　　　　　　　　　　　　　　　（　　）

任务 3.3
防烟排烟系统的电气安装

防烟排烟系统的
电气安装 1

【学习目标】

知识目标	能力目标	素质目标
1. 掌握消防风机的电气安装； 2. 掌握消防风机的电气接线工艺标准； 3. 掌握消防风机的电气测试及流程； 4. 掌握消防模块箱及模块的安装； 5. 掌握消防模块的电气接线及调试； 6. 掌握消防风机的电气安装步骤	1. 具有风机的电气安装能力； 2. 具有消防模块的电气安装能力； 3. 具有消防风机的电气调试能力	1. 培养学生工匠精神、质量意识； 2. 培养学生安全意识及团队协作精神

【思维导图】

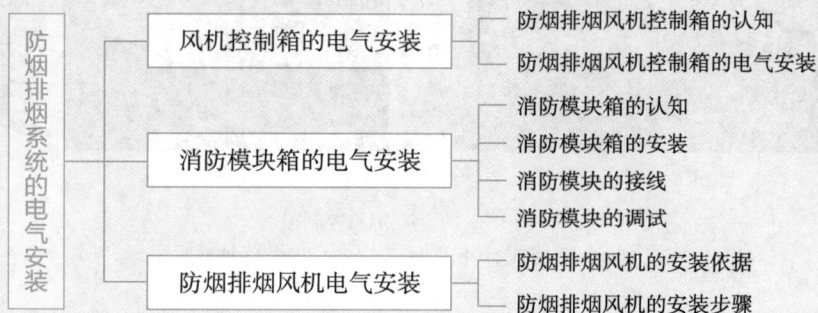

防烟排烟系统的电气安装是在主要设备机械安装完善的基础上，对主要设备的控制箱、模块箱进行安装，并对配电和控制线路进行接线、调试等工程活动。

3.3.1 风机控制箱的电气安装

1．防烟排烟风机控制箱的认知

根据安装方式的不同，防烟排烟风机控制箱可以分为壁挂式、柜式、防爆落地式等类型。壁挂式控制箱自身高度较小，通常离地保持一定高度安装在墙面或半壁墙安装。柜式控制箱因其柜体高度较大，通常落地放置在楼地面上。防爆落地式控制箱则是将箱体固定在具有一定变形能力的支架上，在发生爆炸时，通过支架的变形来消耗冲击波所带来的能量，从而降低对箱体的损伤，如图3.3-1所示。

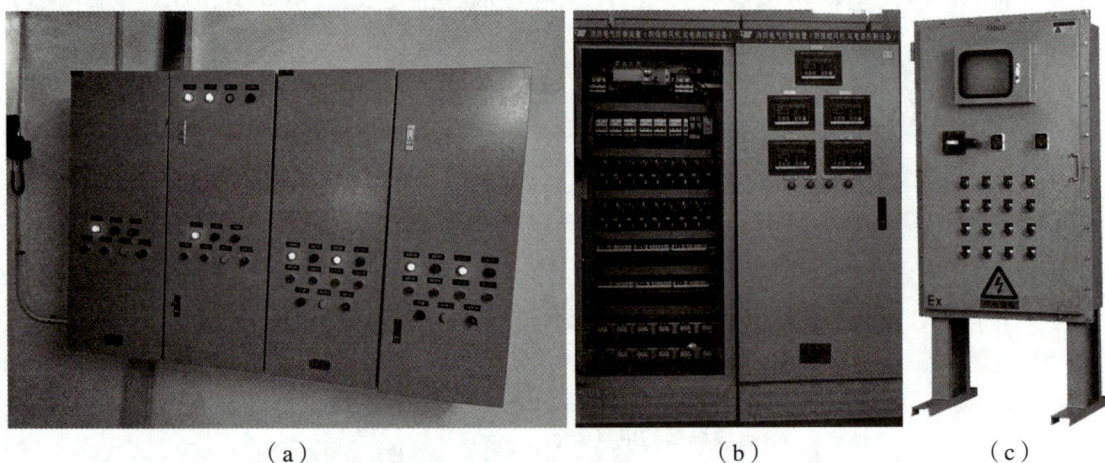

图3.3-1 消防风机控制箱
（a）壁挂式；（b）柜式；（c）防爆落地式

实际建筑工程中，防烟排烟风机控制箱多采用壁挂式，主要因为壁挂式箱体大小适中，安装位置与地面保持一定高度，使用时不用弯腰或下蹲，操作方便。

2．防烟排烟风机控制箱的电气安装

新购置的防烟排烟风机控制箱，在安装时，通常首先需要进行零配件的清点检查，然后准备相关工具、收集有关辅材、定位放线、安装箱体、控制箱接线、设置标识、测试以及维护等工作。

（1）清点检查零配件

风机控制箱是由具备相应资质的厂家按照相关工艺规范制作。出厂时，控制箱已预留了外部接线端子排，并配备有各种零配件、辅材等。风机控制箱内接线端子排标识如图3.3-2所示。

新购置的风机控制箱在做安装或吊装前，应进行零配件、辅材的清点检查，包括检查箱体是否完好，检查零配件是否齐备，检查资料是否齐全，检查是否有出厂合格证等。除此之外，还需确认风机控制箱是否通过消防产品合格评定中心的检测，并获得CCCF认证。

防烟排烟风机控制箱应为国家强制性的3C认证产品，并符合现行国家标准《消防联动控

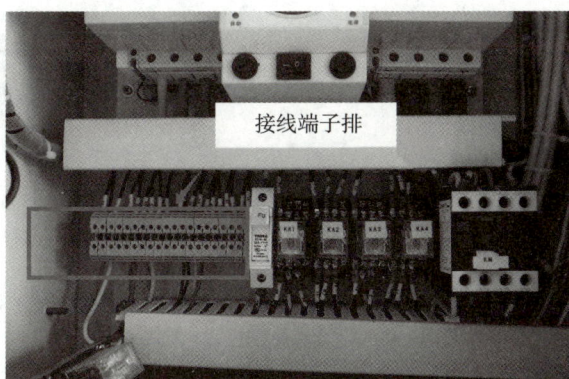

图3.3-2 风机控制箱内接线端子排标识

制系统》国家标准第1号修改单GB 16806—2006/XG1—2016中关于消防电气控制装置（防烟排烟风机控制设备）的规定。

其次，还需仔细核对控制箱本身、安装位置及控制对象是否一致等，并确保所选位置便于日常操作，且符合通风、安全要求等。

常见的检查内容如图3.3-3所示。

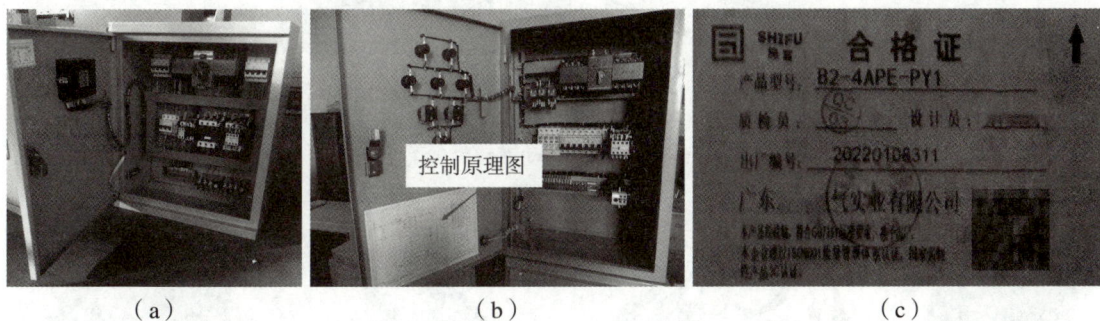

（a）　　　　　　　　　　（b）　　　　　　　　　　（c）

图3.3-3 常见检查内容

（a）控制箱外观是否完备；（b）原理图资料是否完好；（c）生产商信息是否齐全

（2）准备相关工具

在安装防烟排烟风机控制箱箱体时，常用箱体安装工具包括冲击钻（可用于墙体开孔等）、手磨机（可用于切割、研磨及刷磨金属与石材等）、手电钻（可用于非冲击类开孔等）（图3.3-4）、扳手、螺丝刀、钳子、铁锤、梯子、穿线器等。

在安装管线时，常用线管施工工具包括穿线器（用于牵引线缆穿过线管）和手动镀锌铁管弯管器（用于弯管）等，如图3.3-5所示。

在线缆接线及调试时，常用到万用表（用于测量端接）、巡线仪（用于线缆巡线）、钳表（可用于测量电机启动电流）、手摇式兆欧表（也称绝缘电阻表测试仪，可用于测量电机或线缆的绝缘情况）等信号测试类仪器仪表，如图3.3-6所示。

除此之外，不同厂家、不同类型的风机控制箱，其安装工具可能有所差异，我们应结合实际安装需要，选择针对性的工具。

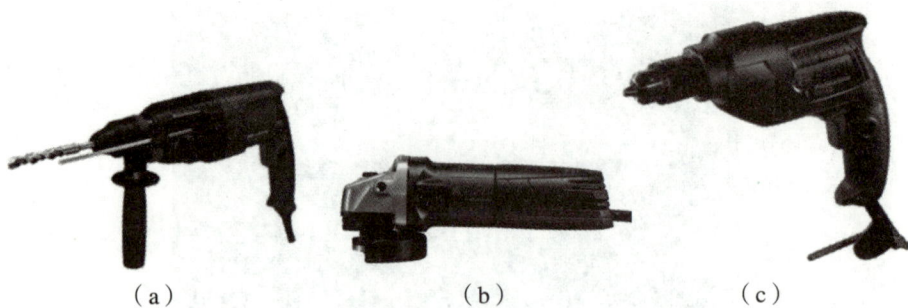

（a）　　　　　　　　　（b）　　　　　　　　　（c）

图3.3-4　常见箱体安装工具

（a）冲击钻；（b）手磨机；（c）手电钻

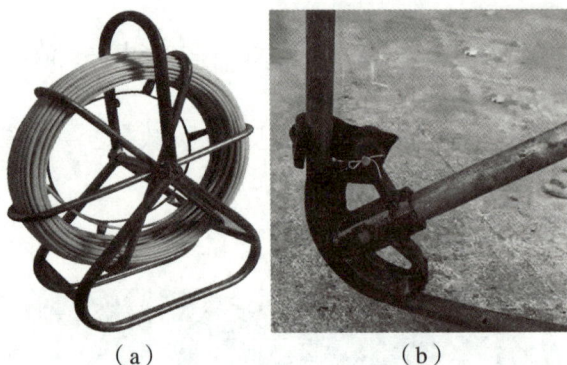

（a）　　　　　　　　　　　　（b）

图3.3-5　常见线管施工工具

（a）穿线器；（b）手动镀锌铁管弯管器

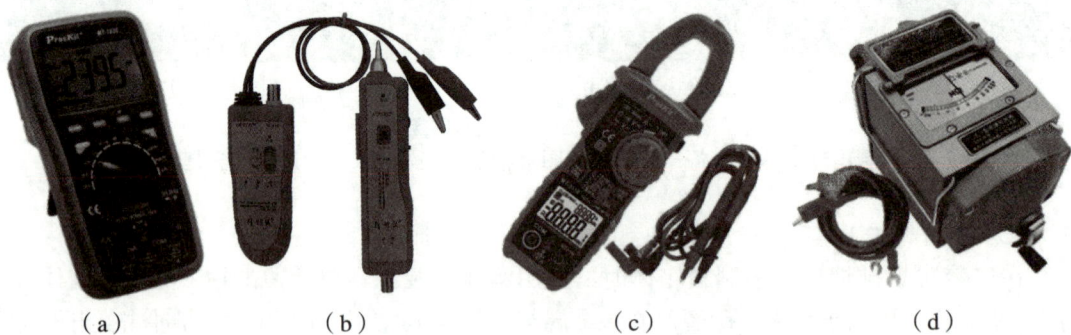

（a）　　　　　　（b）　　　　　　（c）　　　　　　（d）

图3.3-6　常见信号测试类仪器仪表

（a）万用表；（b）巡线仪；（c）钳表；（d）手摇式兆欧表

（3）收集有关辅材

在防烟排烟风机控制箱的安装和接线时，可能会用到膨胀螺栓（用于箱体固定）、扎带（用于整理线缆）以及防火泥（用于控制箱进出线口的防火封堵）等辅材辅件，如图3.3-7所示。

成品风机控制箱在完成外部线路接线后，需要采用防火泥对进出线口进行封堵，以延缓火焰或热烟气对线路的破坏，如图3.3-8所示。

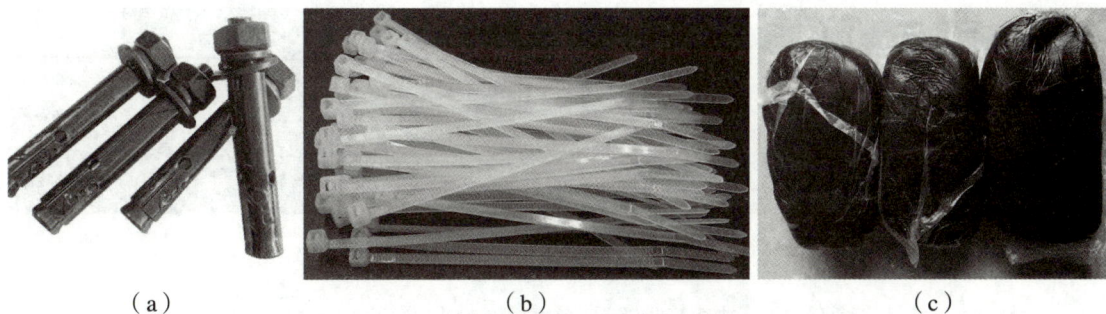

图3.3-7　辅材
（a）膨胀螺栓；（b）扎带；（c）防火泥

防火泥封堵进出线口

图3.3-8　防火泥封堵进出线口

（4）箱体定位安装

根据设计文件要求和现场实际情况，安装及相关人员研究并确定控制箱的安装位置。控制箱通常应安装在易于维修操作，便于监控管理且不受火灾影响的位置，同时，还要避免受到雨水的侵蚀等。

位置确定后，即可结合箱体的尺寸，确定水平和竖向定位尺寸，并用已备好的安装工具，将箱体安装就位。

（5）控制箱及风机接线

1）接线辅材

风机控制箱与风机之间的线缆接线一般会用到热缩套管以及冷接端子等相关辅材。

①热缩套管

热缩套管是一种特制的聚烯烃材质的热收缩套管。电气工程中，人们常将热缩套管应用于各种线束、焊点、电感的绝缘保护以及金属管、金属棒的防锈、防蚀等场景。热缩套管被套在端子接线节点外，具有绝缘保护的作用，其功能与电工绝缘胶布功能类似。但与电工胶布相比，热缩套管耐久性更好，绝缘质量有保障。而电工胶布缠绕质量受人为因素影响较大，且长时间使用后可能会出现脱层现象。因此，热缩套管常被用于电箱端子的绝缘处理。

热缩套管如图3.3-9所示。

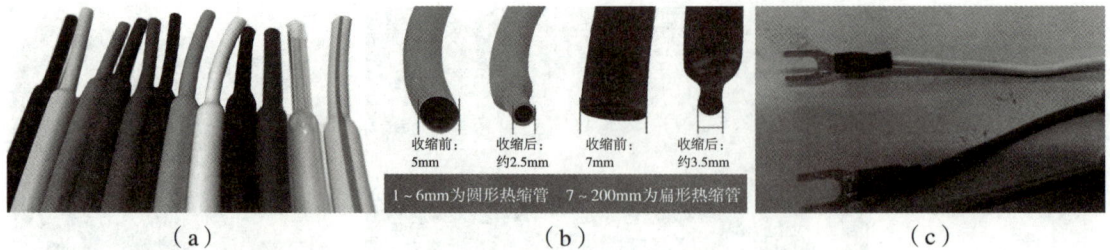

图3.3-9   热缩套管
（a）常见热缩管；（b）热缩管收缩前后参数；（c）热缩管对U形端子的绝缘处理

②冷压端子

冷压是电气连接的一种线端处理方式，冷压端子是实现冷压接线方式的关键辅材。冷压端子可用于风机线缆接头与风机控制箱的端子排的连接。接线时，冷压端子尺寸应与线缆线径、端子排相匹配。

风机控制箱及风机常用到的冷压端子示意如图3.3-10所示。

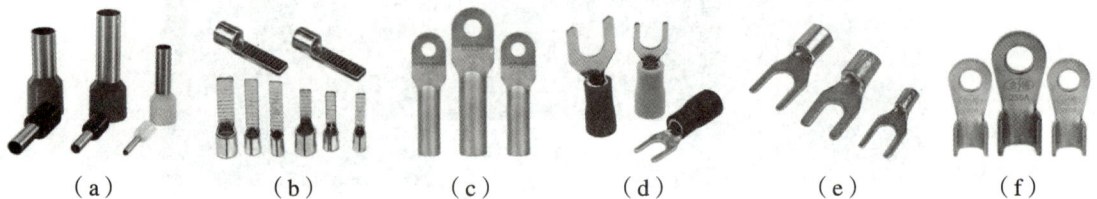

图3.3-10   常见的冷压端子示意
（a）针形冷压端子（管型）；（b）片形接线端子；（c）DTL铜鼻子；
（d）U形冷压端子（带绝缘套）；（e）U形冷压端子（裸端头）；（f）OT开口铜鼻子

2）接线要求

风机及其控制箱线缆的正确接线是确保设备安全可靠运行的关键环节。电气安装接线一般应按照以下环节和要求进行：

①接线前准备

在开始接线之前，应先检查产品型号、元器件型号、规格、数量等是否与设计图纸相符。同时，要检查元器件是否存在损伤，如有损伤应更换。

②排线和布线

风机的排线应根据设计图纸和技术要求进行，确保连线正确、牢固可靠。线束应排布，整齐美观，层次分明，坚实稳固。风机箱内的导线应完整，中间不应有接头。

③端子接线

在风机的主回路（一次回路）中，每个端子只接一根导线。导线端子需做端子处理。常见端子制作工艺及安装示例如图3.3-11所示。

④接线标识

风机线缆的端接处，需做好接线标识，以便后期运维时识别。具体而言，每个元件的接线

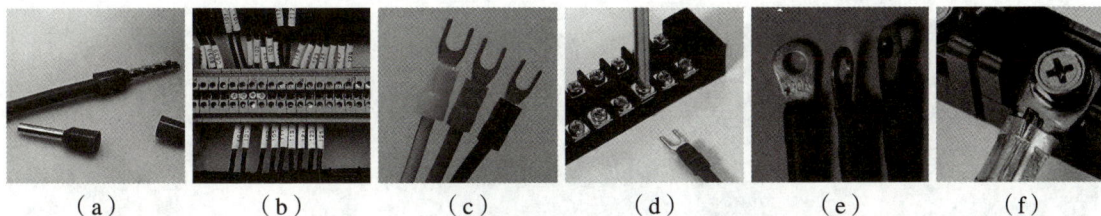

图3.3-11 常见端子制作工艺及安装示例

（a）针形端子制作工艺；（b）针形端子安装于UK型端子排；（c）U形端子制作工艺；
（d）U形端子安装于TB型端子排；（e）开口铜鼻子制作工艺；（f）开口铜鼻子安装于塑壳断路器

端应有号码标识，这些标识应与图纸相符，且确保标识内容完整、清晰、牢固。常用号码管来做接线标识（图3.3-12）。

图3.3-12 风机控制箱内号码管做接线标识

机打线缆号码标识如图3.3-13所示。

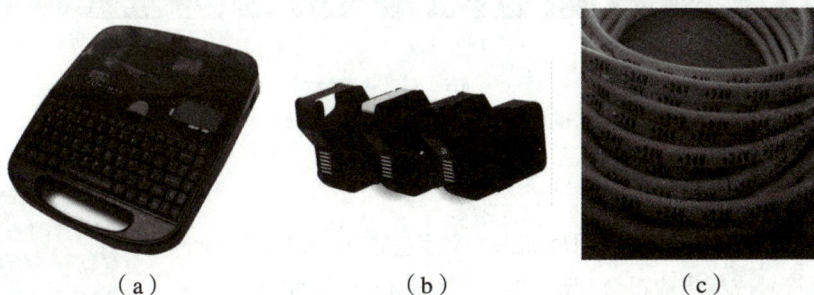

图3.3-13 机打线缆号码标识

（a）号码管标识打印机；（b）打印机配套色带；（c）号码管标识打印机效果

常用号码管有梅花型号码管（机打专用）、数字型号码管及手写PVC异型号码管。选用号码管的尺寸应与线缆外径相符，避免过大或过小。常见的号码管如图3.3-14所示。

⑤保护接地

风机控制箱需做好保护接地。保护接地可以防止因设备绝缘层损坏而引发的电气故障，当设备外壳或其他非带电部分意外带电时，接地可以提供一个低阻抗的回路，使故障电流迅速流

图3.3-14　常见的号码管
（a）梅花型号码管；（b）数字型号码管；（c）手写PVC异型号码管

向地面，从而保障设备和人员的安全。

在风机控制箱内，当任意两个金属部件通过螺钉连接时，若连接处存在绝缘层，则必须做好有效连接。例如风机控制箱门与箱体的接地、风机的有效接地、软接头的有效接地，具体如图3.3-15所示。

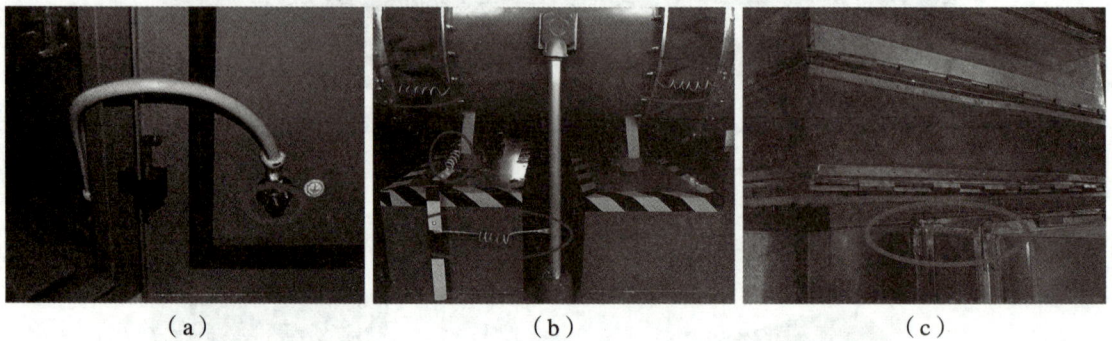

图3.3-15　有效接地示意
（a）箱门与箱体的有效接地；（b）风机的有效接地；（c）软接头的有效接地

（6）机房及箱体标识

风机控制箱上或附近应设置明显标识，文字应准确、清楚且易于识别，颜色、符号或标志应符合规范要求。消防相关箱体标识常用红色。如"位于11楼的01号排烟风机控制箱"，其标识如图3.3-16所示。

（7）绝缘测试

1）测试要求

绝缘电阻是电气设备和电气线路最基本的绝缘指标。在进行低压电气装置的交接试验时，常温下电动机、配电设备和配电线路的绝缘电阻不应低于0.5MΩ。

在风机控制箱（柜）与加压送风机或排烟风机进行电气连接前，须对其线路线缆进行绝缘测试。一般

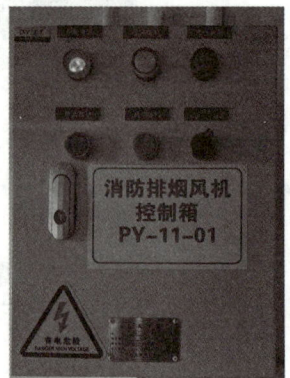

三相异步电动机的绝缘测试

图3.3-16　风机控制箱标识示意（PY-11-01）

可采用绝缘电阻测试仪（兆欧表）测量线缆绝缘情况，以提前检测出线缆是否在施工过程中出现破皮、短路、断路等情况。

2）测试工具

正常线缆的绝缘电阻阻值比较大，一般达到兆欧级，常规万用表在测量电阻时的电源电压很低（一般9V以下），在该电压条件下所测量出来的电阻值，并不能反映出线缆在工作电压作用下的绝缘电阻真正数值。因此，为了得到准确的绝缘电阻，必须用高压电源的兆欧表进行测量。

常见的兆欧表如图3.3-17所示。

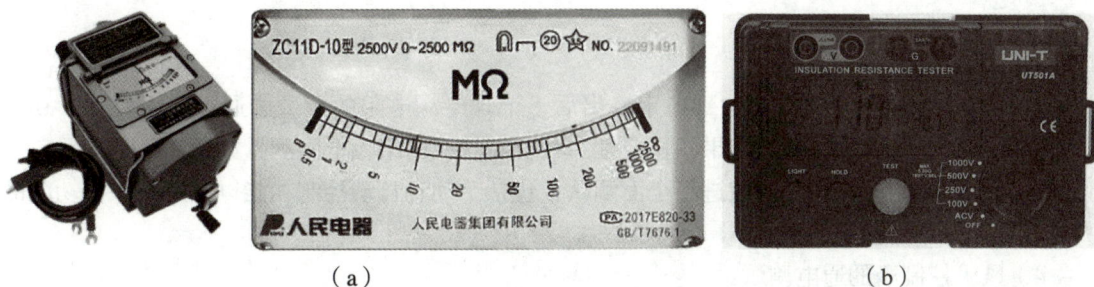

图3.3-17 常见兆欧表
（a）手摇式兆欧表及其量程示意；（b）数字式绝缘电阻测试仪

在实际测量中，需根据被测对象来选择不同电压等级和阻值测量范围的仪表。

兆欧表测量范围的确定应保证：被测绝缘电阻值不应过多超出测量范围，以免产生较大误差。施工现场测量的电气设备或线路的绝缘电阻值一般在500V以下，因此，测量线路的绝缘情况时，多选用500V量程的兆欧表。

兆欧表有三个接线柱：L（线路）、E（接地）和G（屏蔽），这三个接线柱按测量对象不同来选用。

3）相线对相线的绝缘电阻测量

在0.4kV规格的电缆中，相线对相线的绝缘电阻测量标准通常不低于0.5MΩ。这是为了确保电缆在正常工作条件下具有足够的绝缘性能，避免因绝缘不足导致电气故障或安全事故。同时，三相绝缘测量值应一致，不平衡率不超过2.5%；本次与上次测量值相比较，不得下降30%以上。

测量0.4kV电缆的相线对相线的绝缘电阻，可按照以下步骤进行：

①断开电源：首先确保电缆已经从电源端断开，并进行充分放电，以避免电击和测量误差。

②兆欧表量程选择：0.4kV低压电缆通常选用500V或1000V的兆欧表。

③接线：将兆欧表的L端连接到一条相线上，而E端连接到另一条相线上。如果电缆有屏蔽层，使用G端进行屏蔽以减少误差（G端为屏蔽端子，目的是屏蔽测量时在相线绝缘上产生的泄漏电流，以减少测量误差）。

④操作测试仪：按照兆欧表的说明书操作，逐渐增加摇动速度直至达到稳定转速，通常为

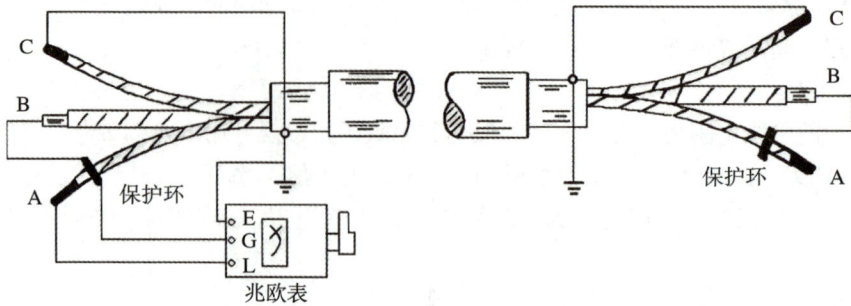

图3.3-18　相线对相线的绝缘电阻测量

120～150rad/min。

　　⑤读取测量值：当兆欧表达到稳定输出后，记录绝缘电阻的读数。通常，需要记录1min后的绝缘电阻值，以确保测量结果的稳定性。相线对相线的绝缘电阻测量如图3.3-18所示。

　　风机控制箱完成接线后，应进行全面测试，包括手动和自动控制功能以及所有保护功能的测试，以确保控制箱正常工作。

　　4）风机控制箱的通电测试

　　在接通电源后，应检查风机控制箱的主要功能是否正常，包括操作级别，自动与手动工作状态转换，手动控制、自动启动以及手动控制插入优先功能。

　　风机控制箱的电气控制功能测试，一般需包括以下内容：

　　①测试风机控制箱（柜）的自动与手动工作状态转换功能。

　　②检查手动控制功能，确保可以正常启停风机。

　　③验证自动启动功能是否符合预定逻辑。

　　④测试手动控制插入优先功能。

　　双速排烟风机控制箱面板如图3.3-19所示，其中，红色灯作为运行指示，绿色灯作为停止指示。

图3.3-19　双速排烟风机控制箱面板

　　同时，系统联动需满足送风口、排烟口、排烟窗或排烟阀的开启和关闭动作信号，以及防烟排烟风机的启动和停止动作信号，均应反馈至消防联动控制器；防火阀连锁需满足排烟风机入口处的总管上设置的280℃排烟防火阀在关闭后，应直接连锁控制风机停止，且排烟防火阀及风机的动作信号也应反馈至消防联动控制器。

　　（8）维护与保养

　　消防风机控制箱运行后，应定期进行巡查、检查和维护，保证控制箱处于正常状态，不应擅自关停、拆改或移动。有效的系统维护和定期检查是确保火灾发生时防烟排烟系统能够正常工作的重要因素。

关键的维护和检查步骤包括以下内容：

1）外观检查

定期检查风机控制箱（柜）的外观，确保其完好无损，无锈蚀，安装牢固，且铭牌和标识清晰准确。

2）功能测试

检查风机控制箱（柜）的主要功能是否正常，包括操作级别、自动与手动工作状态转换、手动控制功能、自动启动功能以及手动控制插入优先功能等。

3）联动部件检查

对电动送风口、电动挡烟垂壁、排烟口、排烟阀、排烟窗、电动防火阀的动作功能和动作信号反馈功能进行检查，确保能够灵活启动并正确反馈信号。

4）防火阀反馈功能

检查排烟风机入口总管上设置的280℃排烟防火阀的动作信号反馈功能，确保在关闭后能直接连锁控制风机停止，并将动作信号反馈至消防联动控制器。

5）风机检查

现场手动启动风机，检查其运转是否平稳，叶轮旋转方向是否正确，有无异常振动与声响等。

6）控制柜检查

检查风机控制柜的仪表和指示灯显示、开关及控制按钮状态是否正常，并测试风机启停功能。

7）风管和风口检查

检查风管（道）、送风（排烟）口、室外进风口和出风口等，确保它们的外观完好、无遮挡、安装牢固且风管通畅。

8）电动挡烟垂壁和排烟窗检查

检查外观是否完好无损，进行手动或自动启动、复位试验，确保无升降或启闭障碍，动作信号反馈正常。

9）系统联动试验

测试火灾自动报警系统联动触发信号，确保防烟、排烟系统功能正常，并符合《火灾自动报警系统设计规范》GB 50116—2013的相关规定。

10）维护保养

根据《建筑消防设施维护保养规程》DB32/T 4696—2024进行定期的维护保养，包括清洁、检查、测试和必要的调整或更换部件。

3.3.2 消防模块箱的电气安装

防烟排烟系统的
电气安装2

1．消防模块箱的认知

消防模块箱是用于集中安装消防模块的设备，通常包含不同类型的模块，如输入模块、输出模块、输入输出模块、中继模块、隔离模块等，它们在火灾自动报警系统中发挥着重要作用。常见的消防模块箱如图3.3-20所示。

图3.3-20　消防模块箱

2．消防模块箱的安装

根据《火灾自动报警系统设计规范》GB 50116—2013相关规定，消防模块的安装需符合以下规定：

1）每个报警区域内的模块宜相对集中设置在本报警区域内的金属材质消防模块箱中。一般集中设置的模块箱或接线端子箱的安装高度为1.5～1.8m，采用壁挂安装方式，控制线路需引至受控设施，如低压配电柜、消防动力控制箱等。

2）模块严禁设置在配电（控制）柜（箱）内，以防止不同电压等级的设备相互影响，确保系统可靠动作。

3）本报警区域内的模块不应控制其他报警区域的设备，确保在本区域发生火灾时，不影响其他区域受控设备。

4）未集中设置的模块附近应有尺寸不小于100mm×100mm的标识，以便于检修时查找。

同时，在安装消防模块时，连接导线应预留不小于150mm的余量，且端部应有明显标识。若模块隐蔽安装，应在安装处设有检修口并做明显标识。

一般消防模块箱的安装步骤如下：

1）准备工具：依据图纸列出所需工具（冲击钻、螺丝刀等）和材料（膨胀螺栓、胶粒、自攻螺栓等）。

2）定位模块：根据相关图纸，确定模块的安装位置。

3）固定模块：使用螺栓等将模块固定于墙面底盒或控制箱内。

3．消防模块的接线

结合相关图纸，完成隔离模块、输入模块、输出模块、输入输出模块、中继模块的接线。某工程项目模块箱接线图如图3.3-21所示。

现以海湾品牌的消防模块为例，介绍消防模块与防烟排烟相关设备的接线方法。

（1）输入模块与280℃排烟防火阀的接线

用于监视280℃排烟防火阀启闭状态的输入模块，一般安装在防火阀附近。以海湾GST-LD-8300输入模块为例，其接线示意如图3.3-22所示。

图中"红$^+$"与"黄"标识的接线端子是防火阀的无源状态反馈微动开关。

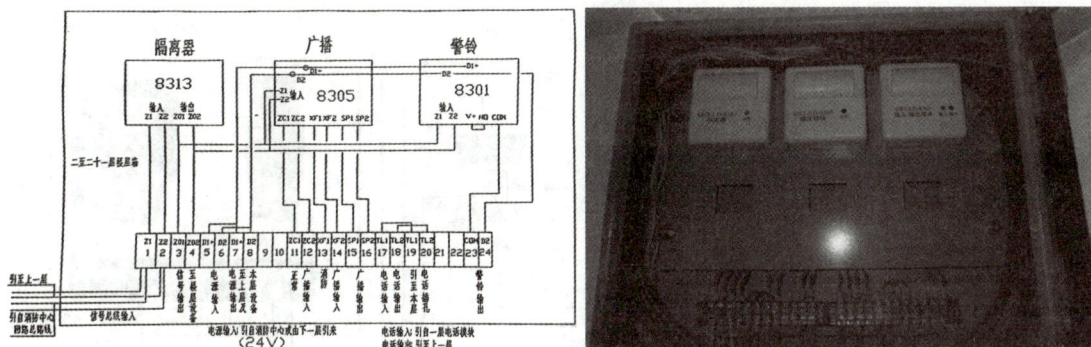

图3.3-21　某工程项目模块箱接线图

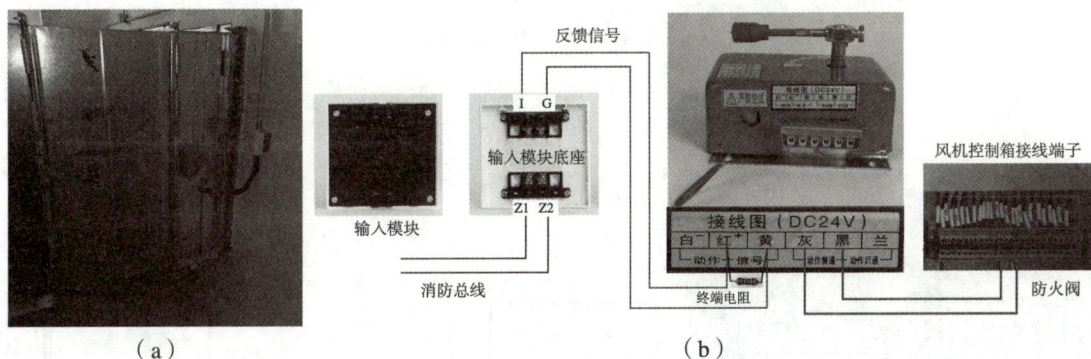

（a）　　　　　　　　　　　　（b）

图3.3-22　输入模块与280℃排烟防火阀的接线示意
（a）安装示意；（b）接线示意

（2）输入输出模块与风机控制箱的接线

用于监控风机状态的输入输出模块，通常安装于风机控制箱上方10cm处，以海湾GST-LD-8301A型输入输出模块（四线型）为例，风机输入端为无源控制的接线方法，其接线示意如图3.3-23所示。

（3）输入输出模块与防火卷帘控制箱的接线

用于监控防火卷帘状态的输入输出模块，安装于防火卷帘门的控制器旁，其接线示意如图3.3-24所示。

当输入输出模块接收到风机启动程序指令后，其"COM"与"O2"端输出DC24V电源接通启动继电器线圈，实现风机的开启。风机启动的同时，风机主回路的接触器的辅助触点（NO）作为风机状态反馈信号接通实现风机状态的反馈。

图3.3-24（b）中，1#输入输出模块作为半降控制模块，2#输入输出模块作为全降控制模块。当1#模块动作时，其"9"端子与"GND"端子输出DC24V控制卷帘门实现半降，同时卷帘门下降到位后，"中位反馈"与"公共端"端子作为半降信号反馈至1#模块"3"与"4"端子。当2#模块动作（即全降）时，控制与反馈原理与1#模块相似。

信号反馈
风机控制箱
启动继电器　接触器
I G COM NO
输入输出模块底座
D1 D2 Z1 Z2
DC 24V
继电器线圈
消防总线
风机接线端子排　终端电阻
输入输出模块

（a）　　　　　　　　　　（b）

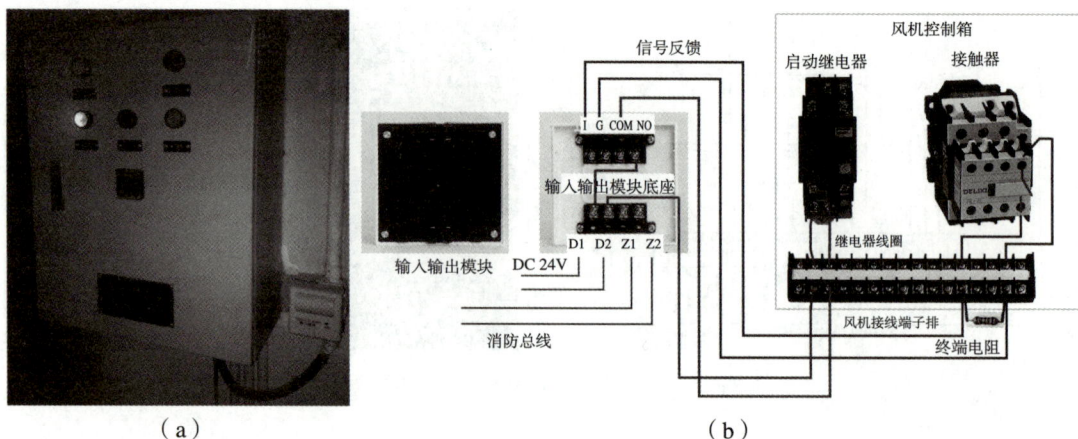

图3.3-23　输入输出模块与风机控制箱的接线示意
（a）安装示意；（b）接线示意

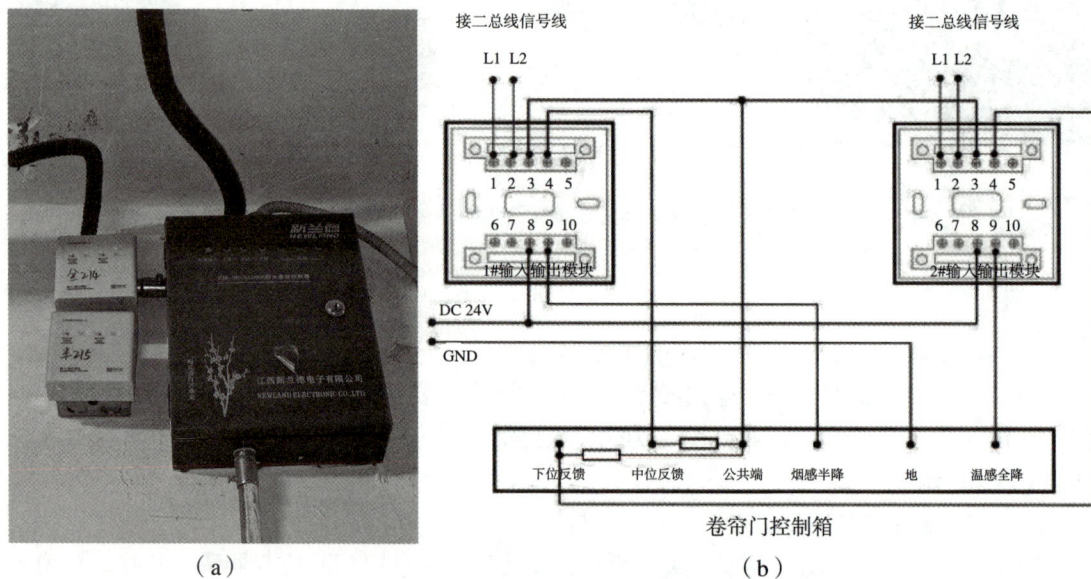

接二总线信号线　　　　　　接二总线信号线
L1 L2　　　　　　　　　L1 L2
1 2 3 4 5　　　　　　1 2 3 4 5
6 7 8 9 10　　　　　6 7 8 9 10
1#输入输出模块　　　　2#输入输出模块
DC 24V
GND
下位反馈　中位反馈　公共端　烟感半降　地　温感全降
卷帘门控制箱

（a）　　　　　　　　　　（b）

图3.3-24　输入输出模块与防火卷帘控制箱的接线示意
（a）安装示意；（b）接线示意（二次下降）

工地现场（防火卷帘的
工程应用认知）

工地现场（输入输出模块与正压
送风口的远程执行器接线示例）

（4）输入输出模块与正压送风口的接线

用于监控加压送风口（常闭的送风口）状态的输入输出模块，一般安装在加压送风口内部空间，其接线示意如图3.3-25所示。

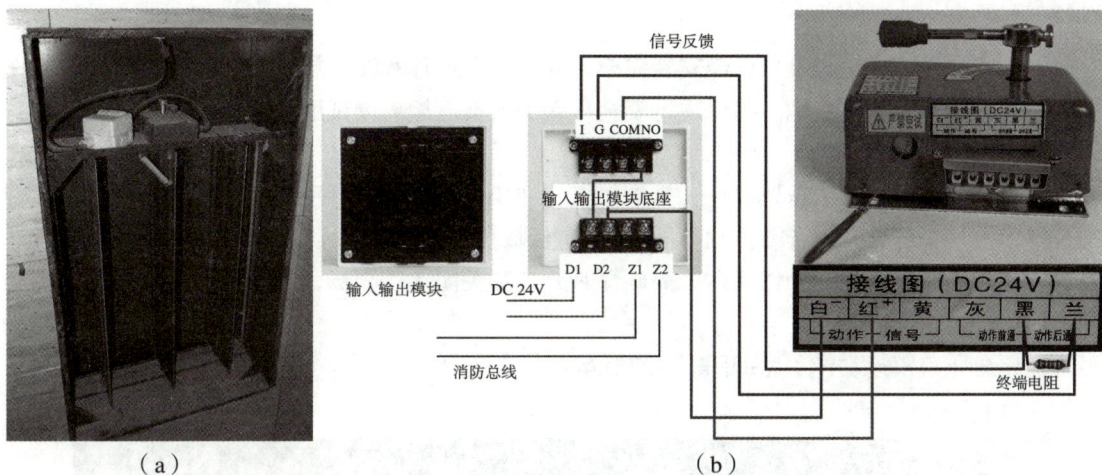

图3.3-25　输入输出模块与正压送风口的接线示意
（a）安装示意；（b）接线示意（常闭信号，动作后阀门打开）

图3.3-25（b）中"白⁻"与"红⁺"标识端子是加压送风口执行器的脱扣线圈的接线端子；"黑"与"兰"标识端子是加压送风口的无源状态反馈微动开关。"动作后通"代表加压送风口动作后，"黑"与"兰"标识端子接通。

（5）输入输出模块与远程执行器的接线

用于监控远程执行器（排烟口执行器）的输入输出模块，一般安装在远程执行器或其对应的风阀旁边，其接线示意如图3.3-26所示。

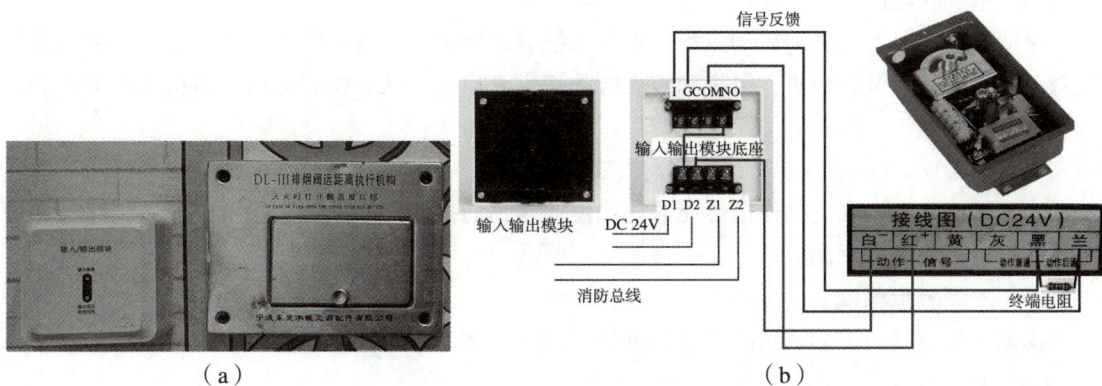

图3.3-26　输入输出模块与远程执行器的接线示意
（a）安装示意；（b）接线示意

4．消防模块的调试

在进行消防模块（即输入模块、输入输出模块）调试时，需要配合火灾自动报警主机及其监控对象进行，通过单机调试、系统联动调试等，保证其预定功能的实现。

消防模块的调试可按如下步骤：

（1）准备阶段

确认所有消防模块与设备已经安装完毕，并且符合设计和安全规范。保证所有接线正确无误，并确保所有设备已接地。确保现场安全，无关人员已撤离调试区域。

（2）单机调试

对单个设备（如加压送风风机、排烟风机、加压送风口）进行手动动作调试，检查其运转是否平稳，是否有异常声音或振动。同时，检查风机的旋转方向是否正确，风向是否符合设计要求。对防火阀进行手动操作测试，需确保其开启和关闭动作顺畅，同时确保模块箱内的消防模块的信号反馈正常。

加压送风口模拟动作示意如图3.3–27所示。

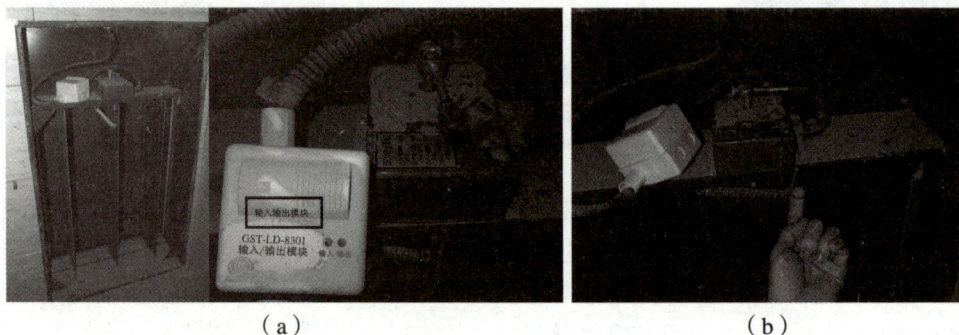

（a）   （b）

图3.3–27   加压送风口模拟动作示意
（a）   加压送风口与输入输出模块安装示意；（b）加压送风口手动脱扣装置（模拟动作）

（3）系统联动测试

模拟火灾情况下的自动启动流程，进行系统联动测试。检查消防控制中心发出的启动信号能否正确触发相关消防模块、风机和防火阀的正常开启。确认系统启动后，风机和防火阀的运行状态符合预期。

（4）信号反馈测试

确认风机和防火阀的动作信号能够正确反馈至消防控制中心。检查系统内所有传感器和探测器的信号是否准确无误。

（5）故障模拟测试

模拟电源故障、控制线路故障等各种故障情况，测试系统的响应能力。

（6）调试报告

记录调试过程中发现的问题和测试结果，对发现的问题提出解决方案，并依方案整改，最终形成调试报告。

3.3.3 防烟排烟风机电气安装

1．防烟排烟风机的安装依据

加压送风机、排烟风机是防烟排烟系统最重要的设备，其安装的规范程度影响着系统的正常运行。相关安装规范包括《通风与空调工程施工规范》GB 50738—2011以及《轴流通风机安装》12K101-1、《离心通风机安装》12k101-3等。

2．防烟排烟风机的安装步骤

风机的电气安装与调试流程，可总结为如下几个步骤：

（1）开箱检查及试机

1）风机进入施工现场后，施工人员须对其进行安装前检查。检查的内容包括是否有损坏或缺少配件，风机型号和规格是否符合设计要求，出厂合格证书是否完备。

2）风机在出厂前一般会进行出厂前的合格测试。但风机运输过程中难免会出现摇晃、碰撞等情况。所以，在安装前，应检测叶片转动是否灵活、机械转动是否存在摩擦过大、松脱或异响等情况。

（2）基础或支架检查

风机一般是被安装在基础或者支架上的，风机运行会产生振动，如果基础或支架不牢固或定位不准确等，都会给后续运行带来不良影响。因此，安装前要认真检查基础或支架的质量。

1）风机的基础或支架必须牢固，固定面应水平，并符合安装要求。风机的基础和抗震支架安装如图3.3-28所示。

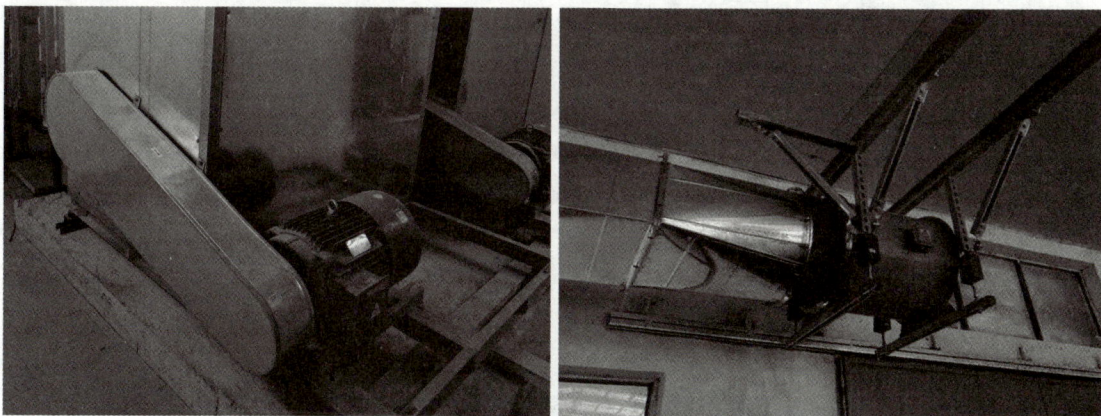

图3.3-28 风机的基础和抗震支架安装

2）落地安装的风机基础标高、位置及主要尺寸、预留洞的位置和深度应符合设计要求；基础表面应无蜂窝、裂纹、麻面、露筋等不良情况；基础表面应水平。

3）风机落地安装时，应固定在减震底座上，底座尺寸应与基础大小相匹配，中心线一致，减震底座与基础之间应按设计要求设置减震装置及接地处理，如图3.3-29所示。

4）风机吊装时，吊装及减震装置应符合设计及产品技术文件的要求。风机吊装的减震装置示意如图3.3-30所示。

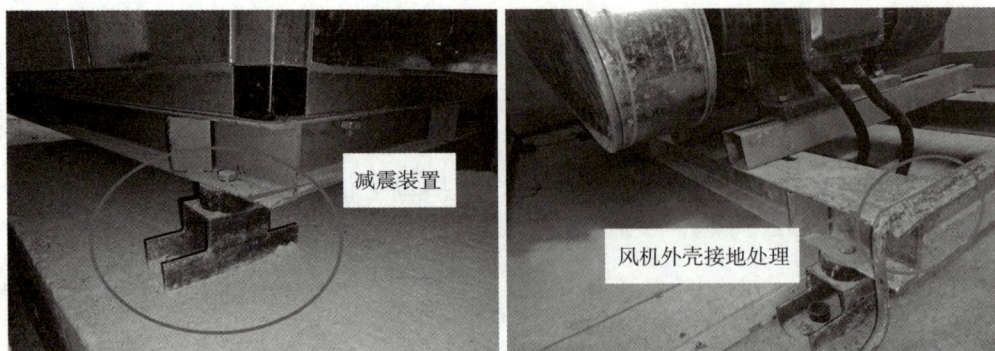

图3.3-29　风机落地安装时的减震装置及接地处理

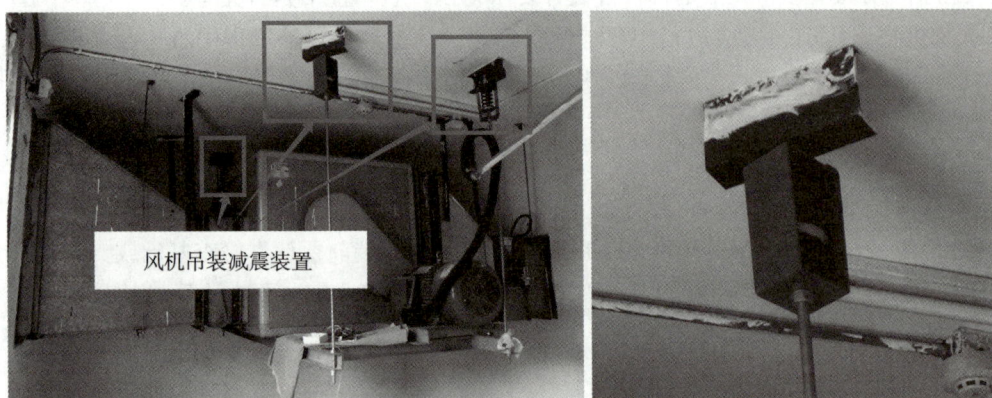

图3.3-30　风机吊装时的减震装置示意

（3）风机的电气连接

根据设计图纸将风机安装在预定位置，并将其固定稳固。然后，按照电气接线图连接风机的电源线、控制线和信号线，确保所有连接正确无误。

（4）风机的接地保护

确保风机的接地线正确连接，安装好过载保护和短路保护装置等。风机接地示意如图3.3-31所示。

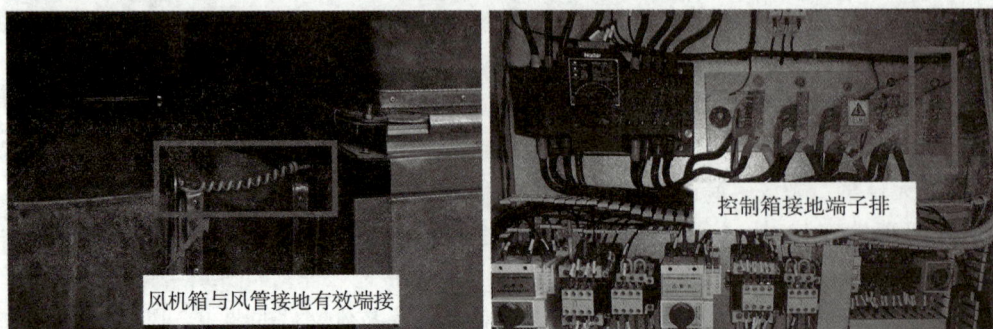

图3.3-31　风机接地示意

（5）风机的标识

风机安装完毕后，需在风机上或周围适当位置设置明显的标识，如图3.3-32所示。

图3.3-32　标识示意

中国智慧——建筑防烟排烟规范的历史沿革

1983年6月1日颁布的《高层民用建筑设计防火规范》GBJ 45—1982中，我国首次提出建筑防烟排烟相关要求。并在该规范的第七章"防烟、排烟和通风、空气调节"中进行了阐述。随后，该规范被《高层民用建筑设计防火规范》GB 50045—1995代替，经过1997、1999、2001及2005年版的多次修订。在这些修订中，均对建筑防烟排烟的内容做了适度完善。

《建筑设计防火规范》TJ 16—1974于1975年3月1日开始实行，随后被《建筑设计防火规范》GBJ 16—1987代替，后经过多次修订。

住房和城乡建设部将原《建筑设计防火规范》和《高层民用建筑设计防火规范》整合，颁布《建筑设计防火规范》GB 50016—2014。其中，对建筑防烟与排烟的内容做了进一步优化，对防烟排烟设置部位做了规定。规范于2018年进行了局部修订。

此后，住房和城乡建设部颁布《建筑防烟排烟系统技术标准》GB 51251—2017。这是我国第一本专门针对建筑防烟排烟的，内容全面、体系科学、可操作性强的技术标准。

2022年，住房和城乡建设部颁布《消防设施通用规范》GB 55036—2022，该规范为强制性工程建设规范，全部条文必须严格执行，防烟与排烟系统作为其中独立章节出现在规范之中。同年，住房和城乡建设部颁布《建筑防火通用规范》GB 55037—2022，在第11章中对防烟排烟系统的通用规定和设置条件进行了详细规定。

作为消防领域从业人员，我们应了解国家相关政策文件及规范标准的历史沿革，深刻理解相关技术要求的精神实质，并在具体的工程实践中加以应用。用我们的技术技能服务于国家和人民，确保人民的生命和财产安全。

3.3.4 同步训练

1. 单选题

（1）消防风机控制箱通常采用哪种安装方式？（   ）

A. 地面式　　　　B. 壁挂式　　　　C. 柜式　　　　D. 防爆落地式

（2）消防风机控制箱在安装前需要通过哪个部门的检测？（   ）

A. 建设部门　　　　　　　　B. 公安部门消防产品合格评定中心

C. 环保部门　　　　　　　　D. 教育部门

（3）安装消防风机控制箱时，通常不需要用到以下哪种工具？（   ）

A. 冲击钻　　　　B. 手磨机　　　　C. 螺丝刀　　　　D. 计算器

（4）风机控制箱接线时，热缩管的主要作用是什么？（   ）

A. 增加机械强度　　B. 绝缘保护　　C. 散热　　　　D. 装饰

（5）消防风机控制箱的绝缘电阻测量应使用什么工具？（   ）

A. 万用表　　　　B. 钳表　　　　C. 手摇式兆欧表　　D. 巡线仪

2. 多选题

（1）消防风机控制箱的分类包括哪些？（   ）

A. 壁挂式　　　　　B. 柜式　　　　　C. 防爆式

D. 移动式　　　　　E. 嵌入式

（2）安装消防风机控制箱时，需要用到的辅材包括哪些？（   ）

A. 膨胀螺栓　　　　　B. 扎带　　　　　C. 防火泥

D. 绝缘胶布　　　　　E. 防水卷材

（3）风机接线时，应满足哪些基本工艺要求？（   ）

A. 接线前检查产品型号和图纸是否相符　　B. 接线应根据图纸和技术要求进行

C. 端子接线时，一个端子不宜接两根导线　　D. 所有连接导线中间可以有接头

E. 电机不需接地

（4）消防模块箱通常包含哪些类型的模块？（   ）

A. 输入模块　　　　　B. 输出模块　　　　　C. 输入输出模块

D. 中继模块　　　　　E. 联动输出模块

（5）消防风机的电气安装步骤包括哪些？（   ）

A. 开箱检查及试机　　B. 基础检查　　　　C. 电气连接

D. 安装过载保护和短路保护装置　　　　E. 风机油漆防锈

3. 判断题

（1）消防风机控制箱的CCCF认证是由建设部门颁发的。　　　　　　（   ）

（2）热缩管用于电箱中的端子绝缘处理，比电工胶布更持久。　　　　（   ）

（3）风机控制箱接线时，每个端子可以接多根导线。　　　　　　　　（   ）

（4）绝缘电阻测试是检测线缆是否在施工过程中出现破皮、短路、断路等情况的一种方法。　　　　　　　　　　　　　　　　　　　　　　　（   ）

（5）消防模块箱的安装位置应独立支撑或固定，并应采取防潮、防腐蚀等措施。（   ）

模块四

防烟排烟系统
验收维护

防烟排烟系统施工安装完成后，相关单位应相互协同，对建成的防烟排烟系统进行调试、验证，调试合格即可组织验收，并最终交付给建设方（甲方或物业管理方）使用。

在防烟排烟系统交验后，要求系统长期处于准工作状态。建设方的物业管理人员或受委托的物业管理企业应定期对防烟排烟系统进行检测、维护，保证系统随时可以启动运行。

任务 4.1
防烟排烟系统的调试和验收

【学习目标】

知识目标	能力目标	素质目标
1. 了解防烟排烟系统各种调试方式的区别； 2. 掌握防烟排烟系统调试的操作方法	1. 具有研读理解规范要求的能力； 2. 具有对照规范要求开展调试并发现问题的能力； 3. 能根据发现的问题，排除故障； 4. 能够按照验收要求，对防烟排烟系统进行验收检查	1. 培养学生遵循规范标准、照章行事意识； 2. 培养学生诚信的职业意识； 3. 培养学生发现问题、积极调整及排除故障的思维

【思维导图】

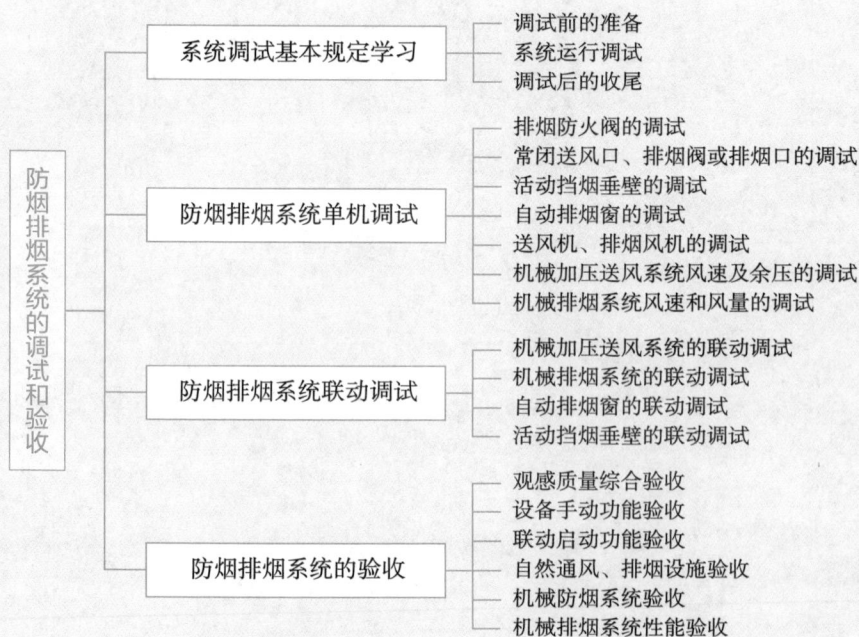

防烟排烟系统调试是在系统安装完成后验收前进行的，旨在验证系统的有效性的试验和调整活动。防烟排烟系统验收是系统安装单位在其他参建单位的见证下，遵循特定程序，将防烟排烟系统交付给委托单位的工程活动。

防烟排烟系统的调试和验收应当依照《消防设施通用规范》GB 55036—2022、《建筑防烟排烟系统技术标准》GB 51251—2017、《通风与空调工程施工质量验收规范》GB 50243—2016以及《通风管道技术规程》JGJ/T 141—2017等国家现行标准，并应符合其他相关标准和规范的要求。

4.1.1 系统调试基本规定学习

防烟排烟系统调试的主要内容如图4.1-1所示。

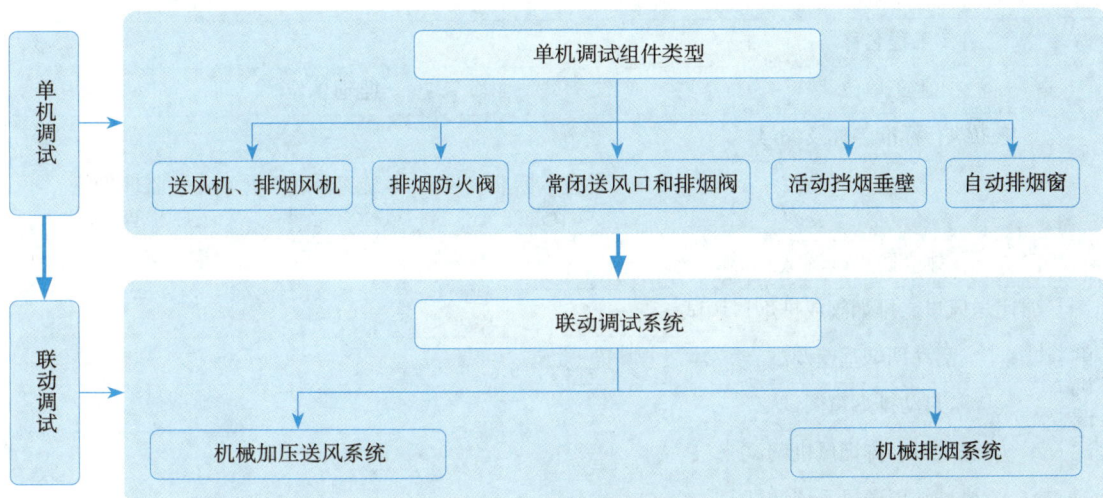

图4.1-1 防烟排烟系统调试的主要内容

防烟排烟系统调试包括单机调试和联动调试两大类工作任务。

单机调试的目的是验证系统中的主要设备是否完好，运行参数是否符合设计要求。单机调试包括对排烟防火阀、常闭送风口和排烟阀（口）、活动的挡烟垂壁、自动排烟窗以及送风机、排烟风机等设备的风速、余压和风量等参数的调试。

联动调试是在单机调试合格后进行的，旨在验证系统中主要设备之间的关联关系是否正确，联动运行参数是否符合设计要求。联动调试是指对机械加压送风防烟、机械排烟、自动排烟窗以及活动挡烟垂壁等系统的联动有效性进行验证调试。当系统中的单机以及联动系统均调试正常时，方可认定系统为合格。

系统调试前，需要做充分的准备；系统运行调试应严格按照程序进行；调试完成后要做好记录资料填写和总结报告等善后工作。

1．调试前的准备

系统调试前，要确保整个系统全部施工到位，工完场清。要确保火灾自动报警系统及联动控制设备均已调试合格。此外，施工单位应编制防烟排烟系统调试工作方案，经内部审核无误后，再报送监理单位的专业监理工程师审核和批准。系统调试前，还要通知监理单位、设计单位以及建设单位，并邀请相关专业技术人员参加或配合。

2．系统运行调试

系统调试应由施工单位负责，监理单位监督，设计单位与建设单位参与并配合。系统调试所使用的测试仪器和仪表性能应稳定可靠，其精度等级及最小分度值必须满足测定要求，并应符合国家有关计量法规及检测规程的规定。

系统调试检查中，应由施工单位的质量检查员如实记录调试检查情况，填写防烟排烟系统调试检查记录表，见表4.1-1。同时，应请调试人员签字确认，施工单位项目负责人和监理单位专业监理工程师签署检查意见。

防烟排烟系统调试检查记录表　　　　　　　　表4.1-1

工程名称				
施工单位			监理单位	
施工执行标准名称及编号				
项目		对应本标准 章节条款	施工单位 检查记录	监理单位 检查记录
单机调试	排烟防火阀调试			
	常闭送风口、排烟阀或排烟口调试			
	活动挡烟垂壁调试			
	自动排烟窗调试			
	送风机、排烟风机调试			
	机械加压送风系统调试			
	机械排烟系统调试			
系统联动调试	机械加压送风联动调试			
	机械排烟联动调试			
	自动排烟窗联动调试			
	活动挡烟垂壁联动调试			
调试人员：（签字）		年　月　日		
施工单位项目负责人：（签章）		监理工程师：（签章）		
年　月　日		年　月　日		

注：施工过程若用到其他表格，则应作为附件一并归档。

3．调试后的收尾

系统调试完成后，施工单位应填写防烟排烟系统质量控制检查记录表，并提交给建设单位。调试记录资料应完整准确，并应形成防烟排烟系统调试报告。

　　防烟排烟系统质量控制检查记录应由施工单位相关人员进行核查填报。并由施工单位项目负责人、监理工程师和建设单位项目负责人签字确认。防烟排烟系统质量控制检查记录表见表4.1-2。

防烟排烟系统质量控制检查记录表　　　　　　表4.1-2

工程名称		施工单位		
分部工程名称	资料名称	数量	核查意见	核查人
防烟排烟系统	1. 施工图、设计说明、设计变更通知书和设计审核意见书、竣工图			
	2. 施工过程检验、测试记录			
	3. 主要设备、部件的国家质量监督检验测试中心的检测报告和产品出厂合格证及相关资料			
结论	施工单位项目负责人： （签章） 　　　　年　月　日	监理工程师： （签章） 　　　年　月　日	建设单位项目负责人： （签章） 　　　年　月　日	

核心价值——诚信守护安全

民无信不立

　　2011年，某化学原料生产企业生产设备突然发生泄露，造成5死9伤的严重后果，直接经济损失超过3000万元。经查，在设备安装验收调试过程中，设备安装单位技术人员张某已经发现管线连接存在异常，但为了避免返工、保证按期验收通过，就在调试记录表中填写了"正常"。其他参与单位的专业技术人员因故未参加调试，并在事后签字予以确认。最终，张某及其他相关人员均因履职不力，承担了相应的刑事责任。事故是因张某等人不诚实、不尽责所致。

　　诚实做人，诚信做事是中华民族传统美德，也是新时代中国特色社会主义核心价值。"民无信不立"出自《论语》，意思就是"民无信，则相欺相诈，无所不至，形虽人而质不异于禽兽，无以自立于天地之间，不若死之为安"。元朝关汉卿的《单刀会》中说"人无信不立"，意思是如果一个人不讲诚信，就很难在世上立足。诚信就是诚实讲信用，诚

实就是一是一、二是二，实事求是。讲信用则是说话算数，说一不二。

作为专业技术人员，诚信除了做人要诚实，还要做事老实，做工程不偷工减料，做资料不填假数据。要坚守原则底线，时刻把人民的生命财产安全记在心上，在大是大非问题上，要顶得住压力、禁得起诱惑，不受任何因素干扰，不向任何势力低头，始终说真话、办实事、讲诚信。

做假资料危害巨大，轻的损害企业声誉，重则误导决策、隐匿风险，给无辜民众带来巨大伤害。

被信任是一种十分难得的资源，让我们始终坚守诚实做人、诚信做事的准则。

4.1.2 防烟排烟系统单机调试

单机调试通常需要对设备的手动关闭、复位试验、模拟发生火灾情境下状态信号是否反馈到消防控制室、联动风机的启停等事项进行调试。具体要求如下：

1. 排烟防火阀的调试

（1）首先，进行手动关闭和复位试验，要求阀门动作应灵敏且可靠，关闭时应确保严密。

（2）其次，模拟发生火灾的情况下，相应区域火灾报警后，要求同一防火分区内排烟管道上的其他阀门能够联动关闭。

（3）阀门关闭后，要求状态信号应能反馈到消防控制室。

（4）阀门关闭后，要求应能联动相应的风机停止运行。

（5）在调试数量上，要求全数调试。

2. 常闭送风口、排烟阀或排烟口的调试

（1）进行手动开启、复位试验，要求阀门动作应灵敏、可靠，远距离控制机构的脱扣钢丝连接不应松弛、脱落。

（2）模拟发生火灾情况下，相应区域火灾报警后，要求同一防火分区的常闭送风口和同一防烟分区内的排烟阀或排烟口应能联动开启。

（3）阀门开启后，要求状态信号应能反馈到消防控制室。

（4）阀门开启后，要求能联动相应的风机启动。

（5）在调试数量上，要求全数调试。

3. 活动挡烟垂壁的调试

（1）手动操作挡烟垂壁按钮进行开启、复位试验，要求挡烟垂壁启动与到位后停止应灵敏、可靠，下降高度应符合设计要求。

（2）模拟火灾情况下，相应区域火灾报警后，要求同一防烟分区内挡烟垂壁应在60s内联动下降到设计高度。

（3）挡烟垂壁下降到设计高度后，要求能将状态信号反馈到消防控制室。

（4）在调试数量上，要求全数调试。

4. 自动排烟窗的调试

（1）手动操作排烟窗开关进行开启、关闭试验，要求排烟窗动作应灵敏、可靠。

（2）模拟火灾情况下，相应区域火灾报警后，要求同一防烟分区内排烟窗应能联动开启，且应在60s内或确保在烟气充满储烟仓前开启完毕。

（3）与消防控制室联动的排烟窗完全开启后，要求状态信号应反馈到消防控制室。

（4）在调试数量上，要求全数调试。

5．送风机、排烟风机的调试

（1）当手动开启风机时，要求风机应正常运转2h，叶轮旋转方向应正确、运转平稳、无异常振动与声响。

（2）调试应核对风机的铭牌值，并应测定风机的风量、风压、电流和电压，要求其结果应与设计相符。

（3）应能在消防控制室手动控制风机的启动、停止，且风机的启动、停止状态信号应能反馈到消防控制室。

（4）当风机进、出风管上安装单向风阀或电动风阀时，要求风阀的开启与关闭应与风机的启动和停止同步。

（5）在调试数量上，要求全数调试。

6．机械加压送风系统风速及余压的调试

（1）应选取正压送风系统末端所对应的送风最不利的三个连续楼层，模拟起火层及其上下层，调试送风系统使上述楼层的楼梯间、前室及封闭避难层（间）的风压值及疏散门的门洞断面风速值与设计值的偏差不超过10%。当选取的系统末端在封闭避难层或封闭避难间时，应仅选取本层进行调试。

（2）对楼梯间和前室的风速及余压调试应单独分别进行，且应互不影响。

（3）调试楼梯间和前室疏散门的门洞断面风速时，设计疏散门开启的楼层数量应满足：对于楼梯间，采用常开风口，当地上楼梯间为24m以下时，设计2层内的疏散门开启；当地上楼梯间为24m及以上时，设计3层内的疏散门开启；当为地下楼梯间时，设计1层内的疏散门开启。对于前室，采用常闭风口，设计3层内的疏散门开启。

（4）在调试数量上，应全数调试。

7．机械排烟系统风速和风量的调试

该调试主要关注排烟阀或排烟口处的风速值及排烟量是否达到设计值，同时关注补风口处的风速值及补风量值是否达到设计值。

（1）根据设计模式，开启排烟风机和相应的排烟阀或排烟口，通过调试排烟系统确保排烟阀或排烟口处的风速值及排烟量值达到设计要求。

（2）在开启排烟系统的同时，开启补风机和相应的补风口，通过补风系统调试，确保补风口处的风速值及补风量值达到设计要求。

（3）应测试每个风口风速，并核算每个风口的风量及其防烟分区总风量。

（4）在调试数量上，应全数调试。

根据相关标准对防烟排烟系统单机调试的要求和规定，形成防烟排烟系统组件的调试要求表，见表4.1-3。

防烟排烟系统组件的调试要求表   表4.1-3

组件	动作
送风机、排烟风机	1. 手动开启风机后，风机应正常运转2h，叶轮旋转方向应正确、运转平稳、无异常振动与声响。 2. 核对铭牌值，测定风量、风压、电流和电压。 3. 应能在消防控制室手动控制风机的启动和停止，且状态信号应能反馈到消防控制室。 4. 当风机进、出风管上安装单向风阀或电动风阀时，风阀的开启与关闭应与风机的启动和停止同步
排烟防火阀	1. 进行手动关闭、复位试验，阀门动作应灵敏、可靠，关闭应严密。 2. 模拟火灾情况下，相应区域火灾报警后，同一防火分区内排烟管道上的其他阀门应联动关闭。 3. 阀门关闭后的状态信号应能反馈到消防控制室。 4. 阀门关闭后应能联动相应的风机停止
常闭送风口和排烟阀（口）	1. 进行手动开启、复位试验，阀门动作应灵敏、可靠，远距离控制机构的脱扣钢丝连接不应松弛、脱落。 2. 模拟火灾情况下，相应区域火灾报警后，同一防火分区的常闭送风口和同一防烟分区内的排烟阀（口）应联动开启。 3. 阀门开启后的状态信号应能反馈到消防控制室。 4. 阀门开启后应能联动相应的风机开启
活动挡烟垂壁	1. 手动操作挡烟垂壁按钮进行开启、复位试验，挡烟垂壁启动与到位后停止应灵敏、可靠，下降高度应符合设计要求。 2. 模拟火灾情况下，相应区域火灾报警后，同一防烟分区内垂壁应在60s内联动下降至设计高度。 3. 挡烟垂壁下降到设计高度后应能将状态信号反馈到消防控制室
自动排烟窗	1. 手动操作排烟窗开关进行开启、关闭试验，排烟窗动作应灵敏、可靠。 2. 模拟火灾情况下，相应区域火灾报警后，同一防烟分区内排烟窗应能联动开启，且应在60s内或确保在烟气充满储烟仓前开启完毕。 3. 与消防控制室联动的排烟窗完全开启后，状态信号应反馈到消防控制室

4.1.3 防烟排烟系统联动调试

联动调试主要旨在对机械加压送风系统的联动、机械排烟系统的联动、自动排烟窗的联动和活动挡烟垂壁的联动有效性进行验证、调整、试验，以确保在准工作状态下，系统的联动功能有效。

1. 机械加压送风系统的联动调试
（1）当任何一个常闭送风口开启时，相应的送风机均应能联动启动。

（2）与火灾自动报警系统联动调试时，当火灾自动报警探测器发出火警信号后，应在15s内启动与设计要求一致的送风口、送风机，且其联动启动方式应符合《火灾自动报警系统设计规范》GB 50116—2013的规定，其状态信号应能反馈到消防控制室。

2. 机械排烟系统的联动调试
（1）当任何一个常闭排烟阀（口）开启时，排烟风机均应能联动启动。

（2）应与火灾自动报警系统联动调试。当火灾自动报警系统发出火警信号后，机械排烟系统应启动有关部位的排烟阀（口）、排烟风机；启动的排烟阀（口）、排烟风机应与设计和标准要求一致，其状态信号应反馈到消防控制室。

（3）有补风要求的机械排烟场所，当火灾被确认后，补风系统应启动。

（4）排烟系统与通风、空调系统合用时，当火灾自动报警系统发出火警信号后，其应在30s内自动关闭与排烟无关的通风、空调系统。

（5）在调试数量上，要求全数调试。

3.自动排烟窗的联动调试

（1）自动排烟窗应在火灾自动报警系统发出火警信号后联动开启到符合要求的位置。

（2）动作状态信号应反馈到消防控制室。

（3）在调试数量上，要求全数调试。

4.活动挡烟垂壁的联动调试

（1）活动挡烟垂壁应在火灾报警后联动下降到设计高度。

（2）动作状态信号应能反馈到消防控制室。

（3）在调试数量上，要求全数调试。

防烟排烟系统的
调试和验收 1

防烟排烟系统的
调试和验收 2

根据相关标准对防烟排烟系统联动调试的总体要求，形成防烟排烟系统联动调试要求表，见表4.1-4。

防烟排烟系统联动调试要求表　　　　　　　　　　表4.1-4

系统	要求
机械加压送风系统	1.当任何一个常闭送风口开启时，相应的送风机均应能联动启动。 2.与火灾自动报警系统联动调试时，当火灾自动报警探测器发出火警信号后，应在15s内启动与设计要求一致的送风口、送风机，其状态信号应能反馈到消防控制室
机械排烟系统	1.当任何一个常闭排烟阀（口）开启时，排烟风机均应能联动启动。 2.当火灾自动报警系统发出火警信号后，机械排烟系统应启动有关部位的排烟阀（口）、排烟风机，其状态信号应反馈到消防控制室。 3.有补风要求的机械排烟场所，当火灾被确认后，补风系统应启动。 4.排烟系统与通风、空调系统合用时，当火灾自动报警系统发出火警信号后，应在30s内自动关闭与排烟无关的通风、空调系统

4.1.4 防烟排烟系统的验收

防烟排烟系统的验收是在系统竣工后建设单位接收工程前，所做的验证性的工程活动。工程验收不合格，不得投入使用。

防烟排烟系统的验收包括对自然通风和自然排烟设施、机械防烟系统、机械排烟系统的观感质量、手动功能、设计联动启动等功能进行验收。

防烟排烟系统验收应由建设单位负责，并应组织设计、施工、监理等单位共同进行。验收前，施工单位应准备并提供五项工程资料：

1.竣工验收申请报告。

2. 施工图、设计说明书、设计变更通知书和设计审核意见书、竣工图。

3. 工程质量事故处理报告。

4. 防烟排烟系统施工过程质量检查记录。

5. 防烟排烟系统工程质量控制资料检查记录。

系统验收时，应填写防烟排烟系统工程验收记录及防烟排烟系统隐蔽工程验收记录，见表4.1-5、表4.1-6。

防烟排烟系统工程验收记录　　　　　　　　　　　　　　表4.1-5

工程名称		分部工程名称				
施工单位		项目经理				
监理单位		总监理工程师				
施工执行标准名称及编号		验收内容记录				验收评定结果
序号	验收项目名称	对应本标准章节条款	标准或设计要求	检测值		
1	施工资料					
2	综合观感等质量					
3	设备手动功能					
4	设备联动功能					
5	自然通风、自然排烟设施性能					
6	机械防烟系统性能					
7	机械排烟系统性能					
综合验收结论						
验收单位	施工单位：		项目经理： 　年　月　日			
	监理单位：		总监理工程师： 　年　月　日			
	设计单位：		项目负责人： 　年　月　日			
	建设单位：		建设单位项目负责人： 　年　月　日			

注：分部工程质量验收由建设单位项目负责人组织施工单位项目经理、总监理工程师和设计单位项目负责人等进行。

防烟排烟系统隐蔽工程验收记录　　　　　　　　表4.1-6

工程名称				
施工单位			监理单位	
施工执行标准名称及编号			隐蔽部位	
验收项目	对应本标准章节条款		验收结果	
封闭井道、吊顶内风管安装质量				
风管穿越隔墙　楼板				
施工过程检查记录				
验收结论				

验收单位	施工单位	监理单位	建设单位
	（公章）	（公章）	（公章）
	项目负责人： （签章）	项目负责人： （签章）	项目负责人： （签章）

1．观感质量综合验收

通过观察、触摸、尺量等方式进行验收，要求防烟排烟风管表面应平整、无损坏；接管合理，风管的连接以及风管与风机的连接应无明显缺陷；风口表面应平整，颜色一致，安装位置正确，风口可调节部件应能正常动作；各类调节装置安装应正确牢固、调节灵活，操作方便；风管、部件及管道的支吊架形式、位置及间距应符合要求；风机的安装应正确牢固；各系统按30%的比例抽查。

2．设备手动功能验收

要求送风机、排烟风机应能正常手动启动和停止，状态信号应在消防控制室显示；送风口、排烟阀或排烟口应能正常手动开启和复位，阀门关闭严密，动作信号应在消防控制室显示；活动挡烟垂壁、自动排烟窗应能正常手动开启和复位，动作信号应在消防控制室显示；各系统按30%的比例抽查。

3．联动启动功能验收

主要关注送风口的开启、送风机的启动、排烟阀或排烟口的开启、排烟风机的启动、活动挡烟垂壁开启到位的时间、自动排烟窗开启完毕的时间、补风机的启动、各部件和设备动作状态信号在消防控制室显示等应符合规范相关规定。在验收检查数量上应全数检查。

4．自然通风、排烟设施验收

封闭楼梯间、防烟楼梯间、前室以及消防电梯前室的可开启外窗，其布置方式和面积应符合要求；避难层（间）的可开启外窗或百叶窗，也应有合适的布置方式和面积。在设有自然排烟设施的场所，可开启外窗、排烟窗以及可熔性采光带（窗）的布置方式和面积也需达到标准。对于检查数量的要求，各系统应按30%的比例进行检查。

5．机械防烟系统验收

选择送风系统末端所对应的送风最不利的三个连续楼层来模拟起火层及其上下层，若为封闭避难层（间）仅需选择本层。测试前室及封闭避难层（间）的风压值以及疏散门的门洞断面风速值时，它们必须分别满足相关标准的规定，并且偏差不应超过设计值的±10%。楼梯间和前室的测试应独立进行，确保互不影响；在测量楼梯间和前室疏散门的门洞断面风速时，应同时开启三个楼层的疏散门。对于检查数量，要求进行全面检查。

6．机械排烟系统验收

开启任一防烟分区的全部排烟口，风机启动后测试排烟口处的风速。风速和风量应符合设计要求，且偏差不应大于设计值的10%。对于设有补风系统的场所，应测试补风口风速，确保风速和风量符合设计要求，并且偏差不大于设计值的10%。在检查数量方面，要求各系统进行全面检查。

4.1.5 同步训练

1．单选题

（1）防烟排烟系统调试的主要目的是（   ）。

A．确保系统安装符合规范　　　　　　B．验证系统的有效性

C．完成系统安装后的最终检查　　　　D．确保所有设备均已安装

（2）单机调试包括对哪些设备的风速、余压和风量等参数的调试？（   ）

A．排烟防火阀和送风机　　　　　　　B．常闭送风口和排烟阀或排烟口

C．活动的挡烟垂壁和自动排烟窗　　　D．所有上述设备

（3）联动调试的首要条件是（   ）。

A．系统安装完成　　　　　　　　　　B．单机调试合格

C．监理单位的批准　　　　　　　　　D．设计单位的参与

（4）防烟排烟系统验收的负责单位是哪一个？（   ）

A．设计单位　　　　B．施工单位　　　　C．监理单位　　　　D．建设单位

（5）机械加压送风系统风速及余压的调试中，楼梯间和前室的风速及余压调试应如何进行？（   ）

A．同时进行　　　　　　　　　　　　B．单独分别进行，互不影响

C．只测试楼梯间　　　　　　　　　　D．只测试前室

2．判断题

（1）防烟排烟系统的施工和调试应只依照《消防设施通用规范》GB 55036—2022。（   ）

（2）系统调试完成后，施工单位应填写防烟排烟系统质量控制检查记录表，并提交给监理单位。

（   ）

（3）机械排烟系统联动调试时，火灾自动报警系统发出火警信号后，应在15s内自动关闭与排烟无关的通风、空调系统。　　　　　　　　　　　　　　　　　　　（　　）

（4）单机调试时，所有设备都应进行全数调试。　　　　　　　　　　　　　（　　）

（5）自动排烟窗的联动调试要求在火灾自动报警系统发出火警信号后，自动排烟窗应在60s内开启完毕。　　　　　　　　　　　　　　　　　　　　　　　　　　　　（　　）

✖ 任务 4.2
防烟排烟系统的维护与管理

【学习目标】

知识目标	能力目标	素质目标
1. 熟悉防烟排烟系统维护保养的基本知识； 2. 掌握防烟排烟系统维护和保养的方法； 3. 掌握防烟排烟系统典型故障排除的方法	1. 具有对防烟排烟系统进行维护保养的能力； 2. 具有消除防烟排烟系统典型故障的能力	1. 培养学生良好服务的意识； 2. 养成爱护公共设备设施的习惯； 3. 增强团队精神和社会责任意识

【思维导图】

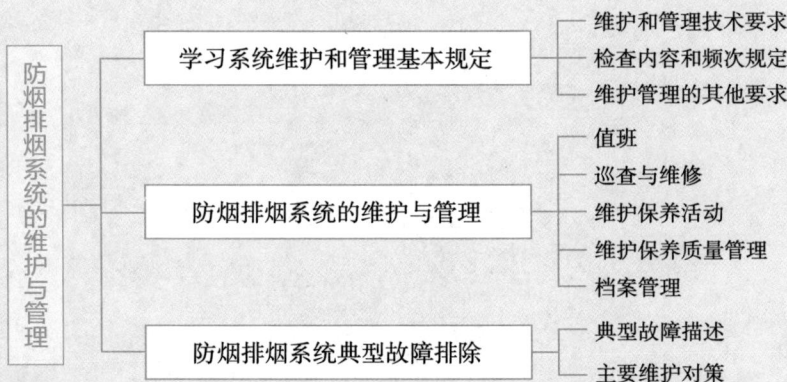

防烟排烟系统的维护管理是消防设施系统正常、完好及有效使用的基本保障。消防设施的维护管理由建筑物的产权单位负责，也可以受其委托的建筑物业管理单位依法自行管理或者委托具有相应资质的消防技术服务机构实施管理。消防设施维护管理包括值班、巡查、维护保养活动、档案管理工作。

防烟排烟系统维护和管理活动的主要内容如图4.2-1所示。

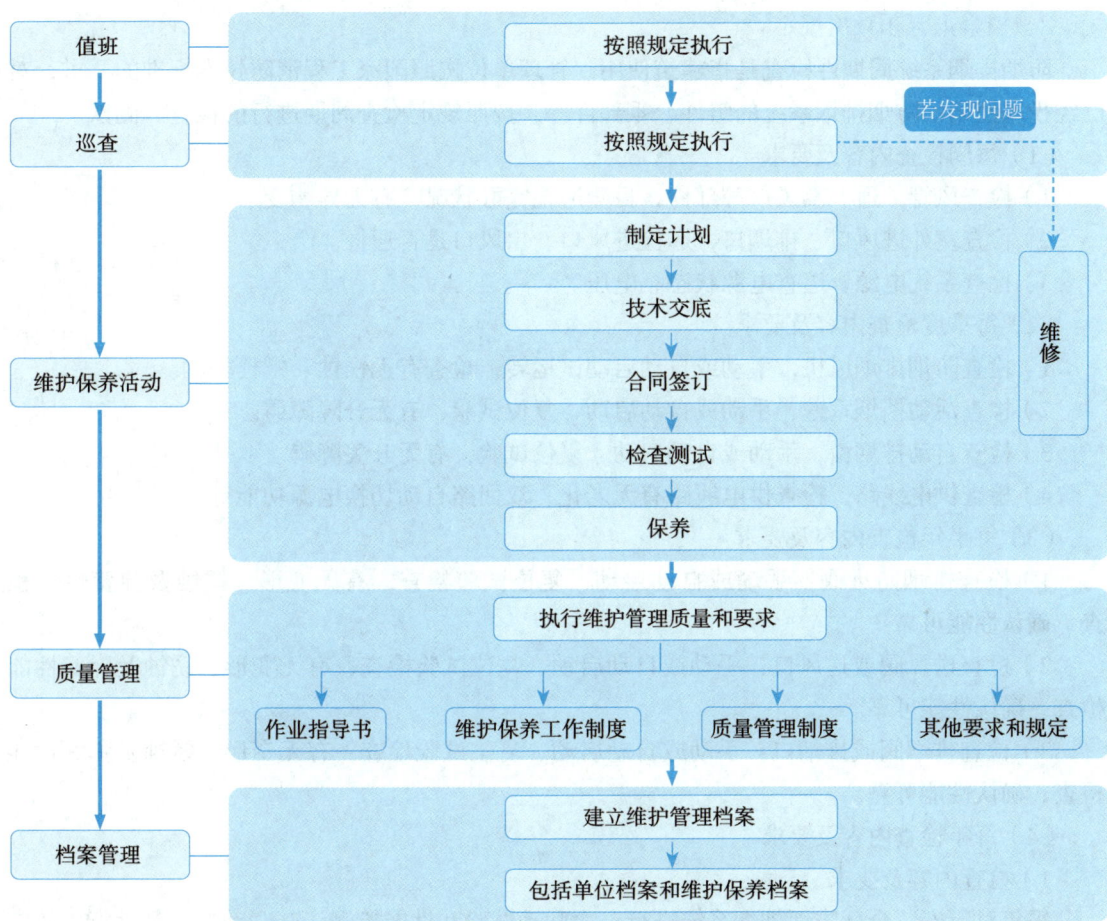

图4.2-1 防烟排烟系统维护和管理活动的主要内容

4.2.1 学习系统维护和管理基本规定

1. 维护和管理技术要求

消防设施因故障维修等原因需暂时停用的，须经单位消防安全责任人批准，报送消防机构备案，采取消防安全措施后，方可停用检修。在防烟排烟系统使用过程中，应对系统直观属性进行巡查，主要是针对系统组件外观、现场状态、系统检测装置准工作状态、安装部位环境条件等进行日常巡查。防烟排烟系统能否正常使用与系统各组件、配件在日常监控时的现场状态密切相关，机械防烟排烟系统应始终保持正常运行，不得随意断电或中断。

　　正常工作状态下，正压送风机、排烟风机、通风空调风机电控柜等受控设备应处于自动控制状态，严禁将受控的正压送风机、排烟风机、通风空调风机等电控柜设置在手动位置。消防控制室应能显示系统的手动、自动工作状态及系统内的防烟排烟风机、防火阀、排烟防火阀的动作状态。应能控制系统的启、停及系统内的防烟风机、排烟风机、防火阀、排烟防火阀、常闭送风口、排烟口以及电控挡烟垂壁的开、关，并显示其反馈信号。应能停止相关部位正常通风的空调，并接收和显示通风系统内防火阀的反馈信号。

　　2．检查内容和频次规定

　　防烟排烟系统周期性检查是指建筑使用、管理单位按照国家工程消防技术标准的要求，对已经投入使用的防烟排烟系统的组件、零部件等，按照规定检查周期进行的检查、测试。

　　（1）每周检查内容及要求

　　1）检查风管（道）及风口等部件，目测巡检完好状况，有无异物变形。

　　2）检查室外进风口、排烟口，巡检进风口、出风口是否通畅。

　　3）检查系统电源，巡查电源状态、电压。

　　（2）每季度检查内容及要求

　　1）检查防烟排烟风机，手动或自动启动试运转，检查有无锈蚀、螺栓松动。

　　2）检查活动挡烟垂壁，手动或自动启动、复位试验，有无升降障碍。

　　3）检查自动排烟窗，手动或自动启动、复位试验，有无开关障碍。

　　4）检查供电线路，检查供电线路有无老化，双回路自动切换电源功能等。

　　（3）每半年检查内容及要求

　　1）检查排烟防火阀：手动或自动启动、复位试验检查，有无变形、锈蚀及弹簧性能检查，确认性能可靠。

　　2）检查送风阀或送风口：手动或自动启动、复位试验检查，有无变形、锈蚀及弹簧性能检查，确认性能可靠。

　　3）检查排烟阀或排烟口：手动或自动启动、复位试验检查，有无变形、锈蚀及弹簧性能检查，确认性能可靠。

　　（4）每年检查内容及要求

　　1）检查内容及要求

　　每年对所安装全部防烟排烟系统进行一次联动试验和性能检测，其联动功能和性能参数应符合原设计要求。

　　2）检查方法

　　按防烟排烟系统联动调试的相关要求进行。

　　3．维护管理的其他要求

　　建筑防烟排烟系统维护管理应制定管理制度及操作规程，并应保证系统始终处于准工作状态。维护和管理人员应熟悉防烟排烟系统的原理、性能和操作维护规程。排烟窗的温控释放装置、排烟防火阀的易熔片应有10%的备用件，且不少于10只。当防烟排烟系统采用无机玻璃钢风管时，应每年对风管质量进行检查，检查面积应不少于风管面积的30%；风管表面应光洁、无明显泛霜、结露和分层现象。

4.2.2 防烟排烟系统的维护与管理

国家相关标准和地方标准对建筑消防设施维护管理的规定，对建筑防烟排烟系统等消防设施的维护和管理提出了要求，规定了维护管理的基本要求、维护管理的实施、质量管理和档案管理等内容。

1．值班

建筑消防设施管理单位应按照《建筑消防设施的维护管理》GB 25201—2010的要求建立维护管理值班制度，制定操作规程，明确消防控制室值班人员。消防控制室值班时间和人员应符合以下要求：

（1）实行每日24h值班制度，值班人员应通过消防行业特有工种的职业技能鉴定，持有符合国家相关等级要求的职业资格证书。

（2）每班人员应不少于2人，值班人员应填写消防控制室值班记录。值班期间每2h记录一次消防控制室内消防设备的运行情况，及时记录消防控制室内消防设备的火警或故障情况。

（3）正常工作状态下，不应将自动喷水灭火系统、防烟排烟系统和联动控制的防火卷帘等防火分隔设施设置在手动控制状态。其他消防设施及其相关设备如设置在手动状态时，应有在火灾情况下迅速将手动控制转换为自动控制的可靠措施。

2．巡查与维修

建筑消防设施管理单位应按照GB 25201—2010的要求，建立日常巡查制度，明确巡查人员，将巡查的职责落实到相关的工作岗位。

在建筑防烟排烟系统维护管理过程中发现故障时，建筑消防设施管理单位应填写建筑消防设施故障维修记录表（表4.2-1），并立即组织维修。

建筑消防设施故障维修记录表 表4.2-1

项目名称				检查时间					
报修部门				报修人					
故障情况				故障维修情况					
序号	故障部位	故障数量	故障情况描述	是否停用系统	是否报送消防部门备案	安全保护措施	维修时间	维修人员	维修方法	故障排除确认

注：1．"故障情况"由值班、巡查、检测、灭火演练时的当事人如实填写。
    2．"故障维修情况"中因维修故障需要停用系统的由单位消防安全责任人在"是否停用系统"栏签字，停用系统超过24h的，单位消防安全责任人在"是否报送消防部门备案"及"安全保护措施"栏如实填写，其他信息由维护人员（单位）如实填写。
    3．"故障维修情况"由单位消防安全管理人在确认故障排除后如实填写并签字。
    4．本表作为样表，单位可根据建筑消防设施实际情况制表。

对于存在的问题和故障，当场有条件解决的应立即解决；当场没有条件解决的，应在24h内解决；若需要由供应商或者厂家解决的，应在5个工作日内处理、解决，恢复正常状态。

维修期间，建筑消防设施管理单位应采取切实有效的消防安全措施。需暂时停用消防设施进行维修的，应经单位消防安全责任人批准。停用时间超过24h的，建筑消防设施管理单位应将情况向乡（镇）人民政府、街道办事处和区县（自治县）消防救援机构书面报告，并落实应急措施。故障排除后应进行相应功能试验，并经单位消防安全管理人检查确认。

3．维护保养活动

（1）制定计划

维护保养活动开始前，应当制定维护计划。建筑消防设施维护保养单位应根据维护保养项目消防设施的类别和规模，结合维保周期（月、季、年）内不同工作内容，制定建筑防烟排烟系统检查计划表，见表4.2-2，计划内容包括但不限于检查测试的项目、内容、周期、数量。

建筑防烟排烟系统检查计划表　　　　　　　　　　　表4.2-2

技术要求	风机控制柜安装牢固，外观完好，有注明系统名称和编号的标志，工作状态正常	每月
	风机安装牢固，外观完好。手动启动风机，风机应正常运转，运转平稳、无异常振动与声响。测定风机的风量应与风机的铭牌相符。能在消防控制室手动启停风机，并能接收反馈信号	每月
	系统风管表面应平整，无破损、变形、锈蚀现象，风管固定应牢固、外观完好	每月
	挡烟垂壁外观完好。手动操作挡烟垂壁启动与到位后停止应灵敏、可靠。模拟火灾，挡烟垂壁应在60s以内联动下降到设计高度，状态信号应反馈到消防控制室	每月
	自动排烟窗外观完好。手动操作动作应灵敏、可靠。模拟火灾，排烟窗应能联动开启，状态信号应反馈到消防控制室	每月
	送风阀、排烟阀等固定应牢固、外观完好、标志明显清晰。手动开启、复位，动作应灵敏、可靠，关闭严密。模拟火灾，常闭送风口和排烟阀应联动开启；阀门状态信号应反馈到消防控制室；阀门开启后应能联动相应的风机启动	每月
	排烟防火阀外观应完好；手动启动排烟风机，关闭排烟风机入口总管上设置的280℃排烟防火阀，排烟风机应自动关闭	每月
	防烟系统联动功能应符合要求：当任何一个常闭送风口开启时，相应的送风机均应能联动启动；当防火分区内火灾被确认后，应在15s内启动相应的送风口、送风机，其状态信号应反馈到消防控制室	每年
	机械排烟系统的联动功能应符合要求：当任何一个常闭排烟阀或排烟口开启时，排烟风机均应能联动启动。当火灾自动报警系统发出火警信号后，机械排烟系统应启动有关部位的排烟阀或排烟口、排烟风机；启动的排烟阀或排烟口、排烟风机应与设计和标准要求一致，其状态信号应反馈到消防控制室。有补风要求的场所，火灾确认后，补风系统应启动	每年
维护要求	清洁防烟排烟风机控制柜	每年
	检查风机控制柜内电器元件有无松动、烧损现象，如有发现，及时紧固或更换	每季度
	对风机传动机构、叶轮、风机轴承进行润滑处理	每半年
	清洁送风口、风机进风口和排烟口	每年
	对送风阀、排烟阀、排烟防火阀、防火阀等传动机构进行润滑处理	每年
	检查设备、管道及支架，存在锈蚀的应及时维护	每年

（2）技术交底

开展建筑消防设施维护保养活动应进行技术交底。技术交底内容应包括但不限于：建筑消防设施的验收文件和产品、系统使用说明书、系统调试记录、建筑消防设施平面布置图、系统图和火灾报警地址编码表、平面地址编码图等技术资料。对于缺少以上技术资料的，应对建筑消防设施开展全面检查测试，并将测试结果作为技术交底资料，建筑消防设施管理单位予以书面确认。

（3）签订合同

维保合同的签订是维保活动的有效保障，委托消防技术服务机构开展建筑消防设施维护保养活动的，应签订相应的建筑消防设施维护保养合同。

（4）检查测试及报告

检查测试活动是确保维护效果的重要过程。建筑消防设施维护保养单位应每月至少进行一次检查测试活动，检查测试频次应符合消防技术标准相关要求，每次检查测试人员应不少于2人，检查测试完毕后如实填写建筑消防设施维护保养记录表。

维护保养项目每年或合同期前，应将建筑消防设施保养记录表进行汇总，形成建筑消防设施维护保养情况汇总表，并以维护保养报告形式提交委托单位和消防监督管理部门。

维护保养报告内容至少应包括报告封页、建筑消防设施基本情况表、建筑消防设施保养记录汇总表、建筑消防设施维护保养记录表、建筑消防设施故障维护单以及意见建议等。报告封页内容至少包括项目名称、委托单位、消防技术服务机构名称、项目负责人、报告日期等。

消防技术服务机构应针对项目建筑消防设施日常管理、委托单位的重视程度、不符合项的具体情况和建筑消防设施完好情况进行综合判定，提出意见或建议。

（5）保养

建筑消防设施维护保养单位应按照GB 25201—2010规定的保养内容进行保养。根据需要保养的内容制定建筑消防设施保养计划，对保养项目、保养周期、保养时间等进行规定，确保符合相关要求。

4．维护保养质量管理

建筑消防设施维护保养单位应建立质量管理体系，明确各类人员工作职责，制定建筑消防设施维护保养作业指导书、维护保养工作制度和质量管理制度，具体要求如下：

（1）建筑消防设施维护保养作业指导书应包括但不限于维护保养的项目、内容、流程、方法和要求。

（2）维护保养工作制度包括但不限于消防设施检测制度、消防设施保养制度、消防设施维修制度、消防设施故障处置制度、工作记录制度、安全作业制度。

（3）质量管理制度应明确报告审查、质量核查、质量信息反馈等工作程序。

5．档案管理

消防技术服务机构应当建立档案室，制定档案管理制度，安排专人负责管理。消防技术服务档案保管期限应为6年。

应以每个维护保养项目为基准建立消防技术服务档案，至少包括以下内容：

（1）建筑消防设施维护保养合同。

（2）消防设施基本信息表。

（3）维护保养工作计划。

（4）建筑消防设施检查及维护保养记录。

（5）建筑消防设施报修维护单。

（6）建筑消防设施故障维护记录表。

（7）质量调查和反馈信息资料。

（8）有效保存的测试打印记录。

（9）建筑消防设施维护保养报告。

防烟排烟系统的维护与管理1　　防烟排烟系统的维护与管理2　　防烟排烟系统的维护与管理3

核心价值——敬业源自责任

踏踏实实做一个无名英雄

2015年1月9日，"两弹一星"功勋于敏被授予国家最高科学技术奖章，这是他仅有的两次"抛头露面"中的第二次。于敏是一名踏踏实实的无名英雄，一直都隐姓埋名，"土专家"拿出了"真把式"，为我国科技自主创新能力的提升和国防实力的增强作出了开创性贡献。他是中华儿女的优秀代表，在无声无息中为守护国家安全创造了不凡业绩。

消防设施的维护与管理同样也是一项守护安全的事业，也需要我们守得住清贫，耐得住寂寞，踏踏实实做一个无名英雄。消防设施的维护与管理工作面对冰冷无声的管道、设备，缺乏趣味。每次维护检查，似乎一模一样，没有变化。检查是不是遵守了法定程序，只有天知地知，还有我知。可是，消防设施的维护与管理又是一个"良心活"，必须兢兢业业，时刻把安全责任扛在肩上，来不得半点马虎。

我们要向于敏学习，学习他耐得住寂寞，经得起考验，不图名利的优秀品质；学习他知难而进，刻苦钻研的精神；学习他不忘初心，爱国敬业的赤子之心。

静好岁月不只需要别人负重前行，我们也应贡献自己的力量。

4.2.3　防烟排烟系统典型故障排除

1．典型故障描述

防烟排烟系统相对其他消防设备，其自动化要求更为严格。自动化程度越高，控制的点数越多，系统的可靠度就越低。例如正压送风口、排烟口的电动开启功能异常导致可靠度低；当排烟防火阀被设置在室外时，系统容易锈蚀；防排烟设施设备保养不到位，导致设备外观锈蚀；机构老化严重，同时灰尘、杂物堵塞叶片或转动机构等运行故障。造成以上现象的原因很多，但日常维护和保养不及时、不到位是主要因素之一。

根据防烟排烟系统日常使用和维护保养情况，总结了防烟排烟系统的典型故障类型，对故障原因进行分析，防烟排烟系统的故障分析见表4.2-3。

防烟排烟系统的故障分析　　　　　　　　　　　　　　表4.2-3

组件	故障	故障原因分析
风口	风速过低	1. 风机选型不当； 2. 风道泄漏； 3. 风道阻力过大； 4. 风口尺寸偏大
	风量过小	1. 风机选型不当； 2. 风道泄漏； 3. 风道阻力过大
排烟阀	打不开	1. 设备故障，即排烟阀或控制器故障； 2. 控制器与排烟阀之间的线路故障
风机	不启动	1. 电源故障； 2. 设备故障，即风机或控制器故障； 3. 风机控制柜处于手动状态； 4. 控制回路的线路或控制按钮、控制模块故障

2. 主要维护对策

（1）提高挡烟垂壁的可靠性

1）对挡烟垂壁外观和供电定期开展巡查，确保外观无损坏，确保设施供电正常。

2）定期对活动挡烟垂壁的起降功能进行测试，发现问题，及时维修。

（2）提高机械排烟风机的可靠性

1）润滑的维护管理：风机中的电动机运行时，轴承处于高速旋转状态。轴承四周应保持适量的润滑油，才能正常使用。若润滑油缺少，轴承则会发热，严重的会将轴承烧坏。因此，应定期给电动机轴承添加油润滑。

2）振动的维护管理：电动机被固定在底座上，如果底座不稳，就会造成运转振动过大，严重的会造成电机破坏。因此，应定期对电动机进行振动检查，出现问题及时发现和维修。

3）绕组绝缘的维护管理：定期对电动机进行绝缘电阻测试，并记录入绝缘测试数据记录本，发现绝缘电阻降低的，应查找原因并及时处理。

4）电动机接线的维护管理：定期对电动机接线盒进行检查，紧固因电机振动、压接不牢、腐蚀等因素造成电机接线盒压接松动等潜在隐患。

5）风机的维护保养管理：紧固各部位的连接螺栓；检查联轴器或皮带完好性，手动检查风机的传动装置松紧度并及时维修更换；清理风机及电机灰尘和杂物；开启风机，检查各部件运行是否有噪声和其他异常。

（3）提高防火阀的可靠性

1）对阀体、叶片和执行机构定期进行检查，及时清除杂物和灰尘，出现变形或外观损伤时，应及时修复或更换。

2）对执行机构的活动部位进行加油润滑，检查其灵活性。

3）对防火阀单独设置的支吊架定期进行检查和紧固。

4）定期进行手动和联动启闭试验，确保其功能正常。

5）对易熔合金温控元件定期进行一次功能试验，避免易熔片因材质变化而引起失效，发现失效时，应更换本建筑内所有同型号的防火阀的感温元件。

（4）提高风量调节阀门的可靠性

1）定期观察风量调节阀外观有无变形、锈蚀等情况，及时清理灰尘和杂物。

2）定期开启风量调节阀门，观察其操作灵活性。

3）定期开启系统风机，观察风量调节阀调节功能，检查止回阀有无卡死或堵塞。

（5）提高机械排烟风管可靠性

1）风管的维护管理：定期对风管的外观完整性进行检查，及时记录并整改故障。

2）柔性连接短管的维护管理：定期检查柔性连接短管的外观完整性和延展性，避免在准工作状态下存在受力情况；定期打开风机试验系统，关注运行时柔性短管的运行状况。

（6）提高风机供电及控制部分可靠性

1）双电源转换开关、断路器维护管理：定期清扫开关及断路器的灰尘，防止散热不良和短路等故障；定期对传动部分加注润滑油，确保机械部分的顺畅运转，减少磨损，延长设备寿命；定期使用专用工具清理灭弧室内壁和侧片的黑烟和异物。灭弧室是断路器中用于中断电流的部分，其正常工作对于断路器的可靠性至关重要。

2）交流接触器维护管理：定期对交流接触器进行外观完好性检查，清理杂物；定期检查接触器触点，使用专用工具清理氧化层和污垢；如发现触头出现熔焊现象，应及时更换触头；检查风机运行时，交流接触器是否有振动和噪声，发现问题及时维修或更换。

3）继电器的维护管理：定期检查继电器外壳有无机械损伤，检查触点是否光滑饱满；定期检查继电器线圈与底座安装是否牢固；定期检查继电器线圈是否完好、内部是否有异物，继电器引脚是否有变形或其他损伤。

4）风机控制箱的维护管理：定期对风机控制箱进行外观完好性检查，并清理灰尘与杂物；定期检查箱体接地线路是否牢固，箱体的防护性能是否完好；定期检查主回路及控制回路的接触点并进行紧固；开启风机，测量三相电流值是否均衡，对风机控制箱进行功能试验。

5）电气线路的维护管理：定期对电气线路的外观完整性进行检查；定期对电气线路的绝缘性能进行检查；定期对接线端子进行紧固和氧化物清理，对锈蚀严重的接线端子进行更换。

4.2.4 同步训练任务

1．单选题

（1）防烟排烟系统在使用过程中，应如何进行巡查？（　　　）

A．每周进行一次全面检查

B．主要针对系统组件外观和现场状态进行日常巡查

C．仅在出现故障时进行检查

D．仅检查系统检测装置的工作状态

（2）正常工作状态下，正压送风机、排烟风机等受控设备应处于什么状态？（　　　）

A．手动控制状态　　　　　　　　　　B．自动控制状态

C．断电状态　　　　　　　　　　　　D．维护状态

（3）防烟排烟系统的周期性检查包括哪几个时间周期？（　　　）

A．每周、每季度、每半年、每年　　　B．每月、每季度、每年

C．每周、每月、每年　　　　　　　　D．每季度、每半年

（4）建筑消防设施管理单位应如何建立日常巡查制度？（　　　）

A．制定操作规程，明确巡查人员　　　B．仅在出现故障时进行巡查

C．每季度进行一次全面巡查　　　　　D．仅依靠自动监控系统进行巡查

（5）维护保养活动开始前，应当制定什么？（　　　）

A．维护计划　　　　　　　　　　　　B．故障维修记录

C．值班记录　　　　　　　　　　　　D．技术交底

2．判断题

（1）防烟排烟系统在正常使用时，可以随意断电或中断。　　　　　　　（　　　）

（2）消防控制室内应能显示系统的手动、自动工作状态及系统内设备的动作状态。（　　　）

（3）每周的检查内容应包括检查风管及风口等部件的完好状况和系统电源的巡查。（　　　）

（4）每半年的检查内容中不包括对排烟防火阀的手动或自动启动、复位试验检查。（　　　）

（5）建筑消防设施维护保养单位应每月至少进行一次检查测试活动。　　（　　　）

模块五

防烟排烟系统设计计算

建筑防烟排烟系统设计是建筑消防设计的重要组成部分，在工程设计实践中，主要是由暖通设计师、建筑设计师和电气设计师配合完成的。建筑设计师的主要任务是设置自然通风窗（洞）、自然排烟窗（洞）及其手动开启装置，同时配合设定机械加压送风井道、送风机房、排烟机房的空间及位置等。电气工程师的主要任务是承担机械防烟排烟系统的供配电和联动控制系统设计等。

防烟系统的送风量计算、水力计算，排烟系统的防烟分区划分、排烟量计算以及防烟排烟系统布置、风机选择等任务均由暖通设计师承担。本模块主要是从暖通设计师的角度学习防烟排烟系统的设计计算。

防烟排烟系统包括防烟系统和排烟系统两大类。防烟系统是针对疏散楼梯间、防烟楼梯间前室、消防电梯前室、防烟楼梯间与消防电梯合用前室、避难间等设定的安全区域，在火灾发生时防止烟气进入该空间，保障人员疏散安全所采用的工程技术措施。包括自然通风防烟和机械加压送风防烟两种措施。排烟系统是指针对人员密集场所、可燃物较多或无外窗等空间，为避免火灾烟气在其中过度聚集，而将烟气及时排放到室外的工程技术措施。包括自然排烟和机械排烟两种措施。

在进行防烟排烟系统设计时，首先应确定所针对的空间或部位，了解该空间的基本参数；其次，对照相关规范，确定防烟方式或排烟方式；最后，设计计算、绘制设计图纸、编写设计说明等。

对于自然通风防烟或自然排烟方式，设计计算主要是校核外窗、孔洞的有效孔口面积是否符合规范要求，并协助建筑设计师，对相关窗（洞）作优化设计和修改。

对于机械加压送风防烟系统，设计计算包括以下工作：

1. 根据规范计算加压送风量。
2. 布置加压送风管（井）道、加压送风口和风机。
3. 计算风口和管道尺寸。
4. 绘制机械加压送风系统布置图。
5. 计算管路阻力，选择加压风机型号。

防烟系统设计流程如图5.0-1所示。

如果采用机械排烟方式，设计计算则主要是完成以下工作：

1. 划分防烟分区，计算防烟分区面积。
2. 布置管道、排烟口。
3. 计算各防烟分区排烟量和系统排烟量。
4. 计算管道、排烟口尺寸。
5. 绘制管道系统布置图。
6. 绘制草图计算管路阻力，选择排烟风机。
7. 确定补风方式，计算补风量。

排烟系统设计流程如图5.0-2所示。

建筑防烟排烟系统设计必须紧密结合建筑的属性和火灾烟气流动的规律等因素，采取有效的技术措施，做到安全可靠、技术先进、经济合理。所谓安全可靠就是要求设计首先要保证系统有效、可靠，保持系统随时可开启。技术先进是要求设计必须采用当前的先进技术，不得使

```
防烟
  ↓
防烟部位的确定
  ↓
防烟方式的确定
  ↓
┌──────┴──────────┐
自然通风        机械加压送风
  ↓               ↓
校核外窗、洞的    计算加压送风量
有效孔口面积        ↓
                布置管道和风口
                  ↓
                计算管道和风口尺寸
                  ↓
                绘制管道系统布置图
                  ↓
                计算管路阻力，选择
                加压风机
```

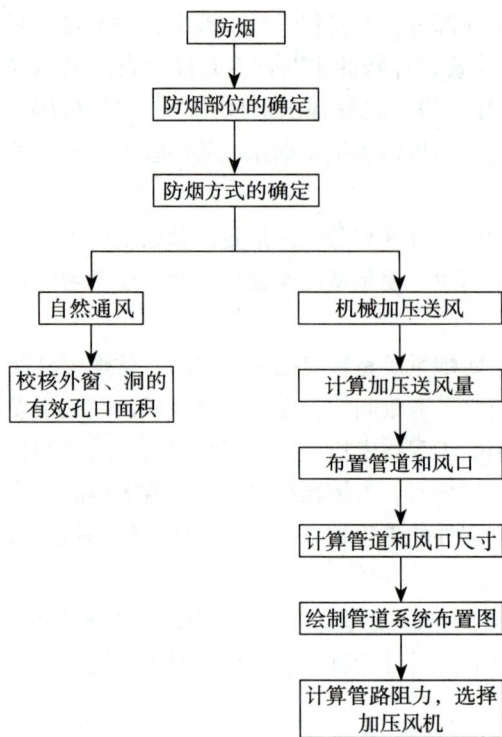

图5.0-1　防烟系统设计流程

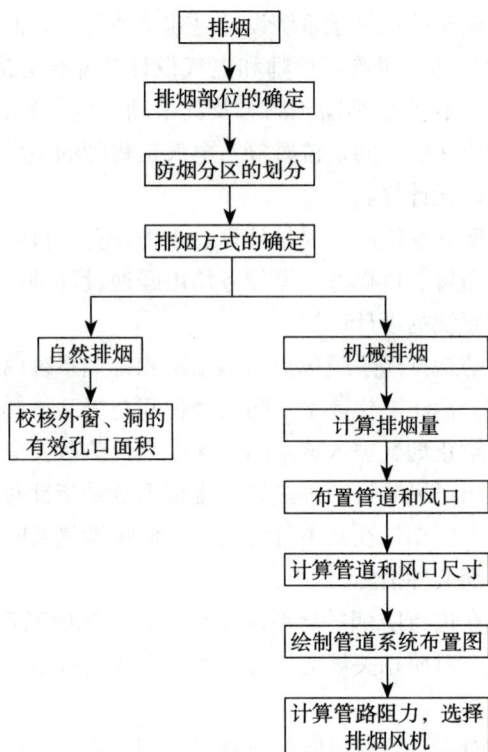

```
排烟
  ↓
排烟部位的确定
  ↓
防烟分区的划分
  ↓
排烟方式的确定
  ↓
┌──────┴──────────┐
自然排烟        机械排烟
  ↓               ↓
校核外窗、洞的    计算排烟量
有效孔口面积        ↓
                布置管道和风口
                  ↓
                计算管道和风口尺寸
                  ↓
                绘制管道系统布置图
                  ↓
                计算管路阻力，选择
                排烟风机
```

图5.0-2　排烟系统设计流程

用已经淘汰、即将淘汰或落后技术。经济合理就是要求设计师综合权衡技术可行性与投入经济性的关系，选择性价比最高的技术方案，不可只追求价格低廉或技术先进中的某一方面。

在设计过程中，必须严格遵循国家相关标准和规范，确保防烟排烟系统的安全性和可靠性。防烟排烟系统设计不仅是一项技术工作，更担负着人民生命财产安全的责任。优选方案、精细计算、科学选型是我们防烟排烟系统设计人员的社会责任。希望大家秉承对社会、对人民高度负责的态度，将安全意识、经济意识、责任意识融入日常学习和工作中。

任务 5.1
防烟排烟设置区域确定

【学习目标】

知识目标	能力目标	素质目标
1. 了解防烟、排烟的基本要求； 2. 掌握防烟、排烟部位的确定方法； 3. 熟悉防烟方式、排烟方式的选择	1. 能结合工程实际确定防烟的设置部位； 2. 能根据工程实际情况选择合适的防烟方式； 3. 能结合工程实际确定排烟的设置部位； 4. 能根据工程实际情况选择合适的排烟方式	1. 提高学生的安全意识和责任感； 2. 培养学生探究式、创新式的学习思维； 3. 提升学生的实践技能与职业素养

【思维导图】

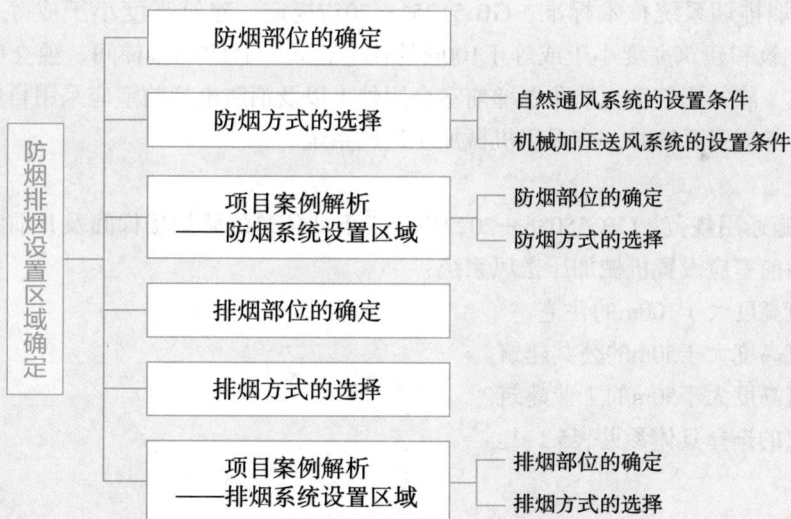

5.1.1 防烟部位的确定

根据《建筑防火通用规范》GB 55037—2022的规定，下列部位应采取防烟措施：

1．封闭楼梯间。
2．防烟楼梯间及其前室。
3．消防电梯的前室或合用前室。
4．避难层、避难间。
5．避难走道的前室以及地铁工程中的避难走道。

5.1.2 防烟方式的选择

当建筑物发生火灾时，疏散楼梯间是建筑物内部人员疏散的通道，前室、共用前室、合用前室等是消防救援人员进行火灾扑救的起始场所，因此在火灾时，首要任务就是控制烟气进入上述安全区域。对于高度较高的建筑，由于自然通风效果受建筑本身的密闭性以及自然环境中风向、风压的影响较大，难以保证防烟效果的，应采用机械加压送风来保证防烟效果。建筑防烟系统的设计应根据建筑高度、使用性质等因素，综合考虑确定是采用自然通风系统，还是采用机械加压送风系统。工程实践中，相关的技术规范、标准已经明文规定了设置条件。

1．自然通风系统的设置条件

《建筑防烟排烟系统技术标准》GB 51251—2017规定，建筑高度小于或等于50m的公共建筑、工业建筑和建筑高度小于或等于100m的住宅建筑，其防烟楼梯间、独立前室、共用前室、合用前室（除共用前室与消防电梯前室合用外）以及消防电梯前室应采用自然通风系统。当无法设置自然通风系统时，应采用机械加压送风系统。

2．机械加压送风系统的设置条件

《消防设施通用规范》GB 55036—2022规定，下列建筑的防烟楼梯间及其前室、消防电梯的前室和合用前室应设置机械加压送风系统：

（1）建筑高度大于100m的住宅。
（2）建筑高度大于50m的公共建筑。
（3）建筑高度大于50m的工业建筑。

防烟方式的选择具体参见表5.1-1。

建筑防烟方式的选择　　　　　　　　　　　　　　　　　　　　　表5.1-1

建筑高度、使用性质	防烟方式
公共建筑：$h>50m$ 工业建筑：$h>50m$ 住宅建筑：$h>100m$	机械加压送风 《消防设施通用规范》GB 55036—2022第11.2.1条

续表

建筑高度、使用性质	防烟方式	
公共建筑：$h \leqslant 50m$ 工业建筑：$h \leqslant 50m$ 住宅建筑：$h \leqslant 100m$	优先采用自然通风系统，当不能设置自然通风系统时，应采用机械加压送风系统。《建筑防烟排烟系统技术标准》GB 51251—2017第3.1.3条	
	楼梯间不设防烟系统。《建筑防烟排烟系统技术标准》GB 51251—2017第3.1.3条（1）	1. 采用全敞开的阳台或凹廊
		2. 设有两个及以上不同朝向的可开启外窗，且独立前室两个外窗面积分别不小于2.0m²，合用前室两个外窗面积分别不小于3.0m²
	楼梯间自然通风，前室机械加压送风	当独立前室、共用前室及合用前室的机械加压送风口设置在前室的顶部或正对前室入口的墙面时，楼梯间可采用自然通风系统。《建筑防烟排烟系统技术标准》GB 51251—2017第3.1.3条（2）注：当机械加压送风口未设置在前室的顶部或正对前室入口的墙面时，其楼梯间应采用机械加压送风系统
	独立前室不送风，楼梯间机械加压送风	当采用独立前室且其仅有一个门与走道或房间相通时，可仅在楼梯间设置机械加压送风系统。注：（1）当独立前室有多个门时，楼梯间、独立前室应分别独立设置机械加压送风系统。（2）当采用合用前室时，楼梯间、合用前室应分别独立设置机械加压送风系统。当采用剪刀楼梯时，其两个楼梯间及其前室的机械加压送风系统应分别独立设置。《建筑防烟排烟系统技术标准》GB 51251—2017第3.1.5条（1）
	其他规定	（1）当防烟楼梯间在裙房高度以上部分采用自然通风时，不具备自然通风条件的裙房的独立前室、共用前室及合用前室应采用机械加压送风系统。《建筑防烟排烟系统技术标准》GB 51251—2017第3.1.3条（3）
		（2）建筑地下部分的防烟楼梯间前室及消防电梯前室，当无自然通风条件或自然通风不符合要求时，应采用机械加压送风系统。《建筑防烟排烟系统技术标准》GB 51251—2017第3.1.4条
		（3）封闭楼梯间应采用自然通风系统，不能满足自然通风条件的封闭楼梯间，应设置机械加压送风系统。《建筑防烟排烟系统技术标准》GB 51251—2017第3.1.6条
		（4）当地下、半地下建筑（室）的封闭楼梯间不与地上楼梯间共用且地下仅为一层时，可不设置机械加压送风系统，但首层应设置有效面积不小于1.2m²的可开启外窗或直通室外的疏散门。《建筑防烟排烟系统技术标准》GB 51251—2017第3.1.6条
避难层《建筑防烟排烟系统技术标准》GB 51251—2017第3.1.8、3.1.9条	避难层的防烟系统可根据建筑构造、设备布置等因素选择自然通风系统或机械加压送风系统	
	避难走道应在其前室及避难走道分别设置机械加压送风系统，但下列情况可仅在前室设置机械加压送风系统：1. 避难走道一端设置安全出口，且总长度小于30m；2. 避难走道两端设置安全出口，且总长度小于60m	

5.1.3 项目案例解析——防烟系统设置区域

工程项目概况见表5.1-2。

项目概况　　　　　　　　　　　　　　　　　表5.1-2

楼层	功能名称	层高（m）	建筑高度（m）
负一层	地下车库	4.2	—
1~3层	商业	5.1/4.2	13.8
4~8层	酒店	3.6	—
9~13层	办公楼	3.6	49.8

总建筑面积：12926.02m²，其中地上建筑面积为10954.52m²，地下建筑面积为1971.50m²

1. 防烟部位的确定

根据"5.1.1 防烟部位的确定"相关内容，结合防烟部位示意图（扫二维码获取），本工程需要设置防烟的部位汇总见表5.1-3。

防烟部位示意图

防烟系统设置部位　　　　　　　　　　　　　表5.1-3

位置	名称	服务楼层及高度
地下部分	1#楼梯（封闭楼梯间）	负一层、≤10m
	消防电梯前室	负一层、≤10m
	2#楼梯（封闭楼梯间）	负一层、≤10m
	3#楼梯（封闭楼梯间）	负一层、≤10m
地上部分	1#楼梯（防烟楼梯间）	1~13层、≤50m
	合用前室（1#防烟楼梯间和消防电梯前室）	1~13层、≤50m
	2#楼梯（防烟楼梯间）	1~13层、≤50m
	独立前室	1~13层、≤50m
	3#楼梯（封闭楼梯间）	1~3层、≤50m
	4#楼梯（封闭楼梯间）	1~3层、≤50m

2. 防烟方式的选择

结合建筑平面布局，根据"5.1.2"的相关规定及表5.1-1进行如下分析：

（1）地下部分

1）1#楼梯间

从建筑平面布局可知，该楼梯间地下仅有一层，且地上部分与地下部分不共用。依据《建筑防烟排烟系统技术标准》GB 51251—2017的规定，当地下、半地下建筑（室）的封闭楼梯间不与地上楼梯间共用且地下仅为一层时，可不设置机械加压送风系统，但首层应设置有效面积不小于1.2m²的可开启外窗或直通室外的疏散门。

因此，1#楼梯间地下部分的防烟方式采用自然通风。

2）消防电梯前室

根据建筑高度及平面布局，依据《建筑防烟排烟系统技术标准》GB 51251—2017第3.1.4条"建筑地下部分的防烟楼梯间前室及消防电梯前室，当无自然通风条件或自然通风不符合要求时，应采用机械加压送风系统"的规定，消防电梯前室地下部分的防烟方式选择机械加压送风。风机房设置于地下一层车库内，通过送风竖井从一层室外引入新鲜空气。

3）2#楼梯间、3#楼梯间

同1#楼梯间，其地下部分的防烟方式采用自然通风。

（2）地上部分

1）1#楼梯间

根据《建筑防烟排烟系统技术标准》GB 51251—2017规定，建筑高度小于或等于50m的公共建筑、工业建筑和建筑高度小于或等于100m的住宅建筑，其防烟楼梯间、独立前室、共用前室、合用前室（除共用前室与消防电梯前室合用外）及消防电梯前室应采用自然通风系统。当不能设置自然通风系统时，应采用机械加压送风系统。独立前室、共用前室及合用前室的机械加压送风口设置在前室的顶部或正对前室入口的墙面时，楼梯间可采用自然通风系统。由建筑平面图可知，该楼梯间为防烟楼梯间，建筑高度49.8m<50m，在1层、4~13层有外墙，可设置外窗，满足自然通风的条件。

因此，1#防烟楼梯间的防烟方式采用自然通风。

2）合用前室（1#防烟楼梯间和消防电梯前室）

根据《建筑防烟排烟系统技术标准》GB 51251—2017规定，当防烟楼梯间在裙房高度以上部分采用自然通风时，不具备自然通风条件的裙房的独立前室、共用前室及合用前室应采用机械加压送风系统。

由建筑平面图可知，该前室在1~3层裙房部分不满足自然通风条件，因此该合用前室的防烟方式采用机械加压送风，风机房设置在屋顶，通过送风竖井从屋顶室外直接引入新鲜空气。

3）2#楼梯间、独立前室

建筑高度49.8m<50m，且能够设置可开启外窗，根据《建筑防烟排烟系统技术标准》GB 51251—2017规定，2#楼梯间和独立前室均采用自然通风。

4）3#楼梯间、4#楼梯间

建筑高度13.8m<50m，且能够设置可开启外窗，根据《建筑防烟排烟系统技术标准》GB 51251—2017规定，3#楼梯间和4#楼梯间均采用自然通风。

本工程不同部位防烟方式见表5.1-4。

不同部位防烟方式　　　　　　　　　　　　表5.1-4

位置	名称	防烟方式	机房位置
地下部分	1#楼梯（封闭楼梯间）	自然通风	—
	消防电梯前室	机械加压送风	负一层车库内

位置	名称	防烟方式	机房位置
地下部分	2#楼梯（封闭楼梯间）	自然通风	—
	3#楼梯（封闭楼梯间）	自然通风	—
地上部分	1#楼梯（防烟楼梯间）	自然通风	—
	合用前室（1#防烟楼梯间和消防电梯前室）	机械加压送风	屋顶
	2#楼梯（防烟楼梯间）	自然通风	—
	独立前室	自然通风	—
	3#楼梯（封闭楼梯间）	自然通风	—
	4#楼梯（封闭楼梯间）	自然通风	—

5.1.4　排烟部位的确定

根据《建筑防火通用规范》GB 55037—2022和《建筑防烟排烟系统技术标准》GB 51251—2017的相关规定，除不适合设置排烟设施的场所、火灾发展缓慢的场所可不设置排烟设施外，建筑内部需要采取排烟措施的部位见表5.1-5。

建筑内部需要采取排烟措施的部位　　　　表5.1-5

1. 工业建筑的下列场所或部位应采取排烟等烟气控制措施	（1）建筑面积大于300m²，且经常有人停留或可燃物较多的地上丙类生产场所，丙类厂房内建筑面积大于300m²，且经常有人停留或可燃物较多的地上房间。 （2）建筑面积大于100m²的地下或半地下丙类生产场所。 （3）除高温生产工艺的丁类厂房外，其他建筑面积大于5000m²的地上丁类生产场所。 （4）建筑面积大于1000m²的地下或半地下丁类生产场所。 （5）建筑面积大于300m²的地上丙类库房。 （6）建筑高度大于32m的厂房或仓库内长度大于20m的疏散走道，其他厂房或仓库内长度大于40m的疏散走道。 生产场所的火灾危险性和储存物品火灾危险性请扫二维码进行学习
2. 民用建筑的下列场所或部位应采取排烟等烟气控制措施	（1）设置在地下或半地下、地上第四层及以上楼层的歌舞娱乐放映游艺场所，设置在其他楼层且房间总建筑面积大于100m²的歌舞娱乐放映游艺场所。 （2）公共建筑内建筑面积大于100m²且经常有人停留的房间。 （3）公共建筑内建筑面积大于300m²且可燃物较多的房间。 （4）中庭。 （5）民用建筑内长度大于20m的疏散走道
3. 经常有人停留或可燃物较多且无可开启外窗的房间或区域应设置排烟设施	（1）建筑面积大于50m²的房间。 （2）房间的建筑面积不大于50m²，总建筑面积大于200m²的区域

生产场所的火灾危险性和储存物品场所的火灾危险性

4．建筑的中庭、与中庭相连通的回廊及周围场所	（1）中庭应设置排烟设施。 （2）周围场所应按《建筑设计防火规范（2018年版）》GB 50016—2014中的规定设置排烟设施。 （3）回廊排烟设施的设置应符合下列规定：当周围场所各房间均设置排烟设施时，回廊可不设，但商店建筑的回廊应设置排烟设施；当周围场所任一房间未设置排烟设施时，回廊应设置排烟设施。 （4）当中庭与周围场所未采用防火隔墙、防火玻璃隔墙、防火卷帘时，中庭与周围场所之间应设置挡烟垂壁
5．除敞开式汽车库、地下一层中建筑面积小于1000m²的汽车库、地下一层中建筑面积小于1000m²的修车库可不设置排烟设施外，其他汽车库、修车库应设置排烟设施	
6．通行机动车的一、二、三类城市交通隧道内应设置排烟设施	

5.1.5　排烟方式的选择

建筑排烟系统的设计应根据建筑的使用性质、平面布局等因素，优先采用自然排烟系统。当不具备自然排烟条件或自然排烟不满足风速或距离限值要求时，应采用机械排烟方式。

同一个防烟分区应采用同一种排烟方式，同一防烟分区（走道）内并存两种排烟方式的错误平面示意如图5.1-1所示。

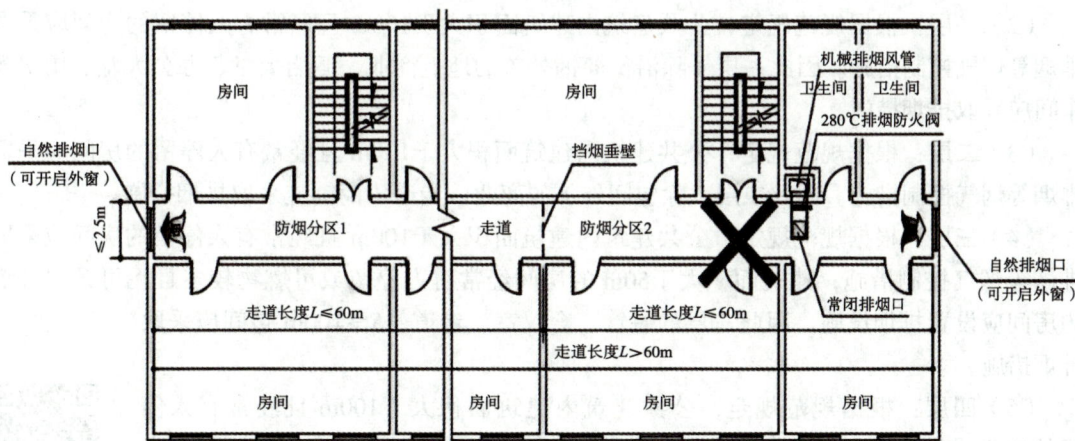

图5.1-1　同一防烟分区（走道）内并存两种排烟方式的错误平面示意

5.1.6　项目案例解析——排烟系统设置区域

根据《建筑防火通用规范》GB 55037—2022规定，民用建筑的下列场所或部位应采取排烟等烟气控制措施：公共建筑内建筑面积大于100m²且经常有人停留的房间；公共建筑内建筑面积大于300m²且可燃物较多的房间。因此，本工程地上建筑面积大于100m²的房间和地上无窗房间均需设排烟措施。

1．排烟部位的确定

根据本模块"5.1.3"中的相关规定及表5.1-5，结合建筑平面，本工程需要设置排烟的部位汇总情况见表5.1-6所示。

排烟系统设置部位　　　　　　　　　表5.1-6

楼层	防火分区	排烟部位	层高	备注
负一层	第一防火分区	地下车库	5.1m	—
一层	第二防火分区	首层大堂及附属功能	5.1m	—
	第三防火分区	地上商业	5.1m	沿街商铺不设
二层	第四防火分区	商业、走道	4.2m	包间不设
三层	第五防火分区	餐饮、会议室、走道、包间	4.2m	<50m²的包间不设
四～八层	酒店防火分区	走道	3.6m	客房不设
九～十三层	办公防火分区	走道	—	办公室不设

（1）负一层：根据规范规定，除敞开式汽车库、地下一层中建筑面积小于1000m²的汽车库、地下一层中建筑面积小于1000m²的修车库可不设置排烟设施外，其他汽车库、修车库应设置排烟设施。该车库面积为1971.5m²大于1000m²，应设置排烟设施。

（2）一层：根据规范规定，公共建筑内建筑面积大于100m²且经常有人停留的房间应采取排烟等烟气控制措施。因此一层（除沿街商铺外）的地上商业、酒店大堂、办公大堂、厨房操作间应采取排烟措施。

（3）二层：根据规范规定，公共建筑内建筑面积大于100m²且经常有人停留的房间应采取排烟等烟气控制措施。因此二层（除包间外）的商业、走道、商铺应采取排烟措施。

（4）三层：根据规范规定，公共建筑内建筑面积大于100m²且经常有人停留的房间应采取排烟等烟气控制措施；建筑面积大于50m²的房间经常有人停留或可燃物较多且无可开启外窗的房间应设置排烟设施。因此三层的餐饮、会议室、走道、$S>100m^2$包间应采取排烟措施。

（5）四层：根据规范规定，公共建筑内建筑面积大于100m²且经常有人停留的房间应采取排烟等烟气控制措施。因此四层的走道应采取排烟措施，客房$S<100m^2$可不设。

（6）五层及以上楼层：参照四层。各层排烟部位示意图请扫二维码获取。

各层排烟部位
示意图

2．排烟方式的选择

结合建筑平面布局，根据本模块"5.1.4"的相关规定，不具备自然排烟条件的房间应设机械排烟，本工程不同部位排烟方式见表5.1-7。

负一层地下车库，四周被封闭，不具备自然排烟条件。一层地上商业，二层商业、包间、走道、三层餐饮、会议室、走道、包间，因自然排烟不满足风速或距离限值要求，所以选择机械排烟方式。

不同部位排烟方式　　　　　　　　　　　　　表5.1-7

楼层	排烟部位	排烟方式	机房位置	补风方式
负一层	地下车库	机械排烟	负一层车库内	自然补风
一层	首层大堂及附属功能	自然排烟	—	自然补风
	地上商业	机械排烟	三层排烟机房（PY-3-1系统）	自然补风
二层	商业、包间、走道	机械排烟		自然补风
三层	餐饮、会议室、走道、包间	机械排烟		自然补风
四~八层	走道	自然排烟	—	自然补风
九~十三层	走道	自然排烟	—	自然补风

职业操守——防烟排烟是守护生命的隐形盾牌

2000年12月25日21时35分，××省××市××商厦发生特大火灾事故，造成309人中毒窒息死亡，7人受伤，直接经济损失275万元。

事故原因是商厦地下室有一名无证电焊工在违规操作电焊，高温电焊熔渣落到地面，引燃地下二层的可燃物而起火。烟气迅速扩散，瞬间充满无窗地下室，并沿着楼梯间向上迅速蔓延。此时，顶楼歌舞厅正对楼梯间的门大开，烟气大量灌入舞厅。高温烟气烤焦了墙面上的化学涂料和楼面上的沙发，散发出大量一氧化碳、硫化氢等有毒气体。

此时，四楼歌舞厅人头攒动，当浓烟瞬间串入舞厅，人们还没有反应过来，就失去知觉，昏厥而亡。大火被扑灭后，救援人员发现四楼歌舞厅内并没有明显被烧过的痕迹，但现场却无一生还。这是因为当空气中的一氧化碳、硫化氢等有毒气体含量超过3%时，人员在2min内就会失去知觉，窒息而亡。

做好楼梯间的防烟和危险空间的排烟系统，关乎人民生命财产安全，工程技术人员必须严格按照技术规范开展防烟排烟的设计、安装、调试和维护，万不可麻痹大意。

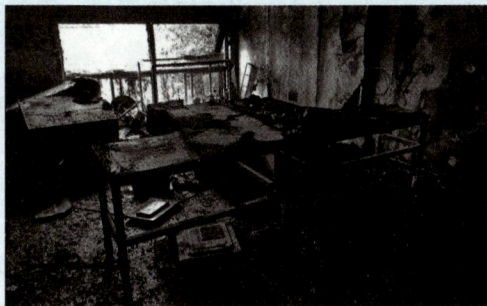

5.1.7 同步训练

1. 防烟方式

（1）（　　）不属于防烟排烟系统所能起到的作用。

A．为安全疏散创造有利条件　　　　　B．为消防扑救创造有利条件

C．控制火势蔓延　　　　　　　　　　D．隔绝空气

（2）带裙房的高层建筑防烟楼梯间及其前室、消防电梯间前室或合用前室，当裙房以上部分利用可开启外窗进行自然排烟、裙房部分不具备自然排烟条件时，其前室或合用前室应设置（　　）。

A．局部机械排烟设施　　　　　　　　B．机械加压送风系统

C．向疏散方向开启的甲级防火门　　　D．向疏散方向开启的丙级防火门

（3）（　　）应设置独立的机械加压送风防烟设施。

A．高层建筑的地下水泵房　　　　　　B．消防电梯井

C．消防控制室　　　　　　　　　　　D．封闭避难层（间）

（4）通常情况下，下列哪个场所不需要设防烟设施?（　　）

A．防烟楼梯间　　　　　　　　　　　B．避难间

C．办公室　　　　　　　　　　　　　D．消防电梯前室

（5）下列建筑中，当其楼梯间的合用前室采用敞开阳台，楼梯间可不设置防烟设施的是（　　）。

A．建筑高度为54m的医院建筑

B．建筑高度为54m的丁类生产厂房

C．建筑高度为54m的戊类物品仓库

D．建筑高度为61m的住宅建筑

（6）某建筑为一类高层住宅建筑且不需要设置避难层，关于防烟楼梯间不设置防烟设施的说法正确的是（　　）。

A．当防烟楼梯间的前室可开启外窗面积每层为2m^{2}时

B．当防烟楼梯间的前室采用敞开的阳台或凹廊时

C．当防烟楼梯间与消防电梯的合用前室可开启外窗面积每层为3m^{2}时

D．该建筑应采用机械加压送风系统

（7）下列关于高层建筑中设置防烟设施的说法，正确的是（　　）。

A．封闭楼梯间不需要考虑防烟系统

B．建筑高度为54m的公共建筑，其防烟楼梯间、消防电梯前室可采用自然排烟方式

C．建筑高度为100m的住宅建筑，其防烟楼梯间、消防电梯前室应设置机械加压送风

D．建筑高度为54m的工业建筑，其防烟楼梯间、消防电梯前室应设置机械加压送风

（8）某建筑高度为54m的办公楼建筑，关于防烟楼梯间设置防烟设施的说法正确的是（　　）。

A．当防烟楼梯间与消防电梯的合用前室可开启外窗面积每层为3m^{2}时，防烟楼梯间可采用自然排烟

B．当防烟楼梯间的前室采用敞开的阳台或凹廊时，防烟楼梯间可不考虑防烟设施

C．当防烟楼梯间与消防电梯的合用前室采用敞开的阳台或凹廊时，防烟楼梯间可不考虑防烟设施

D．防烟楼梯间必须设置机械加压送风系统

（9）下列关于高层建筑中设置防烟设施的做法，错误的是（　　　）。

A．地下室的楼梯间和地上部分的防烟楼梯间均需设置机械加压送风系统时，机械加压送风系统宜分别独立设置

B．建筑高度为54m的公共建筑，其防烟楼梯间、消防电梯前室应设置机械加压送风系统

C．建筑高度为54m的住宅建筑，其防烟楼梯间、消防电梯前室应设置机械加压送风系统

D．建筑高度为27m的工业建筑，其防烟楼梯间、消防电梯前室可采用自然通风的防烟方式

（10）建筑高度为50m的写字楼，疏散楼梯的布置如下图所示，最经济的加压送风系统的设置部位是（　　　）。

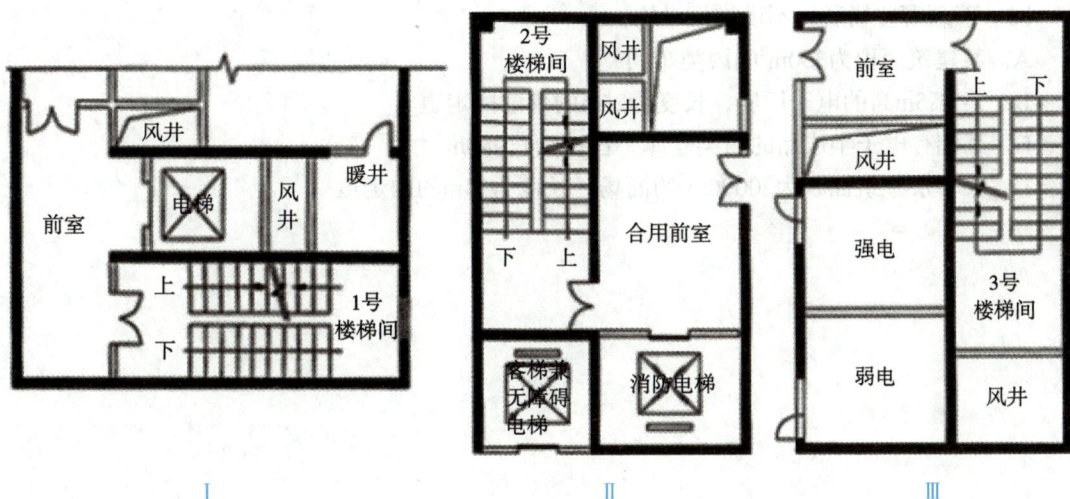

A．Ⅰ前室；Ⅱ合用前室；Ⅲ楼梯间、前室

B．Ⅰ楼梯间；Ⅱ楼梯间；Ⅲ楼梯间、前室

C．Ⅰ前室；Ⅱ楼梯间、合用前室；Ⅲ楼梯间

D．Ⅰ楼梯间；Ⅱ楼梯间、合用前室；Ⅲ楼梯间

2．排烟部位

（1）下列场所应设置排烟设施的是哪一项？（　　　）

A．丙类厂房中建筑面积大于200m²的地上房间

B．氧气站

C．任一层建筑面积大于5000m²的生产氟利昂厂房

D．建筑面积20000m²的钢铁冶炼厂房

（2）关于排烟设施的设置，说法正确的是下列哪一项？（　　　）

A．大型卷烟厂的联合生产厂房（包括切丝、卷制和包装）应设置排烟设施

B．工业厂房设置排烟设施时，应采用机械排烟设施

C．单台额定出力1t/h的地上独立燃气热水锅炉房应采用机械排烟设施

D．面积为12000m²铝合金发动机缸体、缸盖的单层机加工厂房应设置排烟设施

（3）下列民用建筑的场所内或部位中，应设置排烟设施的是（　　　）。

A．设置在二层，房间建筑面积为50m²的歌舞娱乐放映游艺场所

B．地下一层的防烟楼梯间前室

C．建筑面积120m²的中庭

D．建筑内长度为18m的疏散走道

（4）以下建筑部位的哪项无需设置排烟设施？（　　　）

A．公共建筑内建筑面积为150m²的地上办公室

B．建筑地下室建筑面积为100m²的人员休息室

C．建筑高度为24m的丙类厂房内，长度为20m的疏散走道

D．建筑面积为10000m²的丁类生产车间

（5）下列哪些场所可不设排烟设施？（　　　）

A．某建筑面积为350m²的丙类车间

B．某31.5m高的电子厂房，长度为25m的疏散内走道

C．某储存电子半成品的丙类仓库，占地面积980m²

D．某单层建筑面积为20000m²的商场，长度为54m的内走道

任务 5.2
防烟系统的设计计算

【学习目标】

知识目标	能力目标	素质目标
1．熟悉自然通风系统的设计原则； 2．熟悉机械加压送风系统的设计原则； 3．掌握机械加压送风量的计算方法； 4．掌握防烟系统水力计算的方法	1．能根据实际工程完成防烟系统的初步设计； 2．具备查阅和使用标准、规范、手册、图集、产品样本等资料的能力	1．提高学生的安全意识和责任感； 2．培养学生探究式、创新式的学习思维； 3．提升学生的设计技能与职业素养

【思维导图】

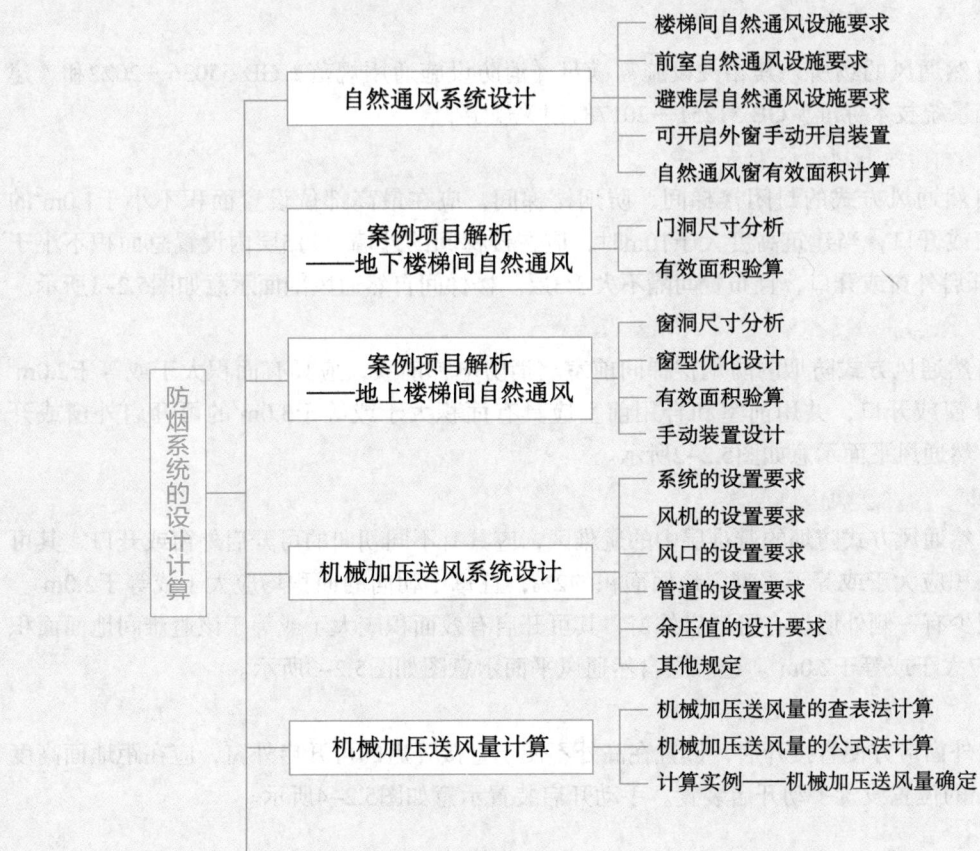

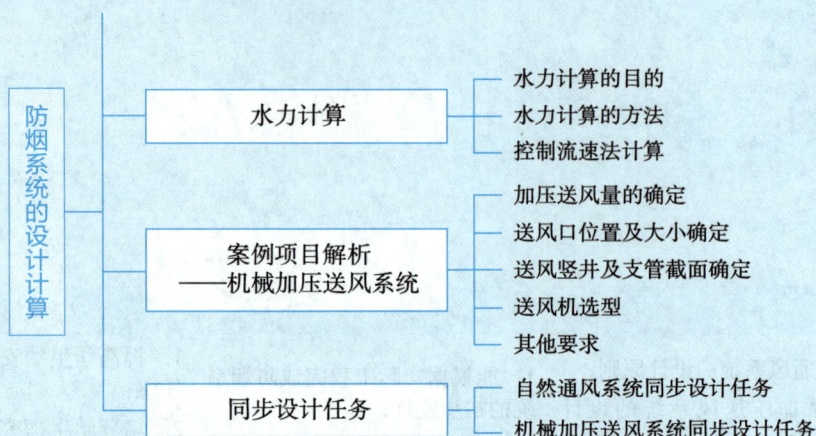

5.2.1 自然通风系统设计

设置自然通风的场所，其相关设施需满足《消防设施通用规范》GB 55036—2022和《建筑防烟排烟系统技术标准》GB 51251—2017的相关规定。

1. 楼梯间自然通风设施要求

采用自然通风方式的封闭楼梯间、防烟楼梯间，应在最高部位设置面积不小于1.0m²的可开启外窗或开口；当建筑高度大于10m时，应在楼梯间的外墙上每5层内设置总面积不小于2.0m²的可开启外窗或开口，且布置间隔不大于3层。楼梯间自然通风剖面示意如图5.2-1所示。

2. 前室自然通风设施要求

采用自然通风方式防烟的防烟楼梯间前室、消防电梯前室，应具有面积大于或等于2.0m²的可开启外窗或开口，共用前室和合用前室应具有面积大于或等于3.0m²的可开启外窗或开口。前室自然通风平面示意如图5.2-2所示。

3. 避难层自然通风设施要求

采用自然通风方式防烟的避难层中的避难区，应具有不同朝向的可开启外窗或开口，其可开启有效面积应大于或等于避难区地面面积的2%，且每个朝向的面积均应大于或等于2.0m²。避难间应至少有一侧外墙设有可开启外窗，其可开启有效面积应大于或等于该避难间地面面积的2%，并应大于或等于2.0m²。避难层自然通风平面示意图如图5.2-3所示。

4. 可开启外窗手动开启装置

可开启外窗应方便直接开启，设置在高处不便于直接开启的可开启外窗，应在距地面高度为1.3 ~ 1.5m的位置设置手动开启装置。手动开启装置示意如图5.2-4所示。

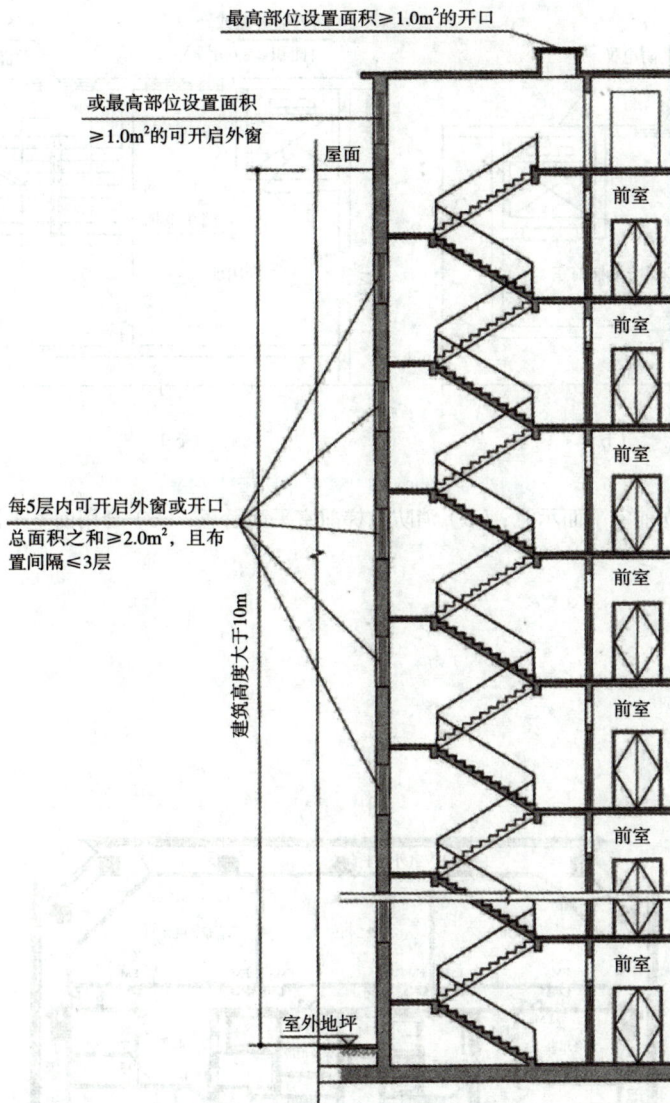

最高部位设置面积≥1.0m²的开口

或最高部位设置面积
≥1.0m²的可开启外窗

屋面

每5层内可开启外窗或开口
总面积之和≥2.0m²，且布
置间隔≤3层

建筑高度大于10m

前室

室外地坪

图5.2-1 楼梯间自然通风剖面示意

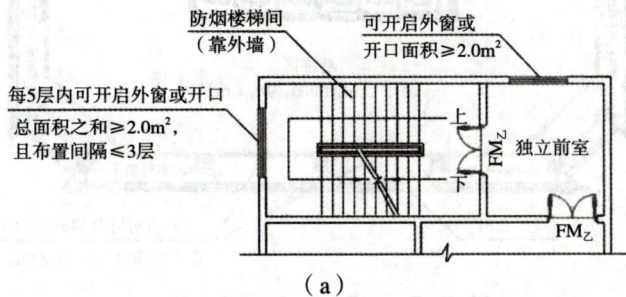

防烟楼梯间
（靠外墙）

可开启外窗或
开口面积≥2.0m²

每5层内可开启外窗或开口
总面积之和≥2.0m²，
且布置间隔≤3层

上

下

FM$_z$

独立前室

FM$_z$

（a）

图5.2-2 前室自然通风平面示意

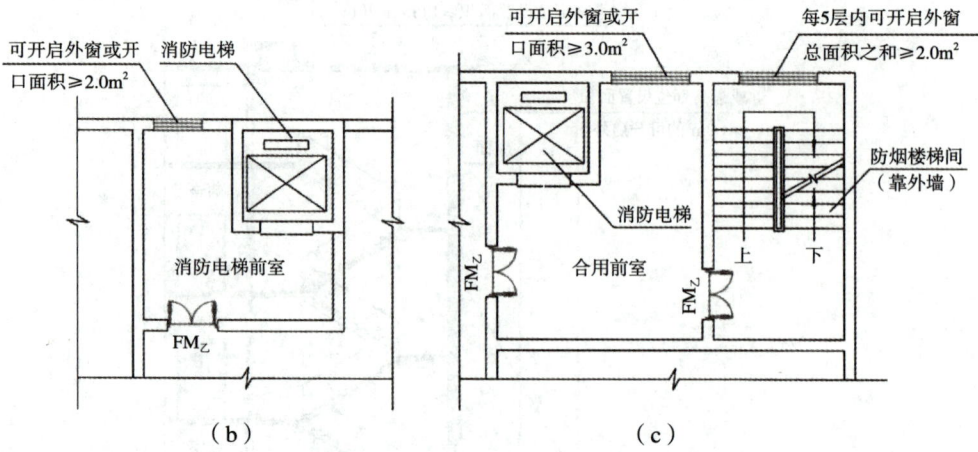

图5.2-2　前室自然通风平面示意（续）
（a）独立前室平面示意；（b）消防电梯前室平面示意；（c）合用前室平面示意

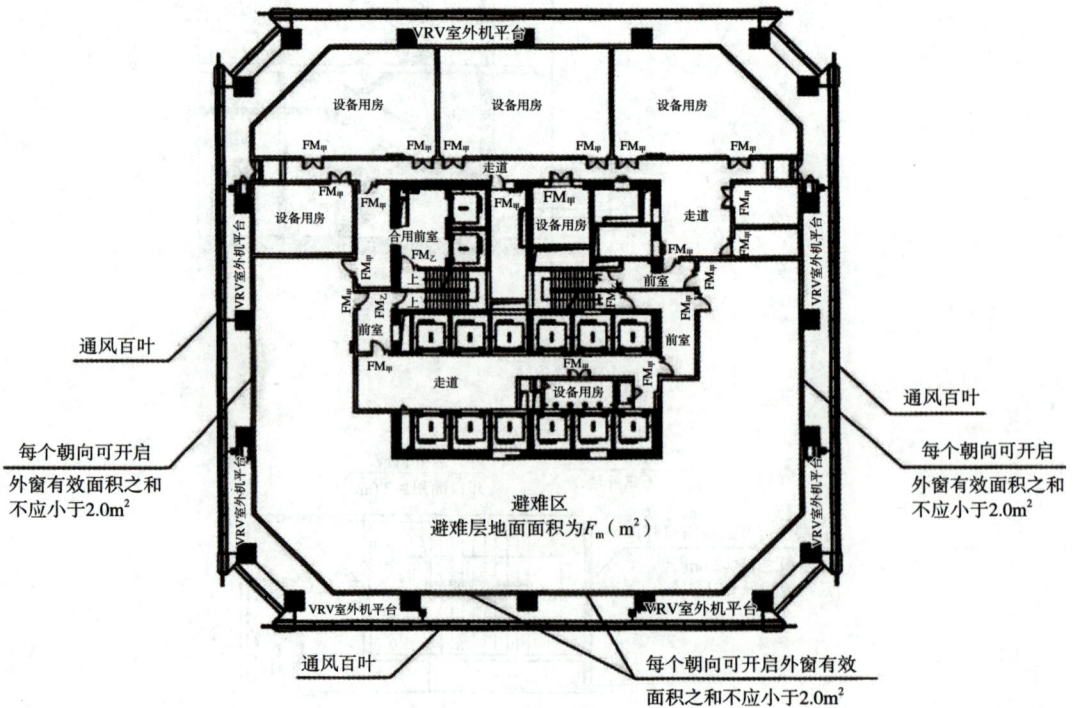

图5.2-3　避难层自然通风平面示意

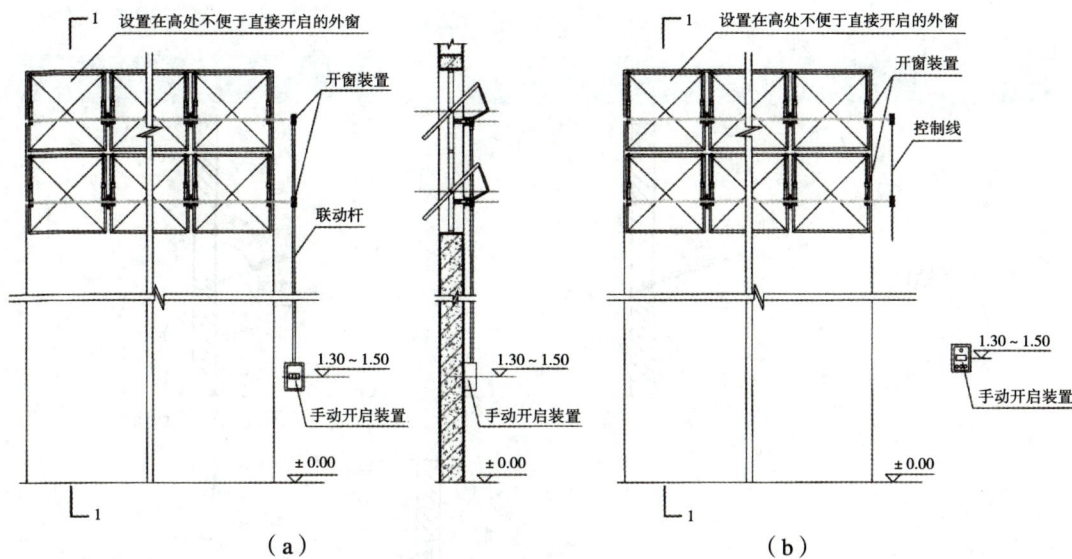

图5.2-4　手动开启装置示意

（a）中悬窗（撑杆）手摇开窗机立面示意；（b）中悬窗电动开窗机立面示意

5．自然通风窗有效面积计算

可开启外窗的形式有上悬窗、中悬窗、下悬窗、平推窗、平开窗和推拉窗等。

自然通风窗（口）开启的有效面积的计算规则如下：

（1）当采用开窗角大于70°的悬窗时，其有效面积应按窗的面积计算；当开窗角小于或等于70°时，其有效面积应按窗最大开启时的水平投影面积计算。

（2）当采用开窗角大于70°的平开窗时，其有效面积应按窗的面积计算；当开窗角小于或等于70°时，其有效面积应按窗最大开启时的竖向投影面积计算。

（3）当采用推拉窗时，其有效面积应按开启的最大窗口面积计算。

（4）当采用百叶窗时，其有效面积应按窗的有效开口面积计算。

（5）当平推窗设置在顶部时，其有效面积可按窗的1/2周长与平推距离乘积计算，且不应大于窗面积。

（6）当平推窗设置在外墙时，其有效面积可按窗的1/4周长与平推距离乘积计算，且不应大于窗面积。

自然通风窗有效排烟面积计算公式见表5.2-1。

5.2.2　案例项目解析——地下楼梯间自然通风

根据"5.1.3"中分析结果，以3#楼梯间地下部分为例，分析自然通风设施的设置。3#楼梯平面图、剖面图如图5.2-5所示。

1．门洞尺寸分析

3#楼梯地下部分与地上部分不共用，地下部分由疏散门M1321出口直通室外，地上部分由疏散门FM_Z2021出口直通室外［图5.2-6（a）］。

自然通风窗有效面积计算公式　　表5.2-1

窗户类型		有效面积计算公式
悬窗	下悬窗	$F_{有效}=F_{窗}$　　　　$F_{有效}=F_{窗}\cdot\sin a$
	外开中悬窗	$F_{有效}=F_{窗}\cdot\sin a$
	上悬窗	$F_{有效}=F_{窗}$　　　　$F_{有效}=F_{窗}\cdot\sin a$
平开窗	安装在屋顶	$F_{有效}=F_{窗}$　　　　$F_{有效}=F_{窗}\cdot\sin a$
	安装在外墙	$F_{有效}=F_{窗}$　　　　$F_{有效}=F_{窗}\cdot\sin a$

续表

窗户类型		有效面积计算公式
平推窗	设在顶部	$F_{有效}=0.5 \cdot F_{窗周长} \cdot h \leqslant F_{窗面积}$
	设在外墙	$F_{有效}=0.25 \cdot F_{窗周长} \cdot L \leqslant F_{窗面积}$
推拉窗		$F_{有效}=$ 开启的最大窗口面积
百叶窗		$F_{有效}=F_{窗} \cdot$ 有效面积系数（防雨百叶系数取0.6，一般百叶系数取0.8）

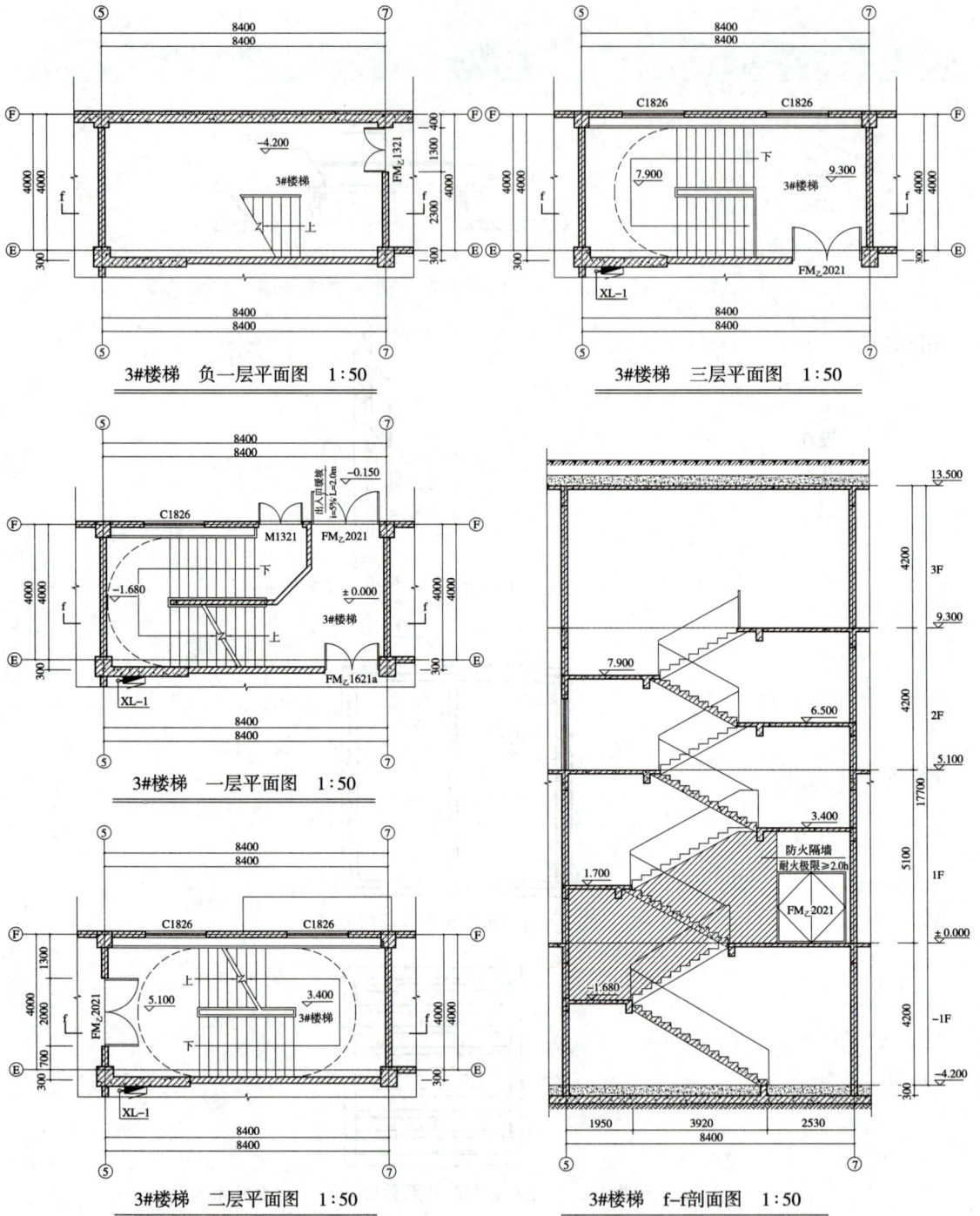

图5.2-5 3#楼梯平面图、剖面图

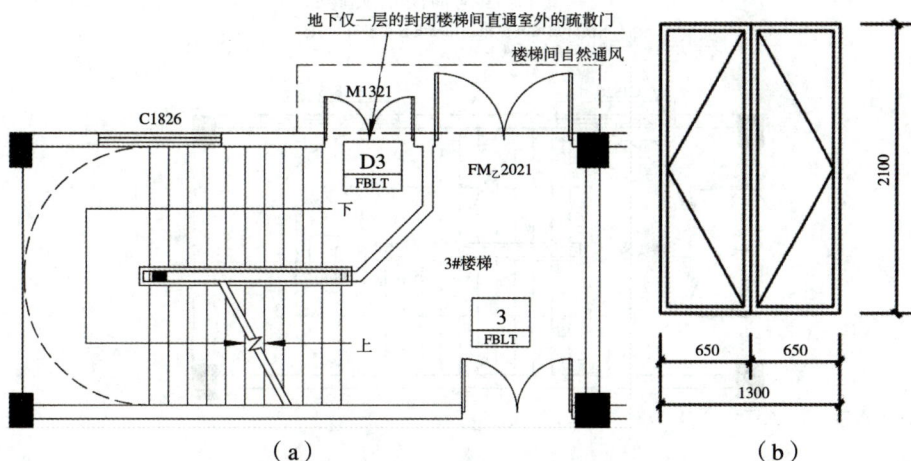

图5.2-6　3#楼梯间地下部分自然通风示意
（a）自然通风平面示意图；（b）门M1321大样

2．有效面积验算

根据《建筑防烟排烟系统技术标准》GB 51251—2017规定，当地下、半地下建筑（室）的封闭楼梯间不与地上楼梯间共用且地下仅为一层时，可不设置机械加压送风系统，但首层应设置有效面积不小于1.2m²的可开启外窗或直通室外的疏散门。

M1321门为平开门，有效开启尺寸为：（0.65−0.1）×（2.1−0.1）×2＝2.2m²＞1.2m²，满足规范要求［图5.2-6（b）］。

5.2.3　案例项目解析——地上楼梯间自然通风

根据"5.1.3"中的分析结果，以3#楼梯间地上部分为例，分析自然通风设施的设置。

1．窗洞尺寸分析

根据建筑平面图及立面图可知，3#楼梯间地上部分共三层，建筑高度13.8m，在二～三层的外墙上各设置两个C1826的外窗［图5.2-7（a）和图5.2-7（b）］，其大样图如图5.2-7（c）所示。

2．窗型优化设计

由建筑专业根据外立面需求对窗型（C1826）进行优化设计。

二层优化后可开启外窗如图5.2-7（d）所示，开启角度30°。

三层优化后可开启外窗如图5.2-7（e）所示，下窗开启角度30°，上窗开启角度为71°。

3．有效面积验算

根据《建筑防烟排烟系统技术标准》GB 51251—2017规定，采用自然通风方式的封闭楼梯间、防烟楼梯间，应在最高部位设置面积不小于1.0m²的可开启外窗或开口；当建筑高度大于10m时，应在楼梯间的外墙上每5层内设置总面积不小于2.0m²的可开启外窗或开口，且布置间隔不大于3层。

楼梯间3层内可开启外窗有效面积2m²
不便开启的高窗距地1.5m设置手动开启装置
楼梯间自然通风

C1826

C1826

3#楼梯

3
FBLT

（a）

楼梯间贴梁底可开启外窗有效面积1m²
不便开启的高窗距地1.5m设置手动开启装置
楼梯间自然通风

C1826

C1826

3#楼梯

下

3
FYLT

（b）

1800

1100

1500

2600

900

900

（c）

4200

2600

900

门窗编号	C1826a（楼梯间自然通风窗）
窗洞尺寸	1800×2600（窗台高900mm）
开启角度30°	
自然通风窗有效面积0.58m²	
—	

（d）

4200

2600

900

门窗编号	C1826a（楼梯间自然通风窗）
窗洞尺寸	1800×2600（窗台高900mm）
上部窗户开启角度71°，距地1.5m设置手动开启装置	
下部窗户开启角度30°	
上部窗有效面积1.68m²，下部窗有效面积0.58m²	

（e）

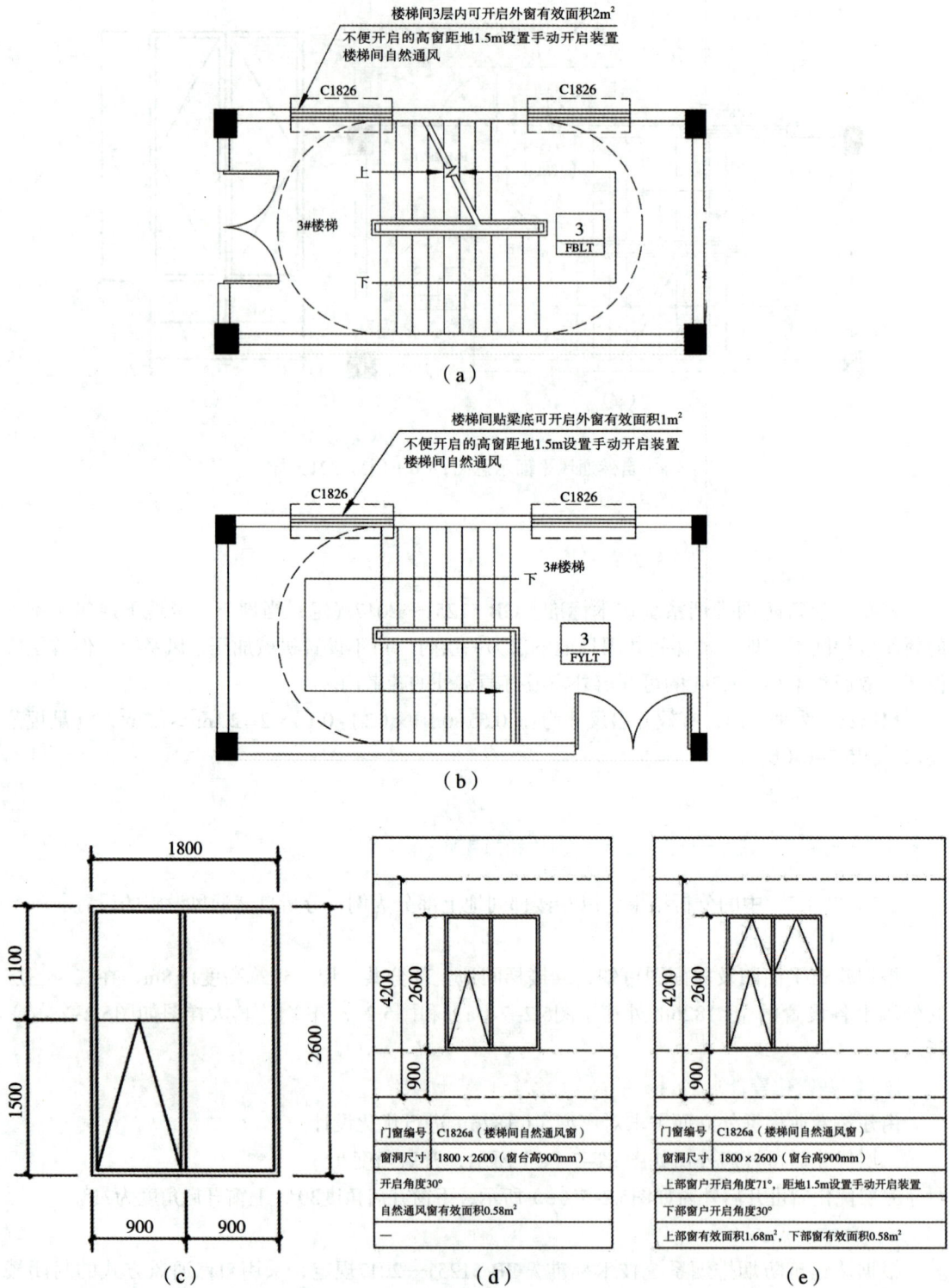

图5.2-7　3#楼梯间地上部分自然通风示意

（a）3#楼梯二层自然通风平面示意；（b）3#楼梯三层自然通风平面示意；（c）外窗C1826大样图；
（d）优化后外窗C1826二层示意；（e）优化后外窗C1826三层示意

（1）"外墙上每5层内设置总面积不小于2.0m²的可开启外窗或开口"的校核：

二层有效面积：

$$S_{有效面积}=S_{窗}=（1.5-0.05）×（0.9-0.1）×\sin30°=0.58m^2；$$

三层下窗有效面积：

$$S_{有效面积}=S_{窗}=（1.5-0.05）×（0.9-0.1）×\sin30°=0.58m^2；$$

五层内总面积=0.58×4=2.32m²＞2.0m²，满足规范要求。

（2）"最高部位设置面积不小于1.0m²的可开启外窗或开口"的校核：

三层上窗有效面积：$S_{有效面积}=S_{窗}=1.68m^2＞1.0m^2$，满足规范要求。

4．手动装置设计

根据《建筑防烟排烟系统技术标准》GB 51251—2017规定，可开启外窗应方便直接开启，设置在高处不便于直接开启的可开启外窗，应在距地面高度为1.3～1.5m的位置设置手动开启装置。

该楼梯间三层上窗不便于直接开启，因此在距地1.5m处设置手动开启装置。

5.2.4 机械加压送风系统设计

设置机械加压送风的场所，其相关设施需满足《消防设施通用规范》GB 55036—2022和《建筑防烟排烟系统技术标准》GB 51251—2017的相关规定。

1．系统的设置要求

（1）对于采用合用前室的防烟楼梯间，当楼梯间和前室均设置机械加压送风系统时，楼梯间和合用前室的机械加压送风系统应分别独立设置。

（2）对于在梯段之间采用防火隔墙隔开的剪刀楼梯间，当楼梯间和前室（包括共用前室和合用前室）均设置机械加压送风系统时，楼梯间及共用前室或合用前室的机械加压送风系统均应分别独立设置，如图5.2-8所示。

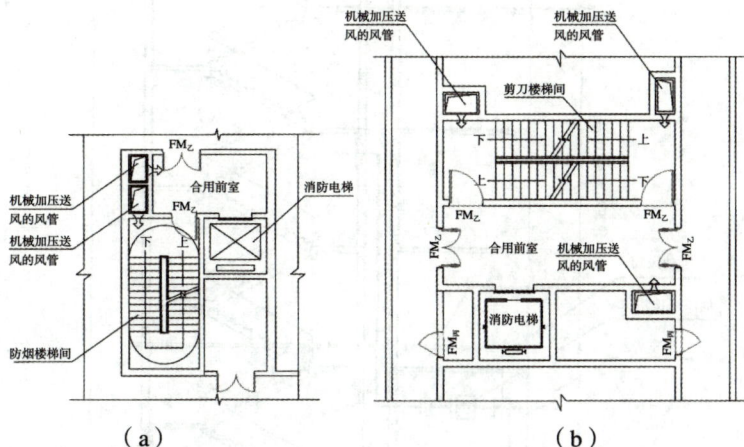

图5.2-8　楼梯间及合用前室分别设置机械加压送风系统平面示意

（a）楼梯间、合用前室分别独立设置机械加压送风系统；

（b）剪刀楼梯的两个楼梯间及合用前室分别独立设置机械加压送风系统

（3）对于建筑高度大于100m的建筑中的防烟楼梯间及其前室，其机械加压送风系统应竖向分段独立设置，且每段的系统服务高度不应大于100m。楼梯间机械加压送风系统分段设置剖面示意如图5.2-9所示。

（4）采用机械加压送风系统的防烟楼梯间及其前室应分别设置送风井（管）道、送风口（阀）和送风机。

（5）建筑高度小于或等于50m的建筑，当楼梯间设置加压送风井（管）道确有困难时，楼梯间可采用直灌式加压送风系统，并应符合下列规定：

1）建筑高度大于32m的高层建筑，应采用楼梯间两点部位送风的方式，送风口之间距离不宜小于建筑高度的1/2。直灌式加压送风系统剖面示意如图5.2-10所示。

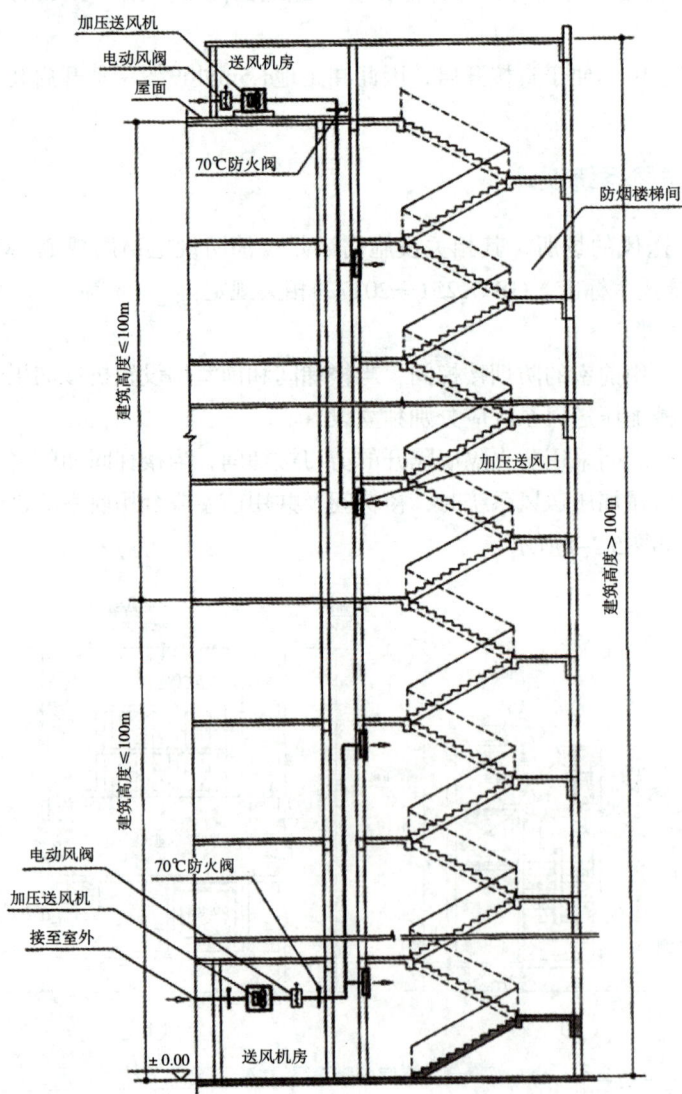

图5.2-9　楼梯间机械加压送风系统分段设置剖面示意

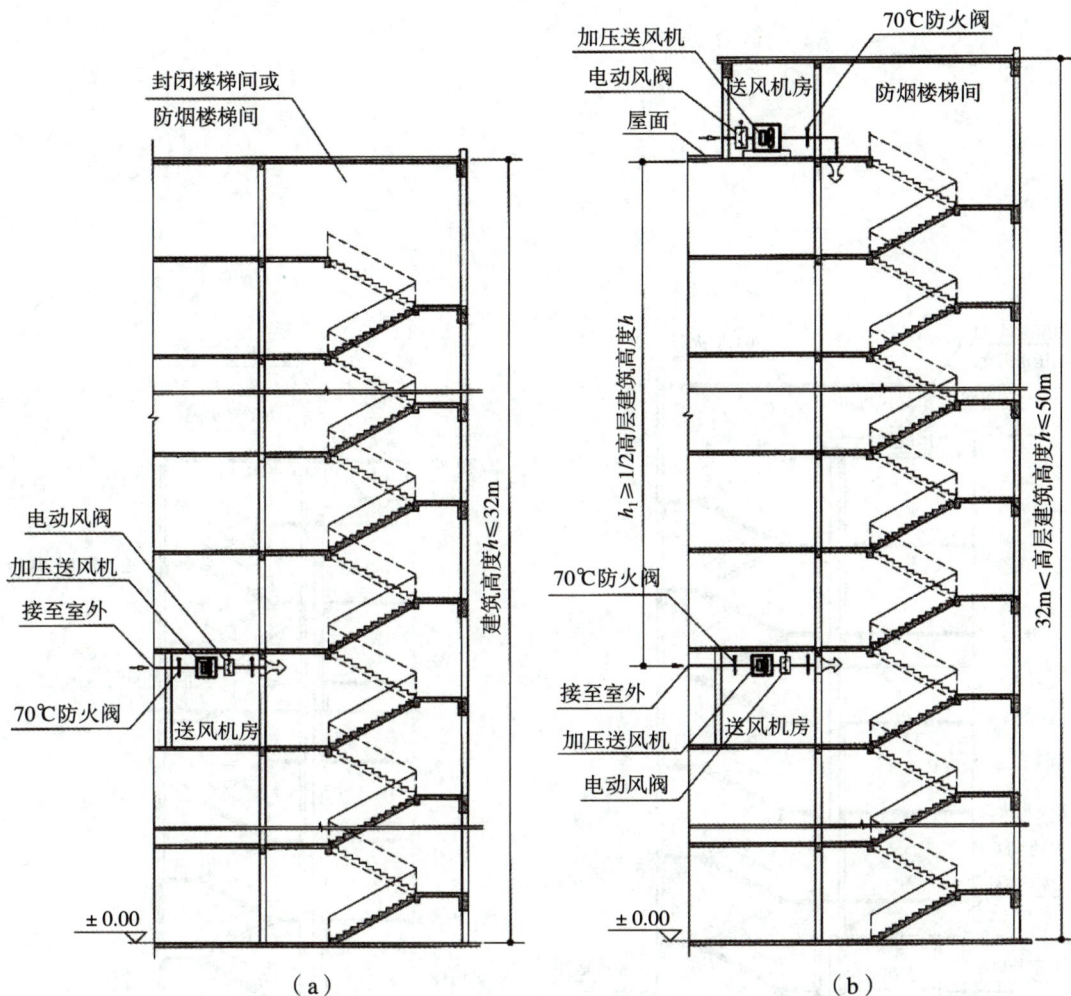

图5.2-10 直灌式加压送风系统剖面示意
（a）小于等于32m的建筑楼梯间直灌式加压送风系统；
（b）大于32m且小于等于50m的高层建筑楼梯间直灌式加压送风系统

2）送风量应按计算值或规定的送风量增加20%；加压送风口不宜设在影响人员疏散的部位。

（6）设置机械加压送风系统的楼梯间，其地上部分与地下部分的机械加压送风系统应分别独立设置。当受建筑条件限制，且地下部分为汽车库或设备用房时，可共用机械加压送风系统，并应符合下列规定：

1）应按相关规定分别计算地上、地下部分的加压送风量，两者相加后作为共用加压送风系统风量；

2）应采取有效措施分别满足地上、地下部分的送风量的要求。地上、地下楼梯间加压送风系统剖面示意如图5.2-11所示。

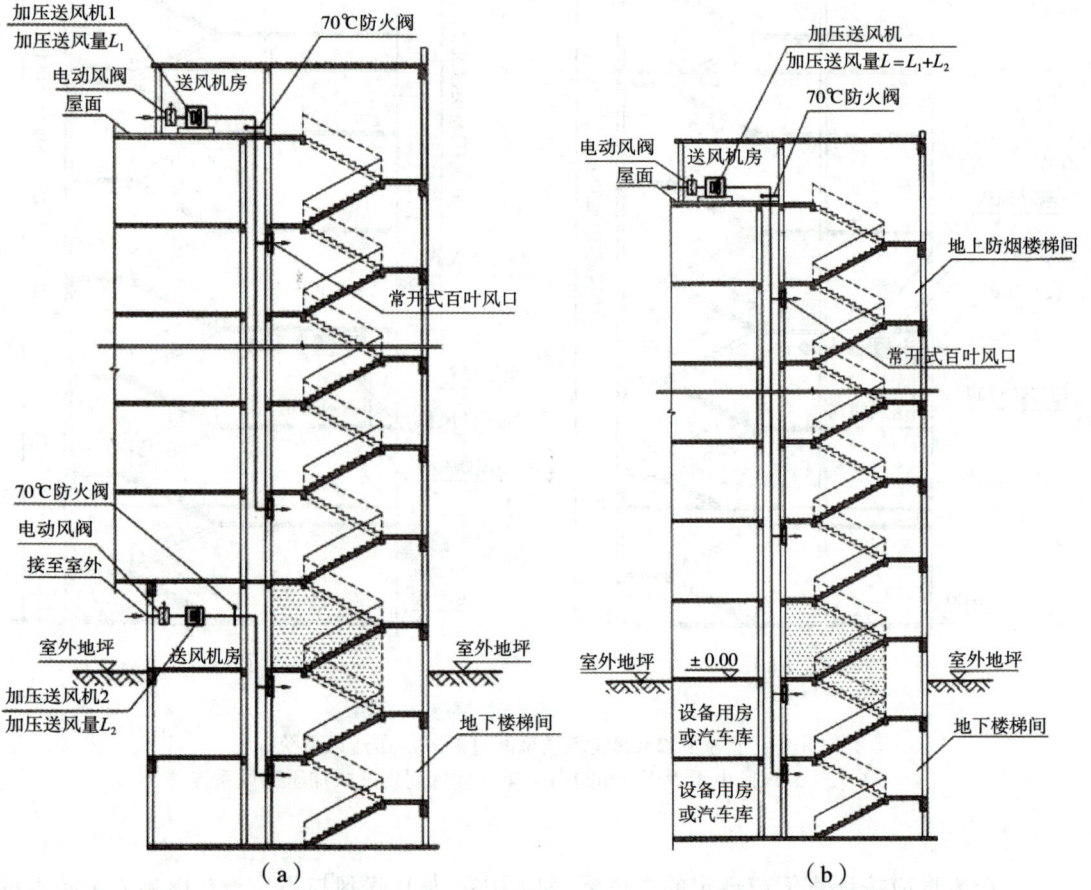

图5.2-11 地上、地下楼梯间加压送风系统剖面示意

（a）地上、地下楼梯间分别设独立加压送风系统；（b）地上、地下楼梯间共用加压送风系统

（7）机械加压送风系统应与火灾自动报警系统联动，并应能在防火分区内的火灾信号确认后15s内，联动同时开启该防火分区的全部疏散楼梯间、该防火分区所在着火层及其相邻上下各一层疏散楼梯间及其前室或合用前室的常闭加压送风口和加压送风机。

2．风机的设置要求

机械加压送风系统风机宜采用轴流式风机或中、低压离心式风机，其设置应符合下列规定：

（1）送风机的进风口应直通室外，且应采取防止烟气被吸入的措施。

（2）送风机的进风口宜设在机械加压送风系统的下部。

（3）送风机的进风口不应与排烟风机的出风口设在同一面上。当确有困难时，两者应分开布置，且竖向布置时，送风机的进风口应设置在排烟出口的下方，其两者边缘最小垂直距离不应小于6.0m；水平布置时，两者边缘最小水平距离不应小于20.0m。送风机进风口与排烟风机出风口的平面示意如图5.2-12所示。

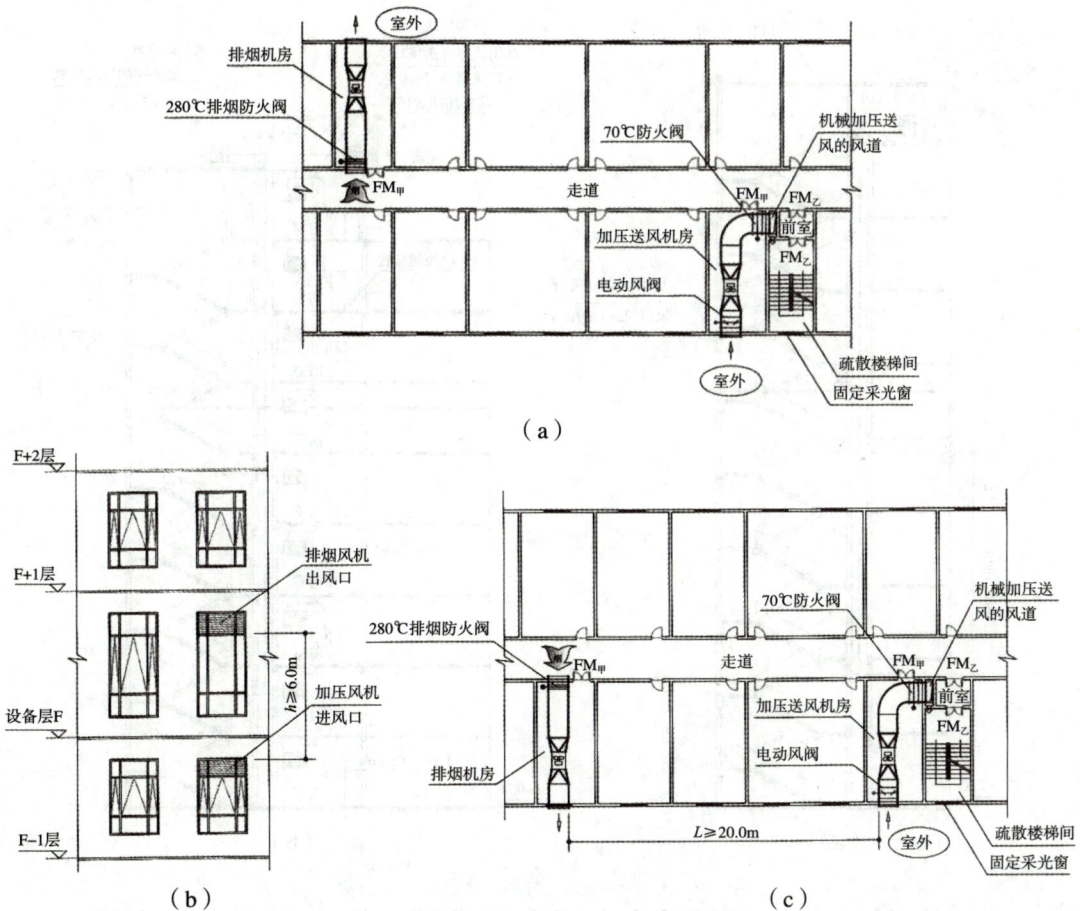

图5.2-12 送风机进风口与排烟风机出风口的平面布置示意
（a）加压送风机进风口与排烟风机的出风口在不同建筑立面上；
（b）加压送风机进风口与排烟风机的出风口在同一侧面上竖向布置要求；
（c）加压送风机进风口与排烟风机的出风口在同一侧面上水平布置要求

（4）送风机宜设置在系统的下部，且应采取保证各层送风量均匀性的措施。

（5）送风机应设置在专用机房内，送风机房应符合《建筑设计防火规范（2018年版）》GB 50016—2014的规定。

（6）当送风机出风管或进风管上安装单向风阀或电动风阀时，应采取火灾时自动开启阀门的措施。

3．风口的设置要求

加压送风口的设置应符合下列规定：

（1）除直灌式加压送风方式外，楼梯间宜每隔2～3层设置一个常开式百叶送风口。

（2）前室应每层设置一个常闭式加压送风口，并应设手动开启装置。

（3）送风口的风速不宜大于7m/s。

（4）送风口不宜设置在被门挡住的部位。机械加压送风口设置的剖面示意如图5.2-13所示。

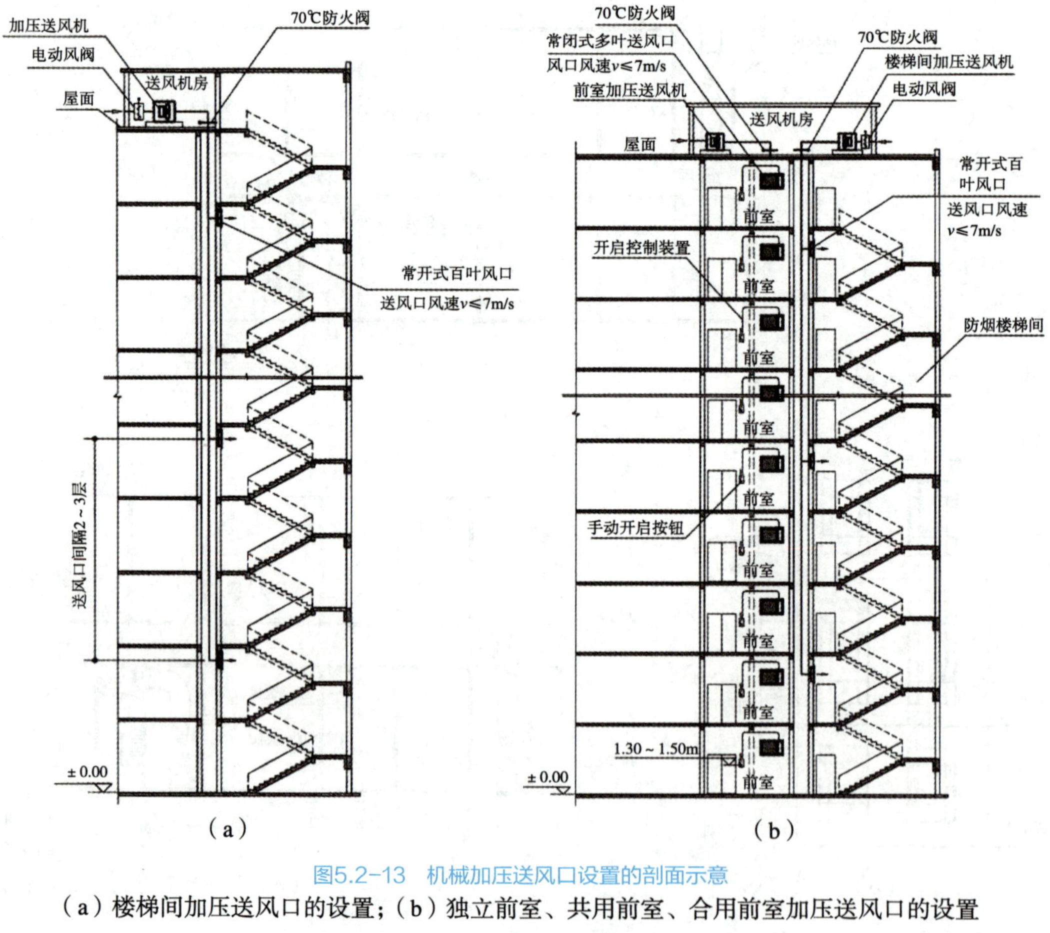

图5.2-13 机械加压送风口设置的剖面示意

（a）楼梯间加压送风口的设置；（b）独立前室、共用前室、合用前室加压送风口的设置

4．管道的设置要求

（1）机械加压送风系统应采用管道送风，且不应采用土建风道。

（2）机械加压送风管道均应采用不燃性材料，且管道的内表面应光滑，管道的密闭性能应满足火灾时加压送风的要求。

（3）当送风管道内壁为金属时，设计风速不应大于20m/s；当送风管道内壁为非金属时，设计风速不应大于15m/s；送风管道的厚度应符合《通风与空调工程施工质量验收规范》GB 50243—2016的规定。

（4）机械加压送风管道的设置和耐火极限应符合下列规定：

1）竖向设置的送风管道应独立设置在管道井内，当确有困难时，未设置在管道井内或与其他管道合用管道井的送风管道时，其耐火极限不应低于1.00h。

2）水平设置的送风管道，当设置在吊顶内时，其耐火极限不应低于0.50h；当未设置在吊顶内时，其耐火极限不应低于1.00h。机械加压送风井道的耐火极限要求如图5.2-14所示。

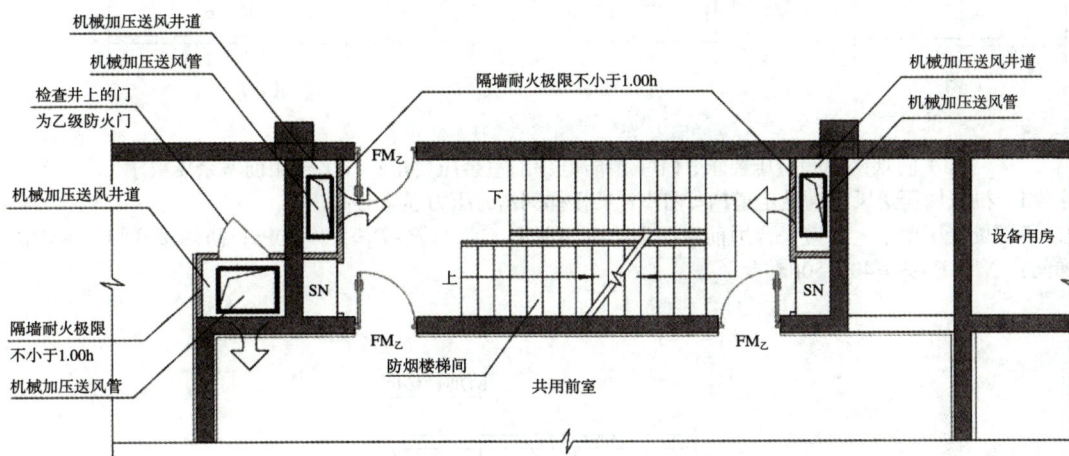

图5.2-14　机械加压送风井道的耐火极限要求

（5）机械加压送风系统的管道井应采用耐火极限不低于1.00h的隔墙与相邻部位分隔，当墙上必须设置检修门时，应采用乙级防火门。

5．余压值的设计要求

机械加压送风量应确保走廊至前室至楼梯间的压力呈递增分布。为了防止楼梯间和前室之间、前室和室内走道之间防火门两侧压差过大而导致防火门无法正常开启，从而影响人员疏散和消防人员施救，系统的余压值应符合下列规定：

（1）前室、合用前室、封闭避难层（间）、封闭楼梯间与疏散走道之间的压差应为25～30Pa；

（2）防烟楼梯间与走道之间的压差应为40～50Pa；

不同部位余压要求示意如图5.2-15所示。

（3）当系统余压值超过最大允许压力差时应采取泄压措施。采用电动余压阀和旁通管控制正压值的设置如图5.2-16、图5.2-17所示。

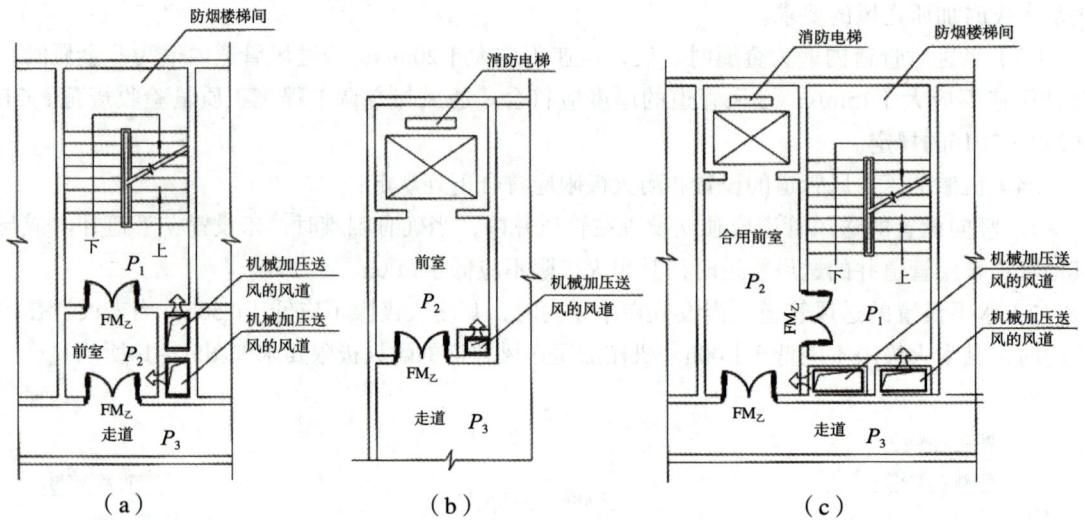

图5.2-15　不同部位余压要求示意

（a）防烟楼梯间余压要求；（b）消防电梯前室余压要求；（c）合用前室余压要求

注：1. 机械加压送风应满足走道P_3＜前室P_2＜楼梯间P_1的压力递增分布。

2. 各部位余压要求：前室、合用前室、消防电梯前室：$\triangle P = P_2 - P_3 = 25 \sim 30Pa$；防烟楼梯间、封闭楼梯间：$\triangle P = P_1 - P_3 = 40 \sim 50Pa$。

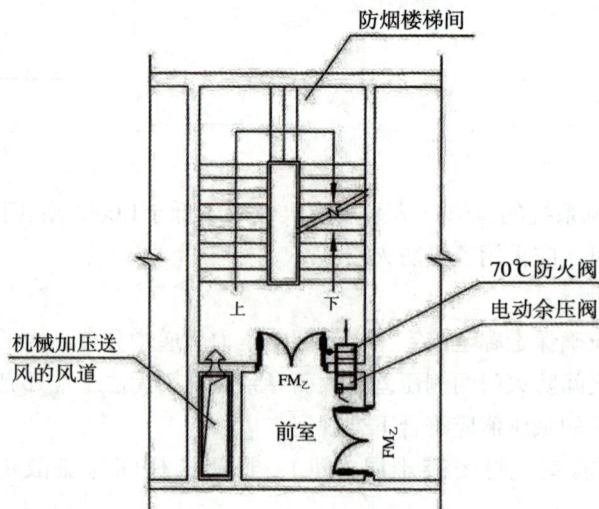

图5.2-16　采用电动余压阀控制防烟楼梯间正压值平面图

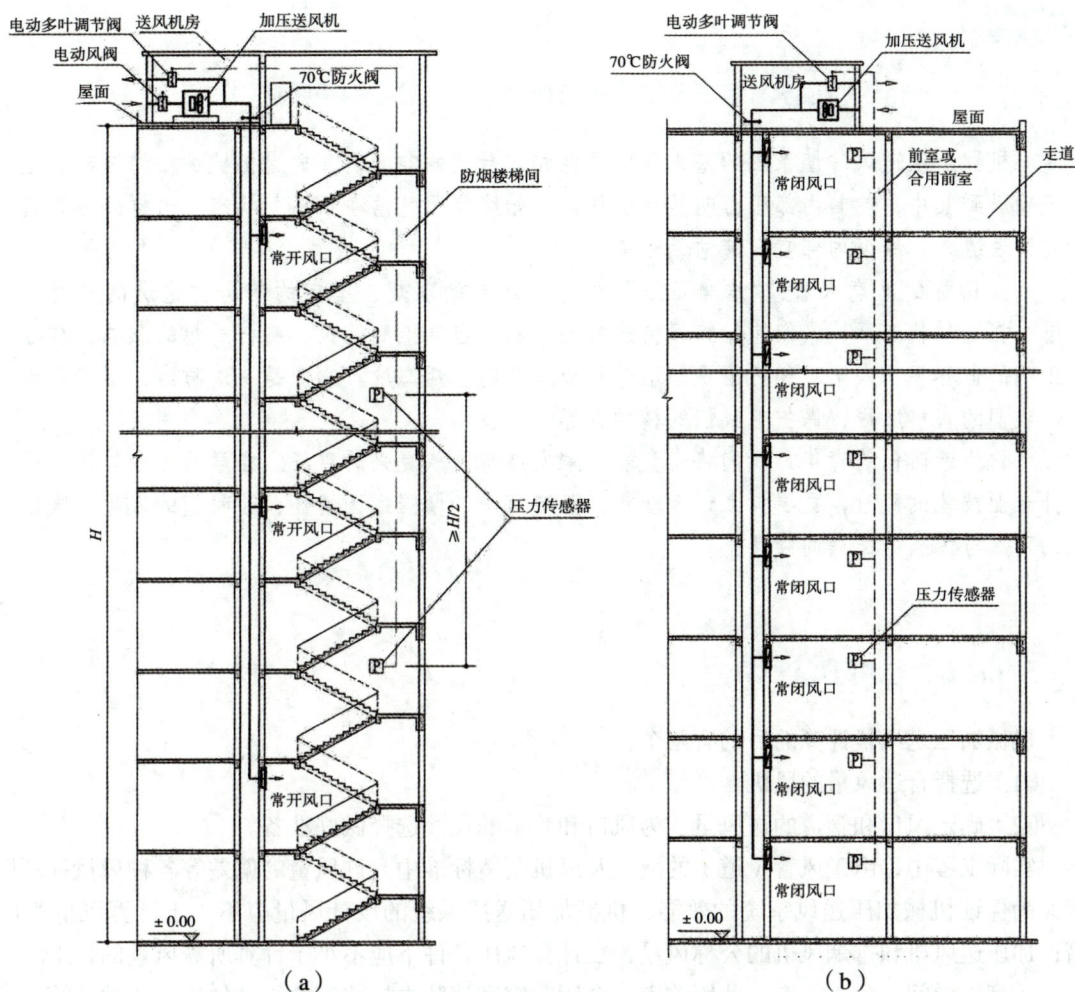

图5.2-17　采用旁通管控制防烟楼梯间、前室正压值原理图
（a）楼梯间采用旁通管控制加压送风正压值原理图；
（b）前室、合用前室采用旁通管控制加压送风正压值原理图

　　当加压空间内的空气压力不超过最大压力差时，余压阀上由于可调节重物的作用，折页板呈关闭状态。当加压空间所有的门关闭，余压值超过最大压力差时，空气压力将折叶板推动开启把空气泄至非加压空间，当加压空间余压降至最大压力差时折叶板又恢复到关闭状态。

　　6．其他规定

　　（1）采用机械加压送风的场所不应设置百叶窗，且不宜设置可开启外窗。

　　（2）设置机械加压送风系统的封闭楼梯间、防烟楼梯间，应在其顶部设置不小于1m²的固定窗。靠外墙的防烟楼梯间，应在其外墙上每5层内设置总面积不小于2m²的固定窗。

　　（3）设置机械加压送风系统的避难层（间），应在外墙设置可开启外窗，其有效面积不应小于该避难层（间）地面面积的1%。有效面积的计算应符合相关的规定。

📋

哲学思考——加压送风折射出信念坚定的重要性

机械加压送风防烟系统的基本原理是在相对封闭的空间内，通过机械加压将清新的空气输送到其中，使其内部压力明显大于外部，始终处于"洁净正压"状态，这样外部烟气将无法流入，保证内部空间清洁无污染。

从精神的寓意来看，"洁净正压"昭示着远大的理想、坚定的信念和饱满的精神状态，在这种状态下，人们能始终保持清醒的头脑，自觉抵制消极、腐朽思想的影响，构建正确的世界观、人生观和价值观，培养积极乐观的生活态度。它像是一道防线，明确界定着我们的人格底线，保护着我们的精神世界。

作为新时代的青年，我们将肩负着国家发展与民族复兴的重任。在学习专业知识、提升专业技能的同时，更要树立远大理想，坚定信念，增强家国情怀，让我们的人生与国家的发展与民族的振兴同频共振。

5.2.5 机械加压送风量计算

机械加压送风量计算的目的有两个：

（1）选择合适风量的风机。

（2）确定风口和管道的送风量，为风口和管道的尺寸选择做好准备。

实际工程中，由于风管（道）的漏风及风机制造标准中允许风量的偏差等各种风量损耗因素，为保证机械加压送风系统的效能，机械加压送风系统的设计风量应不小于计算风量的1.2倍；加压送风机和排烟风机的公称风量，在计算风压条件下应不小于计算所需风量的1.2倍。

防烟楼梯间、独立前室、共用前室、合用前室和消防电梯前室的机械加压送风的计算风量应由计算确定。当机械防烟系统负担的建筑高度大于24m时，防烟楼梯间、独立前室、合用前室和消防电梯前室应按计算值与查表值中两者的较大值确定风量。

1. 机械加压送风量的查表法计算

不同设计情况下，楼梯间和前室的计算风量见表5.2-2～表5.2-5。

消防电梯前室加压送风的计算风量   表5.2-2

系统负担高度h（m）	加压送风量（m³/h）
$24<h\leqslant50$	35400～36900
$50<h\leqslant100$	37100～40200

楼梯间自然通风，独立前室、合用前室加压送风的计算风量   表5.2-3

系统负担高度h（m）	加压送风量（m³/h）
$24<h\leqslant50$	42400～44700

续表

系统负担高度h（m）	加压送风量（m³/h）
$50 < h \leqslant 100$	$45000 \sim 48600$

前室不送风，封闭楼梯间、防烟楼梯间加压送风的计算风量　表5.2-4

系统负担高度h（m）	加压送风量（m³/h）
$24 < h \leqslant 50$	$36100 \sim 39200$
$50 < h \leqslant 100$	$39600 \sim 45800$

防烟楼梯间及独立前室、合用前室分别加压送风的计算风量　表5.2-5

系统负担高度h（m）	送风部位	加压送风量（m²/h）
$24 < h \leqslant 50$	楼梯间	$25300 \sim 27500$
	独立前室、合用前室	$24800 \sim 25800$
$50 < h \leqslant 100$	楼梯间	$27800 \sim 32200$
	独立前室，合用前室	$26000 \sim 28100$

注：1. 表中的风量按开启1个2.0m×1.6m的双扇门确定。当采用单扇门时，其风量可乘以系数0.75计算。
2. 表中风量按开启着火层及其上下层，共开启三层的风量计算。
3. 表中风量的选取应按建筑高度或层数、风道材料、防火门漏风量等因素综合确定。

2．机械加压送风量的公式法计算

（1）楼梯间或前室机械加压送风量分别按式（5.2-1）和式（5.2-2）计算。

$$L_{\mathrm{j}} = L_1 + L_2 \qquad (5.2-1)$$

$$L_{\mathrm{s}} = L_1 + L_3 \qquad (5.2-2)$$

式中　L_{j}——楼梯间的机械加压送风量（m³/s）；

L_{s}——前室的机械加压送风量（m³/s）；

L_1——门开启时，达到规定风速值所需的送风量（m³/s）；

L_2——门开启时，规定风速值下，其他门缝漏风总量（m³/s）；

L_3——未开启常闭式送风阀的漏风总量（m³/s）。

（2）门开启时，达到规定风速值所需的送风量L_1按式（5.2-3）计算。

$$L_1 = A_{\mathrm{k}} v N_1 \qquad (5.2-3)$$

式中　A_{k}——一个楼层内开启门的截面面积（m²），对于住宅楼梯间前室，可按一个门的立面面积取值；

v——门洞断面风速（m/s）：

1）当楼梯间和独立前室、共用前室、合用前室均机械加压送风时，通向楼梯间和独立前室、共用前室、合用前室疏散门的门洞断面风速均不应小于0.7m/s；

2）当楼梯间机械加压送风、只有一个开启门的独立前室不送风时，通向楼梯间疏散门的门洞断面风速不应小于1.0m/s；

3）当消防电梯前室机械加压送风时，通向消防电梯前室门的门洞断面风速不应小于1.0m/s；

4）当独立前室、共用前室或合用前室机械加压送风，而楼梯间采用可开启外窗的自然通风系统时，通向独立前室、共用前室或合用前室疏散门的门洞风速不应小于0.6（A_1/A_g+1），其中A_1为楼梯间疏散门的总面积（m²）；A_g为前室疏散门的总面积（m²）。

N_1——设计疏散门开启的楼层数量：

1）楼梯间：采用常开风口，当地上楼梯间为24m以下时，设计2层内的疏散门开启，取$N_1=2$；

2）当地上楼梯间为24m及以上时，设计3层内的疏散门开启，取$N_1=3$；

3）当为地下楼梯间时，设计1层内的疏散门开启，取$N_1=1$；

4）前室：采用常闭风口，计算风量时取$N_1=3$。

（3）门开启时，规定风速值下的其他门缝漏风总量L_2应按式（5.2-4）计算。

$$L_2 = 0.827 \times A \times \Delta P^{\frac{1}{n}} \times 1.25 \times N_2 \qquad (5.2-4)$$

式中　A——每个疏散门的有效漏风面积（m²）；疏散门的门缝宽度取0.002~0.004m；

　　　ΔP——计算漏风量的平均压力差（Pa）；

　　　　　①当开启门洞处风速为0.7m/s时，取$\Delta P = 6.0$Pa；

　　　　　②当开启门洞处风速为1.0m/s时，取$\Delta P = 12.0$Pa；

　　　　　③当开启门洞处风速为1.2m/s时，取$\Delta P = 17.0$Pa。

　　　n——指数（一般取$n=2$）；

　　1.25——不严密处附加系数；

　　　N_2——漏风疏散门的数量，楼梯间采用常开风口时，取N_2=加压楼梯间的总门数−N_1楼层数上的总门数。

（4）门开启时，规定风速值下的其他门缝漏风总量L_3应按式（5.2-5）计算。

$$L_3 = 0.083 \times A_f \times N_3 \qquad (5.2-5)$$

式中　0.083——阀门单位面积的漏风量［m³/（s·m²）］；

　　　A_f——单个送风阀门的面积（m²）；

　　　N_3——漏风阀门的数量，前室采用常闭风口取N_3=楼层数−3。

需要说明的是，上述漏风量指标是在10Pa压差的条件下选取的，在这个范围内窗缝对整体漏风量的影响不大，所以在门开启时，窗缝的漏风量可以忽略不计。如果一定要计算在内，则可以按照单位缝长的漏风量或单位面积的漏风量指标进行计算。工程上，通常予以忽略。

（5）避难层机械加压送风量计算：封闭避难层（间）、避难走道的机械加压送风量应按避难层（间）、避难走道的净面积每平方米不少于30m²/h计算。

避难走道前室的送风量应按直接开向前室的疏散门的门洞总面积乘以1.0m/s风速来计算。

3．计算实例——机械加压送风量确定

某商务大厦办公楼，其防烟楼梯间共16层、高48m，防烟楼梯间和合用前室均采用机械加压送风防烟；楼梯间至合用前室的门各层均为双扇1.6m×2.0m，楼梯间的机械加压送风口均为常开风口；合用前室至走道的门为双扇1.6m×2.0m，合用前室的机械加压送风口为常闭风口。火灾发生时，开启着火层合用前室的送风口。火灾时，楼梯间压力为50Pa，合用前室为

25Pa。请分别计算楼梯间、合用前室的机械加压送风量。

本系统负担的建筑高度大于24m，因此，楼梯间及合用前室的机械加压送风量应按计算值与查表值中的较大值确定。

（1）查表法计算送风量

系统负担的建筑高度为48m，在24~50m之间，按照表5.2-5中数据可知，防烟楼梯间机械加压送风量为25300~27500m^3/h，合用前室机械加压送风量为24800~25800m^3/h。

（2）公式法计算送风量

1）楼梯间机械加压送风量计算

①对于楼梯间，开启着火层楼梯间疏散门时，为保持门洞处风速所需的送风量L_1计算如下：

每层开启门的总断面积：$A_k = 1.6 \times 2.0 = 3.2m^2$；

门洞断面风速：$v = 0.7m/s$；

常开风口，开启门的数量：$N_1 = 3$；

$$L_1 = A_k v N_1 = 1.6 \times 2.0 \times 0.7 \times 3 = 6.72 m^3/s$$

②保持加压部位一定的正压值所需的送风量L_2计算如下：

取门缝宽度为0.004m，每层疏散门的有效漏风面积：

$$A = (1.6 \times 2 + 2.0 \times 3) \times 0.004 = 0.0368 m^2$$

门开启时的压力差：$\Delta P = 6Pa$；

漏风门的数量：$N_2 = 16 - N_1 = 13$；

$$L_2 = 0.827 \times A \times \Delta P^{\frac{1}{n}} \times 1.25 \times N_2$$
$$= 0.827 \times \left[(1.6 \times 2 + 2.0 \times 3) \times 0.004 \right] \times 6^{\frac{1}{2}} \times 1.25 \times 13 = 1.21 m^3/s$$

③楼梯间的机械加压送风量：

$$L_j = L_1 + L_2 = 6.72 + 1.21 = 7.93 m^3/s = 28548 m^3/h$$

2）合用前室机械加压送风量计算

①对于合用前室，开启着火层楼梯间疏散门时，为保持走廊开向前室门洞处风速所需的送风量L_1计算如下：

每层开启门的总断面积：$A_k = 1.6 \times 2.0 = 3.2m^2$

门洞断面风速：$v = 0.7m/s$；

常闭风口，开启门的数量：$N_1 = 3$；

$$L_1 = A_k v N_1 = 1.6 \times 2.0 \times 0.7 \times 3 = 6.72 m^3/s$$

②送风阀门的总漏风量L_3计算如下：

常闭风口，漏风阀门的数量：$N_3 = 16 - 3 = 13$；

每层送风阀门的面积：$A_f = 0.9m^2$；

$$L_3 = 0.083 \times A_f \times N_3 = 0.083 \times 0.9 \times 13 = 0.97 m^3/s$$

③合用前室机械加压送风量为：

$$L_s = L_1 + L_3 = 6.72 + 0.97 = 7.69 m^3/s = 27684 m^3/h$$

（3）最终风量的确定

1）防烟楼梯间送风量

查表法得到的机械加压送风量为25300~27500m³/h，小于计算值，以计算值28548m³/h为准。

设计风量不应小于计算风量的1.2倍，因此设计风量不应小于28548×1.2＝34257.6m³/h。

2）合用前室送风量

查表法得到的机械加压送风量为24800~25800m³/h，小于计算值，以计算值27684m³/h为准。

设计风量不应小于计算风量的1.2倍，因此设计风量不应小于27684×1.2＝33220.8m³/h。

5.2.6 水力计算

1．水力计算的目的

对送风系统进行水力计算的目的有两个：一是设计计算，为新设计的系统选择风机型号、选配电机型号、确定风管尺寸提供依据。二是校核计算，在防烟排烟系统改造工程中，可以验证风机型号与已有系统是否匹配。

2．水力计算的方法

水力计算的方法主要有三种：

（1）压损平均法

压损平均法是将已知系统的总作用压头，按干管长度平均分配给每一管段，再根据每一管段的风量确定风管断面尺寸。如果系统所用的风机压头已确定，那么可对分支管路进行阻力平衡计算，这种方法较为简便。

（2）静压复得法

静压复得法是利用风管分支处复得的静压来克服该管段的阻力，并根据这一原理确定风管的断面尺寸，这种方法适用于高速空调系统的水力计算。

（3）控制流速法

控制流速法是根据技术经济比较而推荐的风速和已知风管的风量，确定风管的断面尺寸和阻力损失。

目前，工程中常用的水力计算方法是控制流速法。

3．控制流速法计算

控制流速法的计算步骤如下：

（1）绘制风管布置草图。

（2）给管段编号，并确定最不利环路。

（3）由风量和选定的流速，确定管道断面尺寸，求出风道内实际流速。

依据《建筑防烟排烟系统技术标准》GB 51251—2017中的规定，金属内壁的送风管道风速不应大于20m/s；非金属内壁的送风管道风速不应大于15m/s；机械加压送风口的风速不宜大于7m/s。

（4）计算风管阻力损失

风管阻力损失等于沿程阻力损失 Δp_m 与局部阻力损失Z之和。

风管阻力损失
$$Z_总 = \Delta p_m + Z$$

沿程阻力损失
$$\Delta p_m = \frac{\lambda}{D} \frac{\rho v^2}{2} l \qquad (5.2-6)$$

局部阻力损失
$$Z = \zeta \frac{\rho v^2}{2} \qquad (5.2-7)$$

式中　Δp_m —— 沿程阻力损失（Pa）；

　　　Z —— 局部阻力损失（Pa）；

　　　λ —— 沿程阻力损失系数；

　　　ζ —— 局部阻力损失系数；

　　　l —— 管长（m）；

　　　D —— 管径（m）；

　　　v —— 断面平均流速（m/s）。

钢制矩形风管单位长度
沿程压力损失计算表

管网总压力损失可按式（5.2-8）进行估算：

$$\Delta P = R_m \times l(1+k) \qquad (5.2-8)$$

式中　R_m —— 比摩阻（Pa/m）。按照选定风速查二维码中表确定。

　　　l —— 风管总长度（m）；

　　　k —— 整个管网局部压力损失Z与沿程压力损失Δp_m的比值，当系统弯头、三通等配件较少时，$k=1.0 \sim 2.0$；而当弯头、三通等配件较多时，$k=3.0 \sim 5.0$。

5.2.7 案例项目解析——机械加压送风系统

以案例项目的1#防烟楼梯间和消防电梯的合用前室为例，分析机械加压送风系统设施选用的思考过程。

根据"5.1.3"分析结果，该合用前室采用机械加压送风，系统编号JY-1。系统图如图5.2-18（a）所示。

1. 加压送风量的确定

由案例项目工程信息可知，该建筑地上共13层，建筑高度49.8m，楼梯间至合用前室的门为双扇门，门洞宽×门洞高1.4m×2.1m，门洞面积为2.94m²，合用前室至走道的门也为双扇门，门洞宽×门洞高1.4m×2.1m，门洞面积为2.94m²。楼梯间采用自然通风系统，合用前室采用机械加压送风系统。

（1）查表法计算

查表5.2-3中数据可知，建筑高度在24~50m时，合用前室机械加压送风量为42400~44700m³/h。本系统负担建筑高度为49.8m，按照线性内插法计算，本系统机械加压送风量为44683m³/h。

（2）公式法计算

1）对于合用前室来说，当同时开启着火层楼梯间及合用前室疏散门时，走道与合用前室之间门洞风速$v=0.6(A_1/A_g+1)=0.6(2.94/2.94+1)=0.6 \times 2=1.2$m/s；

一层内开启门的截面面积$A_k=1.4 \times 2.1=2.94$m²；

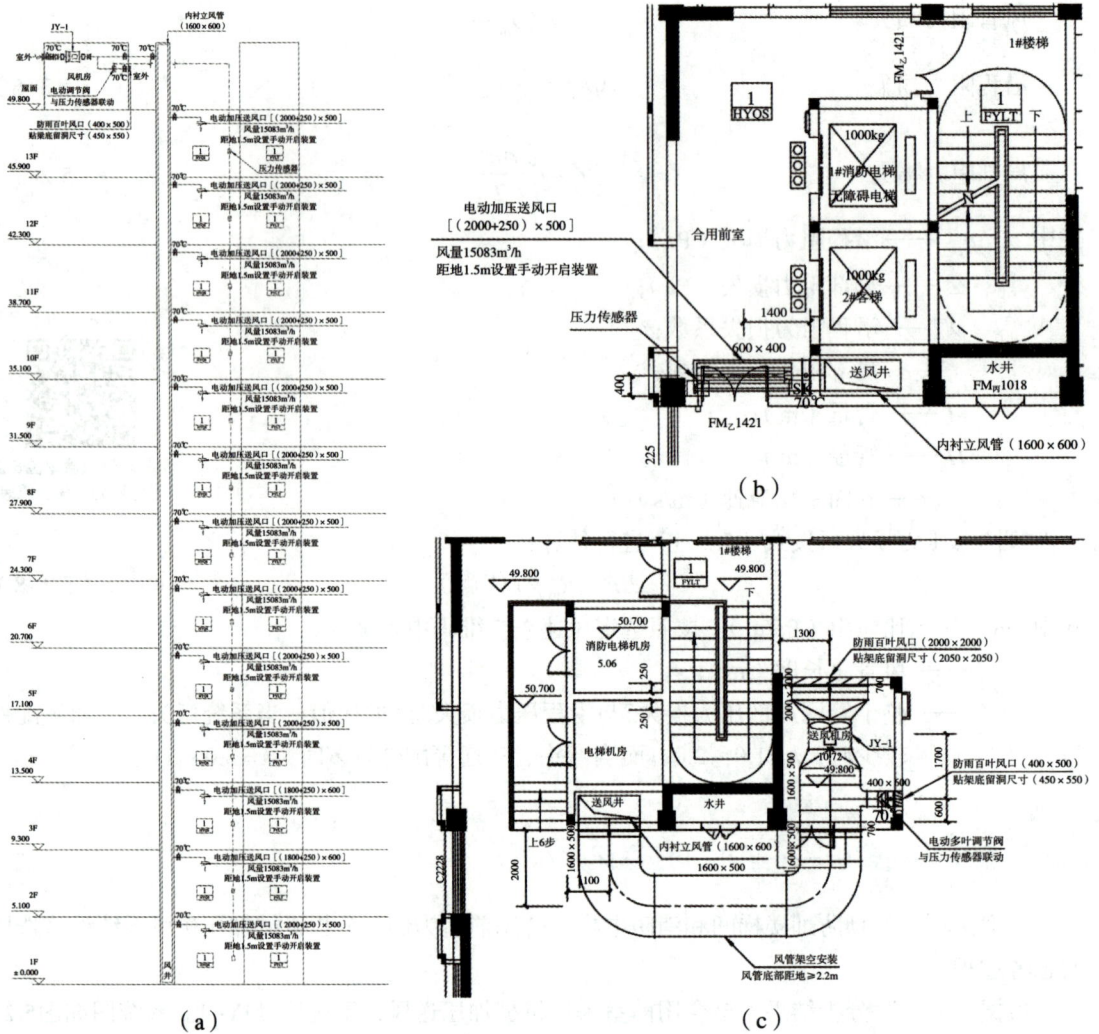

图5.2-18　合用前室JY-1加压送风系统示意

（a）系统图；（b）合用前室正压送风系统平面图；（c）合用前室送风机房平面图

常闭风口，开启门的数量：$N_1=3$；

门开启时，达到规定风速值所需的送风量L_1可以按式（5.2-3）计算：

$$L_1 = A_k v N_1 = 2.94 \times 1.2 \times 3 = 10.584 \text{m}^3/\text{s}$$

2）送风阀门的总漏风量L_3计算如下：

常闭风口，漏风阀门的数量：$N_3=13-3=10$；

每层送风阀门的面积：$A_f=1.48\text{m}^2$；

$$L_3 = 0.083 \times A_f \times N_3 = 0.083 \times 1.48 \times 10 = 1.228 \text{m}^3/\text{s}$$

3）当楼梯间至合用前室的门和合用前室至走道的门同时开启时，机械加压送风量L_s为：

$$L_s = L_1 + L_3 = 10.584 + 1.228 = 11.812 \text{m}^3/\text{s} = 42523 \text{m}^3/\text{h}$$

4）加压送风量的确定

计算值为42523m³/h，而查表值为44683m³/h。计算值小于查表值，应按查表值确定加压送风量为44683m³/h。

2．送风口位置及大小确定

前室应每层设一个常闭式加压送风口，并应设手动开启装置；送风口的风速不宜大于7m/s；送风口不宜设置在被门挡住的部位。

（1）送风口位置及形式确定

根据规范《建筑防烟排烟系统技术标准》GB 51251—2017规定，独立前室、共用前室及合用前室的机械加压送风口，当设置在前室的顶部或正对前室入口的墙面时，楼梯间可采用自然通风系统。

因此，该合用前室在每层顶部设置一个常闭式电动加压送风口，并在距地1.5m处设手动开启装置，手动操作按钮处设置防止误操作或被损坏的防护措施。

（2）送风口大小确定

系统送风量为44683m³/h，着火时，开启着火层及相邻上下层共3个风口，

则单个风口的送风量为44683÷3＝14895m³/h；

初选风速为7m/s；

$$A = \frac{Q}{v} = \frac{14895}{3600 \times 7} = 0.59 \text{m}^2$$

选取风口尺寸为：2000mm×500mm（百叶风口有效面积系数取0.8）；

则实际风速为：

$$v = \frac{Q}{A} = \frac{14895}{3600 \times 2 \times 0.5 \times 0.8} = 5.17 \text{m/s} < 7\text{m/s}，满足规范要求。$$

该送风口为常闭式电动加压送风口，需要设置250mm宽的执行机构安置空间，因此，该合用前室设置的风口尺寸为（2000+250）mm×500mm。

合用前室正压送风系统平面图如图5.2-18（b）所示。

3．送风竖井及支管截面确定

（1）送风竖井及内衬管尺寸验算

通过各专业设计师之间的商定，结合建筑平面，确定送风竖井内空间尺寸为2300mm×800mm，该竖井直通屋顶送风机房内。

机械加压送风系统应采用管道送风，且不应采用土建风道；当送风管道内壁为金属时，设计风速不应大于20m/s。

假定风速为20m/s，则 $A = \dfrac{Q}{v} = \dfrac{44683}{3600 \times 20} = 0.62 \text{m}^2$。

初选竖井内衬管道尺寸为1600mm×600mm。

则实际风速：$v = \dfrac{Q}{A} = \dfrac{44683}{3600 \times 1.6 \times 0.6} = 12.9 \text{m/s} < 20\text{m/s}$，满足规范要求。

竖向内衬管截面尺寸确定为1600mm×600mm。

（2）支管截面尺寸验算

假定风速为20m/s，则 $A = \dfrac{Q}{v} = \dfrac{44683}{3600 \times 3 \times 20} = 0.207 \text{m}^2$。

初选管道尺寸为630mm×400mm。

则实际风速：$v = \dfrac{Q}{A} = \dfrac{44683}{3600 \times 3 \times 0.63 \times 0.4} = 16.4\text{m/s} < 20\text{m/s}$，满足规范要求。

（3）管道截面尺寸确定

机械加压送风的竖向管道截面尺寸确定为1600mm×600mm，设置在独立的2300mm×800mm管道井内。每层设630mm×400mm的支管，与1600mm×600mm的竖向管道相连接，在630mm×400mm的支管上开设风口。

机械加压送风管道采用不燃性金属材料制作，其内表面光滑，密闭性能满足火灾时加压送风的要求，同时耐火极限满足规范要求。

4．送风机选型

（1）风机风量

根据规范要求，系统的设计风量不应小于计算风量的1.2倍，因此系统的设计风量不应小于44683×1.2=53620m³/h。

（2）管网压力损失估算

管长l=61.5m，k取5.0，查附表5-3可知R_m=1.47Pa/m，则管网阻力：

$$\Delta P = R_\text{m} \times l\,(1+k) = 1.47 \times 61.5 \times 6 = 542\text{Pa}$$

根据上述计算结果，送风量为53620m³/h，管网阻力为542Pa。

（3）送风机型号确定

风机选用轴流风机，最终选取风机参数为：L=56000m³/h，风压P=890Pa，功率N=22kW。

风机设置在屋顶层的送风机房内，其进风口直通室外，合用前室送风机房平面图如图5.2-17（c）所示。

5．其他要求

（1）每层设置压差传感器和电动余压阀，当任一层超压时，电控开启机械加压送风系统旁通管上的电动风阀泄压，保证前室与走道之间的压差为25～30Pa。

（2）加压送风机应具有现场手动启动、与火灾自动报警系统联动启动和消防控制室手动启动的功能，当系统中任一常闭加压送风口开启时，相应的加压送风机均应联动启动。机械加压送风系统与火灾自动报警系统联动，在火灾信号确认后15s内，系统能联动开启该防火分区内全部疏散楼梯间、该防火分区着火层及其相邻上下各层疏散楼梯间及其前室或合用前室的加压送风口和加压送风机。

同步设计任务图纸

5.2.8 同步设计任务

1．自然通风系统同步设计任务

根据"5.1.3"中内容分析结果，分组选取1#楼梯间地上/地下部分、2#楼梯间地上/地下部分、4#楼梯间地上部分（扫二维码获取）进行自然通风设计分析。

2．机械加压送风系统同步设计任务

根据"5.1.3"中内容分析结果，选取地下一层消防电梯前室进行机械加压送风系统的设计分析。

✖ 任务 5.3
排烟系统的设计计算

【学习目标】

知识目标	能力目标	素质目标
1. 掌握防烟分区的划分方法； 2. 熟悉自然排烟的设计原理； 3. 熟悉机械排烟系统的设计原理； 4. 掌握排烟量的计算方法	1. 能根据实际工程完成排烟系统的初步设计； 2. 具备查阅和使用标准、规范、手册、图集、产品样本等资料的能力	1. 提高学生的安全意识和责任感； 2. 培养学生探究式、创新式的学习思维； 3. 提升学生的设计技能与职业素养

【思维导图】

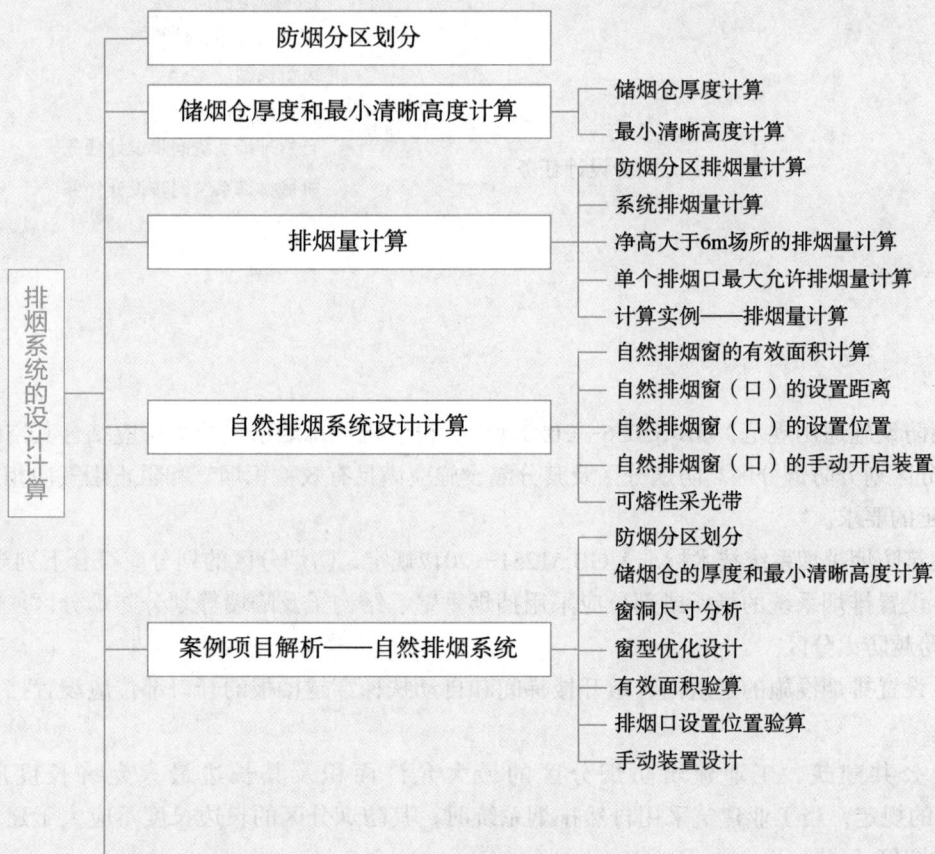

机械排烟系统设计计算 ——
- 系统的设置要求
- 风机的设置要求
- 管道的设置要求
- 排烟口的设置要求
- 固定窗的设置要求

补风系统设计计算

汽车库排烟系统设计计算 ——
- 汽车库排烟一般规定
- 汽车库防烟分区划分
- 自然排烟系统
- 机械排烟系统
- 排烟量计算

案例项目解析——机械排烟系统 ——
- 防烟分区划分
- 排烟量计算
- 单个排烟口最大允许排烟量计算
- 排烟口位置确定
- 排烟口大小确定
- 排烟管道截面确定
- 管道压力损失估算
- 风机选型
- 补风系统设计

同步设计任务 ——
- 自然排烟系统同步设计任务
- 机械排烟系统同步设计任务

（左侧竖排）排烟系统的设计计算

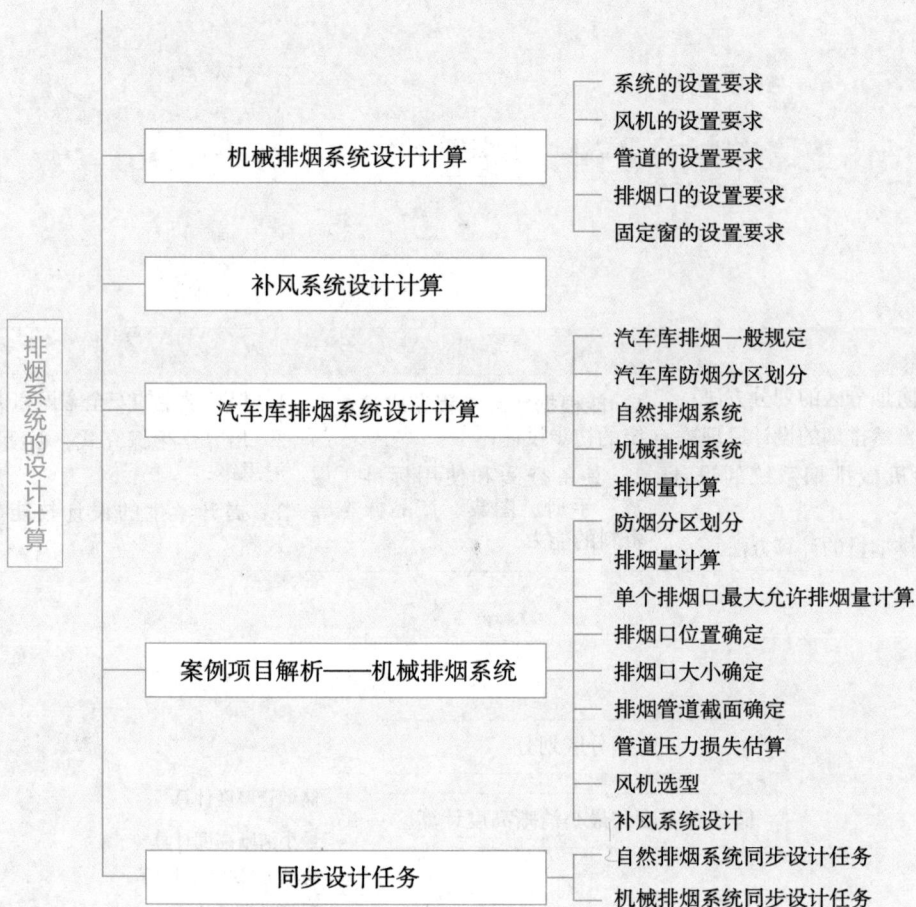

5.3.1　防烟分区划分

《消防设施通用规范》GB 55036—2022规定，设置机械排烟系统的场所应结合其空间特性和功能分区划分防烟分区。防烟分区及其分隔设施应满足有效蓄积烟气和阻止烟气向相邻防烟分区蔓延的要求。

《建筑防烟排烟系统技术标准》GB 51251—2017规定，防烟分区的划分应符合下列规定：

1. 设置排烟系统的场所或部位应采用挡烟垂壁、结构梁及隔墙等划分防烟分区。防烟分区不应跨越防火分区。

2. 设置排烟设施的建筑内，敞开楼梯间和自动扶梯穿越楼板的开口部位应设置挡烟垂壁等设施。

3. 公共建筑、工业建筑防烟分区的最大允许面积及其长边最大允许长度应符合表5.3-1的规定，当工业建筑采用自然排烟系统时，其防烟分区的长边长度不应大于建筑内空间净高的8倍。

公共建筑、工业建筑防烟分区的最大允许面积及其长边最大允许长度　　表5.3-1

空间净高H（m）	最大允许面积（m²）	长边最大允许长度（m）
H≤3.0	500	24
3.0＜H≤6.0	1000	36
H＞6.0	2000	60m，具有自然对流条件时，不应大于75m

注：1. 公共建筑、工业建筑中的走道宽度不大于2.5m时，其防烟分区的长边长度不应大于60m。
　　2. 当空间净高大于9m时，防烟分区之间可不设置挡烟设施。
　　3. 汽车库的防烟分区划分及其排烟量应符合《汽车库、修车库、停车场设计防火规范》GB 50067—2014的相关规定。

5.3.2　储烟仓厚度和最小清晰高度计算

1．储烟仓厚度计算

《建筑防烟排烟系统技术标准》GB 51251—2017规定：

当采用自然排烟方式时，储烟仓的厚度不应小于空间净高的20%，且不应小于500mm；当采用机械排烟方式时，不应小于空间净高的10%，且不应小于500mm。同时，储烟仓底部距地面的高度应大于安全疏散所需的最小清晰高度。

挡烟垂壁等挡烟分隔设施的深度不应小于储烟仓厚度。对于有吊顶的空间，当吊顶开孔不均匀或开孔率小于或等于25%时，吊顶内空间高度不得计入储烟仓厚度。

2．最小清晰高度计算

《建筑防烟排烟系统技术标准》GB 51251—2017规定：

走道、室内空间净高不大于3m的区域，其最小清晰高度不宜小于其净高的1/2，其他区域的最小清晰高度应按式（5.3-1）计算。

$$H_q = 1.6 + 0.1 \cdot H' \tag{5.3-1}$$

式中　H_q——最小清晰高度（m）；

　　　H'——对于单层空间，取排烟空间的建筑净高度（m）；对于多层空间，取最高疏散楼层高度（m）。

5.3.3　排烟量计算

实际工程中，综合考虑风管（道）及排烟阀（口）的漏风及风机制造标准中允许风量的偏差等各种风量损耗因素的影响，设计风量取值不应小于计算风量的1.2倍。

1．防烟分区排烟量计算

（1）除中庭外的一个防烟分区排烟量计算规定

1）建筑空间净高小于或等于6m的场所，其排烟量应按不小于60m³/（h·m²）计算，且取值不小于15000m³/h，或设置有效面积不小于该房间建筑面积2%的自然排烟窗（口）。

2）公共建筑、工业建筑中，空间净高大于6m的场所，其每个防烟分区排烟量应根据场所内的热释放速率以及相关规定计算确定，且不应小于表5.3-2中的数值，或设置自然排烟窗

（口），其所需有效排烟面积应根据表5.3-2及自然排烟窗（口）处风速计算。

3）当公共建筑仅需在走道或回廊设置排烟时，其机械排烟量不应小于13000m³/h，或在走道两端（侧）均设置面积不小于2m²的自然排烟窗（口），且两侧自然排烟窗（口）的距离不应小于走道长度的2/3。

4）当公共建筑房间内与走道或回廊均需设置排烟时，其走道或回廊的机械排烟量可按60m³/（h·m²）计算且不小于13000m³/h，或设置有效面积不小于走道、回廊建筑面积2%的自然排烟窗（口）。

公共建筑、工业建筑中空间净高大于6m场所的计算排烟量
及自然排烟侧窗（口）部风速　　　　　　　　　　表5.3-2

空间净高（m）	办公室、学校（×10⁴m³/h）		商店、展览厅（×10⁴m³/h）		厂房、其他公共建筑（×10⁴m³/h）		仓库（×10⁴m³/h）	
	无喷淋	有喷淋	无喷淋	有喷淋	无喷淋	有喷淋	无喷淋	有喷淋
6.0	12.2	5.2	17.6	7.8	15.0	7.0	30.1	9.3
7.0	13.9	6.3	19.6	9.1	16.8	8.2	32.8	10.8
8.0	15.8	7.4	21.8	10.6	18.9	9.6	35.4	12.4
9.0	17.8	8.7	24.2	12.2	21.1	11.1	38.5	14.2
自然排烟侧窗（口）部风速（m/s）	0.94	0.64	1.06	0.78	1.01	0.74	1.26	0.84

注：1. 建筑空间净高大于9.0m的，按9.0m取值；建筑空间净高位于表中两个高度之间的，按线性插值法取值；表中建筑空间净高为6m处的各排烟量值为线性插值法的计算基准值。

　　2. 当采用自然排烟方式时，储烟仓厚度应大于房间净高的20%；自然排烟窗（口）面积=计算排烟量/自然排烟窗（口）处风速；当采用顶开窗排烟时，其自然排烟窗（口）的风速可按侧窗口部风速的1.4倍计。

（2）中庭排烟量的设计计算规定

1）中庭周围场所设有排烟系统时，中庭采用机械排烟系统的，其排烟量应按周围场所防烟分区中最大排烟量的2倍数值计算，且不应小于107000m³/h；中庭采用自然排烟系统的，应按上述排烟量和自然排烟窗（口）的风速不大于0.5m/s计算有效开窗面积。

2）当中庭周围场所不需设置排烟系统，仅在回廊设置排烟系统时，回廊的排烟量不应小于相关的规定，中庭的排烟量不应小于40000m³/h；中庭采用自然排烟系统时，应按上述排烟量和自然排烟窗（口）的风速不大于0.4m/s计算有效开窗面积。

3）其他场所的排烟量或自然排烟窗（口）面积应按照烟羽流类型，根据火灾热释放速率、清晰高度、烟羽流质量流量及烟羽流温度等参数计算确定。

2. 系统排烟量计算

当一个排烟系统担负多个防烟分区排烟时，其系统排烟量的计算应符合下列规定：

（1）当系统负担具有相同净高场所时，对于建筑空间净高大于6m的场所，应按排烟量最大的一个防烟分区的排烟量计算；对于建筑空间净高为6m及以下的场所，应按同一防火分区

中任意两个相邻防烟分区的排烟量之和的最大值计算。

（2）当系统负担具有不同净高场所时，应采用上述方法对系统中每个场所所需的排烟量进行计算，并取其中的最大值作为系统排烟量。

3. 净高大于6m场所的排烟量计算

（1）每个防烟分区的排烟量按式（5.3-2）计算或查二维码中表确定。

$$V = M_\rho T / \rho_0 T_0 \qquad (5.3-2)$$

式中　　V —— 排烟量（m^3/s）；

　　　　M_ρ —— 烟羽流质量流量（kg/s）；

　　　　ρ_0 —— 气体密度（kg/m^3），通常$T_0=293.15K$时，$\rho_0=1.2kg/m^3$；

　　　　T_0 —— 环境的绝对温度（K）；

　　　　T —— 烟气层的平均绝对温度（K），$T=T_0+\Delta T$。

不同火灾规模下的
机械排烟量

（2）轴对称型烟羽流质量流量按式（5.3-3）和式（5.3-4）计算。

当$Z>Z_1$时，　　　　　　　　$M_\rho = 0.071Q_c^{\frac{1}{3}}Z^{\frac{5}{3}} + 0.0018Q_c \qquad (5.3-3)$

当$Z \leq Z_1$时，　　　　　　　　$M_\rho = 0.032Q_c^{\frac{3}{5}}Z \qquad (5.3-4)$

$$Z_1 = 0.166Q_c^{\frac{2}{5}} \qquad (5.3-5)$$

式中　　Q_c —— 热释放速率的对流部分，一般取值$Q_c=0.7Q$（kW）；

　　　　Z —— 燃料面到烟层底部的高度（m），取值应≥最小清晰高度与燃料面高度之差；

　　　　Z_1 —— 火焰极限高度（m）。

（3）火灾热释放速率按式（5.3-6）计算且不应小于表5.3-3规定的值。设置自动喷水灭火系统（简称喷淋）的场所，其室内净高大于8m时，应按无喷淋场所对待。

火灾达到稳态时的热释放速率　　　　　　　　　　　表5.3-3

建筑类别	喷淋设置情况	热释放速率Q（kW）
办公室、教室、客房、走道	无喷淋	6.0
	有喷淋	1.5
商店、展览厅	无喷淋	10.0
	有喷淋	3.0
其他公共场所	无喷淋	8.0
	有喷淋	2.5
汽车库	无喷淋	3.0
	有喷淋	1.5
厂房	无喷淋	8.0
	有喷淋	2.5
仓库	无喷淋	20.0
	有喷淋	1.0

$$Q = at^2 \qquad\qquad (5.3-6)$$

式中　Q —— 热释放速率（kW）;

　　　t —— 火灾增长时间（s）;

　　　a —— 火灾增长系数，按表5.3-4取值（kW/s^2）。

火灾增长系数 表5.3-4

火灾类别	典型的可燃材料	火灾增长系数（kW/s^2）
慢速火	硬木家具	0.00278
中速火	棉质、聚酯垫子	0.011
快速火	装满的邮件袋、木制货架托盘、泡沫塑料	0.044
超快速火	池火、快速燃烧的装饰家具、轻质窗帘	0.178

（4）烟层平均温度与环境温度的差按式（5.3-7）计算。

$$\Delta T = KQ_c / M_\rho C_\rho \qquad\qquad (5.3-7)$$

式中　C_ρ —— 空气的定压比热，一般取 $C_\rho = 1.01\ [\,kJ/\,(\,kg \cdot K\,)\,]$;

　　　K —— 烟气中的对流放热量因子。当采用机械排烟时，取 $K=1.0$;当采用自然排烟时，取 $K=0.5$。

4. 单个排烟口最大允许排烟量计算

《建筑防烟排烟系统技术标准》GB 51251—2017规定，机械排烟系统中，单个排烟口的最大允许排烟量 V_{max} 宜按式（5.3-8）计算，或查二维码中表确定。

排烟口最大允许排烟量

$$V_{max} = 4.16 \cdot \gamma \cdot d_b^{5/2} \left(\frac{T - T_0}{T_0} \right)^{1/2} \qquad\qquad (5.3-8)$$

式中　V_{max} —— 排烟口最大允许排烟量（m^3/s）;

　　　γ —— 位置系数。当风口中心点到最近墙体 ≥2倍排烟口当量直径时，取1.0;当风口中心点到最近墙体 <2倍排烟口当量直径时，取0.5;当吸入口位于墙体上时，取0.5。

　　　d_b —— 排烟系统吸入口最低点之下烟气层厚度（m）;

　　　T —— 烟气层的平均绝对温度（K）;

　　　T_0 —— 环境的绝对温度（K）。

5. 计算实例——排烟量计算

如图5.3-1所示建筑共3层，每层建筑面积2000m^2，均设有自动喷水灭火系统。假设1层的储烟仓厚度为1.5m，即燃料面到烟层底部的高度为6m，计算各管段担负的防烟分区及系统的排烟量。

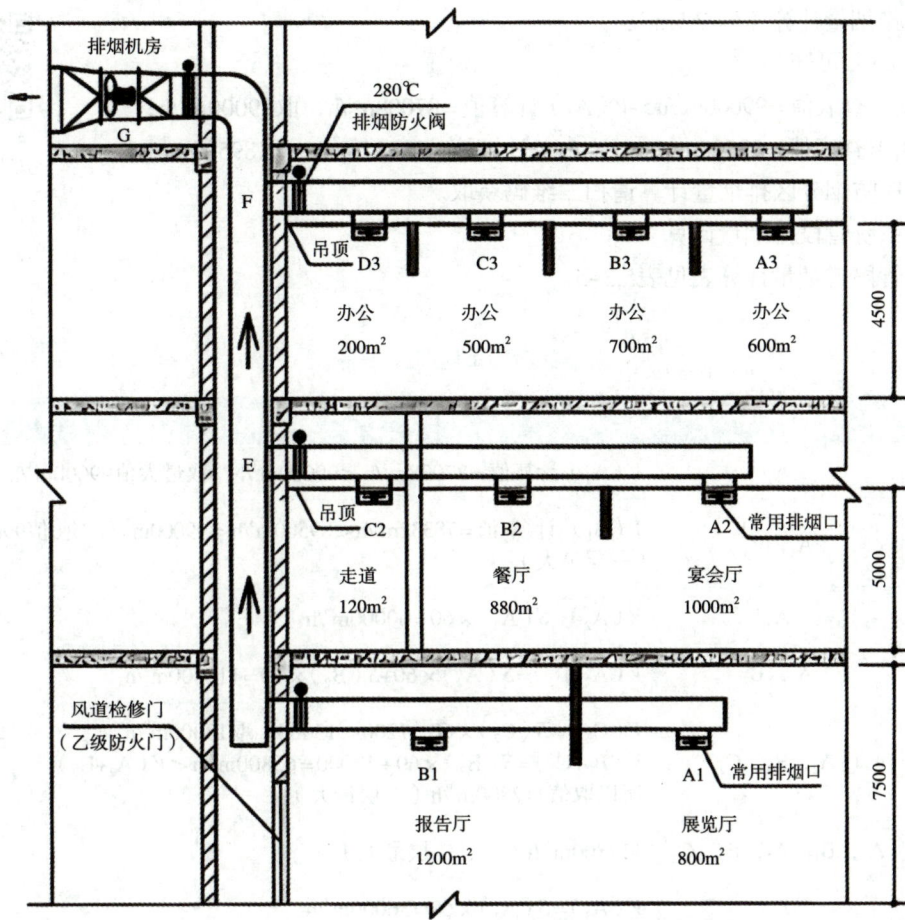

图5.3-1　排烟系统示意

（1）各防烟分区排烟量计算

建筑空间净高小于或等于6m的场所，其排烟量应按不小于60m³/（h·m²）计算，且取值不小于15000m³/h。

公共建筑、工业建筑中，空间净高大于6m的场所，每个防烟分区排烟量应根据场所内的热释放速率以及相关规定计算确定，且不应小于表5.3-2中的数值。

三层排烟量计算（$h=4.5m$）：

$V(A_3)=S(A_3)\times60=600\times60=36000m^3/h$；

$V(B_3)=S(B_3)\times60=700\times60=42000m^3/h$；

$V(C_3)=S(C_3)\times60=500\times60=30000m^3/h$；

$V(D_3)=S(D_3)\times60=200\times60=12000m^3/h<15000m^3/h$，取15000m³/h。

二层排烟量计算（$h=5m$）：

$V(A_2)=S(A_2)\times60=1000\times60=60000m^3/h$；

$V(B_2)=S(B_2)\times60=880\times60=52800m^3/h$；

$V(C_2)=S(C_2)\times60=120\times60=7200m^3/h<13000m^3/h$，取13000m³/h。

一层排烟量计算（$h=7.5\text{m}$）：

查表5.3–2可知：

$V(\text{A}_1)$查表值$=99000\text{m}^3/\text{h}>V(\text{A}_1)$计算值$=87008\text{m}^3/\text{h}$，取99000$\text{m}^3/\text{h}$；

$V(\text{B}_1)$查表值$=89500\text{m}^3/\text{h}>V(\text{A}_1)$计算值$=78332\text{m}^3/\text{h}$，取89500$\text{m}^3/\text{h}$。

A$_1$、B$_1$防烟分区排烟量计算请扫二维码获取。

（2）系统管段排烟量计算

系统管段排烟量计算表见表5.3–5。

系统管段排烟量计算表　　　　　　　　　表5.3–5

管段	担负防烟分区	排烟量计算
A$_1$–B$_1$	A$_1$	$V(\text{A}_1)$计算值$=87008\text{m}^3/\text{h}<99000\text{m}^3/\text{h}$，取最大值99000$\text{m}^3/\text{h}$
B$_1$–E	A$_1$，B$_1$	$V(\text{B}_1)$计算值$=78332\text{m}^3/\text{h}<89500\text{m}^3/\text{h}<99000\text{m}^3/\text{h}$，取值99000$\text{m}^3/\text{h}$（一层最大）
A$_2$–B$_2$	A$_2$	$V(\text{A}_2)=S(\text{A}_2)\times60=60000\text{m}^3/\text{h}$
B$_2$–C$_2$	A$_2$，B$_2$	$V(\text{A}_2+\text{B}_2)=S(\text{A}_2)\times60+S(\text{B}_2)\times60=112800\text{m}^3/\text{h}$
C$_2$–E	A$_2$，B$_2$，C$_2$	$V(\text{C}_2)=S(\text{C}_2)\times60=7200<13000$，取13000$\text{m}^3/\text{h}$ $V(\text{B}_2+\text{C}_2)=S(\text{B}_2)\times60+13000=65800\text{m}^3/\text{h}<V(\text{A}_2+\text{B}_2)$ 所以取值112800m^3/h（二层最大）
E–F	A$_1$，B$_1$，A$_2$，B$_2$，C$_2$	112800m^3/h（一、二层最大）
A$_3$–B$_3$	A$_3$	$V(\text{A}_3)=S(\text{A}_3)\times60=36000\text{m}^3/\text{h}$
B$_3$–C$_3$	A$_3$，B$_3$	$V(\text{A}_3+\text{B}_3)=S(\text{A}_3)\times60+S(\text{B}_3)\times60=78000\text{m}^3/\text{h}$
C$_3$–D$_3$	A$_3$，B$_3$，C$_3$	$V(\text{B}_3+\text{C}_3)=S(\text{B}_3)\times60+S(\text{C}_3)\times60=72000\text{m}^3/\text{h}<V(\text{A}_3+\text{B}_3)$ 所以取值78000m^3/h
D$_3$–F	A$_3$，B$_3$，C$_3$，D$_3$	$V(\text{A}_3+\text{B}_3)>V(\text{B}_3+\text{C}_3)>V(\text{C}_3+\text{D}_3)$ 所以取值78000m^3/h（三层最大）
F–G	全部	112800m^3/h（一、二、三层最大）

5.3.4　自然排烟系统设计计算

设置自然排烟的场所，其相关设施需满足《消防设施通用规范》GB 55036—2022和《建筑防烟排烟系统技术标准》GB 51251—2017的相关规定。

1. 自然排烟窗的有效面积计算

可开启外窗的形式有上悬窗、中悬窗、下悬窗、平推窗、平开窗和推拉窗等。在设计时，必须将这些作为排烟使用的窗设置在储烟仓内。如果中悬窗的下开口部分不在储烟仓内，这部分的面积不能计入有效排烟面积。

　　自然排烟窗（口）开启的有效面积的计算规则参考"5.2.1"中"5.自然通风窗有效面积计算"。

2.自然排烟窗（口）的设置距离

　　采用自然排烟系统的场所应设置自然排烟窗（口）。排烟口的布置对烟流的控制至关重要。根据烟流扩散特点，排烟口距离如果过远，烟流会在防烟分区内迅速沉降，导致不能被及时排出，将严重影响人员安全疏散。

　　（1）防烟分区内自然排烟窗（口）的面积、数量、位置应经计算确定，且防烟分区内任一点与最近的自然排烟窗（口）之间的水平距离不应大于30m，如图5.3-2所示。

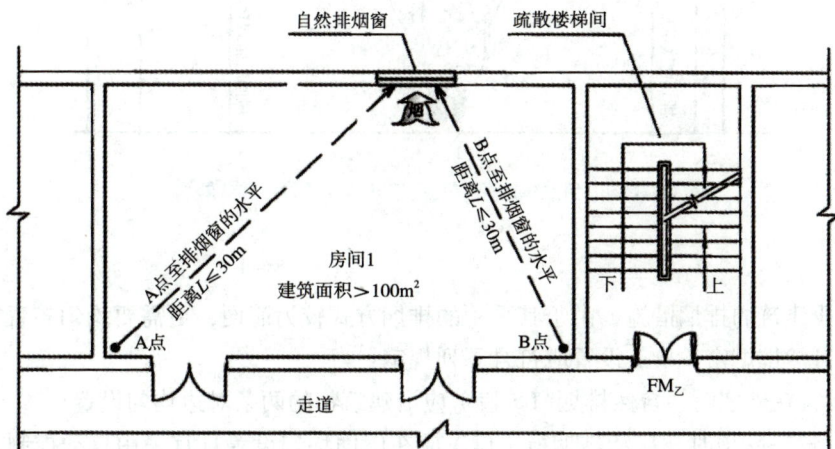

图5.3-2　防烟分区内任一点至最近的自然排烟窗（口）之间水平距离要求示意

　　（2）当工业建筑采用自然排烟方式时，其水平距离不应大于建筑内空间净高的2.8倍。

　　（3）当公共建筑空间净高大于或等于6m，且具有自然对流条件时，其水平距离不应大于37.5m。

3.自然排烟窗（口）的设置位置

　　火灾时，烟气上升至建筑物顶部，并积聚在挡烟垂壁、梁等形成的储烟仓内。因此，用于排烟的可开启外窗或百叶窗必须设置在排烟区域的顶部或外墙的储烟仓的高度范围内。

　　为了确保自然排烟效果，自然排烟窗（口）应设置在排烟区域的顶部或外墙，并应符合下列规定：

　　（1）当设置在外墙上时，自然排烟窗（口）应在储烟仓以内，对于走道、室内空间净高不大于3m的区域的自然排烟窗（口），可设置在室内净高度的1/2以上，如图5.3-3所示。

　　（2）自然排烟窗（口）的开启形式应有利于火灾烟气的排出。设置在外墙上的单式自动排烟窗宜采用下悬外开式，设置在屋面上的自动排烟窗宜采用对开式或百叶式。

　　（3）当房间面积不大于200m²时，自然排烟窗（口）的开启方向可不作限制。

　　（4）自然排烟窗（口）宜分散均匀布置，且每组的长度不宜大于3.0m。

　　（5）为了防止火势从防火墙的内转角或防火墙两侧的门窗洞口蔓延，要求门、窗之间应保持一定的距离。设置在防火墙两侧的自然排烟窗（口）之间最近边缘的水平距离不应小于

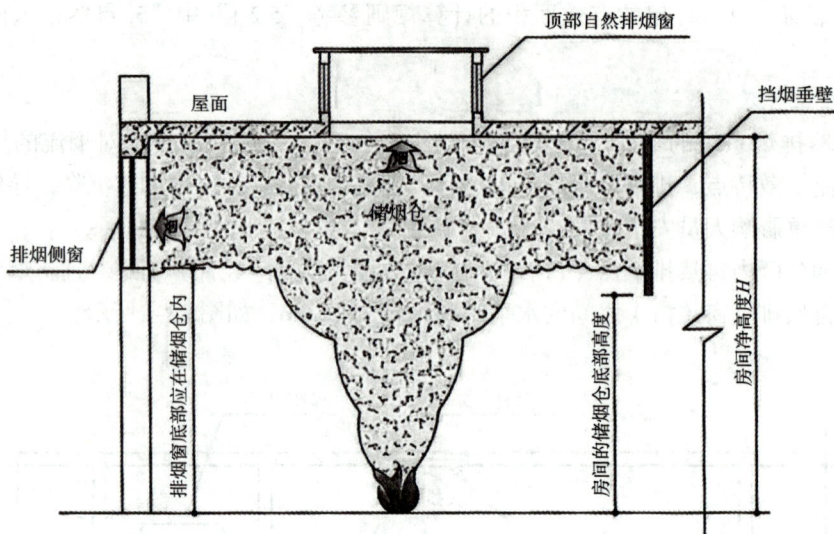

图5.3-3   自然排烟窗应设置在排烟区域的顶部或外墙上

2.0m。

（6）工业建筑的排烟措施，由于其采用的排烟方式较为简便，更需要均匀布置。因此，厂房、仓库的自然排烟窗（口）设置应符合下列规定：

1）当设置在外墙时，自然排烟窗（口）应沿建筑物的两条对边均匀设置。

2）当设置在屋顶时，自然排烟窗（口）应在屋面均匀设置且宜采用自动控制方式开启，且开启方式应有防冻措施。

当屋面斜度小于或等于12°时，每200m²的建筑面积应设置相应的自然排烟窗（口）；当屋面斜度大于12°时，每400m²的建筑面积应设置相应的自然排烟窗（口）。

4．自然排烟窗（口）的手动开启装置

自然排烟窗（口）应设置手动开启装置，设置在高位不便于直接开启的自然排烟窗（口），应设置距地面高度1.3～1.5m的手动开启装置。

对于净空高度大于9m的中庭、建筑面积大于2000m²的营业厅、展览厅、多功能厅等场所，应设置集中手动开启装置和自动开启设施。

5．可熔性采光带

除洁净厂房外，设置自然排烟系统的任一层建筑面积大于2500m²的制鞋、制衣、玩具、塑料、木器加工储存等丙类工业建筑，除自然排烟所需排烟窗（口）外，宜在屋面上增设可熔性采光带（窗），其面积应符合下列规定：

（1）未设置自动喷水灭火系统的，或采用钢结构屋顶，或采用预应力钢筋混凝土屋面板的建筑，不应小于楼地面面积的10%。

（2）其他建筑不应小于楼地面面积的5%。

（3）可熔性采光带（窗）的有效面积应按其实际面积计算。

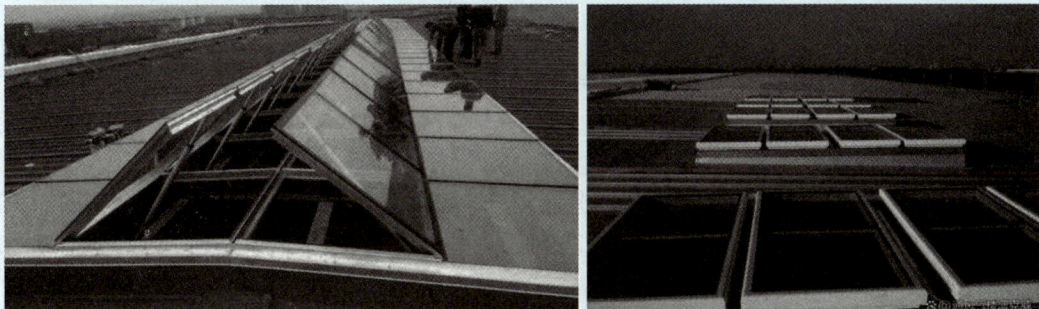

一字形自动排烟天窗

建筑排烟的传统方式包括外墙上的排烟窗（洞）自然排烟、屋顶上的可熔性采光带自然排烟以及机械排烟三种方式。但它们都存在一些弊病。如窗（洞）自然排烟存在速度慢、可控性低等问题；可熔性采光带自然排烟存在耐久性低，熔滴污染环境等缺陷；机械排烟存在一次性投入大，维护管理费用高等弊病。

随着科学技术的进步，在大型商业和工业建筑的屋面，出现了一种一字形自动开启天窗。这种天窗采用耐高温玻璃和骨架材料制作，平时关闭，发挥着采光天窗的作用。同时，天窗配备有室内外空气质量探测装置，对室外天气和室内空气质量进行同步检测。当探测到室内烟气浓度超过规定值时，将联动开启天窗，进行自然排烟。当探测到室内空气质量低于规定值，且室外未降雨时，可联动开启天窗，进行通风换气。当室内空气质量恢复到一定值或室外降雨时，将联动关闭天窗。也可以远程手动控制启闭天窗。这种天窗有通风排烟效率高、兼顾自然采光和实现节能减排等优势。

1．通风排烟两用。这种天窗平时可用于自然通风，改善室内空气质量。火灾发生时，又可用作自然排烟口。节省机械通风排烟的建设投资。由于开启面积较大且位于屋顶，通风、排烟效率极高。

2．兼顾自然采光。天窗采用耐高温玻璃和骨架，平时可兼做自然采光，不用设置人工采光，免除人工采光的建设投入和运行能耗。

3．联动控制启闭。通过室内外空气质量探测装置，联动启闭天窗，实现一字形排烟天窗的自动化、智能化控制。

4．实现节能减排。该系统省去了机械排烟、空调和人工采光的建设成本和运行能耗，实现了节能减排。

低碳发展需要全社会的创新探索和科技进步。我们要着眼于改善人类的生存环境，从小事做起，从生活的点滴做起，不断开展技术创新，努力实现"双碳"目标。

5.3.5 案例项目解析——自然排烟系统

案例项目一层建筑面积1515.57m²，分为两个防火分区。商业部分为F2防火分区，面积753.58m²；大堂及其附属用房为F3防火分区，面积761.99m²。两个防火分区均设置了自动喷淋系统。

根据"5.1.6"中排烟系统设置部位工程实例分析结果可知，一层F3防火分区内满足自然排烟条件，选择自然排烟方式。

1. 防烟分区划分

以一层第三防火分区为例，进行防烟分区划分，该防火分区共761.99m²，结合平面布局及防烟分区的划分规定，一层防火分区F3内防烟分区划分表见表5.3-6，防烟分区划分示意（F3防火分区）如图5.3-4。

一层防火分区F3内防烟分区划分表 表5.3-6

编号	防烟分区面积（m²）	长边长度（m）	备注
F3-1（厨房操作间）	127.01	15.8	有自喷，吊顶后空间净高3.5m
F3-2（酒店大堂）	125.08	16.6	有自喷，吊顶后空间净高4.0m
F3-3（办公大堂）	244.72	17.65	

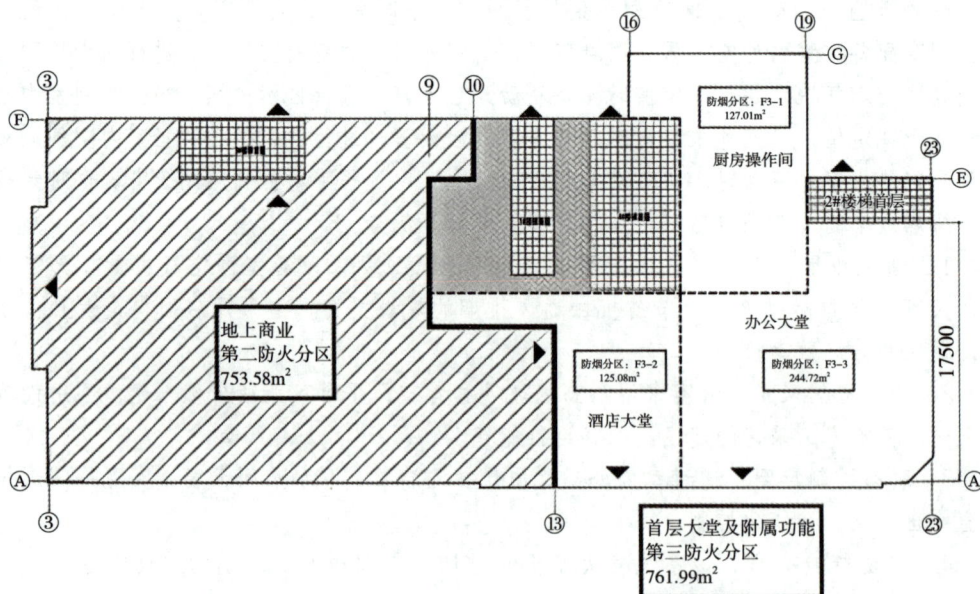

图5.3-4 防烟分区划分示意图（F3防火分区）

根据防烟分区的划分结果，以F3-2防烟分区（酒店大堂）为例，进行自然排烟系统设计计算分析。

2．储烟仓的厚度和最小清晰高度计算

根据"5.3.2　储烟仓厚度和最小清晰高度计算"的相关规定可知：

最小清晰高度：$H_q = 1.6 + 0.1 \cdot H' = 1.6 + 0.1 \times 4 = 2.0\text{m}$

储烟仓厚度$=4-2=2\text{m}>\max（4\times2\%，0.5）=0.8\text{m}$，满足要求。

3．窗洞尺寸分析

结合建筑平面及外立面可知，一层F3-2防烟分区（酒店大堂）有两个M2027的门，门的位置及大样如图5.3-5（a、b）所示。

4．窗型优化设计

结合建筑外立面，在两个门M2027上方设置4个电动排烟窗，电动排烟窗尺寸为1000mm×800mm，开启角度71°，优化后的窗洞尺寸为2000mm×3500mm，如图5.3-5（c）所示。

根据"5.2.1"中"自然通风窗的有效面积计算"的规定，当采用开窗角大于70°的平开窗时，其面积应按窗的面积计算。

则电动排烟窗的有效面积为：$1\times0.8\times4=3.2\text{m}^2$。

5．有效面积验算

根据"5.3.3　排烟量计算"的规定，建筑空间净高小于或等于6m的场所，设置有效面积不小于该房间建筑面积2%的自然排烟窗（口）。

该防烟分区面积为125.08m²，则自然排烟窗有效面积不应小于：$125.08\times2\%=2.5\text{m}^2$。

电动排烟窗的有效面积为3.2m²>2.5m²，实际面积大于计算面积，满足自然排烟要求。

防烟分区计算参数如图5.3-5（d）所示。

6．排烟口设置位置验算

（1）防烟分区内自然排烟窗（口）的面积、数量、位置应经计算确定，且防烟分区内任一点与最近的自然排烟窗（口）之间的水平距离不应大于30m。

由图5.3-5（a）可知，自然排烟窗（口）离最远点的距离为20.2m<30m，满足规范要求。

（2）当设置在外墙上时，自然排烟窗（口）应在储烟仓以内。已知，酒店大堂吊顶后净高为4m，由前面的计算可知该防烟分区储烟仓厚度为2m，由图5.3-5（c）优化后M2027大样图可知，电动排烟窗位于储烟仓以内，满足规范要求。

7．手动装置设计

《建筑防烟排烟系统技术标准》GB 51251—2017规定，自然排烟窗（口）应设置手动开启装置，设置在高位不便于直接开启的自然排烟窗（口），应设置距地面高度1.3～1.5m的手动开启装置。因此，该自然排烟窗在距地1.5m处设置手动开启装置。

5.3.6　机械排烟系统设计计算

机械排烟管道的水力计算参考"5.2.6"中的内容。

设置机械排烟的场所，其相关设施的设置须满足《消防设施通用规范》GB 55036—2022和《建筑防烟排烟系统技术标准》GB 51251—2017的相关规定。

1．系统的设置要求

（1）沿水平方向布置时，应按不同防火分区独立设置，如图5.3-6所示。

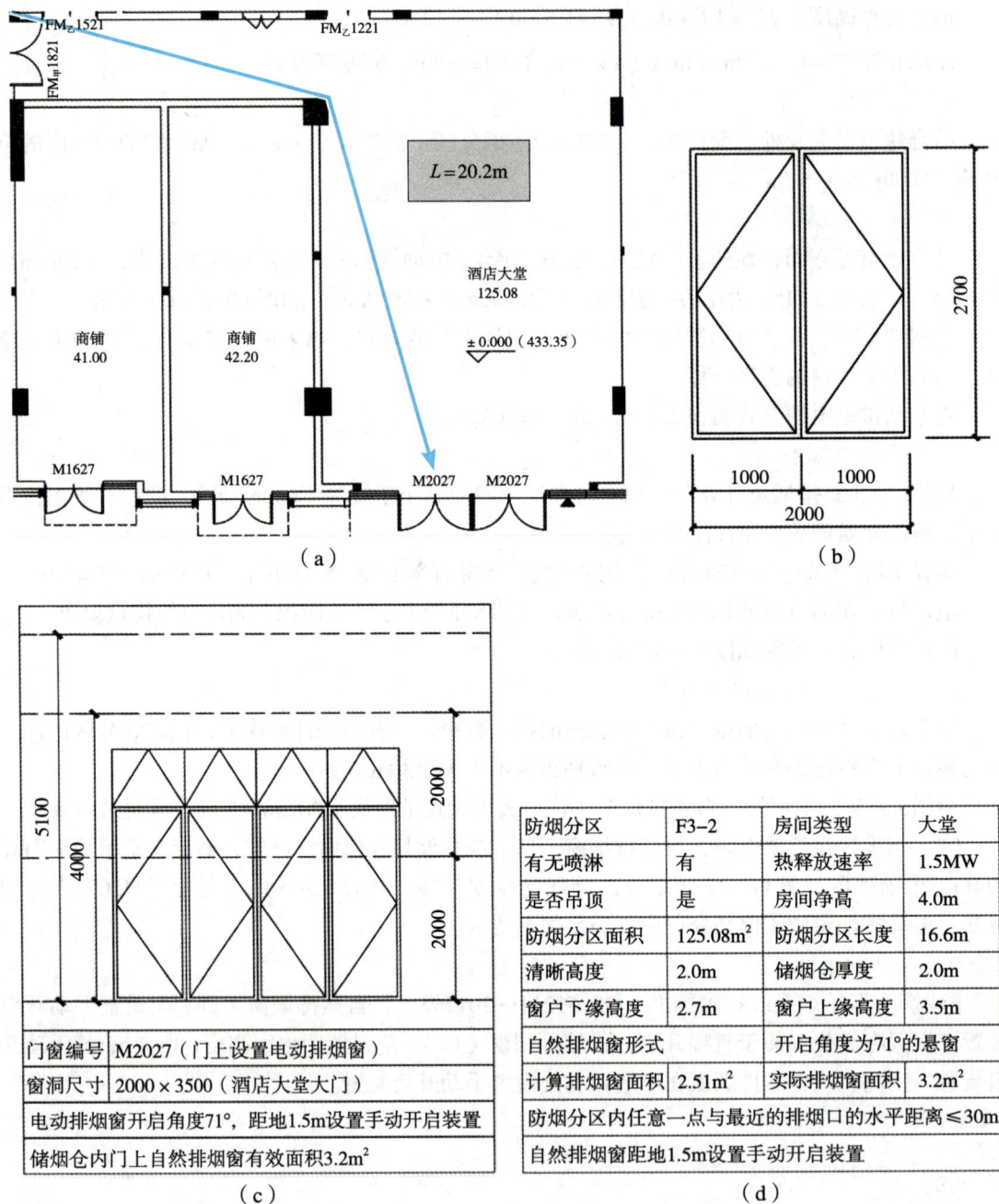

$L = 20.2\text{m}$

酒店大堂
125.08

± 0.000（433.35）

商铺
41.00

商铺
42.20

（a）

（b）

门窗编号	M2027（门上设置电动排烟窗）
窗洞尺寸	2000×3500（酒店大堂大门）
电动排烟窗开启角度71°，距地1.5m设置手动开启装置	
储烟仓内门上自然排烟窗有效面积3.2m²	

（c）

防烟分区	F3-2	房间类型	大堂
有无喷淋	有	热释放速率	1.5MW
是否吊顶	是	房间净高	4.0m
防烟分区面积	125.08m²	防烟分区长度	16.6m
清晰高度	2.0m	储烟仓厚度	2.0m
窗户下缘高度	2.7m	窗户上缘高度	3.5m
自然排烟窗形式		开启角度为71°的悬窗	
计算排烟窗面积	2.51m²	实际排烟窗面积	3.2m²
防烟分区内任意一点与最近的排烟口的水平距离≤30m			
自然排烟窗距地1.5m设置手动开启装置			

（d）

图5.3-5 F3-2防烟分区自然排烟窗平面示意图
（a）F3-2防烟分区（酒店大堂）建筑平面图；（b）M2027大样图；
（c）优化后M2027大样图；（d）防烟分区计算参数

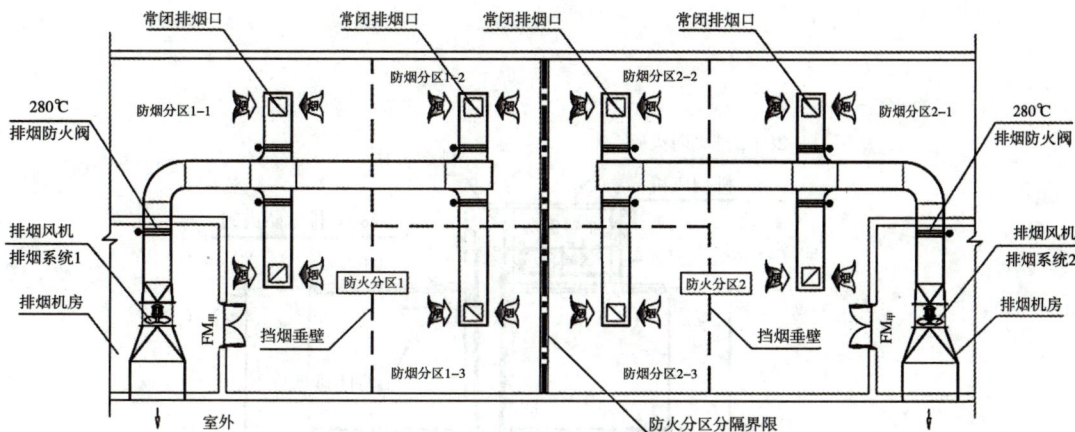

图5.3-6 机械排烟系统沿水平方向、按防火分区设置系统的平面示意

（2）建筑高度大于50m的公共建筑和工业建筑、建筑高度大于100m的住宅建筑，其机械排烟系统应竖向分段独立设置，且公共建筑和工业建筑中每段的系统服务高度应小于或等于50m，住宅建筑中每段的系统服务高度应小于或等于100m，如图5.3-7所示。

（3）排烟系统与通风、空气调节系统应分开设置。当确有困难时可以合用，但应符合排烟系统的要求，且当排烟口打开时，每个排烟合用系统的管道上，需联动关闭的通风和空气调节系统的控制阀门不应超过10个。

2．风机的设置要求

（1）排烟风机宜设置在排烟系统的最高处，其烟气出口宜朝上，并应高于加压送风机和补风机的进风口，两者垂直距离或水平距离应符合相关规定。

（2）排烟风机应设置在专用机房内并符合相关规定，且风机两侧应有600mm以上的空间［图5.3-8（a）］。

（3）对于排烟系统与通风空气调节系统共用的系统，其排烟风机与排风风机的合用机房应符合下列规定：

1）机房内应设置自动喷水灭火系统，如图5.3-8（b）所示。

2）机房内不得设置用于机械加压送风的风机与管道。

3）排烟风机与排烟管道的连接部件应能在280℃的温度条件下连续30min保证其结构完整性［图5.3-8（c）］。

（4）排烟风机应满足280℃时连续工作30min的要求，排烟风机应与风机入口处的排烟防火阀连锁，当该阀关闭时，排烟风机应能停止运转。

3．管道的设置要求

（1）机械排烟系统应采用管道排烟，且不应采用土建风道。

（2）排烟管道应采用不燃材料制作且内壁应光滑。当排烟管道内壁为金属时，管道设计风速不应大于20m/s；当排烟管道内壁为非金属时，管道设计风速不应大于15m/s；排烟管道的厚度应按《通风与空调工程施工质量验收规范》GB 50243—2016的有关规定执行。

（3）排烟管道的设置和耐火极限应符合下列规定：

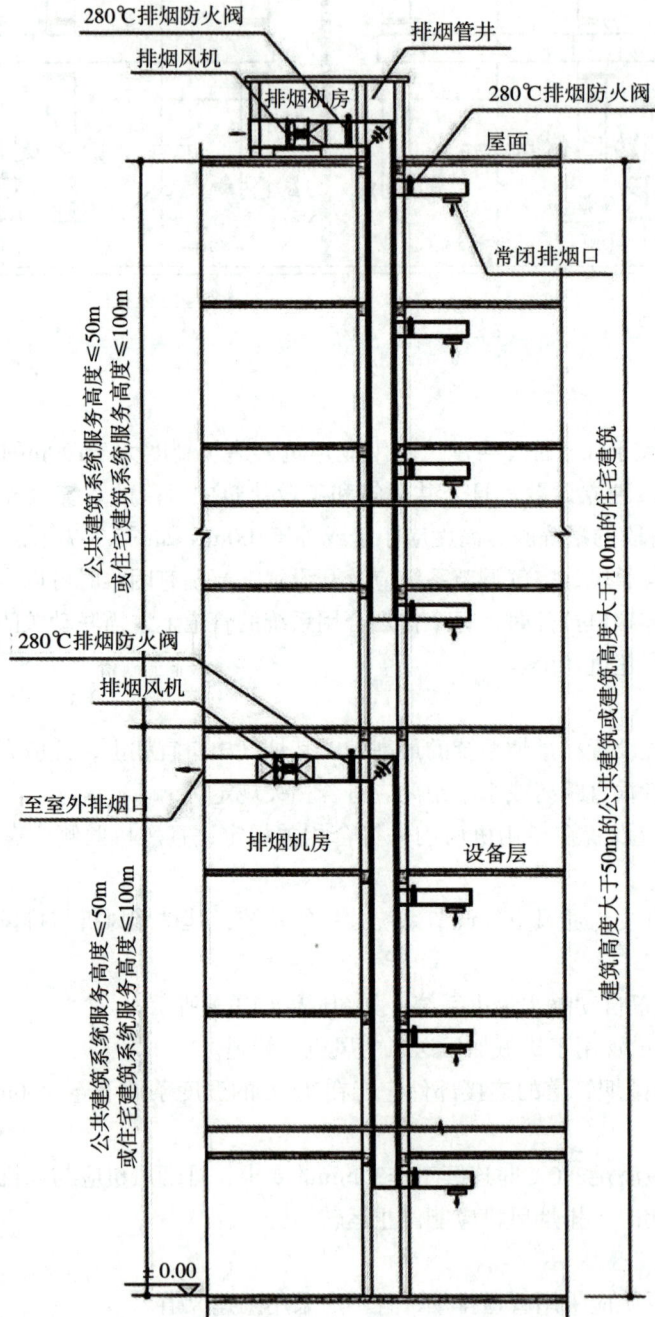

图5.3-7   机械排烟竖向分段的系统示意

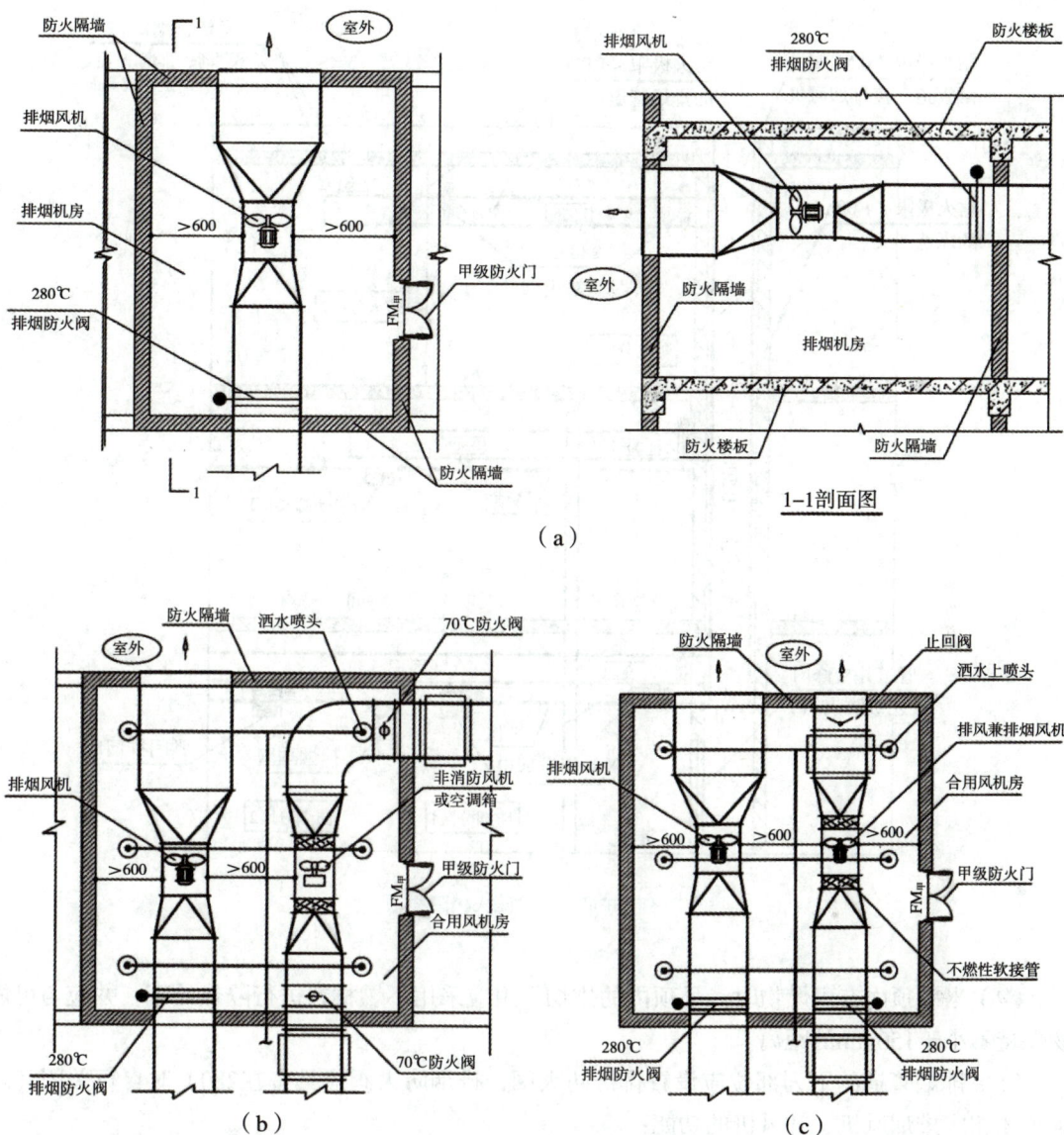

图5.3-8　排烟机房平面示意图

（a）排烟风机设置于专用机房内平面示意；（b）合用机房中设有自动喷水灭火系统平面示意；
（c）合用机房中排风兼排烟管道上设有软接平面示意

1）排烟管道及其连接部件应能在280℃的温度条件下连续30min保证其结构完整性。

2）竖向设置的排烟管道应设置在独立的管道井内，排烟管道的耐火极限不应低于0.50h。

3）水平设置的排烟管道应设置在吊顶内，其耐火极限不应低于0.50h；当确有困难时，可直接设置在室内，但管道的耐火极限不应小于1.00h。

4）设置在走道部位吊顶内的排烟管道以及穿越防火分区的排烟管道，其管道的耐火极限不应小于1.00h，但设备用房和汽车库的排烟管道耐火极限可不低于0.50h。排烟管道的耐火极限要求示意如图5.3-9所示。

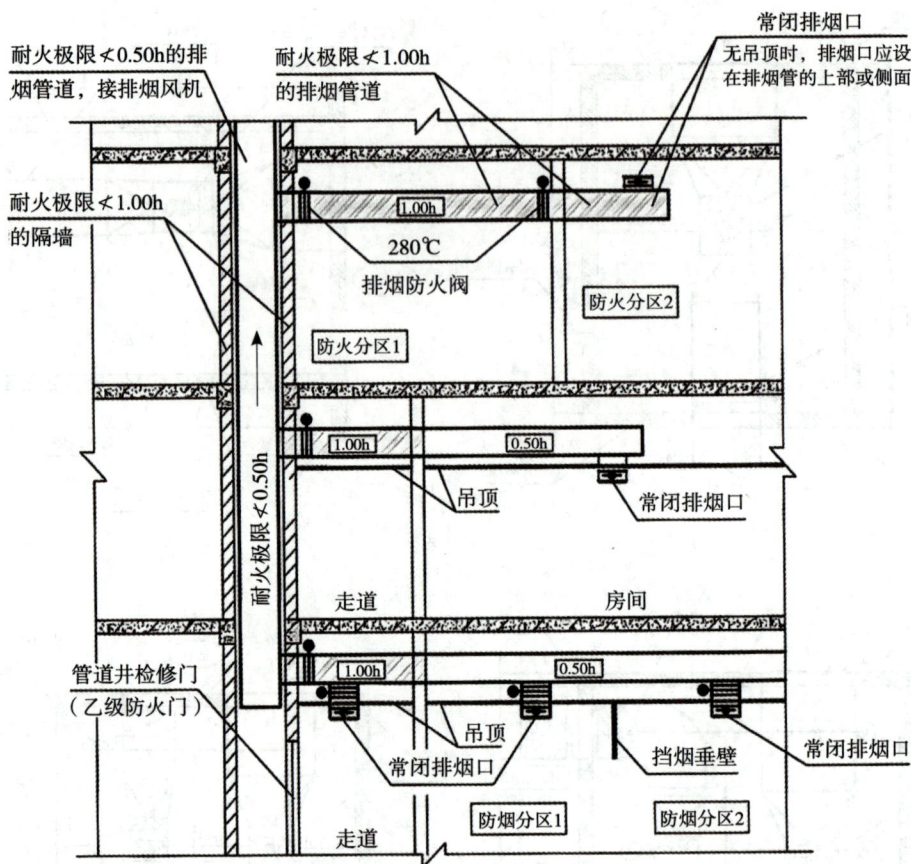

图5.3-9　排烟管道的耐火极限要求示意

　　（4）当吊顶内有可燃物时，吊顶内的排烟管道应采用不燃材料进行隔热处理，并应与可燃物保持不小于150mm的距离。

　　（5）排烟管道的下列部位应设置排烟防火阀，排烟防火阀应具有在280℃时自行关闭和连锁关闭相应排烟风机、补风机的功能：

　　1）垂直主排烟管道与每层水平排烟管道连接处的水平管段上。

　　2）一个排烟系统负担多个防火分区的排烟支管上。

　　3）排烟风机入口处。

　　4）穿越防火分区处。

　　（6）设置排烟管道的管道井应采用耐火极限不小于1.00h的隔墙与相邻区域分隔；当墙上必须设置检修门时，应采用乙级防火门。

4. 排烟口的设置要求

　　机械排烟口设置应按相关规定并计算确定，且防烟分区内任一点与最近的排烟口之间的水平距离不应大于30m，如图5.3-10所示。

　　（1）排烟口的设置应符合下列规定：

　　1）排烟口宜设置在顶棚或靠近顶棚的墙面上。

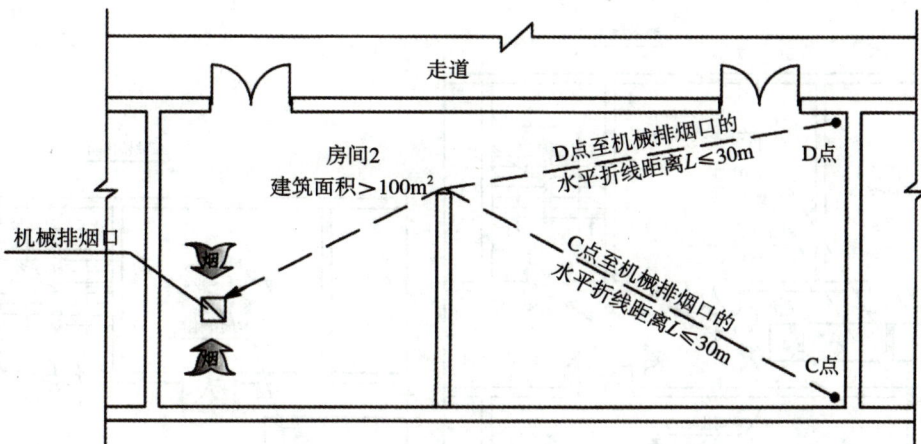

图5.3-10　防烟分区内任一点至最近的机械排烟口之间水平距离要求示意

2）排烟口应设在储烟仓内，但走道、室内空间净高不大于3m的区域，其排烟口可设置在其净空高度的1/2以上位置；当设置在侧墙时，吊顶与其最近边缘的距离不应大于0.5m。

3）对于需要设置机械排烟系统的房间，当其建筑面积小于50m²时，可通过走道排烟，排烟口可设置在疏散走道。

4）火灾时由火灾自动报警系统联动开启排烟区域的排烟阀或排烟口，应在现场设置手动开启装置。

5）排烟口的设置宜使烟流方向与人员疏散方向相反，排烟口与附近安全出口相邻边缘之间的水平距离不应小于1.5m。

6）每个排烟口的排烟量不应大于最大允许排烟量，最大允许排烟量应按相关规定计算确定。

7）排烟口的风速不宜大于10m/s。

排烟口设置示意如图5.3-11所示。

（2）当排烟口设在吊顶内且通过吊顶上部空间排烟时，应符合下列规定：

1）吊顶应采用不燃材料，且吊顶内不应有可燃物。

2）封闭式吊顶上设置的烟气流入口的颈部烟气速度不宜大于1.5m/s。

3）非封闭式吊顶的开孔率不应小于吊顶净面积的25%，且孔洞应均匀布置。

5．固定窗的设置要求

（1）下列地上建筑或部位，当设置机械排烟系统时，应按相关要求在外墙或屋顶设置固定窗：

1）任一层建筑面积大于2500m²的丙类厂房（仓库）。

2）任一层建筑面积大于3000m²的商店建筑、展览建筑及类似功能的公共建筑。

3）总建筑面积大于1000m²的歌舞、娱乐、放映、游艺场所。

4）商店建筑、展览建筑及类似功能的公共建筑中长度大于60m的走道。

5）靠外墙或贯通至建筑屋顶的中庭。

6）当符合相关规定时，可采用可熔性采光带（窗）替代作固定窗。

（2）固定窗的布置应符合下列规定：

1）非顶层区域的固定窗应布置在每层的外墙上。

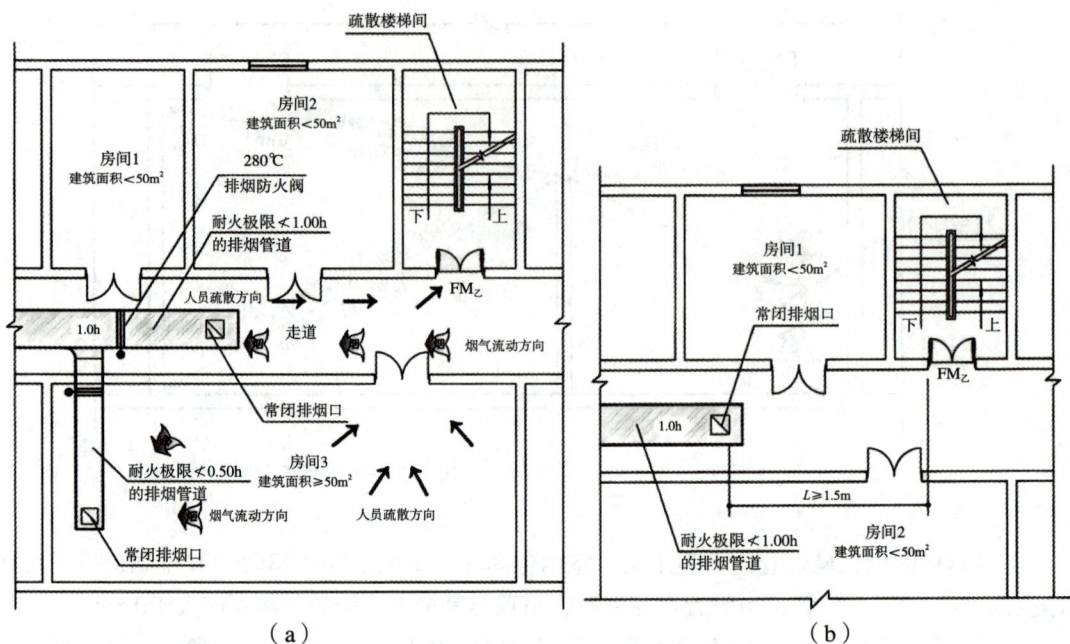

图5.3-11　排烟口设置示意

（a）烟流方向与人流疏散方向示意；（b）排烟口与安全出口水平距离要求示意

2）顶层区域的固定窗应布置在屋顶或顶层的外墙上，但未设置自动喷水灭火系统的以及采用钢结构屋顶或预应力钢筋混凝土屋面板的建筑应布置在屋顶。

（3）固定窗的设置和有效面积应符合下列规定：

1）设置在顶层区域的固定窗，其总面积不应小于楼地面面积的2%。

2）设置在靠外墙且不位于顶层区域的固定窗，单个固定窗的面积不应小于$1m^2$，且相邻两个固定窗的间距不宜大于20m，其下沿距室内地面的高度不宜小于层高的1/2。供消防救援人员进入的窗口面积不计入固定窗面积，但可组合布置。

3）设置在中庭区域的固定窗，其总面积不应小于中庭楼地面面积的5%。

4）固定玻璃窗应按可破拆的玻璃面积计算，对于带有温控功能的可开启设施，应按开启时的水平投影面积计算。

（4）固定窗宜按每个防烟分区在屋顶或建筑外墙上均匀布置，且不应跨越防火分区，固定窗的设置原则示意如图5.3-12所示。

（5）除洁净厂房外，设置自然排烟系统的任一层建筑面积大于$2500m^2$的制鞋、制衣、玩具、塑料、木器加工储存等丙类工业建筑，可采用可熔性采光带（窗）替代固定窗，其面积应符合下列规定：

1）未设置自动喷水灭火系统以及采用钢结构屋顶或预应力钢筋混凝土屋面板的建筑，不应小于楼地面面积的10%。

2）其他建筑不应小于楼地面面积的5%。

3）可熔性采光带（窗）的有效面积应按其实际面积计算。

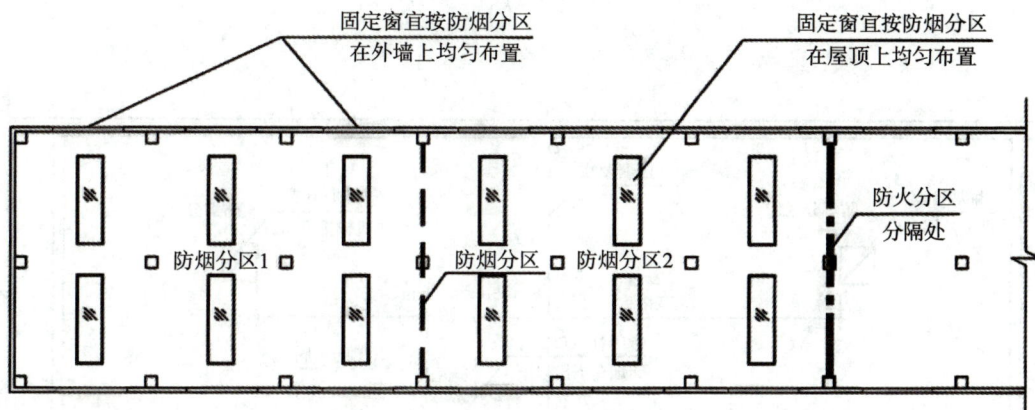

图5.3-12　固定窗的设置原则示意

5.3.7　补风系统设计计算

　　根据空气流动的原理，必须要有补风才能排出烟气。排烟系统排烟时，补风的主要目的是形成理想的气流组织，从而迅速排除烟气，有利于人员的安全疏散和消防人员的进入。

　　（1）除地上建筑的走道或地上建筑面积小于500m²的房间外，所有设置排烟系统的场所应能直接从室外引入空气补风，且补风量和补风口的风速应满足排烟系统有效排烟的要求。

　　（2）补风系统应直接从室外引入空气，且补风量不应小于排烟量的50%。

　　（3）补风系统可采用疏散外门、手动或自动可开启外窗等自然进风方式以及机械送风方式。防火门、窗不得用作补风设施。风机应设置在专用机房内。

　　（4）补风口与排烟口设置在同一空间内相邻的防烟分区时，补风口位置不限；当补风口与排烟口设置在同一防烟分区时，补风口应设在储烟仓下沿以下；补风口与排烟口水平距离不应少于5m，如图5.3-13所示。

　　（5）补风系统应与排烟系统联动开启或关闭。

　　（6）机械补风口的风速不宜大于10m/s，人员密集场所补风口的风速不宜大于5m/s；自然补风口的风速不宜大于3m/s。

　　（7）补风管道耐火极限不应低于0.50h，当补风管道跨越防火分区时，管道的耐火极限不应小于1.50h。机械补风平面示意如图5.3-14所示。

（a）

（b）

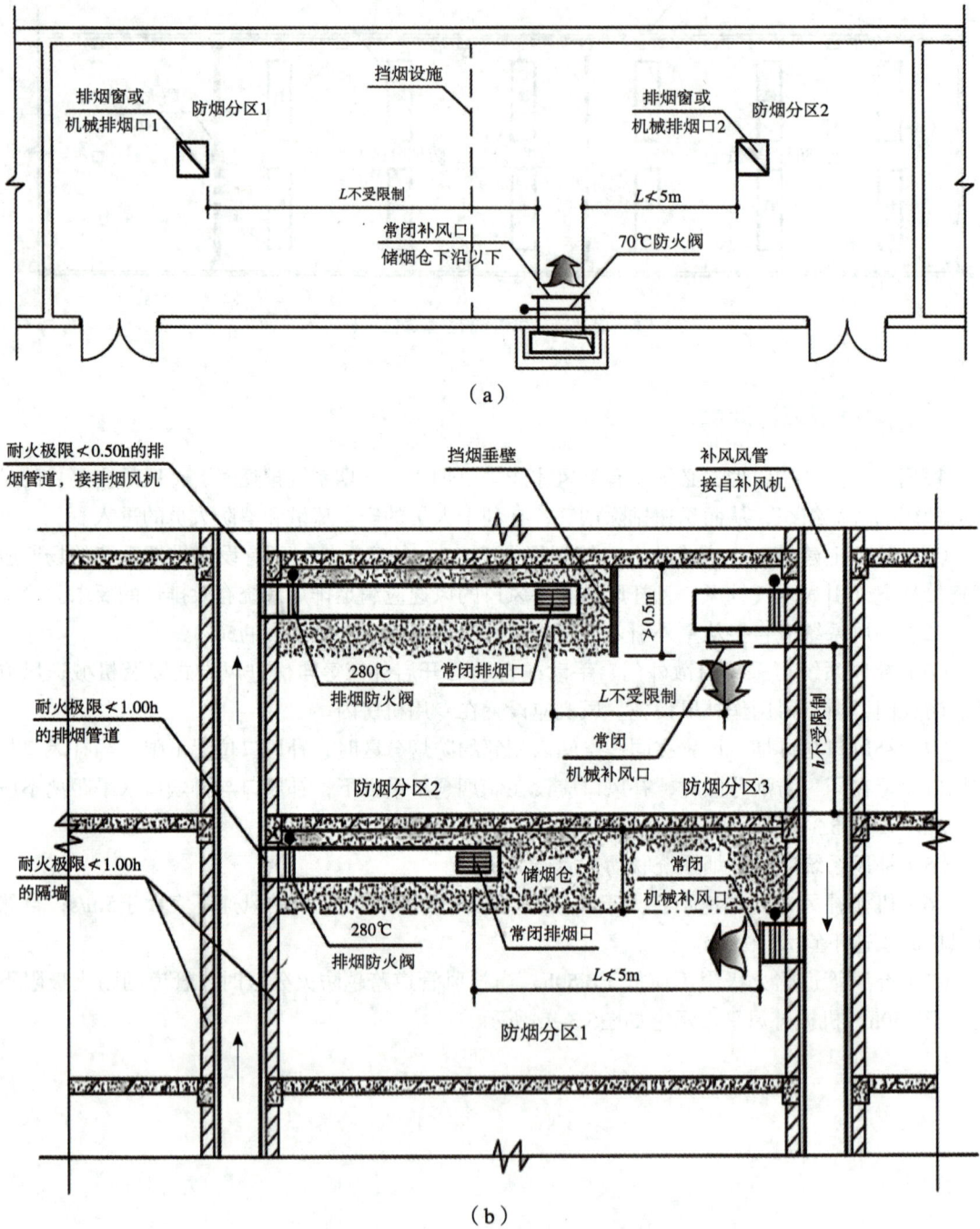

图5.3-13　补风口与排烟口设置在同一空间内相邻的防烟分区示意
（a）平面示意；（b）剖面示意

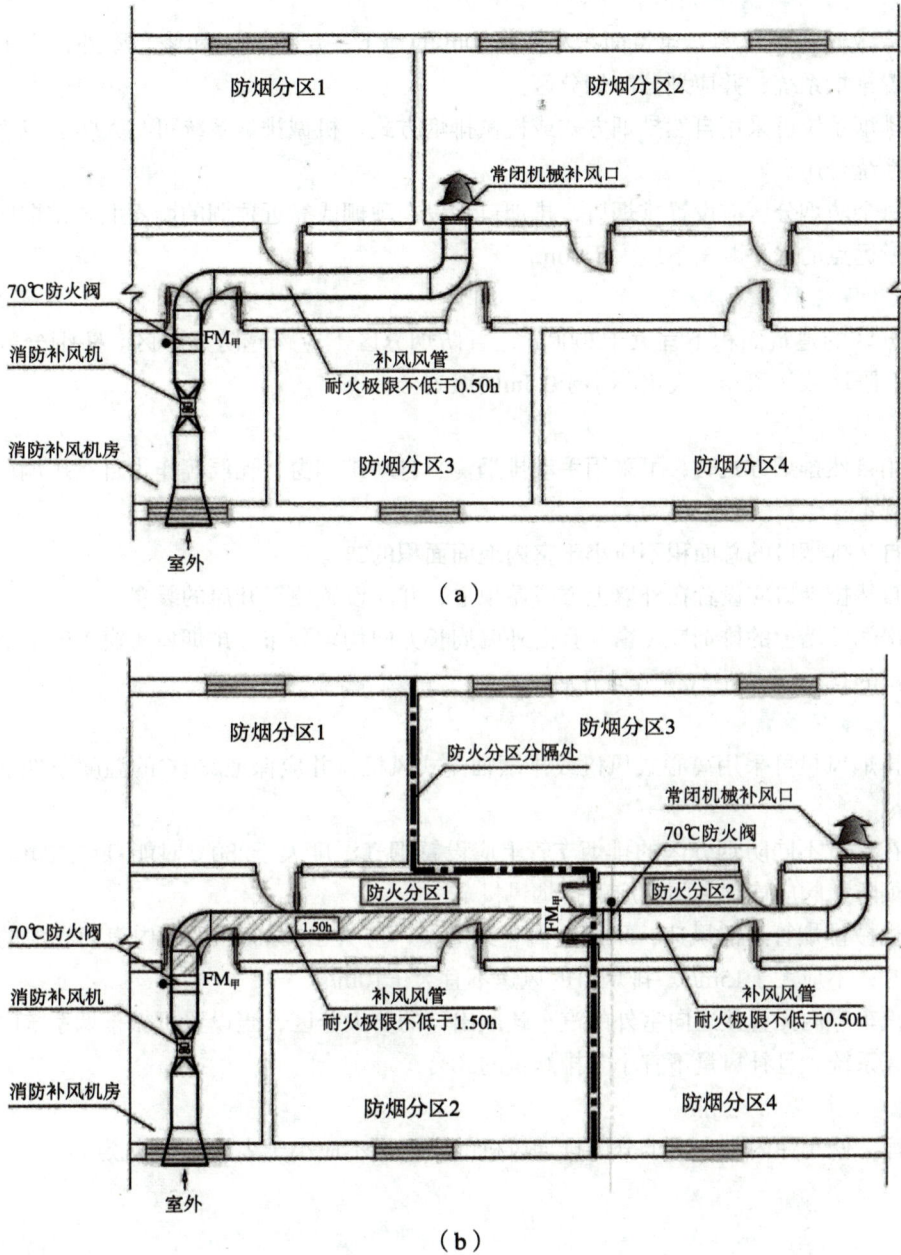

图5.3-14 机械补风平面示意

（a）同一防火分区中机械补风的平面示意；（b）跨越防火分区的机械补风平面示意

5.3.8 汽车库排烟系统设计计算

《汽车库、修车库、停车场设计防火规范》GB 50067—2014规定如下内容：

1. 汽车库排烟一般规定

（1）除敞开式汽车库、建筑面积小于1000m²的地下一层汽车库和修车库外，汽车库、修车库应设置排烟系统，并应划分防烟分区。

（2）排烟系统可采用自然排烟方式或机械排烟方式。机械排烟系统可与人防、卫生等的排气、通风系统合用。

（3）每个防烟分区应设置排烟口，排烟口宜设在顶棚或靠近顶棚的墙面上。排烟口距该防烟分区内最远点的水平距离不应大于30m。

2. 汽车库防烟分区划分

防烟分区的建筑面积不宜大于2000m²，且防烟分区不应跨越防火分区。防烟分区可采用挡烟垂壁、隔墙或从顶棚下突出不小于0.5m的梁划分。

3. 自然排烟系统

当采用自然排烟方式时，可采用手动排烟窗、自动排烟窗、孔洞等作为自然排烟口，并应符合下列规定：

（1）自然排烟口的总面积不应小于室内地面面积的2%。

（2）自然排烟口应设置在外墙上方或屋顶上，并应设置便于开启的装置。

（3）房间外墙上的排烟口（窗）宜沿外墙周长方向均匀分布，排烟口（窗）的下沿不应低于室内净高的1/2，并应沿气流方向开启。

4. 机械排烟系统

（1）排烟风机可采用离心式风机或排烟轴流式风机，并应保证280℃的温度条件下能连续工作30min。

（2）在穿过不同防烟分区的排烟支管上应设置烟气温度大于280℃时能自动关闭的排烟防火阀，排烟防火阀应连锁关闭相应的排烟风机。

（3）机械排烟管道的风速，采用金属管道时，不应大于20m/s；采用内表面光滑的非金属材料风道时，不应大于15m/s。排烟口的风速不宜大于10m/s。

（4）汽车库内无直接通向室外的汽车疏散出口的防火分区，当设置机械排烟系统时，应同时设置补风系统，且补风量不宜小于排烟量的50%。

5. 排烟量计算

汽车库、修车库内每个防烟分区排烟风机的排烟量不应小于表5.3-7的规定。

汽车库、修车库内每个防烟分区排烟风机的排烟量   表5.3-7

净高（m）	排烟量（m³/h）	净高（m）	排烟量（m³/h）
3.0及以下	30000	7.0	36000
4.0	31500	8.0	37500
5.0	33000	9.0	39000

净高（m）	排烟量（m³/h）	净高（m）	排烟量（m³/h）
6.0	34500	9.0以上	40500

注：建筑空间净高位于表中两个高度之间的，按线性插值法取值。

5.3.9　案例项目解析——机械排烟系统

根据"5.1.6"分析结果，以PY-3-1系统为例，进行机械排烟系统设计分析，PY-3-1系统图如图5.3-15所示。

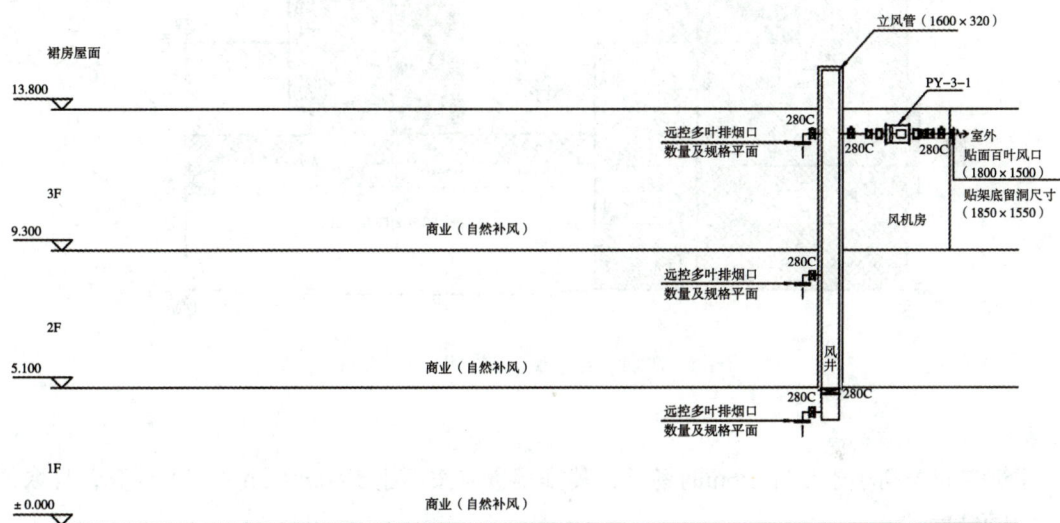

图5.3-15　PY-3-1系统图

该系统负担一～三层地上商业部分，其中，该系统负担的一层为地上商业（防火分区F2），面积为753.58m²；该系统负担的二层为商业和餐饮（防火分区F4），面积为1515.57m²；该系统负担的三层为会议和餐饮（防火分区F5），面积为1515.57m²。

1．防烟分区划分

以二层防火分区F4为例，结合平面布局及防烟分区划分规定，二层防火分区F4内防烟分区划分情况见表5.3-8，防烟分区划分示意（F4防火分区）如图5.3-16。

二层防火分区F4内防烟分区划分表　　　　表5.3-8

编号	防烟分区面积（m²）	长边长度（m）	备注
F4-1（商业）	218	18.4	有自喷，吊顶后空间净高3m
F4-2（商业）	97.9	14.2	

<续表>

编号	防烟分区面积（m²）	长边长度（m）	备注
F4-3（商业）	179	18.4	
F4-4（商业）	84.66	10.4	有自喷，吊顶后空间净高3m
F4-5（走道）	132.72	33.7	
F4-6（包间）	140.13	14.1	

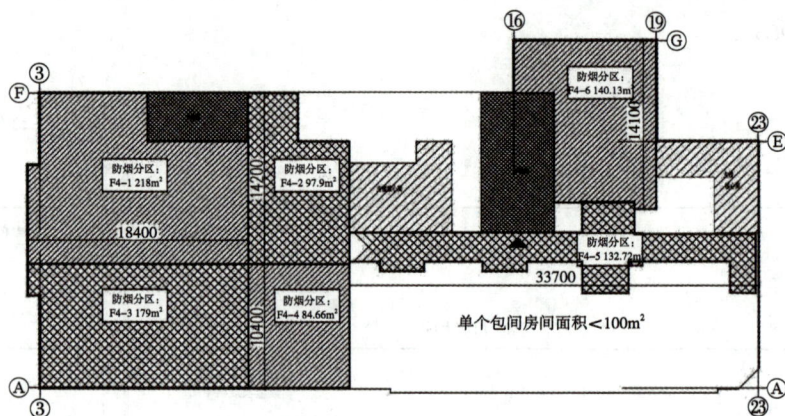

图5.3-16　防烟分区划分示意图（F4防火分区）

2．排烟量计算

建筑空间净高小于或等于6m的场所，其排烟量应按不小于60m³/（h·m²）计算，且取值不小于15000m³/h。

当公共建筑房间内与走道均需设置排烟时，其走道或回廊的机械排烟量可按60m³/（h·m²）计算，且不小于13000m³/h。

V（F4-1）=218×60=13080m³/h<15000m³/h，取15000m³/h。

V（F4-2）=97.9×60=5874m³/h<15000m³/h，取15000m³/h。

V（F4-3）=179×60=10740m³/h<15000m³/h，取15000m³/h。

V（F4-4）=84.66×60=5079.6m³/h<15000m³/h，取15000m³/h。

V（F4-5）=132.72×60=7963.2m³/h<13000m³/h，取13000m³/h。

V（F4-6）=140.13×60=8407.8m³/h<15000m³/h，取15000m³/h。

机械排烟系统单个排烟口最大允许排烟量计算表

3．单个排烟口最大允许排烟量计算

根据"5.3.3"中"4.单个排烟口最大允许排烟量计算"的内容，机械排烟系统中单个排烟口的最大允许排烟量计算请扫二维码学习。

4．排烟口位置确定

机械排烟口的设置应按相关规定计算确定，且防烟分区内任一点与最近的排烟口之间的水平距离不应大于30m。排烟口的具体设置位置及定位见建筑平面图，各排烟口距最远点距离

均小于30m。

5. 排烟口大小确定

（1）F4-1~F4-6防烟分区排烟口大小计算

F4-1~F4-6防烟分区单个排烟口的排烟量为15000m³/h。根据排烟口的风速不宜大于10m/s的规定。

假定风速为10m/s，则：

$$A = \frac{Q}{v} = \frac{15000}{3600 \times 10} = 0.42 \text{m}^2$$

选取风口尺寸为：800mm×800mm（百叶风口有效面积系数取0.8）。

则实际风速为：

$$v = \frac{Q}{A} = \frac{15000}{3600 \times 0.8 \times 0.8 \times 0.8} = 8.14 \text{m/s} < 10 \text{m/s}，满足规范要求。$$

该排烟口为远控多叶排烟口，需要设置250mm的执行机构，因此该防烟分区设置的风口形式为（800+250）mm×800mm。

（2）F4-5防烟分区排烟口大小计算

根据前文计算结果可知，该防烟分区共设置两个排烟口，单个排烟口的排烟量为13000÷2=6500m³/h，且排烟口的风速不宜大于10m/s。

假定风速为10m/s，则：

$$A = \frac{Q}{v} = \frac{6500}{3600 \times 10} = 0.18 \text{m}^2$$

选取风口尺寸为：500mm×500mm（百叶风口有效面积系数取0.8）。

则实际风速为：

$$v = \frac{Q}{A} = \frac{6500}{3600 \times 0.5 \times 0.5 \times 0.8} = 9.03 \text{m/s} < 10 \text{m/s}，满足规范要求。$$

排烟口设置
位置示意图
（F4 防火分区）

该排烟口为远控多叶排烟口，需要设置250mm的执行机构，因此该防烟分区设置的两个风口形式为（500+250）mm×500mm（请扫二维码学习）。

6. 排烟管道截面确定

根据排烟口设置位置示意图，绘制二层排烟系统水力计算简图如图5.3-17所示，管道水力计算表见表5.3-9。

本工程采用金属管道，管道风速不大于20m/s。

管段①：$A = \frac{Q}{v} = \frac{15000}{3600 \times 20} = 0.208 \text{m}^2$

选取截面尺寸为：1000mm×250mm。

则实际风速：$v = \frac{Q}{A} = \frac{15000}{3600 \times 1 \times 0.25} = 16.67 \text{m/s} < 20 \text{m/s}，满足要求。$

管段②：$A = \frac{Q}{v} = \frac{28000}{3600 \times 20} = 0.389 \text{m}^2$

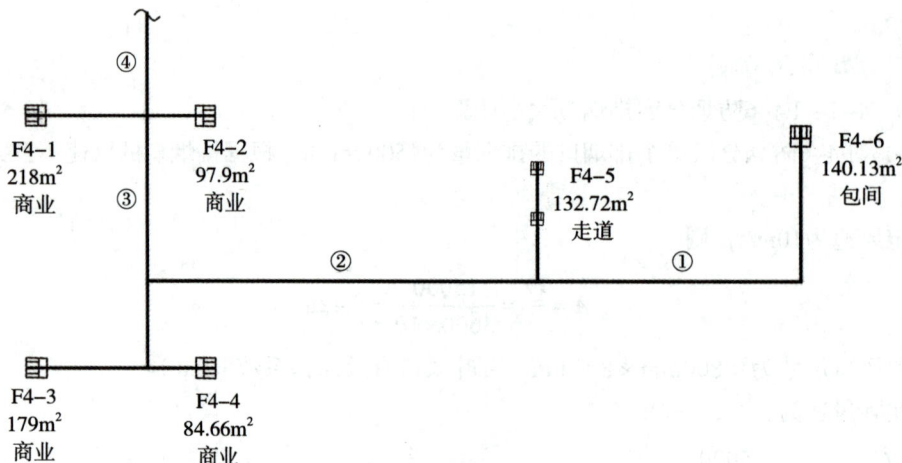

图5.3-17 二层排烟系统水力计算简图

管道水力计算表 表5.3-9

管段编号	风量（m³/h）	截面尺寸（mm）	实际风速（m/s）	管长l（m）	比摩阻（Pa/m）	压力损失估算 $\Delta P = R_m \times l(1+k)$
①	15000	1000×250	16.67	16.6	6.7	333.66
②	28000	1600×320	15.19	15.5	4.21	195.77
③	30000	1600×320	16.28	6.6	4.75	94.05
④	30000	1600×320	16.28	4.2	4.75	59.85
合计						683.33

选取截面尺寸为：1600mm×320mm。

则实际风速为：$v = \dfrac{Q}{A} = \dfrac{28000}{3600 \times 1.6 \times 0.32} = 15.19\text{m/s} < 20\text{m/s}$，满足要求。

管段③、④：$A = \dfrac{Q}{v} = \dfrac{30000}{3600 \times 20} = 0.417\text{m}^2$

选取截面尺寸为：1600mm×320mm。

则实际风速为：$v = \dfrac{Q}{A} = \dfrac{30000}{3600 \times 1.6 \times 0.32} = 16.28\text{m/s} < 20\text{m/s}$，满足要求。

7. 管道压力损失估算

管网总压力损失可按 $\Delta P = R_m \times l(1+k)$ 进行估算：

弯头、三通等配件较少，$k=2.0$。

8. 风机选型

该系统负担一~三层地上商业部分，风机风量需按系统排烟量计算规则进行综合考虑，选型计算方法参考"5.2.7"。

9．补风系统设计

除地上建筑的走道或地上建筑面积小于500m²的房间外，设置排烟系统的场所应能直接从室外引入空气进行补风，且补风量和补风口的风速应满足排烟系统有效排烟的要求。补风系统应直接从室外引入空气，且补风量不应小于排烟量的50%。补风口与排烟口设置在同一空间内相邻的防烟分区时，补风口位置不限；当补风口与排烟口设置在同一防烟分区时，补风口应设在储烟仓下沿以下；补风口与排烟口水平距离不应少于5m。自然补风口的风速不宜大于3m/s。

以防烟分区F4-3（商业）为例进行分析，该防烟分区应设置补风系统，补风量$Q \geq 50\% \times 15000 = 7500\text{m}^3/\text{h}$。

该防烟分区补风口与排烟口设置在同一防烟分区，因此补风口在储烟仓以下的面积为有效排烟，储烟仓厚度为1m，由C3426大样可知自然补风口位于储烟仓以下的净面积为2.1m²，补风风速为0.99m/s＜3m/s，满足规范要求。

F4-3防烟分区平面图如图5.3-18所示。

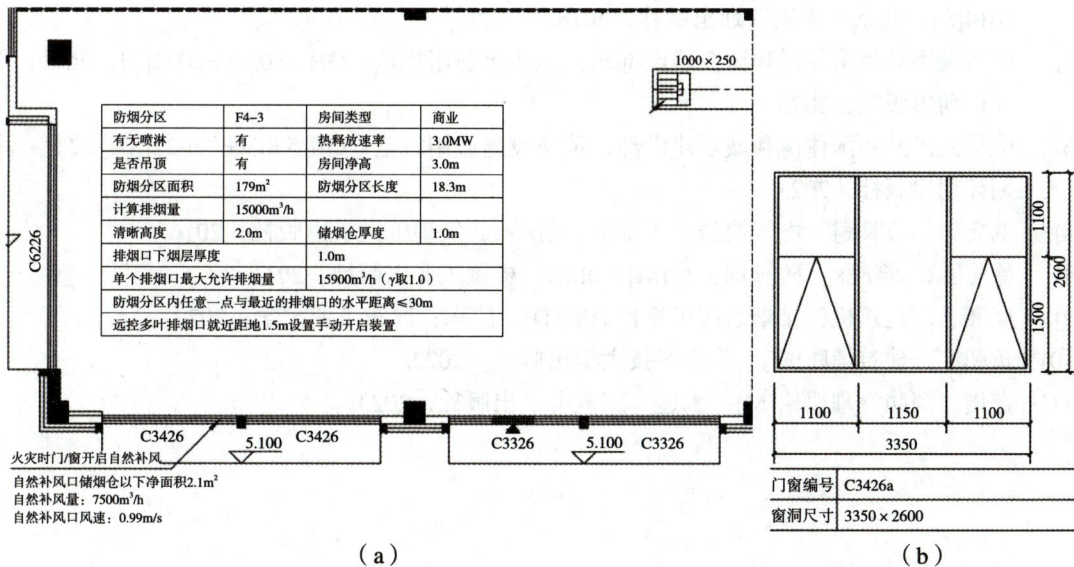

图5.3-18 F4-3防烟分区平面图
（a）F4-3防烟分区排烟及补风平面图；（b）C3426自然补风窗大样

5.3.10 同步设计任务

1．自然排烟系统同步设计任务

根据"5.3.5 设计案例解析——自然排烟系统"中相关信息，分组选取F3-1、F3-3防烟分区进行自然排烟设计分析。

2．机械排烟系统同步设计任务

根据"5.3.9 设计案例解析——机械排烟系统"中相关信息，分组选取PY-3-1系统负担的一~三层，进行机械排烟系统设计分析，并进行风机选型。

一~三层平面图

参考文献

[1] 张卢妍．建筑防烟排烟技术与应用[M]．北京：中国人民公安大学出版社，2020.

[2] 中华人民共和国住房和城乡建设部．建筑防烟排烟系统技术标准：GB 51251—2017[S]．北京：中国计划出版社，2018.

[3] 中华人民共和国公安部．建筑消防设施的维护管理：GB 25201—2010[S]．北京：中国标准出版社，2011.

[4] 中华人民共和国住房和城乡建设部．建筑设计防火规范（2018年版）：GB 50016—2014[S]．北京：中国计划出版社，2018.

[5] 中华人民共和国住房和城乡建设部．建筑防火通用规范：GB 55037—2022[S]．北京：中国计划出版社，2023.

[6] 中华人民共和国住房和城乡建设部．消防设施通用规范：GB 55036—2022[S]．北京：中国计划出版社，2023.

[7] 刘光辉，黄日财．电气消防技术[M]．武汉：武汉理工大学出版社，2016.

[8] 徐志胜，姜学鹏．防排烟工程[M]．北京：机械工业出版社，2011.

[9] 李湘念．建筑机械排烟系统可靠性研究[D]．广东：广东工业大学，2023.

[10] 黄朝广．建筑消防[M]．华中科技大学出版社，2022.

[11] 苗增．消防管理概论[M]．大连：东软电子出版社，2023.